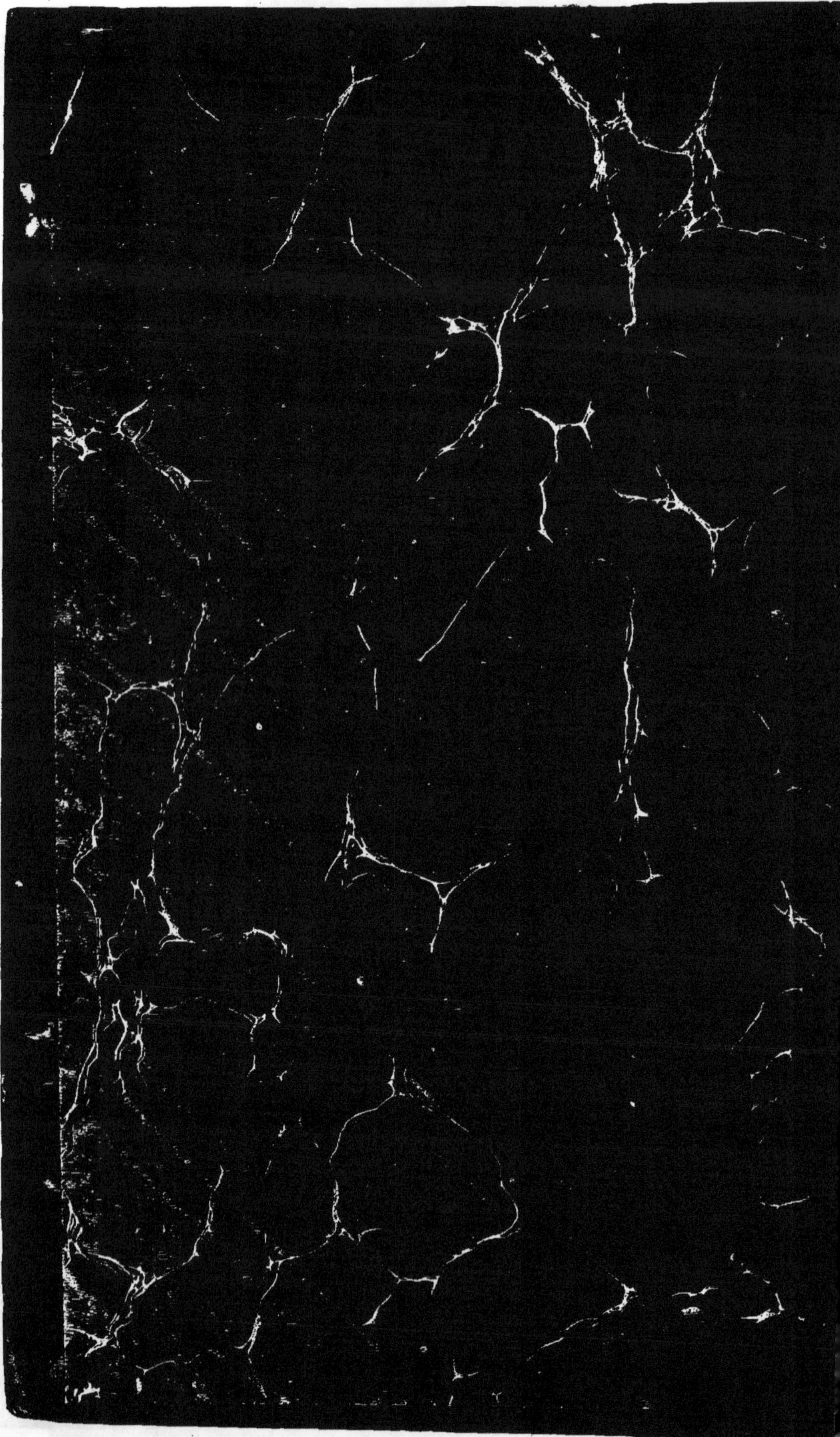

TRAITÉ
D'ALGÈBRE

OUVRAGE DU MEME AUTEUR

PUBLIÉ PAR LA MÊME LIBRAIRIE.

Traité d'arithmétique avec des exercices. Ouvrage autorisé par le Conseil de l'instruction publique. Deuxième édition. 1 volume in-8. Prix, broché, 4 fr.

Solutions raisonnées des exercices proposés dans l'arithmétique de M. Joseph Bertrand, par MM. Gros et Prouhet. 1 volume in-8. Prix, broché, 2 fr.

Ch. Lahure, imprimeur du Sénat et de la Cour de Cassation
(ancienne maison Crapelet), rue de Vaugirard, 9.

TRAITÉ

D'ALGÈBRE

PAR

JOSEPH BERTRAND
Professeur de mathématiques spéciales au lycée Napoléon

DEUXIÈME ÉDITION

CONFORME AUX DERNIERS PROGRAMMES OFFICIELS DE L'ENSEIGNEMENT
DANS LES LYCÉES

PARIS
LIBRAIRIE DE L. HACHETTE ET Cie
RUE PIERRE-SARRAZIN, N° 14
(Près de l'École de Médecine)

1855

TRAITÉ
D'ALGÈBRE.

EXPLICATION DES SIGNES ALGÉBRIQUES.

Les signes abréviatifs usités en algèbre, sont, pour la plupart, employés en arithmétique, et connus par conséquent du lecteur; nous croyons cependant utile de les indiquer ici.

$+$ est le signe de l'addition; il se prononce *plus;* $7+5$ indique la somme des deux nombres 7 et 5.

— est le signe de la soustraction; il se prononce *moins;* $7-5$ indique la différence des deux nombres 7 et 5.

$\times$ est le signe de la multiplication; il se prononce *multiplié par;* 4×5 indique le produit des deux nombres 4 et 5. On supprime souvent ce signe lorsque les nombres sont représentés par des lettres, et l'on se borne à indiquer la multiplication en écrivant les facteurs auprès l'un de l'autre, ab au lieu de $a\times b$; $(a+b)(c+d)$ au lieu de $(a+b)\times(c+d)$. Cette simplification ne peut être adoptée pour les facteurs numériques, car elle conduirait, par exemple, à représenter, de la même manière, le nombre 54 et le produit 5×4.

: signifie *divisé par;* $5:7$ indique le quotient de la division des nombres 5 et 7. On indique aussi les divisions en écrivant le dividende au-dessus du diviseur, et les séparant par une barre horizontale; $\frac{5}{7}$ indique le quotient de la division de 5 par 7.

Lorsque les divers facteurs d'un produit sont égaux entre eux, on se borne à en écrire un, en plaçant *au-dessus* de lui l'indication du nombre des facteurs égaux que l'on doit multiplier ; ainsi a^2 représente $a \times a$ ou le carré de a ; a^3 représente $a \times a \times a$ ou le cube de a ; ainsi de suite.

$\sqrt{}$ indique la racine carrée; $\sqrt{7}$ indique la racine carrée du nombre 7.

$\sqrt[3]{}$, $\sqrt[4]{}$... indiquent les racines cubique, quatrième.... En désignant par m un nombre entier quelconque, $\sqrt[m]{a}$ indique la racine m^{me} de a, c'est-à-dire le nombre qui multiplié $m-1$ fois par lui-même reproduit a.

$=$ exprime l'égalité des expressions placées à droite et à gauche de ce signe ; $a = b$ exprime l'égalité des deux nombres représentés par a et b.

$>$ s'énonce *plus grand que*; $a > b$ exprime que le nombre désigné par a est plus grand que le nombre désigné par b.

$<$ s'énonce *plus petit que*; $a < b$ exprime que le nombre désigné par a est plus petit que le nombre désigné par b.

Lorsqu'on place une expression entre deux parenthèses, il faut regarder, comme effectuées, les opérations qui y sont indiquées, et la parenthèse comme exprimant le nombre qui en résulte. Ainsi

$$19-(4+2-1)$$

indique l'excès de 19 sur le nombre $4+2-1$, c'est-à-dire sur 5.

CHAPITRE PREMIER.

EMPLOI DES LETTRES ET DES SIGNES COMME MOYEN D'ABRÉVIATION ET DE GÉNÉRALISATION, ADDITION ET SOUSTRACTION.

Définition de l'algèbre.

1. En algèbre, on étudie les opérations indépendamment des nombres sur lesquels elles s'exécutent : c'est là le caractère distinctif de cette science. La ligne de démarcation entre l'algèbre et l'arithmétique est, du reste, en quelque sorte insaisissable : les résultats particuliers ne peuvent en effet se séparer complétement des théories générales, et les questions d'arithmétique conduisent, d'une manière presque inévitable, à des propositions d'algèbre.

Formules algébriques.

2. Les nombres sur lesquels on raisonne en algèbre devant rester indéterminés, on les désigne, en général, par des lettres. On ne peut alors effectuer les opérations et il faut se borner à les indiquer. Cette indication d'opérations à effectuer sur des lettres dont la valeur n'est pas encore fixée, se nomme une *formule algébrique*.

EXEMPLE. $$(a+b)^2=a^2+2ab+b^2,$$

est une formule indiquant les opérations à effectuer pour former le carré d'une somme $a+b$.

3. L'avantage qu'il y a à renfermer ainsi, dans une formule générale, un nombre infini de résultats particuliers, est une chose évidente de soi; il ne sera pas inutile, cependant, de le faire ressortir par quelques exemples.

1° L'énoncé des théorèmes généraux se trouve considérablement abrégé, et, par là, plus facile à retenir.

Ainsi, au lieu de dire :

La somme de deux nombres est la même dans quelque ordre qu'on les ajoute;

Le produit de deux facteurs ne change pas quand on les intervertit;

Pour multiplier deux puissances d'un même nombre, il suffit d'ajouter les exposants,

On écrira

$$a + b = b + a$$

$$ab = ba$$

$$a^m \times a^n = a^{m+n},$$

et pour quiconque connaît la langue algébrique, les théorèmes sont tout aussi bien énoncés par ces formules que par les trois phrases écrites plus haut.

2° L'emploi des formules abrége non-seulement l'énoncé des théorèmes, mais encore simplifie leur démonstration. Pour en donner un exemple, je choisirai la question suivante :

Un mobile se meut d'un mouvement uniforme, sa vitesse c'est-à-dire l'espace qu'il parcourt dans l'unité du temps, est v : quel sera l'espace x parcouru dans un temps t ? Le caractère du mouvement uniforme étant que les espaces parcourus soient proportionnels aux temps, on a

$$\frac{x}{v} = \frac{t}{1}$$

D'où l'on conclut en réduisant au même dénominateur,

$$[1] \qquad x = vt,$$

c'est là la formule demandée ;

On en déduit évidemment les deux suivantes :

$$[2] \qquad v = \frac{x}{t},$$

$$[3] \qquad t = \frac{x}{v}.$$

La formule [1] rend évidents les théorèmes suivants :

Dans un mouvement uniforme, l'espace parcouru pendant un temps donné est proportionnel à la vitesse; pour une vitesse donnée, il est proportionnel au temps, et en général, il est égal au produit du temps par la vitesse.

De la formule [2] on déduit les théorèmes suivants :

Dans un mouvement uniforme, la vitesse est proportionnelle à l'espace parcouru pendant un temps donné, elle est en raison inverse du temps employé à parcourir un espace donné, et en général, elle est égale au rapport de l'espace au temps employé à le parcourir.

Enfin on conclut de la formule [3] :

Le temps employé à parcourir un espace donné est inversement proportionnel à la vitesse; lorsque la vitesse est donnée, le temps est proportionnel à l'espace à parcourir, et en général, le temps est égal au rapport de l'espace parcouru à la vitesse du mobile.

Chacun de ces théorèmes exigerait une démonstration spéciale plus ou moins développée, si on les abordait directement *; les formules [1], [2], [3], les rendent évidents pour tous ceux qui connaissent la valeur des locutions, proportionnelles et inversement proportionnelles. (Voir l'*Arithmétique*).

Je citerai encore un exemple. On démontre en géométrie les théorèmes suivants :

1° Deux circonférences sont entre elles comme leurs rayons, ou en d'autres termes, il existe entre une circonférence C et son rayon R un rapport constant 2π; on a par conséquent la formule

$$C = 2\pi R\,;$$

2° Deux cercles sont entre eux comme les carrés de leurs rayons;

3° Un cercle a, pour mesure, le produit de sa circonférence par la moitié de son rayon; en d'autres termes, sa surface S est mesurée par le produit $C \times \frac{R}{2}$, et l'on a

$$S = C \times \frac{R}{2} = 2\pi R \times \frac{R}{2} = \pi R^2\,;$$

* Galilée, qui ne faisait pas usage de formules, y a consacré quatre pages, *Giornata terza, de motu Æquabili*.

or, cette dernière formule rend évident le second des théorèmes énoncés, « la surface d'un cercle est proportionnelle au carré de son rayon. » On pourrait donc se dispenser d'en faire un théorème distinct des deux autres, et, surtout, on ne doit pas en donner une démonstration directe.

Si l'on se bornait à énoncer les théorèmes sans en réduire les conséquences en formules, cette dépendance des propositions pourrait rester inaperçue.

Classification des formules.

4. Les expressions algébriques peuvent comprendre l'indication des six opérations : addition, soustraction, multiplication, division, élévation aux puissances, extraction des racines.

Une expression est *rationnelle* lorsque aucune extraction de racine n'y est indiquée. Dans le cas contraire, elle est *irrationnelle*.

Une expression rationnelle, qui ne contient l'indication d'aucune division, est dite *entière*. Dans le cas contraire, elle est *fractionnaire*.

Une expression, qui ne contient l'indication d'aucune addition ou soustraction, se nomme *monome*.

Si l'un des facteurs d'un monome est numérique, il reçoit le nom de *coefficient*.

Plusieurs monomes ajoutés ou retranchés forment un polynome, dont il sont les termes. Deux termes d'un même polynome sont dits *semblables*, lorsqu'ils ne diffèrent que par le coefficient. Dans ce cas, on peut toujours les réduire à un seul. Par exemple, si l'on avait, dans un même polynome, les deux termes $+7a^3b$, $-5a^3b$, on pourrait évidemment les remplacer par $2a^3b$.

Un polynome composé de deux ou trois termes reçoit le nom de *binome* ou de *trinome*.

EXEMPLES. $\sqrt[3]{a^2+b^2}-\sqrt{a+b+c}$, expression irrationnelle,

$\frac{a^3-b}{a^2+b^2+c^2}$, expression rationnelle fractionnaire,

$(a^3+b^3-c^3)(a^2+b^2)$, expression entière et rationnelle,

$15a^3b^4\sqrt{c}$, monome dont 15 est le coefficient;

$a^3+2a-b\sqrt{c}$, polynome.

Addition et soustraction.

5. Les opérations algébriques se faisant sur des quantités littérales, il est impossible de les exécuter jusqu'au bout, et l'on doit se borner à les indiquer. Aussi le calcul algébrique consiste-t-il, seulement, à transformer une formule en une autre plus simple, mais équivalente.

Exemple. Quand on substitue a^5 au produit $a^2 \times a^3$, ou $a+b$ à l'expression $\sqrt{a^2+2ab+b^2}$, on fait une opération algébrique, et l'on dit quelquefois, que l'on *effectue* ainsi le produit de a^2 par a^3, ou l'extraction de la racine carrée de $a^2+2ab+b^2$.

L'addition et la soustraction étant les plus simples des opérations, on conçoit qu'il n'y a pas lieu de les simplifier; aussi nous bornerons-nous à faire quelques remarques très-simples sur l'addition et la soustraction des polynomes.

1° Une somme reste la même dans quelque ordre que l'on ajoute ses parties.

2° Un polynome ne change pas de valeur, quel que soit l'ordre dans lequel on écrive ses termes. Il est égal en effet, dans tous les cas, à l'excès de la somme de ceux qui sont précédés du signe $+$ sur la somme de ceux qui sont précédés du signe $-$.

3° Pour ajouter, à un nombre, la somme de plusieurs autres, il suffit de lui ajouter successivement chacun d'eux.

4° Pour ajouter, à un nombre, la différence de deux autres, il suffit d'ajouter le premier et de retrancher le second du résultat.

5° Pour retrancher d'un nombre la somme de plusieurs autres, il suffit de retrancher successivement chacun d'eux.

6° Pour retrancher d'un nombre la différence de deux autres, il faut ajouter le second et retrancher le premier du résultat.

En effet, une différence ne change pas lorsqu'on ajoute un même nombre c à ses deux termes. L'excès de a sur $b-c$ est donc le même que celui de $a+c$ sur b.

Ces principes s'expriment par les formules suivantes :

[1] $$a+b+c+d=d+c+b+a;$$

[2] $$a-b+c-d=c+a-b-d;$$

[3] $$a+(b+c+d)=a+b+c+d;$$

[4] $$a+(b-c)=a+b-c;$$

[5] $$a-(b+c)=a-b-c;$$

[6] $$a-(b-c)=a+c-b.$$

6. Les principes que nous venons d'énoncer conduisent aux règles suivantes :

Règle d'addition.

Pour ajouter à un nombre, un polynome quelconque, il faut lui ajouter les termes précédés du signe + et retrancher les autres du résultat.

Soit, en effet, à ajouter à P, le polynome

$$a-b+c-d-e+f,$$

ce polynome (**5**, 2°) est égal à

$$(a+c+f)-(b+d+e);$$

or on a (**5**, 4°)

$$\begin{aligned} P+\{(a+c+f)-(b+d+e)\} &= P+(a+c+f)-(b+d+e), \\ &= P+a+c+f-b-d-e: \end{aligned}$$

c'est précisément ce qu'il fallait démontrer.

Règle de soustraction.

Pour retrancher d'un nombre, un polynome quelconque, il faut ajouter à ce nombre les termes qui, dans le polynome, sont précédés du signe —, et retrancher les autres du résultat.

Soit, en effet, à retrancher de P, le polynome

$$a-b+c-d-e+f,$$

ce polynome (5, 2°) est égal à

$$a+c+f-(b+d+e);$$

or on a (5, 6°)

$$\begin{aligned}P-\{(a+c+f)-(b+d+e)\} &= P+(b+d+e)-(a+c+f)\\ &= P+b+d+e-a-c-f:\end{aligned}$$

c'est précisément ce qu'il fallait démontrer.

Remarque. L'ordre dans lequel on écrit les termes d'un polynome étant indifférent, on peut énoncer les règles précédentes en disant :

Pour ajouter à un nombre P, un polynome quelconque, il faut écrire ses différents termes à la suite de P, en leur conservant leurs signes.

Pour retrancher d'un nombre P un polynome quelconque, il faut écrire ses différents termes à la suite de P en changeant le signe de chacun d'eux.

Énoncé plus simple des résultats précédents.

7. La forme des résultats précédents peut se simplifier à l'aide d'une convention très-utile en algèbre, qui consiste à regarder tous les termes d'un polynome comme *ajoutés* les uns aux autres, en nommant *nombres négatifs* ceux qui sont précédés du signe —. Par exemple, on regardera la différence $a-b$ comme résultant de l'addition de a avec $-b$,

$$[1] \qquad a-b=a+(-b).$$

L'expression isolée $(-b)$ n'acquiert pour cela aucune signification ; seulement on dit ajouter $-b$ au lieu de dire retrancher b. On convient de même que retrancher $-b$ signifie ajouter b.

$$[2] \qquad a-(-b)=a+b.$$

Il serait absurde de chercher à démontrer les formules [1] et [2] : les définitions ne se démontrent pas. On peut remarquer, cependant, que la convention exprimée par la formule [2] est une conséquence toute naturelle de la première. Si l'on ne faisait pas, en effet, cette seconde convention, en ajoutant et retranchant successivement $-b$ à un nombre, les deux opérations ne se détruiraient pas.

8. Les deux conventions précédentes permettent de réduire la règle d'addition à l'énoncé suivant :

Pour ajouter deux polynomes, il faut AJOUTER *au premier tous les termes du second, quels que soient leurs signes.*

Soient en effet les deux polynomes

$$a-b+c \text{ et } m-n+p-q,$$

leur somme est

$$a-b+c+m-n+p-q,$$

ce qui équivaut, d'après nos conventions, à

$$a-b+c+m+(-n)+p+(-q),$$

résultat conforme à l'énoncé.

9. Les mêmes conventions permettent de réduire la règle de soustraction des polynomes à l'énoncé suivant :

Pour retrancher un polynome d'une quantité quelconque A, *il suffit de* RETRANCHER *successivement ses différents termes.*

Soit, en effet, à retrancher de A le polynome $m-n-p+q$, on a vu (6) que

$$A-(m-n-p+q)=A-m+n+p-q;$$

ou, d'après nos conventions,

$$A-(m-n-p+q)=A-m-(-n)-(-p)-q,$$

ce qui est conforme à l'énoncé.

REMARQUE. L'introduction des nombres négatifs permet d'énoncer, avec plus de concision, des résultats auxquels cette forme nouvelle n'ajoute absolument rien. Nous verrons que tel est toujours, en algèbre, le but de leur introduction *.

---

* Les explications qui précèdent sont absolument indispensables, elles n'ont rien de commun avec l'emploi des nombres négatifs pour représenter les grandeurs; nous ne parlerons de cette autre théorie qu'à l'occasion des problèmes du premier degré.

10. Si l'on considère une différence $a-b$, et que l'on suppose b plus grand que a, l'opération est impossible ; on convient alors de regarder l'expression $a-b$, comme représentant un nombre négatif égal à l'excès de b sur a.

$$a-b=-(b-a).$$

Cette convention est toute naturelle, et en ne la faisant pas on détruirait l'analogie complète qui existe entre les opérations relatives aux nombres négatifs et positifs. Soit, en effet, d l'excès de b sur a, $a-b$ est égal à $a-(a+d)$; si donc on applique la règle de soustraction (9), on aura

$$a-b=a-(a+d)=a-a-d=-d=-(b-a).$$

Remarque. Nous prouvons ainsi qu'il est naturel de faire la convention en question, mais nous ne *démontrons* pas la formule $a-b=-(b-a)$. Notre raisonnement, en effet, est fondé sur l'application d'une règle de soustraction, qui, jusqu'ici, n'a de sens que pour des soustractions possibles ; il est naturel et commode de l'étendre à tous les cas, mais cela n'en est pas moins arbitraire.

11. La convention que nous venons de faire permet de généraliser des résultats que l'on devrait sans cela énoncer avec restriction ; on a, par exemple,

$$c+a-b=c+(a-b).$$

Cette formule est évidente lorsque a est plus grand que b. Notre convention la rend vraie dans tous les cas, car si a est moindre que b, on a $(a-b)=-(b-a)$, et par suite

$$c+(a-b)=c-(b-a)=c+a-b.$$

On verra de même que la formule

$$c-(a-b)=b+(c-a)$$

devient vraie, par suite de nos conventions, lors même que c est moindre que a.

12. Remarque. Dans les questions d'algèbre, a et b désignent des nombres indéterminés et l'on ne sait pas quel est le plus grand ; on comprend dès lors, combien il est important que les formules s'appliquent indifféremment à tous les cas et quelle est par conséquent l'utilité des conventions relatives aux nombres négatifs.

RÉSUMÉ.

1. Le caractère de l'algèbre consiste en ce que l'on y étudie les opérations, indépendamment des nombres sur lesquels elles s'exécutent. — **2**. Ce que l'on entend par formule algébrique. — **3**. Divers avantages de l'emploi des formules : elles sont beaucoup plus simples à écrire que les théorèmes qu'elles expriment, et font souvent apercevoir, d'un coup d'œil, des conséquences qui exigeraient sans elles, une démonstration à part. Quelques exemples. — **4**. Classification des formules ou expressions algébriques en rationnelles et irrationnelles, entières ou fractionnaires, monomes ou polynomes; ce que c'est qu'un coefficient; ce qu'on entend par termes semblables d'un polynome. — **5**. Addition algébrique : une somme reste la même dans quelque ordre que l'on ajoute les parties; pour ajouter à un nombre la somme de plusieurs autres, il suffit de lui ajouter successivement chacun d'eux; pour ajouter à un nombre la différence de deux autres, il suffit d'ajouter le premier et de retrancher le second du résultat. Pour retrancher d'un nombre la somme de plusieurs autres, il suffit de retrancher successivement chacun d'eux; pour retrancher d'un nombre la différence de deux autres, il faut ajouter le second et retrancher le premier du résultat. Formules qui expriment ces principes. – **6**. Règle générale d'addition et de soustraction des polynomes. — **7**. Introduction des nombres négatifs pour simplifier l'énoncé des résultats précédents, ce qu'on entend par ajouter et retrancher un nombre négatif $-b$, les conventions sont faites de telle sorte, qu'en ajoutant et retranchant successivement $-b$ les opérations se détruisent. Ces conventions permettent de regarder tous les termes d'un polynome, quels que soient leurs signes, comme ajoutés les uns aux autres. — **8**. Règle générale d'addition. — **9**. Règle générale de soustraction. L'énoncé de ces règles se trouve simplifié par les conventions précédentes. — **10**. L'expression $a-b$, lorsque b est plus grand que a, représente, par définition, un nombre négatif $-(b-a)$. — Comment l'on est conduit à faire cette convention. — **11**. Quelques formules qui deviennent générales si l'on adopte la convention précédente. — **12**. Il est très-important que les formules d'algèbre ne changent pas avec la valeur des lettres, car cette valeur n'étant pas fixée, on ne saurait jamais sans cela, si l'on doit les appliquer.

EXERCICES.

I. O — A — B

Deux courriers parcourent la ligne OA. Au départ, ils sont situés en A et B, à des distances a et b du point O ; ils s'éloignent avec des vitesses v et v'. Trouver des formules pour exprimer, après le temps t, la distance des deux courriers, et la distance du point O au milieu de la droite qui les joint.

II. Vérifier la formule

$$(a+b)^2-(a-b)^2=4ab$$

Montrer son identité avec

$$A^2-B^2=(A+B)(A-B).$$

III. Sur un chemin de fer, lorsque la vitesse de convoi est constante, la traction que doit développer la locomotive se compose des frottements des roues de wagon sur les rails, et de la résistance de l'air. Le frottement est indépendant de la vitesse et proportionnel au poids total du train. La résistance de l'air est, au contraire, indépendante du poids du convoi et proportionnelle au carré de la vitesse. Le frottement ayant une valeur connue F, pour un convoi dont le poids est P, et la résistance de l'air étant R lorsque la vitesse est V, trouver une formule qui exprime la traction lorsque le poids est P' et la vitesse V'.

IV. Trois vases contiennent des mélanges d'eau et de vin : le premier, a litres d'eau, b litres de vin ; le second a' litres d'eau, b' litres de vin ; le troisième, a'' litres d'eau, b'' litres de vin. On prend la moitié du liquide contenu dans le premier vase, et on le verse dans le second ; puis le tiers du liquide qui se trouve alors contenu dans celui-ci, et on le verse dans le troisième. Trouver une formule qui indique la quantité d'eau et celle de vin contenues dans chaque vase après ces opérations.

V. Deux vases de capacité v et v' sont pleins, l'un d'eau, l'autre de vin. On remplit à la fois, dans ces deux vases, deux nouveaux vases de capacité U, et l'on verse dans v ce qui a été pris dans v', et réciproquement. On recommence trois fois cette opération. Trouver une formule qui exprime la quantité de vin contenue dans chacun des vases.

VI. Si l'on fait commencer l'année au 1er mars, prouver que le rang qu'occupe, parmi les jours de l'année, le m^e jour du $(n+1)^e$ mois est représenté par la formule

$$m+31n-p,$$

p étant le plus grand nombre entier contenu dans la fraction

$$\frac{5n+4}{12}.$$

VII. On mélange H hectolitres d'eau-de-vie à D degrés avec H' hectolitres à D' degrés; on demande le degré et le prix du mélange. On sait que le degré indique combien il y a de parties d'alcool sur cent d'eau-de-vie et que le prix de l'hectolitre étant P quand le degré est N, augmente ou diminue d'une quantité a pour chaque augmentation ou diminution d'une unité dans le degré.

CHAPITRE II.

MULTIPLICATION ALGÉBRIQUE.

Multiplication des monomes.

13. Pour multiplier deux produits de plusieurs facteurs, il faut former un produit unique composé des facteurs qui entrent dans chacun d'eux.

Dans un produit unique, on peut remplacer deux ou plusieurs facteurs par leur produit effectué (voy. l'*Arithmétique*).

D'après le premier de ces deux principes, le produit de deux monomes entiers est égal à un monome qui contient les facteurs de l'un et de l'autre; par exemple :

$$5a^2d^4c\times 4a^3b^2e=5\,.\,a^2\,.\,d^4\,.\,c\,.\,4\,.\,a^3\,.\,b^2\,.\,e.$$

En vertu du second des principes énoncés, on peut, dans le résultat, remplacer 5 et 4 par leur produit 20, a^3 et a^2 par leur produit a^5 (voy. l'*Arithmétique*); en sorte que le produit des deux monomes considérés est

$$5a^2d^4c\times 4a^3b^2e=20a^5d^4b^2ce.$$

La méthode est générale, et conduit à la règle suivante.

Le produit de deux monomes entiers s'obtient en multipliant les coefficients entre eux, donnant à chaque lettre commune aux deux monomes (comme** a **dans l'exemple précédent) un exposant égal à la somme de ceux dont il est affecté dans chacun d'eux, et prenant les autres lettres comme facteurs, sans changer leurs exposants.

14. Ce qui précède permet de faire la multiplication d'un nombre quelconque de monomes. Il suffira, en effet, de multiplier les deux premiers, puis le produit, qui est un monome, par le troisième, et ainsi de suite.

Multiplication des polynomes.

15. Le produit de deux polynomes peut toujours être remplacé par un polynome unique, dont nous allons indiquer la loi de formation, et que l'on nomme souvent *leur produit effectué.*

Nous commencerons par former le produit d'un polynome $a+b-c$, par un nombre quelconque m et, pour plus de clarté, nous distinguerons plusieurs cas.

1° m est entier. L'opération revient alors à ajouter m polynomes égaux à $a+b-c$ et, d'après la règle d'addition, le résultat contient chaque terme pris avec son signe et répété m fois, on a donc

$$(a+b-c)m = ma+mb-mc.$$

2° m est fractionnaire de la forme $\frac{1}{p}$ (p étant entier). L'opération revient à diviser le polynome par p et le résultat est évidemment

$$\frac{a}{p}+\frac{b}{p}-\frac{c}{p},$$

car cette expression multipliée par le nombre entier p reproduit, en vertu de la règle précédente, $a+b-c$.

On voit que le produit peut s'écrire, comme dans le cas précédent,

$$ma+mb-mc.$$

3° m est fractionnaire et de la forme $\frac{p}{q}$. Le produit doit alors contenir p fois la q^{me} partie du multiplicande; et pour l'obtenir il faut diviser le multiplicande par q et multiplier le résultat par p.

Le multiplicande divisé par q, devient

$$\frac{a}{q}+\frac{b}{q}-\frac{c}{q},$$

et le produit de ce résultat par p, est

$$\frac{pa}{q}+\frac{pb}{q}-\frac{pc}{q},$$

c'est-à-dire $$ma + mb + mc;$$

donc, dans tous les cas, *pour multiplier un polynome par un nombre quelconque, il faut multiplier chaque terme séparément par ce nombre, en lui conservant le signe qu'il avait primitivement.*

16. Nous pouvons, actuellement, nous occuper de la multiplication des polynomes.

Considérons deux polynomes dont tous les termes soient séparés par le signe $+$.

Soit
$$p+q+r$$
à multiplier par
$$a+b+c,$$

a, b, c, p, q, r désignant des nombres quelconques qui peuvent être eux-mêmes représentés par des expressions algébriques plus ou moins compliquées.

Pour multiplier $p+q+r$ par un nombre quelconque, il faut d'après ce qui précède, multiplier ce nombre par p, puis par q, puis par r, et ajouter les résultats; par conséquent on a

$$(p+q+r)(a+b+c)=(a+b+c)p+(a+b+c)q+(a+b+c)r;$$

mais pour multiplier par p une somme $a+b+c$, il faut, comme on l'a vu, multiplier chaque partie par p, on a donc

$$(a+b+c)p=ap+bp+cp,$$

et de même

$$(a+b+c)q=aq+bq+cq,$$

$$(a+b+c)r=ar+br+cr:$$

et par suite

$$(a+b+c)(p+q+r)=ap+bp+cp+aq+bq+cq$$
$$+ar+br+cr,$$

résultat que l'on peut énoncer ainsi :

Le produit de deux polynomes, dont les termes sont positifs, est égal à la somme des produits obtenus en multipliant tous les termes du multiplicande par tous ceux du multiplicateur.

17. Supposons maintenant que les deux polynomes à multiplier, contiennent des termes précédés du signe —.

Désignons par A l'ensemble des termes qui sont précédés du signe + dans le multiplicande, et par B l'ensemble de ceux qui sont précédés du signe —; par P et Q les sommes analogues dans le multiplicateur; il faut multiplier

$$P - Q$$

par

$$A - B;$$

A, B, P, Q étant quatre polynomes à termes positifs. Or, pour multiplier une différence P — Q par un nombre quelconque, il faut, comme on l'a vu (**15**), multiplier ce nombre par P, puis par Q, et retrancher les résultats, on a donc

$$(P - Q)(A - B) = (A - B)P - (A - B)Q;$$

mais on a comme on l'a vu (**15**)

$$(A - B)P = PA - PB,$$
$$(A - B)Q = QA - QB;$$

d'où l'on conclut (**6**)

$$(A - B)P - (A - B)Q = PA - PB - QA + QB.$$

Telle est donc l'expression du produit demandé.

PA, PB, QA, QB sont des produits de polynomes à termes positifs; on les effectuera comme il a été dit (**16**). Il est évident que le résultat contiendra le produit de chaque terme du multiplicande par chaque terme du multiplicateur, chaque produit étant affecté d'un signe déterminé par les règles suivantes :

Les termes provenant de PA et de QB, c'est-à-dire du produit de deux termes précédés du signe + ou de deux termes précédés du signe —, sont précédés du signe +.

Les termes provenant de PB et de QA, c'est-à-dire du produit de deux termes précédés de signes différents, sont précédés du signe —.

Manière plus simple d'énoncer les résultats précédents.

18. L'énoncé des résultats précédents se simplifie si l'on considère, ainsi que nous l'avons déjà fait (**7**), les termes qui sont précédés du signe —, comme des nombres négatifs *ajoutés* aux termes précédents, et en adoptant, en outre, les définitions suivantes :

Le produit d'un nombre négatif $-a$ par un nombre positif b, est $-(a \times b)$.

Le produit de deux nombres négatifs $-a$ et $-b$ est $a \times b$.

D'après ces *conventions*, la règle de multiplication peut s'énoncer en disant : *le produit de deux polynomes s'obtient en multipliant tous les termes du multiplicande par tous ceux du multiplicateur, et* AJOUTANT *les résultats obtenus.*

Soit, par exemple, à multiplier

$$a-b$$

par

$$c-d,$$

le produit est (**17**),

$$ac-bc-ad+bd,$$

ou, d'après nos conventions,

$$ac+(-b)c+(-d)a+(-b)(-d),$$

ce qui est bien la somme des produits obtenus en multipliant les termes a et $-b$ du multiplicande par les termes c et $-d$ du multiplicateur.

19. REMARQUE I. Il n'y a pas lieu de chercher à démontrer les formules

$$(-a)(b) = -ab,$$

$$(-a)(-b) = ab,$$

elles expriment des définitions. Ces définitions permettent de renfermer sous un seul énoncé, les différents cas qu'il fallait distinguer, dans la règle de multiplication des polynomes.

20 REMARQUE II. On a vu (**17**) que

$$[1] \qquad (A-B)(M-P) = AM-AP-BM+BP.$$

La démonstration supposait que A et M fussent respectivement plus grands que B et P; les conventions que nous venons de faire rendent cette formule vraie, dans tous les cas.

Supposons, en effet, que l'un des facteurs soit négatif; que l'on ait, par exemple :

$$A < B,$$
$$M > P.$$

A—B étant négatif et égal (**10**) à —(B — A), on a, d'après nos conventions,

$$(A-B)(M-P) = -(B-A)(M-P) = -(BM - BP - AM + AP)$$
$$= -BM + BP + AM - AP,$$

ce qui coïncide, à l'ordre des termes près, avec la formule [1].

Supposons maintenant que les deux différences A—B et M—P soient négatives; leur produit sera (**18**) le même que si elles étaient prises positivement, et l'on aura

$$(A-B)(M-P) = (B-A)(P-M) = BP - BM - AP + AM,$$

ce qui est encore conforme à la formule [1].

21. Remarque III. Nous représenterons dorénavant un polynome quelconque, de quelques signes que soient ses termes, par une expression de la forme

$$a + b + c + p + q + r;$$

a, b, c, p, q, r désignant des nombres positifs ou négatifs.

Exemple. La formule

$$(a + b)^2 = a^2 + 2ab + b^2,$$

qui résulte immédiatement de la règle de multiplication, est vraie, par cela même, quels que soient les signes des quantités désignées par a et b. On peut donc supposer que b y représente un nombre négatif — b'. Cette formule devient alors

$$(a - b')^2 = a^2 + 2a(-b') + (-b')^2 = a^2 - 2ab' + b'^2.$$

Les formules qui donnent le carré d'une somme et celui d'une différence se trouvent ainsi ramenées à une seule.

22. Remarque IV. Les formules

$$(-a)b \quad = -ab,$$
$$(-a)(-b) = ab,$$

expriment des conventions faites en supposant que a et b soient des nombres positifs; mais il est facile de voir que, par suite des mêmes conventions, ces formules ne cessent pas d'avoir lieu lors même que a et b désignent des nombres négatifs.

La première formule peut, en effet, s'énoncer de la manière suivante :

Si, dans un produit, on change le signe de l'un des facteurs, le produit change de signe sans changer de valeur.

Et la seconde formule peut s'énoncer en disant :

Si, dans un produit, on change les signes des deux facteurs, le produit ne change ni de signe ni de valeur.

Or, nos conventions rendent ces deux propositions évidentes.

23. Remarque V. Lorsque, dans un produit de plusieurs facteurs, quelques-uns sont négatifs, le produit se définit comme en arithmétique : c'est le résultat obtenu en multipliant le premier facteur par le second; puis le produit effectué par le troisième facteur; puis le résultat par le quatrième, et ainsi de suite. Il suit de là que le produit aura même valeur absolue que si tous les facteurs étaient regardés comme positifs. Il sera précédé du signe +, si le nombre des facteurs négatifs est pair, et du signe — s'il est impair : pour le démontrer, remarquons que l'on peut toujours introduire + 1 comme premier facteur. Dans les multiplications successives que l'on aura à effectuer pour former le produit, le signe qui, d'après cela, est d'abord +, changera autant de fois qu'il y a de facteurs négatifs; or il est évident qu'il redeviendra + si le nombre des changements est pair, et — dans le cas contraire.

Il résulte évidemment de ce qui précède, que les puissances paires d'un nombre négatif sont positives, et les puissances impaires négatives.

24. Si l'on nomme quotient de deux nombres A et B, un troisième nombre qui, multiplié par le diviseur B reproduise le dividende A, il résulte évidemment des conventions précédentes que la valeur absolue du quotient de deux nombres ne dépend pas de leurs signes, et que ce quotient est positif si le dividende et le diviseur ont le même signe, et négatif dans le cas contraire.

Multiplication d'un nombre quelconque de polynomes.

25. Pour faire le produit d'un nombre quelconque de polynomes, il faut d'abord multiplier le premier par le second, puis le résultat par le troisième, et ainsi de suite. Le produit effectué de deux polynomes étant toujours un polynome, il suffira, quel que soit le nombre des facteurs, de savoir multiplier deux polynomes l'un par l'autre.

Soient P_1, P_2, P_3, P_4 les différents polynomes dont on veut former le produit; en multipliant P_1 par P_2, on obtiendra un produit Q_1 dont les termes sont (**18**) les produits de tous les termes de P_1 par tous ceux de P_2; on multipliera Q_1 par P_3, et on obtiendra un produit Q_2, qui sera la somme des produits de tous les termes de Q_1 par tous ceux de P_3; c'est-à-dire, la somme de tous les produits de trois facteurs obtenus, en prenant un facteur parmi les termes de P_1, un parmi les termes de P_2 et un enfin parmi les termes de P_3. Q_2 sera ensuite multiplié par P_4. Le résultat Q_3 de cette multiplication sera la somme des produits des termes de Q_2 par ceux de P_4; c'est-à-dire, de tous les produits de quatre facteurs pris respectivement dans les polynomes P_1, P_2, P_3, P_4. On pourra continuer indéfiniment le raisonnement, et l'on verra que le *produit des polynomes* P_1, P_2, P_3, ... P_n, *est la somme de tous les produits de* n *facteurs formés avec un terme de* P_1, *un terme de* P_2, *un terme de* P_3, ... *et un terme de* P_n.

Produit de deux polynomes ordonnés par rapport à une lettre.

26. On dit qu'un polynome est ordonné par rapport à une lettre, lorsque les termes sont placés dans l'ordre de grandeur des exposants de cette lettre; de telle sorte qu'en les considérant depuis le premier jusqu'au dernier les exposants aillent tous en diminuant ou tous en augmentant.

Exemple. $$8x^5 + 3x^4 + 2x^2 - x - 1$$

est un polynome ordonné par rapport à x.

Remarque I. Si la lettre par rapport à laquelle on ordonne

entrait dans plusieurs termes avec le même exposant, on réunirait ces termes en un seul et on regarderait cette puissance de la lettre ordonnatrice comme ayant pour coefficient la somme des facteurs qui la multiplient dans ces différents termes.

Exemple. Pour ordonner le polynome

$$a^5 + 4a^3b + 2a^3c^2 + a^2b + c$$

par rapport à a, on l'écrira de la manière suivante :

$$a^5 + (4b + 2c^2)a^3 + ba^2 + c.$$

Remarque II. L'exposant de la lettre ordonnatrice dans un terme se nomme le degré de ce terme. Le degré d'un polynome est celui du terme du plus haut degré qu'il contienne.

Il n'y a rien à changer à la règle de multiplication lorsqu'on veut l'appliquer à deux polynomes ordonnés suivant les puissances d'une lettre. Nous placerons seulement ici une remarque relative à la forme du résultat.

Lorsque le produit sera formé, on pourra diminuer le nombre de ses termes, en réunissant ceux qui sont semblables (4); mais on peut montrer, et cette remarque est très-importante, que deux termes au moins du produit subsisteront sans réduction. Ces deux termes sont, le produit du premier terme du multiplicande par le premier terme du multiplicateur, et le produit du dernier terme du multiplicande par le dernier terme du multiplicateur.

Il est évident, en effet, que le premier de ces produits contiendra la lettre ordonnatrice à une puissance plus élevée, et le second à une puissance moins élevée que tous les autres. Ils ne pourront donc pas se réduire avec eux, tant que la lettre ordonnatrice restera indéterminée.

Exemple. Si on multiplie

$$x^7 + x^6 + x^5 + x^4 + x^3 + x^2 + x + 1$$

par $$x - 1,$$

le terme x^8 et le terme -1 qui proviennent de la multiplication des premiers termes entre eux, et des derniers termes entre eux, ne se réduiront avec aucun autre. Si on effectue le produit, on voit qu'il se réduit à ces deux seuls termes, les autres se détruisant deux à deux.

27. Le produit de deux polynomes est, d'après ce qui précède, composé de deux termes au moins. Si les polynomes contiennent plusieurs lettres, on pourra les ordonner successivement par rapport à chacune d'elles, et en appliquant la remarque précédente on obtiendra un certain nombre de termes qui devront subsister sans réduction dans le produit. Si, par exemple, on multiplie les deux polynomes suivants, ordonnés par rapport à a

$$a^4+a^3b^5+a^2b^3+b^4,$$

$$a^6+a^4b+a^3b^7+ab^2.$$

Les termes $a^4\times a^6$, $b^4\times ab^2$ devront subsister sans réduction dans le produit. Si l'on ordonne les mêmes polynomes par rapport à b, les premiers termes sont a^3b^5 et a^3b^7 et les derniers a^4 et a^6; les deux termes $a^3b^5\times a^3b^7$ et $a^4\times a^6$ devront donc subsister sans réduction dans le résultat. Le terme $a^4\times a^6$ se présente, comme on voit, de deux manières différentes, et nous avons seulement trois termes distincts qui, dans le résultat, ne peuvent éprouver aucune réduction.

RÉSUMÉ.

13. On rappelle deux théorèmes démontrés en arithmétique : 1° Pour multiplier deux produits l'un par l'autre, il suffit de former un produit unique avec les facteurs qui entrent dans chacun d'eux; 2° Dans ce produit unique on peut remplacer deux ou plusieurs facteurs par leur produit effectué. — Règle de multiplication des monomes. — **14.** Ce qui précède permet de multiplier un nombre quelconque de monomes. — **15.** Multiplication d'un polynome par un monome. — **16.** Multiplication de deux polynomes à termes positifs. — **17.** Cas où les polynomes contiennent des termes précédés du signe—. — **18.** Expression plus simple des résultats précédents, en regardant les termes précédés du signe — comme des nombres négatifs *ajoutés* aux termes qui précèdent, et en adoptant des conventions convenables sur le produit de deux nombres négatifs ou d'un nombre négatif par un nombre positif. — **19.** Il n'y a pas lieu de chercher à démontrer les conventions relatives au produit des nombres négatifs;

ces conventions sont arbitraires : il y a seulement un avantage de simplicité à adopter celles que nous avons choisies. — **20**. Ces conventions ont en outre l'avantage d'étendre la formule de multiplication de deux polynomes au cas où l'ensemble des termes négatifs l'emporte sur celui des termes positifs. — **21**. Quels que soient les termes d'un polynome, on peut le considérer comme une somme de termes dont quelques-uns sont négatifs ; on peut de cette manière réduire à une seule les deux formules qui donnent le carré d'une somme et le carré d'une différence. — **22**. Les formules $ab=(-a)(-b)$, $a(-b)=-ab$, sont vraies, quels que soient les signes des nombres représentés par a et b. — **23**. Remarque sur le signe d'un produit de plusieurs facteurs. — **24**. Définition de la division quand le dividende et le diviseur ne sont pas tous deux positifs. — **25**. Multiplication d'un nombre quelconque de polynomes ; le produit est la somme des produits que l'on peut faire en prenant pour facteur un terme de chaque polynome. — **26**. Ce qu'on entend par polynome ordonné par rapport à une lettre. La règle de multiplication est la même, seulement il y a souvent réduction entre des termes semblables ; mais on remarque que deux termes au moins du produit ne peuvent se réduire. — **27**. Quand les polynomes contiennent plusieurs lettres, la règle précédente fait quelquefois connaître plus de deux termes du produit qui ne peuvent se réduire.

EXERCICES.

I. Le carré d'un polynome est égal à la somme des carrés des termes, plus deux fois la somme de leurs produits deux à deux.

II. Le cube d'un polynome est égal à la somme des cubes des termes, plus trois fois la somme des produits de l'un des termes par le carré d'un autre, plus six fois la somme des produits des termes trois à trois.

III. $$(a^2+b^2+c^2+d^2)(p^2+q^2+r^2+s^2)=(ap+bq+cr+ds)^2 +(aq-bp+cs-dr)^2+(ar-cp+dq-bs)^2 +(br-cq+as-dp)^2.$$

IV. Si l'on pose

$$a+b+c+d=A,\quad a+b-c-d=B,$$ et que $ab(a^2+b^2)=cd(c^2+d^2)$,

$$a-b+c-d=C,\quad a-b-c+d=D,$$ on aura $AB(A^2+B^2)=CD(C^2+D^2)$.

V. Si l'on pose

$$bc - p^2 = A,\quad ac - q^2 = B,\quad ab - r^2 = C,$$
$$qr - ap = P,\quad pr - bq = Q,\quad pq - cr = R,$$

on aura

$$(abc + 2pqr - ap^2 - bq^2 - cr^2)^2 = ABC + 2PQR - AP^2 - BQ^2 - CR^2.$$

VI. Si l'on pose

$$\begin{aligned} A &= 3abc - a^2d \;- 2b^3,\\ B &= 2ac^2 \;- abd \;- b^2c,\\ C &= acd \;- 2b^2d + bc^2,\\ D &= ad^2 \;- 3bcd + 2c^3,\end{aligned}$$

on aura

$$\begin{aligned}&(a^2d^2 - 3b^2c^2 + 4ac^3 + 4db^3 - 6abcd)^3\\ &= A^2D^2 - 3B^2C^2 + 4AC^3 + 4DB^3 - 6ABCD.\end{aligned}$$

Prouver, en outre, que si on forme des nombres A′, B′, C′, D′, exprimés en A, B, C, D comme ces derniers le sont eux-mêmes en a, b, c, d, on aura

$$\frac{A'}{a} = \frac{B'}{b} = \frac{C'}{c} = \frac{D'}{d} = (a^2d^2 - 3b^2c^2 + 4ac^3 + 4db^3 - 6abcd)^2.$$

VII. Si l'on pose

$$\begin{aligned} A &= bc' + cb' + aa',\\ B &= ab' + ba' + cc',\\ C &= ac' + ca' + bb',\end{aligned}$$

on a $$(a + b + c)(a' + b' + c') = A + B + C,$$

$$\begin{aligned}&(a^2 + b^2 + c^2 - ab - ac - bc)(a'^2 + b'^2 + c'^2 - a'b' - a'c' - b'c')\\ &= A^2 + B^2 + C^2 - AB - AC - BC,\end{aligned}$$

$$(a^3 + b^3 + c^3 - 3abc)(a'^3 + b'^3 + c'^3 - 3a'b'c') = A^3 + B^3 + C^3 - 3ABC,$$

VIII. a, b, c ... k, l, désignant des nombres quelconques, on a

$$\begin{aligned}&ab(a+b) + (a+b)c(a+b+c) + (a+b+c)d(a+b+c+d) + \dots\\ &+ (a+b+c+d+\dots+k)l(a+b+c+d+\dots+k+l)\\ &= lk(l+k) + (l+k)j(l+k+j) + \dots(l+k+j\dots+b)a(l+k+j\dots+b+a).\end{aligned}$$

IX. $2y^2+3z^2+6t^2$ est égal à la somme de trois carrés.

X. Soient x, y, z, u, v, w des nombres quelconques. Si on pose

$$m=\frac{x-y}{x+y}, p=\frac{y-z}{y+}, q=\frac{z-u}{z+u} r=\frac{u-v}{u+v}, s=\frac{v-w}{v+w}, t=\frac{w-x}{w+x},$$

prouver que

$$(1+m)(1+p)(1+g)(1+r)(1+s)(1+t)$$
$$=(1-m)(1-q)(1-p)(1-r)(1-s)(1-t).$$

XI. $(p^2+q^2+r^2+s^2+t^2)(p'^2+q'^2+r'^2+s'^2+t'^2)$
$$-(pp'+qq'+rr'+ss'+tt')^2$$

est une somme de carrés.

XII. Dans le développement de $(1+x+2x^2+3x^3+\ldots+nx^n)^2$, le coefficient de x^p, p étant moindre que n, est égal à $\frac{p^3+11p}{6}$.

XIII. Vérifier que

$$\frac{x^2y^2z^2}{b^2c^2}+\frac{(x^2-b^2)(y^2-b)(z^2-b^2)}{b^2(b^2-c^2)}+\frac{(x^2-c^2)(y^2-c^2)(z^2-c^2)}{c^2(c^2-b^2)}$$
$$=x^2+y^2+z^2-c^2-b^2.$$

XIV. Vérifier que

$$\frac{y^2z^2}{b^2c^2}+\frac{(z^2-b^2)(b^2-y^2)}{b^2(c^2-b^2)}+\frac{(c^2-z^2)(c^2-y^2)}{c^2(c^2-b^2)}=1.$$

XV. Vérifier que

$$\frac{x^2z^2}{b^2c^2}+\frac{(x^2-b^2)(b^2-z^2)y^2}{(y^2-b^2)b^2(c^2-b^2)}+\frac{(x^2-c^2)(c^2-z^2)y^2}{(c^2-y^2)c^2(c^2-b^2)}$$
$$=\frac{(x^2-b^2)(y^2-z^2)}{(y^2-b^2)(c^2-y^2)}.$$

XVI. Vérifier que

$$\frac{1}{p^2q^2}=\frac{1}{(p+q)^2}\left\{\frac{1}{p^2}+\frac{1}{q^2}\right\}+\frac{2}{(p+q)^3}\left\{\frac{1}{p}+\frac{1}{q}\right\}.$$

XVII. Vérifier que

$$\frac{(1-x^m)(1-x^{m-1})(1-x^{m-2})\ldots(1-x^{m-p})}{(1-x)(1-x^2)\ldots(1-x^{p+1})}$$
$$=\frac{(1-x^{m-1})(1-x^{m-2})\ldots(1-x^{m-p-1})}{(1-x)(1-x^2)\ldots(1-x^{p+1})}$$
$$+x^{m-p-1}\frac{(1-x^{m-1})(1-x^{m-2})\ldots(1-x^{m-p})}{(1-x)(1-x^2)\ldots(1-x^p)}.$$

XVIII. Vérifier la formule

$$15x^2(y^2-z^2)^2+15y^2(x^2-z^2)^2+15z^2(x^2-y^2)^2+x^2(2x^2-y^2-z^2)^2$$
$$+y^2(2y^2-x^2-z^2)^2+z^2(2z^2-x^2-y^2)^2=4(x^2+y^2+z^2)^3-108x^2y^2z^2.$$

XIX. Simplifier l'expression

$$\tfrac{1}{6}\{x(x+1)(x+2)+x(x-1)(x-2)\}+\tfrac{3}{2}(x-1)x(x+1).$$

XX. Vérifier que

$$\frac{1}{(a-b)(a-c)(x+a)}+\frac{1}{(b-a)(b-c)(x+b)}+\frac{1}{(c-a)(c-b)(z+c)}$$
$$=\frac{1}{(x+a)(x+b)(x+c)}.$$

XXI. Vérifier que

$$4\{(a^2-b^2)cd+(c^2-d^2)ab\}^2+\{(a^2-b^2)(c^2-d^2)-4abcd\}^2=(a^2+b^2)^2(b^2+c^2)^2.$$

XXII. Réduire

$$\frac{x(x+1)(x+2)}{3}-\frac{x(x+1)(2x+1)}{6}.$$

XXIII. Vérifier l'égalité

$$\frac{m(m-1)\ldots(m-n+1)}{1.2.3\ldots n}=\frac{(m-2)(m-3)\ldots(m-n-1)}{1.2.3\ldots n}$$
$$+2\,\frac{(m-2)(m-3)\ldots(m-n)}{1.2.3\ldots n-1}+\frac{(m-2)(m-3)\ldots(m-n+1)}{1.2.3\ldots n-2}.$$

XXIV. Vérifier l'égalité

$$\frac{m.(m-1)(m-2)\ldots(m-n+1)}{1.2.3\ldots n}=\frac{(m-3)(m-4)\ldots(m-n-2)}{1.2.3\ldots n}$$
$$+3\,\frac{(m-3)(m-4)\ldots(m-n-1)}{1.2.3\ldots n-1}+3\,\frac{(m-3)(m-4)\ldots(m-n)}{1.2.3\ldots n-2}$$
$$+\frac{(m-3)(m-4)\ldots(m-n+1)}{1.2.3\ldots n-3}.$$

XXV. Simplifier l'expression

$$\frac{1-a^2}{(1+ax)^2-(a+x)^2}.$$

XXVI. Simplifier

$$\frac{1}{1-\left\{\dfrac{a+b+(1+ab)x}{1+ab+(a+b)x}\right\}^2}$$
$$\times\frac{(1+ab)\{1+ab+(a+b)x\}-(a+b)\{(a+b)+(1+ab)x\}}{\{1+ab+(a+b)x\}^2}.$$

XXVII. Si l'on fait, dans le polynome,

$$ax^2+2bxy+cy^2$$

la substitution

$$x=\alpha x'+\beta y',$$
$$y=\alpha' x'+\beta' y',$$

il prendra la forme

$$Ax'^2+2By'x'+Cy'^2,$$

et l'on aura

$$B^2-AC=(b^2-ac)(\alpha\beta'-\beta\alpha')^2.$$

XXVIII. Si l'on fait, dans le polynome

$$ax^4+4bx^3y+6cx^2y^2+4dxy^3+ey^4,$$

la substitution

$$x=\alpha x'+\beta y',$$
$$y=\alpha' x'+\beta' y',$$

il prendra la forme

$$Ax'^4+4Bx'^3y'+6Cx'^2y'^2+4Dx'y'^3+Ey'^4,$$

et l'on aura

$$AE - 4BD + 3C^2 = (ae - 4bd + 3c^2)(\alpha\beta' - \beta\alpha')^4.$$

XXIX. Vérifier les égalités

$$1 + x^4 = (1 + x^2 + x\sqrt{2})(1 + x^2 - x\sqrt{2});$$
$$1 + x^6 = (1 + x^2)(1 + x^2 + x\sqrt{3})(1 + x^2 - x\sqrt{3}).$$

XXX. Vérifier la proportion

$$\frac{c}{a+b} - \frac{c}{a+2b} : \frac{c}{a+2b} - \frac{c}{a+3b} = \frac{c}{a+b} : \frac{c}{a+3b}.$$

XXXI. Si l'on pose

$$B = b^2 + bc + c^2, \quad C = b^2c + bc^2,$$

on aura

$$4B^3 - 27C^2 = (b-c)^2(2b^2 + 5bc + 2c^2)^2,$$

et, par conséquent, $4B^3 - 27C^2$ est toujours positif.

CHAPITRE III.

DIVISION ALGÉBRIQUE.

Division des monomes.

28. Pour diviser deux monomes l'un par l'autre, on doit, dans le plus grand nombre des cas, se borner à écrire le dividende au-dessus du diviseur en les séparant par une barre horizontale.

Exemple. La division de a^3b par c^2d donne pour quotient

$$\frac{a^3b}{c^2d},$$

et il est absolument impossible de simplifier le résultat tant que a, b, c, d restent indéterminés.

29. Il arrive cependant quelquefois qu'après avoir indiqué l'opération comme nous venons de le faire, on trouve des facteurs communs aux deux termes de la fraction obtenue, et l'on peut alors supprimer ces facteurs.

Exemple. Soit $40a^4bcf^3h^4$ à diviser par $35f^2g^4h^2b^2$; le quotient

$$\frac{40a^4bcf^3h^4}{35f^2g^4h^2b^2}$$

peut se simplifier; il suffit de supprimer, en effet, les facteurs 5, b, f^2 et h^2 communs aux deux termes, et il reste

$$\frac{8a^4cfh^2}{7g^4b}.$$

Remarque. Quand une fraction à termes monomes a été réduite autant que possible, aucune lettre ne doit figurer à la fois dans ses deux termes, car alors on pourrait la supprimer autant de fois qu'elle se trouve dans le terme où elle a le moindre exposant.

On voit qu'une lettre a qui entre dans le dividende avec l'exposant m, et dans le diviseur avec l'exposant n, entre au quotient avec un exposant égal à la différence des deux nombres m et n. Cette règle souffre cependant une exception. Si l'on a $m=n$, la lettre a disparaît du quotient. On conserve à l'énoncé toute la généralité en faisant la *convention* que a^0 représente l'unité, et disant alors, dans ce cas, que a figure dans l'expression avec l'exposant 0, différence des deux nombres égaux m et n. Nous donnerons, du reste, plus loin de plus grands détails sur cette convention, qui se lie à la généralisation des exposants, dont nous aurons à nous occuper dans un chapitre suivant.

Des divisions qui peuvent s'effectuer.

30. Dans un grand nombre de cas, pour indiquer la division de deux polynomes, on se borne à les séparer par une barre horizontale, et il est impossible de transformer l'opération en une autre plus simple.

Lorsque cependant le dividende et le diviseur contiennent une même lettre, on peut, *quelquefois*, mettre leur quotient sous la forme d'un nouveau polynome. Nous supposerons ici que les polynomes soient ordonnés suivant les puissances décroissantes d'une même lettre, et nous chercherons, *s'il est possible*, à représenter leur quotient par un polynome ordonné de la même manière : c'est ce qu'on appelle *effectuer la division.*

Le procédé de division repose sur les théorèmes suivants :

31. Théorème I. *Si deux polynomes sont ordonnés suivant les puissances décroissantes d'une même lettre, et que le quotient de leur division soit égal à un polynome ordonné de la même manière, le premier terme de ce quotient est le quotient de la division du premier terme du dividende par le premier terme du diviseur.*

Le quotient, multiplié par le diviseur, doit, en effet, reproduire le dividende ; or, le premier terme du produit de deux polynomes provient, sans réduction (**26**), du produit des premiers termes de chacun d'eux. Le premier terme du dividende est donc le produit du premier terme du quotient par le premier terme du diviseur, et le premier terme du quotient résulte, par conséquent, de la division du premier terme du dividende par le premier terme du diviseur.

On peut remarquer (**24**) que le premier terme du quotient sera positif ou négatif suivant que le premier terme du dividende et le premier terme du diviseur auront ou n'auront pas le même signe.

32. Théorème II. *Si l'on multiplie le diviseur par le premier terme du quotient, que l'on retranche le produit du dividende, on obtiendra un reste qui, divisé par le diviseur, donnera pour résultat l'ensemble des autres termes du quotient.*

Le dividende est égal, en effet, au produit du diviseur par le quotient. Si donc on en retranche le produit du diviseur par un des termes du quotient, le reste sera le produit du diviseur par la somme des autres termes du quotient : cette somme sera, par suite, le quotient de la division du reste par le diviseur.

33. Les deux théorèmes précédents permettent de faire une division quelconque, car ils donnent le moyen de trouver le premier terme du quotient, et ramènent la recherche de tous les autres à une division nouvelle. Les mêmes théorèmes appliqués à cette division nouvelle permettent de trouver le premier terme du nouveau quotient, c'est-à-dire le second du quotient cherché, et de ramener la recherche des suivants à une troisième division, et ainsi de suite.

34. Remarque. Les raisonnements qui précèdent supposent, essentiellement, que le quotient puisse s'exprimer par un polynome. On peut voir, du reste, que le procédé auquel ils conduisent apprendra, dans tous les cas, si réellement il en est ainsi. La condition nécessaire et suffisante est que l'un des termes du quotient, multiplié par le diviseur, donne un produit précisément égal au dividende partiel qui l'a fourni. 1° Cette condition est nécessaire, car après avoir trouvé tous les termes du quotient, et retranché successivement du dividende le produit de chacun d'eux par le diviseur, on doit trouver un reste nul. 2° Cette condition est suffisante, car si elle est remplie, le dividende est égal à la somme des produits du diviseur par les termes trouvés au quotient, puisque, en en retranchant successivement ces produits, il ne reste rien.

Dans le cas où les opérations ne doivent jamais s'arrêter, il est important d'examiner comment on pourra s'assurer qu'il en est ainsi, et, à quel moment, on peut affirmer qu'aucun polynome ne peut représenter le quotient. Remarquons, pour y parvenir, que, lorsqu'une division peut s'effectuer, le dividende étant le produit du diviseur par le quotient, le dernier terme du dividende est le produit du dernier terme du diviseur par le dernier du quotient. De là résulte, que l'on peut déterminer, immédiatement, le dernier terme du quotient, en divisant le dernier terme du dividende par le dernier du diviseur. Lors donc qu'en formant les termes successifs du quotient, on en trouvera un de degré moindre que le terme ainsi calculé, on pourra affirmer que l'opération ne se termine pas.

35. Exemple. Soit à diviser $x^5+6x^4+4x^3-4x^2+x-1$ par x^2+x-1, on écrira, comme il suit, le diviseur à la droite du dividende, en les séparant par une barre verticale

$$\begin{array}{r|l} x^5+6x^4+4x^3-4x^2+x-1 & x^2+x-1 \\ \cline{2-2} 5x^4+5x^3-4x^2+x-1 & x^3+5x^2+1 \\ x^2+x-1 & \\ 0 & \end{array}$$

Le premier terme du quotient est x^3, quotient de la division de x^5 par x^2.

On multiplie le diviseur par x^3, et l'on retranche le produit du dividende, en soustrayant chaque terme du produit, du terme de degré égal, dans le dividende, au fur et à mesure que l'on fait la multiplication. On trouve, ainsi, pour reste, un premier dividende partiel

$$5x^4+5x^3-4x^2+x-1.$$

Le second terme du quotient est $5x^2$, quotient de la division de $5x^4$ par x^2.

Si on multiplie $5x^2$ par le diviseur, et que l'on retranche le produit du dividende partiel, on obtient pour reste un second dividende partiel x^2+x-1.

Le troisième terme du quotient est 1, quotient de la division de x^2 par x^2. Si on multiplie le diviseur par 1, et que l'on retranche le produit du dividende partiel précédent, on obtient pour reste 0. La division se fait donc exactement, et le quotient est x^3+5x^2+1.

Exemple II. Diviser $x^5+5x^4+2x^3$ par x^2+x.

$$\begin{array}{r|l} x^5+5x^4+2x^3 & x^2+x \\ \cline{2-2} 4x^4+2x^3 & x^3+4x^2 \end{array}$$

Le premier terme du quotient est x^3, quotient de la division de x^5 par x^2. On multiplie x^3 par le diviseur, et l'on retranche le produit du dividende : le reste est

$$4x^4+2x^3.$$

$4x^4$, divisé par x^2, donne pour quotient $4x^2$, qui devrait être le second terme du quotient. Mais, sans aller plus loin, on voit que l'opération ne réussira pas, car le dernier terme du quotient (34) devrait être le quotient de la division de $2x^3$ par x, c'est-à-dire $2x^2$, et, par suite, s'il existe un quotient exact, le terme $4x^2$ ne peut en faire partie *.

36. Remarque. Les règles précédentes ne supposent nullement que les puissances de la lettre ordonnatrice aient des coefficients numériques. Ces coefficients peuvent être littéraux et même composés de plusieurs termes, sans qu'il y ait rien à changer aux règles ou aux raisonnements.

Exemple. Diviser

$$x^6+(a^2-2c^2)x^4-(a^4-c^4)x^2-a^6-2a^4c^2-a^2c^4 \quad \text{par} \quad x^2-a^2-c^2.$$

$$\begin{array}{r|l} x^6+(a^2-2c^2)x^4-(a^4-c^4)x^2-a^6-2a^4c^2-a^2c^4 & x^2-a^2-c^2 \\ \cline{2-2} (2a^2-c^2)x^4-(a^4-c^4)x^2-a^6-2a^4c^2-a^2c^4 & x^4+(2a^2-c^2)x^2+a^4+a^2c^2. \\ (a^4+a^2c^2)x^2-a^6-2a^4c^2-a^2c^4 & \end{array}$$

Le premier terme du quotient est le quotient de la division de x^6 par x^2, ou x^4. On multiplie x^4 par le diviseur, et l'on retranche le produit du dividende : il reste

$$(2a^2-c^2)x^4-(a^4-c^4)x^2-a^6-2a^4c^2-a^2c^4.$$

Le second terme du quotient est $(2a^2-c^2)x^2$, quotient de la divi-

* Ici se termine l'exposition sommaire de la théorie de la division demandée aux élèves de logique par les programmes des lycées.

sion de $(2a^2-c^2)x^4$ par x^2. On multiplie le diviseur par $(2a^2-c^2)x^2$, et l'on retranche le produit du dividende : il reste

$$(a^4+a^2c^2)x^2-a^6-2a^4c^2-a^2c^4.$$

Le troisième terme du quotient est $a^4+a^2c^2$, quotient de la division de $(a^4+a^2c^2)x^2$ par x^2. Le produit de $a^4+a^2c^2$ par le diviseur étant retranché du dernier dividende partiel laisse pour reste 0; la division se fait donc exactement et le quotient est

$$x^4+(2a^2-c^2)x^2+a^4+a^2c^2.$$

EXEMPLE II. Soit à diviser

$$(a^4-b^4)x^4+(a^2b^3-a^3b^2-a^4b-b^4a)x^3+(a^2b^4-a^4b^2+a^3b^3+b^6+a^6)x^2$$
$$-(a^5b^2+b^5a^2)x+b^4a^4$$

par

$$(a^2+b^2)x^2-a^2bx+a^4.$$

Le premier terme du quotient est

$$\frac{(a^4-b^4)x^4}{(a^2+b^2)x^2}=\frac{a^4-b^4}{a^2+b^2}x^2=(a^2-b^2)x^2;$$

en continuant l'opération, on verra que le calcul de chaque terme du quotient exige la division de deux polynomes algébriques ordonnés par rapport à a, le diviseur étant toujours a^2+b^2, et l'on trouvera, en effectuant les calculs, que le quotient est

$$(a^2-b^2)x^2-ab^2x+b^4.$$

Des divisions qui ne peuvent se faire exactement.

37. Lorsque deux polynomes n'ont pas pour quotient un troisième polynome, on dit qu'ils ne sont pas divisibles l'un par l'autre. On peut néanmoins, dans ce cas, donner, en général, à l'expression de leur rapport, une forme plus simple que celle qui résulterait de la seule indication de l'opération. Nous allons démontrer, en effet, le théorème suivant :

Si deux polynomes entiers A *et* B *contiennent une même lettre x, on peut toujours mettre le rapport $\frac{A}{B}$ sous la forme d'un poly-*

nome Q entier par rapport à x, augmenté d'une fraction $\frac{R}{B}$ *ayant même dénominateur que* $\frac{A}{B}$ *et pour numérateur un polynome* R *de degré moindre en x que* B.

Appliquons, en effet, aux deux polynomes A et B, la méthode de division exposée (**33**), jusqu'à ce que l'on trouve un reste de degré moindre que B. On obtiendra, au quotient, différents termes dont aucun ne contiendra x en dénominateur, car les dividendes partiels qui les fournissent sont tous de degré supérieur à B, et leur premier terme contient, par suite, x à un degré plus élevé que le premier terme de B.

Soit Q l'ensemble des termes obtenus lorsque l'on parvient à un dividende partiel, R, de degré moindre que B. R est ce qui reste du dividende A, lorsqu'on en retranche successivement le produit de B par les divers termes de Q; il est donc égal à A—BQ, et l'on a

$$A=BQ+R,$$

d'où

$$\frac{A}{B}=Q+\frac{R}{B};$$

le quotient $\frac{A}{B}$ est donc mis sous la forme annoncée.

On peut prouver, de plus, que la transformation précédente ne peut se faire que d'une seule manière. Si, en effet, l'on avait à la fois

$$\frac{A}{B}=Q+\frac{R}{B},$$

$$\frac{A}{B}=Q'+\frac{R'}{B},$$

on en conclurait, en retranchant

$$0=(Q-Q')+\frac{(R-R')}{B}$$

ou

$$(R-R')=(Q'-Q)B;$$

or, cette dernière égalité est impossible, car le premier membre contient x à un degré moindre que le second, puisque R et R' étant, par hypothèse, de degrés moindres que B, il en est de même de leur différence, et le produit de B, par le polynome $Q'-Q$, entier par rapport à x, est au moins, de même degré que B.

Remarque. Si A renfermait x à un degré moindre que B, le quotient Q serait égal à zéro, et le dividende A serait lui-même le reste.

Exemples. On trouve, par la méthode précédente,

$$\frac{x^5-2x^3+x-1}{x^2-3}=x^2+x+\frac{4x-1}{x^2-3},$$

$$\frac{2x^4+3x^2-5x+7}{7x^3+x-1}=\frac{2}{7}x+\frac{\frac{19}{7}x^2-\frac{33}{7}x+7}{7x^3+x-1}.$$

Remarque. Quand on applique au quotient de deux polynomes A et B la transformation précédente, on donne au polynome entier Q le nom de quotient entier, et au numérateur R de la fraction $\frac{R}{B}$ celui de *reste* de la division.

38. Nous avons prouvé que les deux polynomes A et B étant ordonnés par rapport à une même lettre x, le quotient entier et le reste ne peuvent avoir qu'une seule forme (**37**). Mais si l'on change la lettre ordonnatrice, les mêmes polynomes peuvent conduire à un nouveau quotient et à un nouveau reste. Si on considère, par exemple, la fraction

$$\frac{x^4+y^4}{x^2+y^2}$$

en ordonnant par rapport à x, on trouve pour quotient x^2-y^2, et pour reste $2y^4$. Si l'on ordonnait au contraire par rapport à y, on trouverait pour quotient y^2-x^2, et pour reste $2x^4$, en sorte que l'on a

$$\frac{x^4+y^4}{x^2+y^2}=x^2-y^2+\frac{2y^4}{x^2+y^2},$$

$$\frac{y^4+x^4}{y^2+x^2}=y^2-x^2+\frac{2x^4}{x^2+y^2}.$$

Division des polynomes ordonnés suivant les puissances croissantes d'une lettre.

39. Il arrive dans certains cas, qu'au lieu d'ordonner les termes d'un polynome suivant les puissances décroissantes de la lettre ordonnatrice, on les range de telle sorte que l'exposant de cette lettre aille en augmentant depuis le premier terme jusqu'au dernier. On peut faire la division de deux polynomes ordonnés de cette manière et trouver les divers termes du quotient; en commençant par ceux dans lesquels la lettre principale a le moindre exposant. La théorie est absolument la même que dans le mode ordinaire d'opérer, seulement, dans le cas où la division exacte n'est pas possible, on peut la continuer indéfiniment sans que l'opération se trouve jamais arrêtée, et l'on obtient des restes dont le degré augmente de plus en plus au lieu de diminuer, comme cela avait lieu dans le cas des polynomes ordonnés suivant les puissances décroissantes.

Pour donner un exemple de cette manière d'opérer, reprenons la division effectuée au paragraphe (35), en ordonnant les deux polynomes, suivant les puissances croissantes de x,

$$\begin{array}{r|l} -1+x-4x^2+4x^3+6x^4+x^5 & -1+x+x^2 \\ \cline{2-2} -5x^2+4x^3+6x^4+x^5 & +1+5x^2+x^3 \\ -\ x^3+\ x^4+x^5 & \end{array}$$

nous dirons : le dividende étant le produit du diviseur par le quotient, le terme dont le degré en x, y est le moins élevé, provient sans réduction du produit des deux termes analogues dans le diviseur et dans le quotient, et, par conséquent, le premier terme du quotient, est le quotient de la division du premier terme du dividende par le premier terme du diviseur.

On démontrera absolument comme on l'a fait (32), qu'en retranchant du dividende le produit du diviseur par le premier terme du quotient, on obtient un reste

$$-5x^2+6x^3+6x^4+x^5$$

qui, divisé par le diviseur, fournira les termes qui doivent compléter le quotient.

Le premier de ces termes est égal, pour les raisons données

plus haut, au quotient de la division de $-5x^2$ par -1, c'est-à-dire qu'il est $+5x^2$.

En multipliant $+5x^2$ par le diviseur, et retranchant le résultat du premier reste, on obtient un second reste

$$-x^3+x^4+x^5,$$

qui, divisé par le diviseur, fournira les termes qui doivent compléter le quotient.

Le premier de ces termes est égal, pour les raisons données plus haut, au quotient de la division de $-x^3$ par -1, c'est-à-dire qu'il est $+x^3$, en le multipliant par le diviseur et retranchant le produit du reste précédent, on trouve une différence nulle, et l'opération est par conséquent terminée.

Dans l'exemple précédent, l'opération se termine, et le résultat est identique, comme cela devait être, avec celui qu'a fourni l'autre manière d'opérer; mais il n'en serait pas de même si nous prenions une division impossible à effectuer exactement. Reprenons, par exemple, la division indiquée (37)

$$\begin{array}{r|l} -1+x-2x^3+x^5 & -3+x^2 \\ \cline{2-2} +x-\frac{1}{3}x^2-2x^3+x^5 & +\frac{1}{3}-\frac{x}{3} \\ -\frac{1}{3}x^2-\frac{5}{3}x^3+x^5 & \end{array}$$

les deux premiers termes obtenus au quotient sont $\frac{1}{3}-\frac{x}{3}$, et n'ont, comme on voit, aucun rapport avec ceux que l'on obtenait en ordonnant les polynomes, suivant les puissances décroissantes de x : le reste est du second degré si l'on arrête le quotient à ces deux premiers termes, et son degré augmentera de plus en plus à mesure que l'on poussera plus loin les opérations.

Différences et analogies entre la division arithmétique et la division des polynomes.

40. Les polynomes ordonnés suivant les puissances d'une lettre, présentent, avec les nombres entiers, des analogies qu'il est bon de remarquer. Un nombre entier comme 783214 exprime $7 \times 10^5 + 8 \times 10^4 + 3 \times 10^3 + 2 \times 10^2 + 1 \times 10 + 4$, et on peut l'assimiler au polynome

$$7x^5 + 8x^4 + 3x^3 + 2x^2 + x + 4,$$

dans lequel on aurait supposé $x = 10$. Il ne faut pas croire, cependant, que toute question d'arithmétique relative à des nombres entiers, soit, purement et simplement, un cas particulier d'une question d'algèbre dans laquelle ces nombres seraient remplacés par les polynomes correspondants.

Comparons, par exemple, les deux questions suivantes :

Diviser 783214 par 321.

Diviser $7x^5 + 8x^4 + 3x^3 + 2x^2 + x + 4$ par $3x^2 + 2x + 1$.

Les conditions des deux problèmes ont entre elles des différences essentielles qui ne permettent pas de considérer le premier comme un cas particulier du second.

1° Le quotient de la division arithmétique doit être un nombre entier, tandis que le quotient de la division algébrique peut être un polynome, entier par rapport à x, dont les coefficients soient des nombres fractionnaires.

2° Les chiffres du quotient et du reste, dans la division arithmétique, doivent être moindres que 10, tandis que rien ne limite les coefficients des diverses puissances de x dans la division algébrique.

3° Dans la division arithmétique, le reste doit être moindre que le diviseur. Dans la division algébrique, il doit être de degré moindre.

4° Enfin, en algèbre, les résultats obtenus conviennent pour toutes les valeurs de x : il n'y a pas de condition analogue en arithmétique.

Condition pour qu'un polynome soit divisible par un binome de la forme $x - a$.

41. Si l'on divise par $x - a$ un polynome ordonné suivant les puissances de x, le reste, devant être (37) de degré moindre que le diviseur, ne contiendra pas la lettre ordonnatrice x. On peut, d'après cela, le calculer sans effectuer la division, et en déduire la condition pour que celle-ci réussisse.

Soit X le polynome dividende, Q le quotient, et R le reste; on a identiquement,

$$X = Q(x-a)+R.$$

Dans cette égalité, qui a lieu quel que soit x, on peut supposer $x=a$; cette hypothèse annulant le produit $Q(x-a)$, on en déduit

$$X_a = R,$$

en désignant par X_a ce que devient X quand on y remplace x par a. Quant à R, comme il ne contient pas x, il n'est pas changé par cette substitution, et la valeur cherchée de R est, par conséquent, X_a. Ainsi donc

Le reste de la division d'un polynome par x — a *est le résultat de la substitution de* a *à* x *dans ce polynome.*

Il en résulte que la division ne réussira que si cette substitution donne un résultat égal à zéro.

42. Cette dernière proposition est d'une grande importance. Nous nous bornerons ici à en déduire quelques conséquences.

1° $x^m - a^m$ est divisible par $x-a$, car il s'annule évidemment pour $x=a$.

Si l'on effectue la division on trouvera pour quotient.

$$[1] \quad \frac{x^m - a^m}{x-a} = x^{m-1} + ax^{m-2} + a^2x^{m-3} + \ldots + a^{m-1},$$

et l'on peut vérifier, du reste, que les termes du second membre forment une progression géométrique dont la somme est

$$\frac{x^m - a^m}{x-a}.$$

2° $x^m - a^m$ est divisible par $x+a$ lorsque m est pair, car $x+a$ équivaut à $x-(-a)$; or $x^m - a^m$ devient, par la substitution de $-a$ à x,

$$(-a)^m - a^m,$$

c'est-à-dire zéro, puisque m étant pair, $(-a)^m = a^m$.

Si l'on effectue la division, on trouvera

$$[2] \qquad \frac{x^m - a^m}{x + a} = x^{m-1} - ax^{m-2} + a^2x^{m-3} - \ldots - a^{m-1}.$$

Cette formule suppose que m soit pair.

3° $x^m + a^m$ est divisible par $x+a$ quand m est impair, car $x+a$ équivaut à $x-(-a)$, et, en substituant $-a$ à x, dans le dividende $x^m + a^m$, celui-ci devient, $(-a)^m + a^m$, c'est-à-dire 0, puisque m étant impair $(-a)^m$ est égal à $-a^m$. On trouve, en faisant la division,

$$[3] \qquad \frac{x^m + a^m}{x + a} = x^{m-1} - ax^{m-2} + a^2x^{m-3} + \ldots + a^{m-1};$$

cette formule suppose que m soit impair.

Remarque. Les formules [2] et [3] ne diffèrent pas réellement de [1], elles s'en déduisent l'une et l'autre en y remplaçant le nombre arbitraire a par $-a$, on obtient ainsi la première si m est pair, et la seconde si m est impair.

RÉSUMÉ.

28. Division des monomes. — **29**. Il arrive le plus ordinairement que pour indiquer la division de deux polynomes on se borne à les séparer par une barre horizontale, sans pouvoir transformer l'opération en une autre plus simple. — **31**. Si deux polynomes sont ordonnés par rapport à une même lettre et que le quotient de leur division soit égal à un polynome de même forme, on peut en trouver immédiatement le premier terme. — **32**. Si on multiplie le diviseur par le premier terme du quotient, que l'on retranche le produit du dividende, on obtiendra un reste qui, divisé par le diviseur, donnera pour résultat l'ensemble des autres termes du quotient. — **33**. Les deux théorèmes précédents permettent de faire une division quelconque, en admettant toutefois qu'il existe un polynome pouvant représenter le quotient. — **34**. Le procédé de division apprend, dans tous les cas, si réellement il existe un quotient entier ; la condition nécessaire et suffisante est que l'un des termes du quotient multiplié par le diviseur donne un produit égal au dividende partiel qui l'a fourni. — Symptôme auquel on peut reconnaître que l'opération ne s'arrêtera pas. **35**. Application à quelques exemples. — **36**. Il n'est nullement nécessaire que les coefficients de la lettre ordonnatrice soient numériques. — **37**. Ce qu'on entend par quotient et reste dans les divisions qui ne peuvent se faire exactement. — Quand on a choisi la lettre ordonnatrice, il n'y a qu'un seul quotient et qu'un seul reste. — **38.** Quand on change la lettre ordonnatrice, les mêmes polynomes peuvent conduire à un nouveau quotient et à un nouveau reste. — **39.** Division des polynomes ordonnés suivant les puissances constantes d'une lettre. — **40.** Différences et analogies qui existent entre la division algébrique des polynomes entiers et la division algébrique des nombres entiers. — **41.** Conditions pour qu'un polynome ordonné par rapport à x soit divisible par un binome $x-a$. — **42.** Division de x^m-a^m et de x^m+a^m par $x-a$ et $x+a$, dans le cas où elles peuvent s'effectuer.

EXERCICES.

I. $$1+x^n+x^{2n}+\ldots+x^{np-n}$$

est divisible par $1+x+x^2+\ldots+x^{p-1}$,

les nombres entiers p et n étant premiers entre eux.

II. $$x^qy^r+y^qz^r+z^qx^r-x^ry^q-y^rz^q-z^rx^q$$

est divisible par le produit

$$(x-y)(x-z)(y-z).$$

III. $$x^py^qz^r+y^pz^qx^r+z^px^qy^r-x^pz^qy^r-z^py^qx^r-y^px^qz^r$$

est divisible par le même produit.

IV. $$(x^m-1)(x^{m-1}-1)(x^{m-2}-1)\ldots(x^{m-n+1}-1)$$

est divisible par $(x-1)(x^2-1)\ldots(x^n-1)$.

V. Si m est impair, $(a+b+c)^m-a^m-b^m-c^m$ est divisible par $(a+b)(a+c)(b+c)$.

VI. Quelles sont les conditions pour que x^m-a^m soit divisible par x^n-a^n.

VII. Réduire $\dfrac{x^{3n}}{x^n-1}-\dfrac{x^{2n}}{x^n+1}-\dfrac{1}{x^n-1}+\dfrac{1}{x^n+1}$, et vérifier que la somme est un polynome entier en x.

VIII. Réduire

$$\frac{a+b}{ab}(a^2+b^2-c^2)+\frac{b+c}{bc}(b^2+c^2-a^2)+\frac{a+c}{ac}(a^2+c^2-b^2);$$

la somme ne contient pas de dénominateurs.

IX. Simplifier $\dfrac{n^3-3n+(n^2-1)\sqrt{n^2-4}-2}{n^3-3n+(n^2-1)\sqrt{n^2-4}+2}$.

X. Simplifier l'expression

$$\frac{1}{\dfrac{1}{(a-b)(a-c)(x+a)}+\dfrac{1}{(b-a)(b-c)(x+b)}+\dfrac{1}{(c-a)(c-b)(x+c)}}.$$

XI. Si dans l'expression, $ax^3+3bx^2y+3cxy^2+dy^3$, on pose $x=\alpha x'+\beta y'$, $y=\gamma x'+\delta y'$, elle prendra la forme $Ax'^3+3Bx'^2y'+3Cx'y'^2+Dy'^3$, calculer l'expression

$$\frac{A^2D^2-3B^2C^2+4AC^3+4DB^3-6ABCD}{a^2d^2-3b^2c^2+4ac^3+4db^3-6abcd}.$$

CHAPITRE IV.

ÉQUATIONS DU PREMIER DEGRÉ A UNE INCONNUE.

Définitions.

43. On nomme identité l'expression d'une égalité qui a lieu entre deux quantités numériques, ou entre deux formules indépendamment de toute valeur particulière attribuée aux lettres qu'elles renferment.

EXEMPLES.
$$5=5, \quad 8=7+1,$$
$$(a+b)^2=a^2+2ab+b^2,$$
$$a^m \times a^n = a^{m+n},$$

sont des identités.

44. On distingue, plus spécialement, sous le nom d'*équation*, l'expression d'une égalité qui, n'ayant lieu que pour certaines valeurs des lettres qu'elle renferme, peut servir à la détermination de ces valeurs.

Les deux quantités dont l'équation exprime l'égalité, se nomment les deux *membres* de l'équation. Les lettres dont on cherche à déterminer la valeur, de manière à rendre exactes une ou plusieurs équations, se nomment les *inconnues* de ces équations. Leur détermination constitue la *résolution* de l'équation ou des équations considérées. La résolution des équations est la partie la plus importante, et, d'après quelques auteurs, le but véritable de l'algèbre.

Principes généraux relatifs aux équations.

45. THÉORÈME. *On peut ajouter un même nombre aux deux membres d'une équation, sans altérer les conditions qu'elle impose aux inconnues.* Il est évident, en effet, que les équations

$$A=B,$$
$$A+m=B+m,$$

sont parfaitement équivalentes, l'une quelconque des deux entraîne l'autre.

Remarque I. m désigne un nombre quelconque positif ou négatif; nous n'ajoutons donc rien à la généralité de l'énoncé précédent, en disant, *on peut, sans altérer la signification d'une équation, ajouter ou retrancher un même nombre, à ses deux membres.*

Remarque II. Si le nombre m est égal et de signe contraire à l'un des termes de l'équation, il le détruira, et ce terme disparaîtra du membre où il se trouvait pour reparaître dans l'autre avec un signe différent.

Exemple. Soit l'équation

$$2+x=5-3x,$$

en ajoutant $-x$ aux deux membres, on obtient

$$2=5-3x-x,$$

et le terme x a passé, comme on voit, d'un membre dans l'autre, en changeant de signe.

46. Théorème. *On peut multiplier les deux membres d'une équation par un même nombre sans altérer les conditions qu'elle impose aux inconnues.*

$$A=B$$
$$mA=mB$$

sont parfaitement équivalentes : car chacune d'elle entraîne l'autre.

Remarque I. Le principe précédent suppose essentiellement que m soit différent de 0. Lors donc qu'on aura multiplié les deux membres d'une équation par un nombre indéterminé, il faudra, dans les raisonnements qui suivront, éviter les hypothèses qui rendraient ce nombre égal à 0.

Remarque II. En multipliant les deux membres d'une équation par le produit des dénominateurs de ses différents termes, on fait disparaître tous les dénominateurs. On dit alors qu'on a chassé les dénominateurs.

EXEMPLE. L'équation

$$[1] \qquad 2=\frac{1}{x}+x-1+\frac{3}{x+1};$$

devient, si on multiplie les deux membres par $x(x+1)$,

$$[2] \qquad 2x^2+2x=x+1+x^3-x+3x.$$

On doit remarquer cependant, que l'on ne pourrait substituer les équations [1] et [2] l'une à l'autre, si l'on avait $x=0$ ou $x=-1$: car ces deux hypothèses annulent le facteur $x(x+1)$, par lequel on a multiplié les deux membres de l'équation [1].

Quelquefois l'habitude du calcul fait apercevoir un facteur plus simple que le produit des dénominateurs, et qui peut servir à les faire disparaître : soit, par exemple, l'équation

$$\frac{1}{x-a}+\frac{1}{x+a}=\frac{1}{x^2-a^2}$$

pour faire disparaître les dénominateurs, il suffira de multiplier les deux membres par x^2-a^2, qui est égal au produit de $x-a$ par $x+a$ et l'on aura

$$x+a+x-a=1.$$

REMARQUE III. Puisque l'on peut multiplier les deux membres d'une équation par un nombre quelconque, on peut aussi les diviser par un nombre quelconque : car la division par m revient à la multiplication par $\frac{1}{m}$. Il faut seulement que le nombre m, par lequel on divise, ne soit jamais supposé nul. Lors donc qu'on aura divisé les deux membres d'une équation par un même nombre m, il faudra s'abstenir, dans la suite des raisonnements, des hypothèses qui rendraient ce nombre égal à zéro.

EXEMPLE. L'équation

$$(x-1)(2x+1)=(x-1)\left(3+\frac{1}{x}\right)$$

peut être remplacée par

$$2x+1=3+\frac{1}{x},$$

que l'on obtient en divisant ses deux membres par $x-1$; mais cette substitution n'est légitime que si x est différent de 1. La première équation est en effet satisfaite pour $x=1$, et la seconde ne l'est pas.

47. Pour que l'on puisse substituer deux équations l'une à l'autre, il faut que chacune entraîne l'autre.

Par exemple, l'équation

$$A^2=B^2$$

ne peut pas être remplacée par

$$A=B,$$

quoiqu'elle en soit une conséquence : car les deux carrés A^2 et B^2 pourraient être égaux, sans que A et B le fussent. Il suffirait (23) pour cela, d'après nos conventions, que l'on eût $A=-B$.

Équations du premier degré.

48. Lorsque les inconnues n'entrent qu'à la première puissance, ne figurent dans aucun dénominateur ou sous aucun radical et ne se multiplient pas entre elles, on dit que l'équation est du premier degré.

La forme la plus générale d'une équation du premier degré à une inconnue, est

$$[1] \qquad a+bx=a'+b'x;$$

x désignant l'inconnue, et a, b, a', b' des nombres donnés. En effet, l'équation proposée, si elle est du premier degré par rapport à x, ne contient, dans chaque membre, que des termes connus que l'on peut réunir en un seul, et des termes du premier degré en x, dont la somme est évidemment de la forme bx, $b'x$. Si l'on voulait, par exemple, que l'équation [1] représentât,

$$5-3x=4x-2,$$

il suffirait d'y supposer $a=5$, $b=-3$, $a'=-2$, $b'=4$.

Résolution de l'équation du premier degré à une inconnue.

49. Reprenons l'équation générale

$$a+bx=a'+b'x.$$

Elle devient, en faisant passer (**42**) le terme a dans le second membre, et $b'x$ dans le premier,

$$bx-b'x=a'-a,$$

ou

$$(b-b')x=a'-a,$$

ce qui équivaut, évidemment, à

$$x=\frac{a'-a}{b-b'}.$$

Cette formule représente un nombre, positif ou négatif, qui, substitué dans l'équation [1] et traité d'après les règles convenues, rendra le premier membre égal au second.

Exemple. Soit l'équation

$$5+7x=2x+9,$$

la formule précédente donne

$$x=\frac{9-5}{7-2}=\frac{4}{5}.$$

Soit encore $$4+3x=7+6x,$$

on trouvera $$x=\frac{7-4}{3-6}=-1.$$

On vérifie en effet que les valeurs $x=\frac{4}{5}$ et $x=-1$ satisfont aux équations proposées.

Équations qui se ramènent au premier degré.

50. Une équation qui n'est pas du premier degré, peut, dans certains cas, le devenir par quelques transformations. Nous en donnerons des exemples.

1° Soit l'équation* $\sqrt{4+x}=4-\sqrt{x}$,

si nous élevons les deux membres au carré, il vient

$$4+x=16-8\sqrt{x}+x,$$

ou, en faisant passer des termes d'un membre dans l'autre, et supprimant ceux qui se détruisent,

$$8\sqrt{x}=12,$$

et en élevant au carré les deux membres,

$$64x=144$$

$$x=\frac{144}{64}=\frac{9}{4}.$$

Remarque. Le calcul précédent prouve seulement que la seule valeur de x qui puisse satisfaire à l'équation proposée est $x=\frac{9}{4}$; mais pour être certain que cette valeur satisfait effectivement, il faut le vérifier par une substitution directe. Remarquons, en effet, que l'équation

$$4+x=16-8\sqrt{x}+x$$

est bien une conséquence de la proposée et doit être satisfaite par les mêmes valeurs de x; mais elle pourrait l'être sans que la première le fût, si l'on avait

$$\sqrt{4+x}=-(4-\sqrt{x}),$$

car deux nombres égaux et de signes contraires ont même carré. En substituant à x sa valeur $\frac{9}{4}$, on a

$$\sqrt{4+x}=\sqrt{4+\frac{9}{4}}=\sqrt{\frac{25}{4}}=\frac{5}{2},$$

$$\sqrt{x}=\sqrt{\frac{9}{4}}=\frac{3}{2};$$

* Dans cette équation, $\sqrt{4+x}$ et $\sqrt{x}$, désignent des nombres *positifs*; nous laissons de côté, pour le moment, la double valeur qu'on peut leur attribuer.

or, on a évidemment

$$\frac{5}{2}=4-\frac{3}{2}.$$

La vérification réussit donc, mais elle était indispensable.

2° Soit encore

$$\frac{a}{1+2x}+\frac{a}{1-2x}=2b.$$

Multiplions les deux membres par le produit $(1+2x)(1-2x)$ ou $1-4x^2$: il vient

$$a(1-2x)+a(1+2x)=2b(1-4x^2),$$

ou, en effectuant les multiplications et supprimant les termes qui se détruisent

$$2a=2b-8bx^2,$$

équation qui est du premier degré si l'on considère x^2 comme une inconnue; elle donne

$$x^2=\frac{2b-2a}{8b}=\frac{b-a}{4b}.$$

Solution de quelques problèmes.

51. Nous donnerons, dès à présent, quelques exemples de l'utilité des équations dans la solution des problèmes.

PROBLÈME I. *Trouver l'escompte d'un billet de* 1500ᶠ *payable dans cinq mois, le taux de l'intérêt étant* 4 *pour* 100.

Désignons par x l'escompte, c'est-à-dire la retenue qu'on doit faire subir au billet. On remettra au porteur $1500-x$, et il faut que cette somme, si on la place pendant cinq mois, produise un intérêt égal à x; or l'intérêt de 100ᶠ en un an étant 4ᶠ, sera, en cinq mois, $4\times\frac{5}{12}$ ou $\frac{5}{3}$ de francs. L'intérêt de 1ᶠ pendant le même temps, est donc $\frac{5}{300}$, et celui de $1500-x$ est,

$$\frac{5}{300}(1500-x),$$

et l'on doit avoir

$$\frac{5}{300}(1500-x)=x,$$

ou, en chassant le dénominateur 300

$$5\times1500-5x=300x,$$

équation du premier degré, d'où l'on tire,

$$x=\frac{5\times1500}{305}=24,59016...$$

On remettra au porteur du billet 1475 fr. 41.

PROBLÈME II. *On a deux lingots d'argent; aux titres de* 0,775 *et* 0,940; *quel poids doit-on prendre de chacun d'eux pour former* 25gr *d'alliage au titre de* 0,900?

Soit x le nombre de grammes que l'on doit prendre dans le premier lingot et par conséquent $25-x$ ce que l'on doit prendre dans le second.

Le poids de l'argent contenu dans x grammes du premier lingot est $x\times0,775$.

La quantité d'argent contenue dans $25-x$ grammes du second lingot est $(25-x)\times0,940$.

La quantité totale d'argent contenue dans l'alliage est donc

$$x\times0,775+(25-x)\,0,940.$$

Puisque le titre de l'alliage est 0,900, la quantité totale d'argent qu'il contient dans 25gr doit être égale à $25\times0,900$, et l'on doit avoir, par suite,

$$x\times0,775+(25-x)\,0,940=25\times0,900,$$

équation du premier degré, dont on déduira $x=6^{gr},0606$ ..

Donc on doit prendre :

du premier lingot......... 6gr,0606,

du second lingot.......... 18gr,9394.

PROBLÈME III. *Paris et Rouen sont distants de* 137 *kilomètres. Le charbon coûte à Paris* 4 *fr.* 25 *les cent kilogrammes, et à Rouen* 4 *fr.* 75; *les frais de transport étant, par tonne et par kilomètre, de* 0[f],09, *quel est le point du chemin pour lequel il y a avantage égal à faire venir le charbon de l'une ou l'autre ville?*

Soit x la distance du point cherché à Paris, et, par conséquent, $137 - x$ la distance à Rouen.

Une tonne de charbon achetée à Paris coûte 42[fr],50.

Les frais de transport à la distance x, sont $x \times 0,09$.

Le prix de revient d'une tonne achetée à Paris est donc

$$42,50 + x \times 0,09.$$

Une tonne achetée à Rouen et transportée à la distance $137 - x$ coûtera de même

$$47,50 + (137 - x)\,0,09$$

on aura donc l'équation

$$42,50 + x \times 0,09 = 47,50 + (137 - x)0,09,$$

d'où l'on tirera $x = 96^{k},2777\ldots$

donc, distance de Paris.... $96^{k},278$,
distance de Rouen......... $40^{k},722$,
prix de la tonne........... $51^{f},16^{c}\frac{1}{2}$.

Remarque sur la mise en équation des problèmes.

52. Mettre un problème en équation, c'est exprimer, par une ou plusieurs équations, les conditions imposées par son énoncé aux quantités inconnues. Il est impossible de donner, pour y arriver, une règle complétement générale. Nous nous bornerons à l'indication suivante.

En examinant, avec soin, l'énoncé d'un problème, on verra presque toujours qu'il s'agit pour le résoudre de rendre certaines quantités égales entre elles. Après avoir reconnu quelles sont ces quantités, on cherchera les formules qui en expriment les valeurs, et en égalant ces formules, on obtiendra les équations demandées. Reprenons, par exemple, les trois problèmes traités plus haut.

Problème I. Trouver l'escompte de 1500 fr. payables dans

cinq mois, c'est trouver une somme qui, placée pendant cinq mois et ajoutée à ses intérêts pendant ce temps, devienne *égale* à 1500 fr.

Problème II. Allier de l'argent à 0,775 avec de l'argent à 0,940 de manière à former 25 grammes d'alliage à 0,900, c'est faire en sorte que la quantité totale d'argent contenue dans les 25 grammes d'alliage soit *égale* à $0,900 \times 25$.

Problème III. Il faut faire en sorte que le prix d'une tonne de charbon transportée de Paris au point cherché soit *égal* au prix d'une tonne transportée de Rouen au même point.

Remarque. Dans presque tous les problèmes relatifs à des nombres, la mise en équation n'est, pour ainsi dire, que la traduction, dans la langue algébrique, de l'énoncé proposé en langage ordinaire. Il peut arriver que l'énoncé ne paraisse pas pouvoir immédiatement se traduire en *formule*, mais en s'attachant au sens plutôt qu'aux paroles, on ne trouvera presque jamais de difficulté. Le lecteur pourra s'exercer sur les problèmes indiqués plus loin.

RÉSUMÉ.

43. Ce que l'on nomme identité. — **44.** Définition du mot équation ; membres d'une équation ; inconnue ou inconnues dans une ou plusieurs équations ; ce que c'est que résoudre une ou plusieurs équations. — **45.** On peut ajouter un même nombre, positif ou négatif, aux deux termes d'une équation sans altérer les conditions qu'elle impose aux inconnues. On ne dit rien de plus en disant que l'on peut retrancher un même nombre des deux termes d'une équation. Ce que c'est que faire passer un terme d'un membre dans l'autre. — **46.** On peut multiplier les deux termes d'une équation par un même nombre sans altérer les conditions qu'elle impose aux inconnues. Il est essentiel que ce nombre ne soit pas nul. On peut d'après cela chasser les dénominateurs d'une équation. On peut diviser les deux membres d'une équation par un nombre m ; cela revient à les multiplier par $\frac{1}{m}$; il est essentiel que m ne soit pas nul. — **47.** Pour que les deux équations puissent être substituées l'une à l'autre il faut que chacune d'elles entraîne l'autre ; par exemple, on ne peut pas remplacer $A = B$ par $A^2 = B^2$, qui en est une conséquence, parce que l'on pourrait avoir $A^2 = B^2$ sans que A fût égal à B. — **48.** Définition de l'équation du premier degré. — **49.** Résolution de l'équation du premier degré à une inconnue. — **50.** Exemples d'équations qui n'étant pas du premier degré arrivent à l'être par quelques transformations, soit en élevant les deux membres au carré, soit en changeant d'inconnue, il faut remarquer que lorsqu'on a élevé les deux membres au carré le résultat a besoin d'être vérifié. — **51.** Solution de quelques problèmes. — **52.** Remarque sur la mise en équation des problèmes.

EXERCICES.

I. Deux vases de capacités v et v' contiennent chacun un mélange d'eau et de vin, dans le rapport de m à n pour le premier, de m' à n' pour le second. Quelle capacité doit-on donner à deux autres vases égaux entre eux pour que, les remplissant à la fois, l'un dans v, l'autre dans v', et versant dans chacun d'eux ce qui a été pris dans l'autre, la proportion de l'eau au vin devienne la même dans les deux vases? Montrer *à priori* que le résultat doit être indépendant de m, n, m' et n'.

II. En adoptant les règles indiquées chapitre I, exercice VII, pour la fixation du prix des eaux-de-vie, trouver combien on doit mélanger d'eau-de-vie à a^f le litre avec de l'eau-de-vie à b^f pour former 1 litre d'eau-de-vie à c^f.

III. Les aiguilles des heures, des minutes et des secondes sont sur le chiffre 12 du cadran : après combien de temps l'aiguille des secondes divisera-t-elle en deux parties égales l'angle formé par les deux autres?

IV. Trois mobiles parcourent une même ligne droite, d'un mouvement uniforme, avec des vitesses v, v' et v''; ils sont actuellement à des distances a, a', a'' d'un point O de cette droite dont ils s'éloignent tous les trois; après combien de temps le premier sera-t-il aux trois cinquièmes de la distance qui sépare les deux autres?

V. Deux personnes A et B ont fait un pari de 12^f; si A gagne, il sera trois fois aussi riche que B; s'il perd, il ne sera que deux fois aussi riche. Quelles sont leurs fortunes actuelles?

VI. Un rectangle dont la largeur est égale à deux fois la hauteur est tel que si chaque côté est augmenté d'un mètre, sa surface est augmentée de neuf mètres carrés. Quels sont ses côtés?

VII. Trouver trois termes d'une progression par quotient qui surpassent également les nombres 3, 5 et 8.

VIII. Un parallélipipède rectangle étant donné, déterminer le côté d'un cube tel que les surfaces des deux solides soient dans le même rapport que leurs volumes.

IX. Trouver une proportion dont les quatre termes surpassent également quatre nombres donnés a, b, c, d.

X. Résoudre $\sqrt{1+\sqrt{x^4-x^2}}=x-1.$

XI. Résoudre $\sqrt{a+x}-\sqrt{\dfrac{a}{a+x}}=\sqrt{2a+x}.$

XII. Résoudre $\dfrac{\sqrt{a+x}+\sqrt{a-x}}{\sqrt{a+x}-\sqrt{a-x}}=\sqrt{b}.$

XIII. Résoudre $\sqrt[3]{a+\sqrt{x}}+\sqrt[3]{a-\sqrt{x}}=\sqrt[3]{b}.$

XIV. Résoudre $\sqrt{2+x}+\sqrt{x}=\dfrac{4}{\sqrt{2+x}}.$

XV. Résoudre

$$\frac{1}{x}+\frac{1}{a}=\sqrt{\frac{1}{a^2}+\sqrt{\frac{1}{a^2x^2}+\frac{1}{x^4}}}.$$

XVI. Résoudre

$$\sqrt{x+\sqrt{x}}-\sqrt{x-\sqrt{x}}=\frac{3}{2}\sqrt{\frac{x}{x+\sqrt{x}}}.$$

XVII. Résoudre $x=\sqrt{x^2-\sqrt{a^2+x^2}}-a.$

XVIII. Résoudre

$$2x+2\sqrt{a^2+x^2}=\frac{5a^2}{\sqrt{a^2+x^2}}.$$

XIX. Résoudre $\dfrac{\sqrt[n]{a+x}}{a}+\dfrac{\sqrt[n]{a+x}}{x}=\dfrac{\sqrt[n]{x}}{c}.$

XX. n pierres sont rangées en ligne droite à dix mètres de distance les unes des autres, déterminer sur cette droite, la position d'un point X, tel qu'il y ait deux fois plus de chemin à faire pour transporter successivement chaque pierre au point X que pour les transporter à la place occupée par la première d'entre elles. On supposera, dans les deux cas, que l'on parte de cette première pierre.

XXI. Il faut un nombre d'hommes égal à a ou un nombre de femmes égal à b pour faire en n jours un ouvrage représenté par m; combien faut-il adjoindre de femmes à $a-p$ hommes pour faire, en $n-p$ jours, un ouvrage représenté par $m+p$?

XXII. Deux horloges sonnent l'heure en même temps et l'on entend en tout dix-neuf coups. Déduire de là l'heure qu'elles marquaient, sachant que l'une retarde sur l'autre de deux secondes, et que les coups de la première se succèdent à trois secondes et ceux de l'autre à quatre secondes d'intervalle; on admet enfin que l'oreille ne perçoit qu'un seul son lorsque les deux horloges sonnent dans la même seconde.

CHAPITRE V.

RÉSOLUTION D'UN NOMBRE QUELCONQUE D'ÉQUATIONS DU PREMIER DEGRÉ ENTRE UN NOMBRE ÉGAL D'INCONNUES.

53. On peut, en général, déterminer la valeur d'un nombre quelconque d'inconnues, lorsque l'on connaît entre elles un nombre égal d'équations du premier degré. C'est ce que nous allons montrer dans ce chapitre. Mais nous établirons préalablement quelques propositions relatives aux systèmes d'équations.

On entend par système d'équations, l'ensemble de plusieurs équations qui doivent être satisfaites à la fois. Si chaque équation ne contenait qu'une seule inconnue, on les résoudrait séparément et il y aurait autant de problèmes distincts que d'équations à résoudre. Mais lorsque les inconnues entrent à la fois dans plusieurs équations, la question devient plus difficile.

54. On dit que deux systèmes d'équations sont équivalents, lorsque les valeurs des inconnues qui satisfont à l'un et à l'autre sont absolument les mêmes ; ou, en d'autres termes, lorsque les équations de chacun des systèmes entraînent celles de l'autre.

Lorsque deux systèmes sont équivalents, on peut les substituer l'un à l'autre.

55. Théorème I. *Étant donné un système d'équations, on peut substituer à l'une quelconque d'entre elles l'équation obtenue en ajoutant les équations proposées membre à membre.*

Ainsi, le système d'équations ,

$$A = A'$$
$$B = B'$$
$$C = C'$$

est équivalent à

$$A + B + C = A' + B' + C'$$
$$B = B'$$
$$C = C'.$$

Il est évident, en effet, que le premier système entraîne le second. Réciproquement, le second entraîne le premier, car si B et C sont respectivement égaux à B′ et C′, $B+C$ sera égal à $B'+C'$, et $B+C$ augmenté de A ne pourra être égal à $B'+C'$ augmenté de A′, que si A est égal à A′.

La démonstration est indépendante du nombre des équations. Il va sans dire que l'on peut appliquer le résultat précédent à une partie seulement des équations qui composent un système, et qu'on a le droit, avant d'ajouter les équations membre à membre, de les multiplier par des nombres quelconques, ce qui (43) n'altère pas les conditions qu'elles imposent aux inconnues.

56. Théorème II. *Lorsque l'une des équations d'un système est résolue par rapport à une inconnue, on peut remplacer cette inconnue par sa valeur dans les autres équations et ramener ainsi le système proposé à un autre, ayant une inconnue et une équation de moins.*

Ainsi le système,

$$x = A$$
$$B = B'$$
$$C = C'$$
$$D = D'$$

où B, B′, C, C′, D, D′ renferment d'une manière quelconque les quantités inconnues, et A peut renfermer toutes les inconnues excepté x, est équivalent à un autre, composé de l'équation $x = A$, et de trois autres obtenues en remplaçant x par la valeur A, dans $B = B'$, $C = C'$, $D = D'$.

L'équation $x = A$ faisant, en effet, partie des deux systèmes, quel que soit celui des deux qui soit satisfait, on pourra remplacer, dans les équations restantes, x par A ou A par x et passer par là du premier système au second ou revenir du second au premier, en sorte que chacun des deux systèmes entraîne l'autre et qu'ils sont équivalents.

Remarque. Lorsque, dans les équations $B = B'$, $C = C'$, $D = D'$, on substitue à x sa valeur A, cette inconnue disparaît des équations. On dit alors qu'elle est *éliminée*; en général, *éliminer* une quantité entre deux ou plusieurs équations, c'est combiner ces équations de telle manière que la quantité considérée disparaisse du résultat.

Résolution de deux équations du premier degré à deux inconnues.

57. Si x et y désignent les deux inconnues, les équations ne doivent contenir que trois sortes de termes :

Des termes du premier degré en x,
Des termes du premier degré en y,
Des termes tout connus.

On peut faire passer, dans le premier membre, tous les termes en x et y et réunir, par l'addition des coefficients, ceux qui contiennent la même inconnue. Si l'on fait de même passer dans le second membre tous les termes connus et qu'on les réunisse en un seul, ces équations prendront ainsi la forme

$$[1] \qquad ax + by = c$$

$$[2] \qquad a'x + b'x = c'$$

a, b, a', b', c, c', désignant des nombres connus. On peut remplacer l'équation [1] par

$$x = \frac{c - by}{a},$$

et le système devient

$$[3] \qquad x = \frac{c - by}{a},$$

$$[2] \qquad a'y + b'y = c'$$

mais, sous cette forme, on voit (53) qu'il équivaut au suivant :

$$[3] \qquad x = \frac{c - by}{a}.$$

$$[4] \qquad a'\left(\frac{c - by}{a}\right) + b'y = c'.$$

La seconde de ces deux équations ne renferme qu'une inconnue y, par rapport à laquelle on peut la résoudre, et y une fois déterminé, la première fera connaître la valeur de x.

Si l'on multiplie les deux membres de l'équation [4] par a, elle devient

$$a'(c-by)+ab'y=c'a,$$

ou

$$(ab'-a'b)y=c'a-a'c,$$

ou encore

$$[5] \qquad y=\frac{c'a-a'c}{ab'-a'b}.$$

Par la substitution de cette valeur de y, l'équation [3] devient

$$x=\frac{c-b\dfrac{c'a-a'c}{ab'-a'b}}{a}=\frac{cab'-ca'b-bc'a+ba'c}{a(ab'-a'b)},$$

ou

$$[6] \qquad x=\frac{cab'-bc'a}{a(ab'-a'b)}=\frac{cb'-c'b}{ab'-a'b}.$$

Les formules [5] et [6] faisant connaître les valeurs de x et de y, les équations proposées sont résolues.

58. Remarque I. Les équations

$$ax+by=c$$
$$a'x+b'y=c'$$

ont pour solutions

$$x=\frac{cb'-c'b}{ab'-ba'},$$

$$y=\frac{c'a-a'c}{ab'-ba'}.$$

On retiendra facilement ces formules à l'aide des remarques suivantes :

Les valeurs des deux inconnues ont pour dénominateur commun $ab'-ba'$.

Pour former le numérateur de la valeur de chaque inconnue, il faut remplacer, dans l'expression $ab'-ba'$, les coefficients, qui dans les équations multiplient cette inconnue, par le terme tout connu de l'équation correspondante (a et a' par c et c' pour la valeur de x, b et b' par c et c' pour celle de y).

Remarque II. Les formules précédentes fournissent, en général, pour chaque inconnue une valeur unique et déterminée. Dans des cas particuliers qui seront indiqués plus tard, ces formules peuvent devenir illusoires. Les solutions cessent alors d'exister ou deviennent indéterminées.

Résolution d'un nombre quelconque d'équations du premier degré.

59. Pour résoudre un nombre quelconque d'équations du premier degré, entre un nombre égal d'inconnues, on peut déduire de l'une d'elles la valeur d'une inconnue et la substituer (**53**) dans tous les autres qui contiendront alors une inconnue de moins. La résolution de n équations à n inconnues se ramènera ainsi à celle de $(n-1)$ équations à $n-1$ inconnues; celles-ci se ramèneraient de même à un système de $n-2$ équations à $n-2$ inconnues, et en continuant ainsi, on sera conduit à une équation ne contenant qu'une inconnue.

Le procédé que nous venons d'indiquer est assez simple pour que, sur cette seule indication, on puisse facilement en faire usage.

Soient, par exemple, à résoudre les équations

$$3x + 2y + 4z = 19,$$
$$2x + 5y + 3z = 21,$$
$$3x + y + z = 4.$$

Pour appliquer la méthode précédente, nous devons déduire de l'une d'elles la valeur d'une inconnue et la substituer dans les deux autres, comme on peut choisir l'une quelconque des trois inconnues et la déduire de l'une quelconque des trois équations, il y a neuf manières de commencer le calcul; on voit que le plus simple consiste à prendre la valeur de y dans la troisième des équations proposées, parce que l'on n'introduit pas ainsi de dénominateur. On obtient

$$y = 3x + z - 4,$$

et, par substitution de cette expression, les deux premières équations deviennent

$$3x + 2(3x + z - 4) + 4z = 19,$$
$$2x + 5(3x + z - 4) + 3z = 19,$$

c'est-à-dire
$$9x + 6z = 27,$$
$$17x + 8z = 39,$$

qui, résolues par les formules données plus haut, donnent

$$x = 1$$
$$z = 3.$$

Ces valeurs substituées dans l'expression de y,

$$y = 3x + z - 4,$$

donnent
$$y = 2,$$

et la solution cherchée est, par conséquent

$$x = 1$$
$$y = 2$$
$$z = 3.$$

Soit encore à résoudre le système d'équations

$$a^3 + a^2x + ay + z = 0,$$
$$b^3 + b^2x + by + z = 0,$$
$$c^3 + c^2x + cy + z = 0,$$

on déduira de la première la valeur de z (de préférence aux deux autres pour ne pas introduire de dénominateurs),

$$z = -a^3 - a^2x - ay,$$

et en substituant cette valeur dans les deux autres équations, elles deviennent

$$b^3 - a^3 + (b^2 - a^2)x + (b - a)y = 0,$$
$$c^3 - a^3 + (c^2 - a^2)x + (c - a)y = 0.$$

La première de ces équations est divisible par $b - a$, la seconde par $c - a$, et en supprimant ces facteurs, elles deviennent

$$b^2 + ab + a^2 + (b + a)x + y = 0,$$
$$c^2 + ac + a^2 + (c + a)x + y = 0;$$

en résolvant ces deux équations à deux inconnues, on trouve

$$x = \frac{b^2 - c^2 + ab - ac}{c - b} = -b - c - a,$$

$$y = -b^2 - ab - a^2 - (b + a)x = ab + bc + ac,$$

et ces valeurs substituées dans l'expression de z

$$z = -a^3 - a^2x - ay$$

donnent enfin $$z = -abc.$$

60. On résout aussi les équations du premier degré par une autre méthode dont l'emploi est souvent plus commode.

Soient n équations du premier degré à n inconnues,

$$[1] \quad \begin{cases} ax + by + cz + \ldots = k \\ a_1x + b_1y + c_1z + \ldots = k_1 \\ \ldots\ldots\ldots\ldots\ldots\ldots \\ a_{n-1}x + b_{n-1}y + c_{n-1}z + \ldots = k_{n-1}. \end{cases}$$

Ajoutons ces équations après les avoir multipliées, à l'exception de la première, par des nombres indéterminés $\lambda_1, \lambda_2, \ldots \lambda_{n-1}$, il viendra

$$[2] \quad x(a + a_1\lambda_1 + \ldots a_{n-1}\lambda_{n-1}) + y(b + b_1\lambda_1 + \ldots b_{n-1}\lambda_{n-1}) \\ + z(c + c_1\lambda_1 + \ldots c_{n-1}\lambda_{n-1}) + \ldots = k + k_1\lambda_1 + \ldots k_{n-1}\lambda_{n-1};$$

et cette nouvelle équation peut (55) remplacer une des proposées, quels que soient les nombres $\lambda_1, \lambda_2, \ldots \lambda_{n-1}$; or nous pouvons déterminer ces nombres de manière que les équations

$$[3] \quad \begin{cases} b + b_1\lambda_1 + \ldots + b_{n-1}\lambda_{n-1} = 0, \\ c + c_1\lambda_1 + \ldots + c_{n-1}\lambda_{n-1} = 0, \\ \ldots\ldots\ldots\ldots\ldots\ldots \end{cases}$$

soient satisfaites; il suffira, pour cela, de résoudre $n-1$ équations à $n-1$ inconnues. Mais alors l'équation [2] ne contiendra que la seule inconnue x et permettra d'en déterminer la valeur; x étant connu, le système ne contiendra plus que $n-1$ inconnues.

La méthode que nous venons d'indiquer permet, comme on

voit, de résoudre n équations à n inconnues, pourvu que l'on sache résoudre un système contenant une inconnue de moins.

Comme nous savons résoudre deux équations à deux inconnues, nous pouvons d'après cela, résoudre un système de trois équations à trois inconnues; partant, un système de quatre équations à quatre inconnues, et ainsi de suite. On obtiendra, quel que soit le nombre des équations proposées, une formule fournissant la valeur de chaque inconnue exprimée au moyen des coefficients. Dans certains cas, ces formules pourront être illusoires, les équations seront alors impossibles ou indéterminées, mais nous n'entamerons pas ici cette discussion.

61. On peut encore résoudre le système proposé en procédant pour chaque inconnue, comme on l'a fait pour x, et les obtenir ainsi sans les rattacher les unes aux autres. Comme le raisonnement précédent prouve qu'il existe un système de valeurs qui satisfont, les solutions trouvées de cette manière et qui évidemment sont les seules possibles, satisfont effectivement.

62. Application. Soit à résoudre le système

$$\begin{aligned} ax + by + cz &= k, \\ a'x + b'y + c'z &= k', \\ a''x + b''y + c''z &= k''. \end{aligned}$$

Ajoutons ces trois équations après avoir multiplié la seconde et la troisième par des indéterminées λ' et λ''; il viendra

$$x(a + a'\lambda' + a''\lambda'') + y(b + b'\lambda' + b''\lambda'') + z(c + c'\lambda' + c''\lambda'') = k + k'\lambda' + k''\lambda''.$$

Si nous posons

[1] $$b + b'\lambda' + b''\lambda'' = 0,$$
$$c + c'\lambda' + c''\lambda'' = 0;$$

il viendra $$x = \frac{k + k'\lambda' + k''\lambda''}{a + a'\lambda' + a''\lambda''}.$$

Mais les deux équations à deux inconnues (**57**) fournissent :

$$\lambda' = \frac{b''c - bc''}{b'c'' - b''c'}, \qquad \lambda'' = \frac{c'b - b'c}{b'c'' - c'b''},$$

et en remplaçant et multipliant les deux termes de la fraction par $b'c'' - b''c'$, il vient :

$$x = \frac{kb'c''-kc'b''+ck'b''-bk'c''+bc'k''-cb'k''}{ab'c''-ac'b''+ca'b''-ba'c''+bc'a''-cb'a''}.$$

On trouvera, de même,

$$y = \frac{ak'c''-ac'k''+ca'k''-ka'c''+kc'a''-ck'a''}{ab'c''-ac'b''+ca'b''-ba'c''+bc'a''-cb'a''},$$

et

$$z = \frac{ab'k''-ak'b''+ka'b''-ba'k''+bk'a''-kb'a''}{ab'c''-ac'b''+ca'b''-ba'c''+bc'a''-cb'a''}.$$

Il existe, pour le cas d'un nombre quelconque d'équations, des formules analogues (voy. une note à la fin du volume).

63. Nous nous bornerons à faire ici quelques remarques qui pourront aider à retenir les formules précédentes. Les équations proposées étant

$$ax + by + cz = d$$
$$a'x + b'y + c'z = d'$$
$$a''x + b''y + c''z = d''.$$

Les expressions des trois inconnues x, y, z, ont le même dénominateur. Pour retenir la forme de ce dénominateur, on peut l'écrire de la manière suivante

$$a(b'c'' - c'b'') + b(a''c' - a'c'') + c(a'b'' - a''b')$$

et l'on voit qu'il est la somme des produits obtenus en multipliant les coefficients a, b, c, de la première équation, respectivement, par les différences $b'c''-c'b''$, $a''c'-a'c''$, $a'b''-a''b'$, obtenus en multipliant en croix les coefficients des deux autres équations qui ne correspondent pas à la même inconnue que celui que l'on a choisi dans la première. On doit remarquer que dans ces multiplications en croix, on doit changer, à chaque fois, l'ordre dans lequel se prennent les deux branches de ces croix, c'est-à-dire que les coefficients étant disposés comme il suit

$$\begin{matrix} a' & b' & c' \\ a'' & b'' & c''. \end{matrix}$$

Si l'on prend d'abord $b'c''-b''c'$, il faudra prendre ensuite $c'a''-a'c''$, et enfin $a'b''-b'a''$, la croix formée par les lignes qui réuniraient les facteurs que l'on multiplie étant formée d'abord $\overset{1\ 2}{\times}$ comme l'indique cette figure, puis ensuite dans le sens opposé $\overset{2\ 1}{\times}$. Le dénominateur commun des trois inconnues étant formé, on obtiendra chacun des numérateurs en changeant le coefficient de l'inconnue considérée, dans le terme tout connu de l'équation correspondante, c'est-à-dire que s'il s'agit de x, par exemple, on changera a, a', a'', en λ, λ', λ''.

Toutes ces règles sont rendues évidentes par l'inspection des formules précédentes.

64. Nous ne terminerons pas ce chapitre sans mentionner un cas singulier qui se présente quelquefois dans les applications de l'algèbre.

Lorsque les équations proposées ne contiennent aucun terme indépendant des inconnues, on peut les considérer comme ayant lieu entre les rapports des inconnues, et alors, il suffit, pour déterminer ces rapports, d'avoir une équation de moins qu'il n'y a d'inconnues.

Considérons, par exemple, le système

$$ax+by+cz=0$$
$$a'x+b'y+c'z=0$$

Ces équations peuvent s'écrire de la manière suivante

$$a\frac{x}{z}+b\frac{y}{z}+c=0$$

$$a'\frac{x}{z}+b'\frac{y}{z}+c'=0$$

et l'on en déduit

$$\frac{x}{z}=\frac{c'b-b'c}{ab'-ba'}$$

$$\frac{y}{z}=\frac{a'c-c'a}{ab'-ba'}.$$

Si l'on avait, entre trois inconnues, trois équations privées de seconds membres,

$$ax+by+cz=0$$
$$a'x+b'y+c'z=0$$
$$a''x+b''y+c''z=0,$$

les formules générales (62) donneraient

$$x=0$$
$$y=0$$
$$z=0.$$

Mais on doit remarquer que si la troisième équation se trouve une conséquence des deux autres, on peut évidemment la supprimer et l'on retombe alors sur le cas précédent, en sorte que x, y, z restent indéterminés et leurs rapports respectifs seuls sont connus.

63. Résolvons enfin, pour dernier exemple, le système suivant.

$$[1] \qquad 1,2345x+1,3579y+8,642z-9,765744=0.$$
$$[2] \qquad 7,447x+5,225y-6,336z-0,611327=0.$$
$$[3] \qquad 1,5380x+4,4444y-5,6789z+1,20011=0.$$

La première de ces équations donne pour valeur de z,

$$z=-\frac{1,2345x+1,3579z-9,765744}{8,642}.$$

Cette valeur substituée dans l'équation [2] donne

$$7,447x+5,225y+6,336\times\frac{1,2345x+1,3579y-9,765744}{8,642}-$$
$$-0,611327=0.$$

En multipliant tous les termes par le dénominateur, on obtient

$$64,356972x+45,15445y-61,87575+$$
$$+7,821794x+8,60355y-5,28309=0$$

ou $$72,17877x+53,7581y-67,15884=\ldots [4].$$

La même valeur de z substituée dans l'équation [3] donnera

$$1,5380x+4,4444y+5,6789\times\frac{1,2345x+1,3579y-9,765644}{8,642}+$$
$$+1,20011=0,$$

d'où

$$13,29140x+38,40850y-55,45868+$$
$$+7,01060x+7,71138y+10,37135=0$$

c'est-à-dire $$20,302x+46,11988y-45,08733=0\ldots [5].$$

La question est maintenant ramenée à la résolution de deux équations à deux inconnues [4] et [5].

On tire de l'équation [5]

$$y = -\frac{20,302x - 45,08733}{46,11988}.$$

En substituant cette valeur de y dans l'équation [4], on obtient

$$72,17877x - 53,7581 \times \frac{20,302x - 45,08733}{46,11988} - 67,15884 = 0.$$

La multiplication par le dénominateur donne

$$3328,877x - 1091,397x + 2423,809 - 3097,358 = 0,$$

ou

$$2237,480x - 673,549 = 0;$$

donc

$$x = \frac{673,549}{2237,480} = 0,301030.$$

Pour trouver la valeur de y, on a d'abord

$$20,302x = 6,11151,$$

donc

$$45,08703 - 20,302x = 38,97582$$

et

$$y = \frac{38,97582}{46,11988} = 0,8450980.$$

Si maintenant dans l'équation

$$z = -\frac{1,2345x + 1,3579y - 9,765744}{8,642},$$

nous substituons à x et à y leurs valeurs numériques, nous aurons

$$1,2345x = 0,3716215$$

$$1,3579y = 1,1475586$$

donc

$$9,765744 - 1,2345x - 1,3579y = 8,246564;$$

et

$$z = \frac{8,246564}{8,642} = 0,9542425.$$

Les trois inconnues sont donc :

$$x = 0,301030$$

$$y = 0,8450980$$

$$z = 0,9542425.$$

Vérification.

[1]
$$1,2345x = 0,3716215$$
$$1,3579y = 1,1475586$$
$$8,642z = 8,2465637$$
$$9,765744 - 9,765744 = 0.$$

[2]
$$7,447x = 2,241770 \qquad 6,336z = 6,046080$$
$$5,525y = 4,415637 \qquad 0,611327$$
$$6,657407 \qquad 6,657407$$

[3]
$$1,5380x = 0,46298414$$
$$4,4444y = 3,75595355$$
$$1,20011000$$
$$5,4190477 \qquad 5,6789z = 5,4190477$$

RÉSUMÉ.

53. Ce que l'on entend par un système d'équations. — 54. Systèmes équivalents. — 55. On peut substituer à l'une des équations d'un système celle que l'on obtient en ajoutant les proposées membre à membre. — 56. Lorsque l'une des équations d'un système est résolue par rapport à une inconnue, on peut remplacer dans toutes les autres cette inconnue par sa valeur. — 57. Résolution de deux équations du premier degré à deux inconnues. — 58. Moyen mnémonique de retenir les formules de résolution. Il existe des cas particuliers dans lesquels les formules deviennent illusoires, on s'en occupera plus tard. — 59. Résolution d'un nombre quelconque d'équations entre un nombre égal d'inconnues ; on ramène le système à un autre qui contient une inconnue de moins. — 60. Autre méthode dite des multiplicateurs; elle fournit la valeur d'une inconnue ; les autres dépendent d'un nombre moindre d'équations. — 61. La méthode des multiplicateurs permet d'obtenir directement chaque inconnue sans avoir besoin de calculer aucune des autres. — 62. Application de la méthode des multiplicateurs aux équations à trois inconnues. — 63. Remarques sur les formules précédentes. — 64. Cas particulier où les seconds membres sont nuls. — 65. Développement des calculs dans un exemple numérique.

EXERCICES.

I. Trouver deux nombres qui soient dans le rapport de 2 à 3 et tels qu'en y ajoutant 4, les sommes soient comme 4 à 5.

II. Trouver deux nombres qui soient dans le rapport de 3 à 4 et dont le produit égale 12 fois la somme.

III. Trouver deux nombres dont la différence, la somme et le produit soient comme les nombres 2, 3 et 5.

IV. Trouver trois nombres en progression arithmétique tels que le 1er soit au 3e :: 5 : 9 et que la somme des trois égale 63.

V. Résoudre

$$\frac{x^2}{\rho^2}+\frac{y^2}{\rho^2-b^2}+\frac{z^2}{\rho^2-c^2}=1,$$

$$\frac{x^2}{\mu^2}+\frac{y^2}{\mu^2-b^2}+\frac{z^2}{\mu^2-c^2}=1,$$

$$\frac{x^2}{\nu^2}+\frac{y^2}{\nu^2-b^2}+\frac{z^2}{\nu^2-c^2}=1.$$

Déduire de ces équations x, y, z, et $x^2+y^2+z^2$.

VI. On donne la suite

$$a+b,\ aq+bq_1,\ aq^2+bq_1^2,\ aq^3+bq_1^3,\ aq^4+bq_1^4,\ldots$$

Trouver deux nombres x et y, tels que chaque terme de cette suite puisse s'obtenir en multipliant le précédent par x, et l'antéprécédent par y.

VII. On donne la suite

$$a+b+c,\quad aq+bq_1+cq_2,\quad aq^2+bq_1^2+cq_2^2,\quad aq^3+bq_1^3+cq_2^3,\ldots$$

Trouver trois nombres x, y, z tels que chaque terme de cette suite s'obtienne en multipliant le précédent par x, l'antéprécédent par y et celui qui précède de trois rangs par z.

VIII. Résoudre

$$a^4+a^3x+a^2y+az+u=0,$$
$$b^4+b^3x+b^2y+bz+u=0,$$
$$c^4+c^3x+c^2y+cz+u=0,$$
$$d^4+d^3x+d^2y+dz+u=0.$$

IX. Résoudre

$$\begin{aligned}
1 &= x + y + z + u + v + w + t,\\
0 &= x + ay + bz + cu + dv + ew + ft,\\
0 &= x + a^2y + b^2z + c^2u + d^2v + e^2w + f^2t,\\
0 &= x + a^3y + b^3z + c^3u + d^3v + e^3w + f^3t,\\
0 &= x + a^4y + b^4z + c^4u + d^4v + e^4w + f^4t,\\
0 &= x + a^5y + b^5z + c^5u + d^5v + e^5w + f^5t,\\
0 &= x + a^6y + b^6z + c^6u + d^6v + e^6w + f^6t.
\end{aligned}$$

X. Si l'on considère les équations

[1] $$ax + by = c,\quad a'x + b'y = c';$$

et que l'on pose

[2] $$x = \alpha t + \beta u,\quad y = \alpha' t + \beta' u;$$

par cette substitution, on obtiendra deux équations entre t et u ; vérifier que le dénominateur des valeurs de t et u que l'on en déduit est le produit des dénominateurs que l'on trouve en résolvant les équations [1] par rapport à x et y et [2] par rapport à t et u.

XI. Même question pour les équations

[1] $$ax + by + cz = d,\quad a'x + b'y + c'z = d',\quad a''x + b''y + c''z = d'';$$

dans lesquelles on pose

[2] $$x = \alpha t + \beta u + \gamma v,\quad y = \alpha' t + \beta' u + \gamma' v,\quad z = \alpha'' t + \beta'' u + \gamma'' t.$$

XII. Résoudre les équations

$$ax^3 = by^3 = cz^3,$$

$$\frac{1}{x} + \frac{1}{y} + \frac{1}{z} = \frac{1}{d},$$

et calculer $ax^2 + by^2 + cz^2$.

XIII. Éliminer a, b, c entre les équations

$$\left(\frac{x}{a}\right)^m + \left(\frac{y}{b}\right)^m + \left(\frac{c}{z}\right)^m = 1,$$

$$a^n + b^n + c^n = d^n,$$

$$\frac{x^m}{a^{m+n}} = \frac{y^m}{b^{m+n}} = \frac{z^m}{c^{m+n}}.$$

XIV. Un train dont la vitesse est v part après un autre train dont la vitesse est v', et le retard est calculé de manière qu'ils arrivent au même temps à la destination. Le premier train est obligé de ralentir la vitesse, de moitié, après avoir fait les deux tiers de la course, et il y a rencontre de trains, a lieues avant la fin du voyage. Trouver la longueur totale du trajet.

XV. Pour faire un certain ouvrage, A emploie m fois plus de temps que B et C réunis; B, n fois plus de temps que A et C, et C, p fois plus de temps que A et B. Trouver une relation entre m, n, p.

XVI. Quelle relation doit-il exister entre a, b et c pour qu'ils soient les termes de rangs p, q et r dans une même progression par différence ou par quotient?

XVII. On donne les six équations

$$-x^2 - y^2 + z^2 = a^2,$$

$$-x'^2 - y'^2 + z'^2 = -a^2,$$

$$-x''^2 - y''^2 + z''^2 = -a^2,$$

$$-x'x'' - y'y'' + z'z'' = 0,$$

$$-xx'' - yy'' + zz'' = 0,$$

$$-xx' - yy' + zz' = 0;$$

en déduire

$$a^6 = \{xy'z'' + x'y''z + x''yz' - xy''z' - x'yz'' - x''y'z\}^2.$$

CHAPITRE VI.

SOLUTIONS NÉGATIVES DES ÉQUATIONS DU PREMIER DEGRÉ.

Solutions négatives des équations à une inconnue.

66. Il n'y a aucune remarque à faire sur les nombres négatifs trouvés comme solution d'une ou de plusieurs équations. Ces nombres, substitués aux inconnues et traités conformément aux conventions, rendent le premier membre de l'équation égal au second. Mais lorsque les inconnues représentent des grandeurs à déterminer, il semble que les solutions négatives n'exprimant aucune grandeur, doivent être rejetées et considérées comme un symptôme d'impossibilité. C'est, en effet, ce qui aurait lieu si, dans la mise en équation, on pouvait toujours exprimer d'une manière générale et pour tous les cas, les conditions du problème proposé. Mais bien souvent il n'en est pas ainsi, et les solutions négatives peuvent trouver alors une interprétation qu'il est important d'étudier.

67. Considérons d'abord une seule équation à une inconnue

$$ax + b = a'x + b'.$$

Supposons qu'en la résolvant on ait trouvé, pour x, une valeur négative $-\alpha$; cela signifie que l'on a

$$a(-\alpha) + b = a'(-\alpha) + b',$$

c'est-à-dire $$b - a\alpha = b' - a'\alpha;$$

et que, par conséquent, $x = +\alpha$ est solution de l'équation

$$b - ax = b' - a'x.$$

Ainsi, toute solution négative d'une équation du premier degré à une inconnue, étant prise positivement, satisfait à une équation que l'on obtient en changeant dans la première, le signe des termes où figure l'inconnue. Or, il arrive souvent, comme nous allons le montrer, que cette nouvelle équation correspond à un problème peu différent du proposé, et quelquefois à ce problème lui-même, entendu dans un sens plus général; on obtient alors la solution du problème modifié ou généralisé, en prenant, avec le signe +, la valeur négative trouvée pour l'inconnue. Une pareille remarque ne peut être développée d'une manière générale, il est essentiel d'étudier, à part, son application dans chaque question particulière. C'est ce que nous allons faire dans les problèmes suivants.

67 *bis.* PROBLÈME I. *Deux mobiles qui suivent une ligne droite, partent de deux points* A *et* B, *situés à une distance* d *l'un de l'autre, et marchent, dans le même sens, avec des vitesses* v *et* v', *Après combien de temps se rencontreront-ils?*

Soit x le temps cherché, le premier mobile, dont la vitesse est v, parcourt un espace v dans l'unité de temps, et par suite, dans le temps x il parcourra vx; le second, pendant le même temps, parcourt l'espace $v'x$; or, il faut, pour qu'ils se rencontrent, que le premier ait parcouru un espace d de plus que le second; on doit donc avoir

$$vx - v'x = d,$$

d'où l'on déduit $$x = \frac{d}{v - v'}.$$

Si v est moindre que v', cette solution est négative; pour l'interpréter, remarquons (**67**) que, prise positivement, elle satisfait à l'équation

$$v'x - vx = d.$$

Or, cette équation exprime que le chemin parcouru par le mobile B, surpasse, de d, celui parcouru par le mobile A, condition qui répond évidemment à la question suivante:

En supposant que les deux mobiles soient en marche depuis un temps indéfini, combien y a-t-il de temps qu'ils se sont rencontrés?

Si donc on veut donner cette extension au problème, la valeur négative de x exprime un temps déjà écoulé.

PROBLÈME II. *Les âges de deux individus sont* a *et* b, *après combien de temps l'âge du premier sera-t-il double de celui du second ?*

Si x est le temps cherché, l'équation du problème est évidemment

$$a+x=2(b+x),$$

et l'on en déduit $x=a-2b.$

Si a est moindre que $2b$, cette valeur de x est négative ; prise positivement, elle satisfait alors (**67**) à l'équation

$$a-x=2(b-x)$$

qui correspond évidemment à la question suivante :

Combien y a-t-il de temps que l'âge du premier individu était double de celui du second ?

Problème III. *On donne sur une droite, deux points* A *et* B, *le premier situé à gauche d'un point* O *à une distance* a, *et le second situé à droite à une distance* b, *déterminer sur cette ligne, un troisième point* X, *tel qu'en prenant le milieu* M *de* BX, *puis le tiers de* AM *à partir de* A, *le point ainsi déterminé coïncide avec* O.

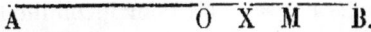

A O X M B.

On a évidemment, en nommant x la distance OX,

$$OM=\frac{b+x}{2}.$$

Il faut que AO ou a soit le tiers de AM, et que, par conséquent,

$$3a=a+\frac{b+x}{2},$$

d'où l'on déduit $x=4a-b.$

Si $4a$ est moindre que b, la solution est négative ; prise positivement, elle satisfait donc (**66**) à l'équation

$$3a=a+\frac{b-x}{2},$$

ce qui est précisément l'équation à laquelle on est conduit, en supposant le point X à une distance x à gauche de O ; la valeur négative de x doit donc, dans ce cas, être portée dans un sens opposé à celui que l'on avait supposé dans la mise en équation.

68. Il ne faut pas croire que les solutions négatives s'interprètent toutes, aussi naturellement que les précédentes. On ne doit pas même affirmer, d'une manière générale, qu'une valeur négative trouvée pour un temps à venir, exprime un temps passé, ni que les longueurs négatives à porter sur une ligne, doivent toujours être comptées en sens opposé à celui qui correspond aux valeurs positives. Il en est cependant ainsi dans la plupart des cas, et nous allons en donner la raison.

69. Supposons que x désignant le temps qui doit s'écouler jusqu'à un certain événement, on ait trouvé pour l'équation d'un problème,

$$[1] \qquad B + Ax = B' + A'x.$$

Si, au lieu de chercher le temps qui doit s'écouler à partir de l'époque actuelle, on avait cherché le temps qui doit s'écouler à partir d'une époque antérieure de t années (c'est ce qui aurait lieu, par exemple, si l'on prenait pour inconnue la date de l'événement), en nommant x_1 ce temps, on aurait évidemment,

$$x_1 = t + x$$

$$x = x_1 - t,$$

et, par suite, au lieu de [1],

$$[2] \qquad B + A(x_1 - t) = B' + A'(x_1 - t),$$

qui serait l'équation du problème, si l'on prenait x_1 pour inconnue. Si la valeur de x_1, que l'on en déduit, est moindre que t et égale, par exemple, à $t - \alpha$, on aura, en la substituant dans [2]

$$B - A\alpha = B' - A'\alpha,$$

par où l'on voit que l'équation [1] a pour solution

$$x = -\alpha.$$

Une solution négative $x = -\alpha$, trouvée pour l'équation [1], signifie donc que l'événement est postérieur de $t-\alpha$ à une époque antérieure de t à l'époque actuelle, c'est-à-dire qu'il précède de α l'époque actuelle.

70. Le raisonnement précédent n'est pas tout à fait général : il suppose que l'équation [2] qui convient à une époque postérieure à l'époque actuelle s'applique aussi aux époques antérieures ; or cela pourrait ne pas avoir lieu.

71. Supposons maintenant que x désignant la distance à porter sur une ligne, à partir d'un point donné, et dans une certaine direction, à droite par exemple, on ait trouvé, pour équation d'un problème,

$$B+Ax=B'+A'x. \quad [1]$$

Si au lieu de chercher la distance du point inconnu à l'origine donnée, on avait cherché sa distance x_1 à une origine située à gauche de la première, à une distance d, on aurait eu

$$x_1=d+x \text{ ou } x=x_1-d,$$

et, par suite, au lieu de l'équation [1],

$$B+A(x_1-d)=B'+A'(x_1-d). \quad [2]$$

Si cette équation fournit pour x_1 une valeur positive moindre que d, que je représente par $d-\alpha$, le point cherché sera évidemment à gauche de O et à une distance α de cette origine ; mais en substituant, dans [2], à x_1 sa valeur $d-\alpha$, on a

$$B-A\alpha=B'-A'\alpha,$$

d'où il résulte que l'équation [1] a pour solution $x=-\alpha$. Une solution négative $x=-\alpha$ trouvée pour l'équation [1], signifie donc que le point cherché est situé à gauche de O et à une distance α de cette origine.

72. Nous remarquerons, comme (**70**), que le raisonnement précédent n'est pas tout à fait général, et suppose que l'équation [2], qui correspond aux points situés à droite de O, s'applique aussi aux points situés à gauche ; or cela n'a pas toujours lieu, et nous en donnerons un exemple.

Problème. *Un chemin de fer prend* $0^f,10$ *par tonne et par kilo-*

mètre pour le transport des marchandises; on paye, en outre, un droit fixe de $3^{f},75$ *par wagon de* 2000 *kilogrammes : à quelle distance peut-on transporter* 50 *tonnes pour* 3 *fr.?*

50 tonnes correspondent à 25 wagons; le droit fixe à payer est donc de

$$3{,}75 \times 25\,;$$

et, en outre, pour le transport à la distance x,

$$0{,}10 \times 50 \times x\,;$$

l'équation du problème est donc

$$3{,}75 \times 25 + 0{,}10 \times 50 \times x = 3\,;$$

et en la résolvant on trouve pour x une valeur négative $x = -18{,}15$ qui ne signifie ici absolument rien.

On peut voir, en effet, que dans ce cas, le raisonnement (**71**) est en défaut. Si, en effet, on suppose que les cinquante tonnes devant être portées vers la droite, on prenne pour inconnue la distance x_1 à un point situé, vers la gauche, à une distance d du point de départ, on aura $x = x_1 - d$, et l'équation du problème deviendra

$$3{,}75 \times 25 + 0{,}10 \times 50 \times (x_1 - d) = 3\,,$$

mais cette équation ne convient nullement au cas du transport effectué vers la gauche; dans ce cas, en effet, le chemin parcouru doit être représenté par $d - x_1$, et il faut prendre, pour équation du problème,

$$3{,}75 \times 25 + 0{,}10 \times 50 \times (d - x_1) = 3.$$

Introduction des nombres négatifs dans l'énoncé d'un problème.

73. Il est quelquefois avantageux d'introduire des nombres négatifs dans les données mêmes d'une question. Nous nous bornerons à montrer, par un exemple fort simple, comment on peut y être conduit, et de quelle nature est l'avantage qu'on y trouve.

Reprenons le problème résolu (**67**).

Deux mobiles suivent la droite AA' *en marchant dans le même sens avec des vitesses* v *et* v', *l'un est en* A, *l'autre en* A'; *après combien de temps se rencontreront-ils?*

En nommant x le temps inconnu, et d la distance AA', on a l'équation (**67**)

$$vx - v'x = d.$$

Cette équation fournit la solution du problème, lors même que v est moindre que v', pourvu que l'on regarde (**67**) les valeurs négatives de x comme représentant un temps déjà écoulé.

Pour généraliser encore davantage, supposons que les deux mobiles ne marchent pas tous deux dans la direction AA' : on peut considérer trois cas distincts :

1° Le mobile A marche vers la droite et le mobile A' vers la gauche;

A ——————————— A'

l'équation du problème est alors, comme on le voit facilement,

$$vx + v'x = d;$$

2° A marchant vers la gauche, A' marche vers la droite.

A ——————————— A'

Les mobiles ne se rencontreront jamais, mais en nommant x le temps écoulé depuis leur rencontre, on aura

$$vx + v'x = d;$$

3° Enfin, si l'on suppose que les mobiles marchent vers la gauche, on aura

A ——————————— A'

$$v'x - vx = d.$$

Les équations relatives aux quatre cas sont donc, en résumé,

$vx - v'x = d$ quand A et A' marchent vers la droite,

$vx + v'x = d$ A vers la droite, A' vers la gauche,

$vx + v'x = d$ A vers la gauche, A' vers la droite, x désigne un temps déjà écoulé,

$v'x - vx = d$ A et A' vers la gauche.

Or, ces quatre équations peuvent se réduire à une seule, ce qui est évidemment un avantage, si l'on convient de représenter par des nombres négatifs $-v$, $-v'$ les vitesses dirigées vers la gauche; d'après cette convention, il faut, en effet, remplacer dans la seconde des équations ci-dessus, v' par $-v'$; dans la troisième, v par $-v$; dans le quatrième, v par $-v$, v' par $-v'$; et de plus, dans la troisième, où l'inconnue désigne un temps déjà écoulé, x par $-x$; les quatre équations deviennent par ces substitutions

$$vx - v'x = d\,;$$

en sorte que la formule

$$x = \frac{d}{v - v'},$$

que l'on en déduit, convient à tous les cas.

Solutions négatives des équations à deux inconnues.

74. Nous n'avons considéré, jusqu'à présent, que les solutions négatives fournies par une équation à une inconnue. Le cas de plusieurs équations donne lieu à des remarques entièrement semblables.

Supposons qu'en résolvant le système

$$[1] \qquad \begin{aligned} ax + by &= c\,, \\ a'x + b'y &= c', \end{aligned}$$

on ait trouvé, pour l'une des inconnues, ou pour toutes deux, des valeurs négatives. Soient, par exemple, $x = \alpha$, $y = -\beta$. Ces valeurs satisfaisant aux équations [1], on aura

$$\begin{aligned} a\alpha - b\beta &= c\,, \\ a'\alpha - b'\beta &= c'; \end{aligned}$$

et, par conséquent, les valeurs $x = \alpha$, $y = \beta$, satisfont au système

$$\begin{aligned} ax - by &= c\,, \\ a'x - b'y &= c'. \end{aligned}$$

Ainsi donc : en prenant positivement la solution négative

$y = -\beta$, on satisfait à un système qui diffère du proposé par le changement de signe des termes en y. On verrait de même que si la valeur de x était négative, on pourrait la prendre avec le signe $+$, pourvu qu'on changeât dans les équations proposées le signe de tous les termes en x.

Les équations nouvelles, auxquelles satisfont les valeurs négatives des inconnues prises positivement, correspondent quelquefois à un problème peu différent du proposé ou à ce problème lui-même, entendu dans un sens plus général ; mais cette remarque, comme dans le cas des équations à une inconnue ne peut être développée que sur des questions particulières.

Considérons, par exemple, le problème suivant.

75. Problème. *Un vase de capacité* v *est rempli dans un temps* , *par* n *robinets*, *versant chacun la même quantité d'eau*, *et par la pluie tombée sur un toit dont la surface est* s. *Un autre vase de capacité* v' *est rempli dans le temps* t' *par* n' *robinets semblables aux précédents*, *et par la pluie tombant sur un toit* s' *avec la même intensité que sur le toit* s. *Déduire de ces données la quantité d'eau*, x, *versée par chaque robinet dans l'unité de temps et la quantité* y *versée par la pluie pendant chaque unité de temps*, *sur chaque unité de surface de toit.*

Un robinet versant, dans l'unité de temps, une quantité d'eau égale à x ; dans le temps t, n robinets verseront nxt.

La pluie versant dans l'unité de temps, une quantité d'eau y sur l'unité de surface, versera, dans le temps t, sur s, une quantité d'eau syt; on aura donc

$$[1] \qquad nxt + syt = v.$$

En exprimant que le second bassin est rempli dans le temps t', on aura de même

$$[2] \qquad n'xt' + s'yt' = v',$$

et les équations [1] et [2] permettront de calculer x et y.

Supposons maintenant, qu'en les résolvant, on trouve pour x une valeur positive α, et pour y une valeur négative $-\beta$. Il faudra en conclure (**74**) que les valeurs $x = \alpha$, $y = \beta$ satisfont aux équations

$$nxt - syt = v,$$
$$n'xt' - s'yt' = v'.$$

Ces équations correspondent à un problème qui diffère du proposé, en ce que la pluie doit être remplacée par une cause qui enlève au bassin une quantité d'eau proportionnelle au temps et à la surface s; par exemple, par l'évaporation du liquide.

Si, au contraire, on trouvait pour x une valeur négative, cette valeur, prise positivement, satisferait aux équations

$$syt - nxt = v,$$
$$s'yt' - n'xt' = v'.$$

Ces équations correspondent à un problème différant du proposé, en ce que les robinets qui versent de l'eau, doivent être remplacés par un nombre égal de causes qui en enlèvent, par exemple, par des orifices ou des pompes, enlevant une quantité x d'eau par unité de temps.

76. Les remarques faites (**69, 71**) au sujet des valeurs négatives trouvées pour un temps ou pour une longueur, s'appliquent sans modification au cas où les équations contiennent plus d'une inconnue.

RÉSUMÉ.

66. Les solutions négatives d'un système d'équations sont des nombres négatifs qui, substitués aux inconnues dans ces équations, et traités conformément aux conventions, rendent le premier membre égal au second. — **67**. Toute solution négative d'une équation du premier degré à une inconnue étant prise positivement, satisfait à une autre équation que l'on obtient en changeant dans la première le signe des termes qui contiennent l'inconnue. Cette nouvelle équation correspond quelquefois au problème proposé entendu dans un sens plus général. — **67** *bis*. Problème des courriers, interprétation de la solution négative par une légère extension de l'énoncé. Interprétation de la solution négative dans le problème suivant : dans combien de temps l'âge d'un individu sera-t-il le double de celui d'un autre individu? Interprétation de la solution négative dans un problème de géométrie. — **68**. On remarque que toutes les solutions négatives ne s'interprètent pas aussi naturellement que celles dont il vient d'être question. — **69**. On prouve en général que si l'on prend pour inconnue le temps qui doit s'écouler jusqu'à un certain événement, la solution négative doit être comptée dans le passé. — **70**. Le raisonnement n'est pas tout à fait général. — **71**. Quand on

prend pour inconnue la distance à porter sur une ligne, à partir d'un point donné, les solutions négatives doivent être portées dans une direction opposée à celle qui correspond aux solutions positives. — **72.** Le raisonnement n'est pas complétement général; on donne un exemple d'un cas dans lequel il est en défaut. — **73**. On introduit quelquefois des nombres négatifs comme représentation de données dans l'énoncé d'un problème. Introduction de vitesses négatives dans le problème des courriers. — **74**. Les solutions négatives d'un système d'équations étant prises positivement satisfont à un autre système qui diffère du premier par le changement de signe des termes qui contiennent l'inconnue dont la valeur est négative. — **75**. Interprétation des solutions négatives dans un problème à deux inconnues. — **76**. Les remarques faites (**69** et **71**) s'appliquent aux équations à plusieurs inconnues.

EXERCICES.

I. On donne des points A, B, C, D, situés sur une ligne droite à des distances a, b, c, d, d'un point O de cette droite; trouver sur cette droite un point X tel, que sa distance à un point quelconque M de la droite donnée soit la moyenne des distances de M aux points A, B, C, D. Montrer qu'à l'aide de conventions convenables, on peut résoudre le problème par une seule formule, quelles que soient les positions de A, B, C, D, à droite ou à gauche de O.

II. On donne les deux bases a, b d'un trapèze et sa hauteur h. Calculer la hauteur du triangle obtenu en prolongeant les côtés jusqu'à leur rencontre; interpréter la solution quand elle est négative.

III. Inscrire un rectangle de périmètre donné dans un triangle dont la base est b et la hauteur h.

IV. n pierres sont rangées en ligne droite à dix mètres de distance les unes des autres. Déterminer, sur cette droite, la position d'un point X tel qu'il y ait m fois plus de chemin à faire pour transporter, successivement, chaque pierre au point X que pour les transporter à la place occupée par la première d'entre elles. On supposera, dans les deux cas, que l'on parte de cette première pierre. Si la solution est négative, est-il possible de l'interpréter?

V. Deux triangles rectangles ont leurs côtés dirigés suivant les mêmes droites et représentés par a, b, a', b'; calculer les perpendiculaires abaissées sur les côtés, du point d'intersection des hypoténuses, et discuter les différents cas qui peuvent se présenter.

CHAPITRE VII.

DISCUSSION DES FORMULES TROUVÉES DANS LES CHAPITRES PRÉCÉDENTS.

Discussion de la formule de résolution d'une équation du premier degré à une inconnue.

77. Nous avons trouvé (**49**) pour solution de l'équation

$$[1] \qquad ax+b=a'x+b',$$

$$[2] \qquad x=\frac{b'-b}{a-a'}.$$

Le seul cas que l'on doive examiner à part est celui où $a-a'$ est égal à zéro.

1° Si $a-a'$ est nul sans que $b'-b$ le soit, la formule [2] donne

$$x=\frac{b'-b}{0},$$

ce qui ne signifie rien. Mais il est facile de voir que l'équation proposée est dans ce cas impossible, car elle devient, a' étant égal à a,

$$ax+b=ax+b',$$

ce qui ne peut avoir lieu si b est différent de b'.

2° Supposons maintenant que l'on ait, à la fois, $a=a'$, $b=b'$; cette formule devient:

$$x=\tfrac{0}{0},$$

ce qui ne signifie rien; mais il est facile de voir que, dans ce cas, l'équation [1] est satisfaite quel que soit x, car elle devient:

$$ax+b=ax+b.$$

78. Remarque I. D'après ce qui précède, lorsque la formule de résolution d'une équation à une inconnue donne, pour valeur de cette inconnue, une expression de la forme $\frac{m}{0}$, on doit en conclure que l'équation est impossible; mais il n'en est pas toujours ainsi du problème qui y a conduit, on peut affirmer seulement que la quantité prise pour inconnue cesse alors d'exister. Si, par exemple, on a pris, pour inconnue, la distance à laquelle se coupent deux droites d'une figure, et que l'on trouve, pour cette distance, une valeur de la forme $\frac{m}{0}$, on conclura que les deux droites ne se coupent pas et sont par conséquent parallèles.

79. Remarque II. Lorsque le dénominateur d'une fraction diminue, la fraction augmente et peut augmenter sans limite si le dénominateur diminue indéfiniment. D'après cela, on dit quelquefois que le dénominateur devenant nul, la fraction devient *infinie*, et on écrit qu'elle a pour solution $x=\infty$. C'est là une locution incorrecte : la fraction dont le dénominateur est nul ne représente rien. Si les données d'un problème varient de telle manière que le dénominateur de la valeur de l'inconnue tende vers zéro, l'inconnue elle-même augmente indéfiniment, mais lorsque le dénominateur est actuellement nul, la solution n'existe pas et l'équation est impossible.

Discussion des formules de résolution de deux équations à deux inconnues.

80. Les formules trouvées pour la résolution de deux équations du premier degré

[1] $$ax+by=c,$$

[2] $$a'x+b'y=c'$$

fournissent, en général, pour chacune des inconnues x et y une seule valeur positive ou négative; mais dans certains cas que nous allons examiner, ces valeurs deviennent illusoires.

Les formules de résolution sont :

[3] $$x=\frac{cb'-bc'}{ab'-ba'},$$

[4] $$y=\frac{ac'-ca'}{ab'-ba'}.$$

Si $ab'-ba'$ n'est pas nul, elles ne donnent lieu à aucune difficulté : nous examinerons donc seulement le cas où l'on a

$$ab'-ba'=0,$$

et nous le diviserons en deux autres.

81. 1° Supposons que $ab'-ba'$ soit nul sans que les numérateurs des formules [3] et [4] le soient. Les valeurs de x et y prennent alors la forme $\frac{m}{0}$, $\frac{n}{0}$, ce qui ne signifie rien; mais il est facile de voir que, dans ce cas, les équations proposées sont incompatibles; puisque l'on a, en effet,

$$ab'=ba',$$

ou

$$\frac{a}{a'}=\frac{b}{b'};$$

en désignant par r la valeur commune de ces deux rapports, on a :

$$a=ra',$$
$$b=rb';$$

par suite, les équations proposées deviennent

$$ra'x+rb'y=c,$$
$$a'x+b'y\ =c'.$$

Or, le premier membre de la première étant égal au produit de r par le premier membre de la seconde, la même relation doit exister entre les seconds membres, et il y a, par suite, impossibilité si l'on n'a pas,

$$c=rc',$$

c'est-à-dire, en remplaçant r par ses deux valeurs $\frac{a}{a'}$ et $\frac{b}{b'}$, si l'on n'a pas,

$$c=\frac{ac'}{a'},\quad c=\frac{bc'}{b'},$$

ou, ce qui revient au même,

$$ac'=ca',\quad b'c=bc'.$$

Mais ces dernières égalités expriment, contrairement à nos suppositions, que les numérateurs des valeurs de x et de y sont égaux à zéro, elles ne sont donc pas satisfaites, et les équations proposées sont incompatibles.

82. 2° Si le numérateur de l'une des valeurs de x et y s'annule en même temps que $ab'-ba'$, il en est de même de l'autre numérateur.

Si l'on a en effet $$ab'-ba'=0,$$ $$ac'-ca'=0,$$

ces équations, qui peuvent se mettre sous la forme,

$$\frac{a}{a'}=\frac{b}{b'},$$

$$\frac{a}{a'}=\frac{c}{c'},$$

entraînent évidemment $$\frac{b}{b'}=\frac{c}{c'},$$

c'est-à-dire $$bc'=b'c.$$

Supposons ces relations satisfaites ; les valeurs des deux inconnues se présenteront sous la forme $\frac{0}{0}$. Désignons par r la valeur commune des trois rapports $\frac{a}{a'}$, $\frac{b}{b'}$, $\frac{c}{c'}$, on aura

$$a=ra', \quad b=rb', \quad c=rc',$$

et les équations proposées peuvent être écrites ainsi :

$$ra'x+rb'y=rc',$$
$$a'x+b'y=c'.$$

La première n'étant autre chose que la seconde, dont les deux membres sont multipliés par r, on n'a, réellement, qu'une seule équation entre les deux inconnues x et y, et l'on peut par conséquent choisir l'une d'elles arbitrairement, et déterminer l'autre en résolvant une équation à une inconnue.

83. En résumé, quand les formules de résolution donnent

pour les inconnues, des expressions de la forme $\frac{m}{0}$, les équations sont incompatibles, et quand elles en donnent de la forme $\frac{0}{0}$ les équations rentrent l'une dans l'autre (**82**).

La remarque faite (**78**) s'applique aux équations à deux inconnues. Lorsque les valeurs des inconnues se présentent sous la forme $\frac{m}{0}$, les équations sont impossibles, mais il n'en est pas toujours de même du problème qui leur a donné naissance.

84. En mettant plus haut (**82**) les équations

$$ab' = ba',$$
$$ac' = ca',$$

sous la forme
$$\frac{a}{a'} = \frac{b}{b'}, \quad \frac{a}{a'} = \frac{c}{c'}.$$

Nous avons supposé, tacitement, que les nombres a', b', c' étaient différents de 0. Nous laissons au lecteur le soin de discuter le cas où cela n'a pas lieu, et de reconnaître que des expressions de la forme $\frac{m}{0}$ et $\frac{0}{0}$ indiquent encore l'impossibilité ou l'indétermination. Nous nous bornerons à indiquer un cas particulier remarquable. Si l'on a $a=0$, $a'=0$, les formules

$$x = \frac{cb' - bc'}{ab' - ba'}$$

$$y = \frac{ac' - ca'}{ab' - ba'},$$

deviennent
$$x = \frac{cb' - bc'}{0},$$

$$y = \frac{0}{0}.$$

C'est une exception au résultat démontré (**82**) : toutes les fois que l'une des inconnues se présente sous la forme $\frac{0}{0}$, il en est de même de la seconde. Mais, dans le cas dont nous parlons, a et a' étant nuls, les deux équations deviennent

$$by = c,$$
$$b'y = c',$$

ce sont deux équations à *une inconnue* et non deux équations à deux inconnues.

RÉSUMÉ.

77. Le seul cas que l'on doive examiner à part dans la formule de résolution d'une équation de premier degré à une inconnue est celui où le dénominateur est nul. Si le numérateur n'est pas nul en même temps, l'équation est impossible. Si le numérateur est nul, elle est identique et la valeur de l'inconnue qui se présente sous la forme $\frac{0}{0}$ est indéterminée. — **78.** Quand l'équation est impossible, il n'en est pas toujours de même du problème qui y a conduit. — **79.** Quand la valeur d'une inconnnue prend la forme $\frac{m}{0}$ on dit souvent que cette valeur est infinie; c'est là une locution incorrecte. — **80.** Les formules de résolution de deux équations à deux inconnues ne donnent lieu à aucune difficulté tant que le dénominateur commun de la valeur des inconnues n'est pas égal à zéro. — **81.** Si ce dénominateur est nul sans que les numérateurs le soient, les équations proposées sont incompatibles. — **82.** Si l'expression de l'une des inconnues a son numérateur et son dénominateur égaux à zéro, il en est de même de l'expression de l'autre inconnue. Lorsque cela a lieu, les valeurs des deux inconnues se présentent sous la forme $\frac{0}{0}$, et les équations proposées rentrent l'une dans l'autre. — **83.** Lorsque les valeurs des inconnues se présentent sous la forme $\frac{m}{0}$ les équations sont incompatibles, mais il n'en est pas toujours de même du problème qui leur a donné naissance. — **84.** Cas d'exception dans lequel l'une des inconnues se présente sous la forme $\frac{0}{0}$ sans que l'autre prenne la même forme; on doit remarquer que, dans ce cas, les équations proposées sont réellement deux équations à une inconnue et non deux équations à deux inconnues.

EXERCICES.

I. Quelles relations faut-il supposer entre A, B, A′, B′, pour que

$$\frac{Ax + B}{A'x + B'}$$

ait une valeur indépendante de x?

II. Quelles relations faut-il supposer entre A, B, C, A′, B′, C′, pour que l'expression

$$\frac{Ax + By + C}{A'x + B'y + C'}$$

soit indépendante de x et de y? peut-elle être indépendante de x sans l'être de y?

III. Trouver une progression par différence dans laquelle il existe un rapport constant entre la somme des x premiers termes et la somme des kx suivants, k étant donné, et x pouvant prendre toutes les valeurs entières.

IV. Discuter les formules de résolution de trois équations à trois inconnues, et distinguer les cas suivants :

Deux d'entre elles peuvent être incompatibles, quelle que soit la troisième.

L'une d'elles peut être incompatible avec les deux autres.

Deux d'entre elles peuvent rentrer l'une dans l'autre.

L'une d'elles peut rentrer dans les deux autres.

V. Un vase de capacité v est rempli dans un temps t par n robinets, et par la pluie qui tombe sur un toit de surface s. Un vase de capacité v' est rempli dans un temps t' par n' robinets, et par la pluie qui tombe sur un toit du surface s' ; déterminer d'après ces données, ce qu'un robinet verse dans l'unité de temps, et ce que verse la pluie sur chaque unité de surface du toit.

Discuter les cas d'impossibilité et d'indétermination, et les expliquer *à priori*.

CHAPITRE VIII.

ÉQUATIONS DU SECOND DEGRÉ.

Résolution de l'équation du second degré.

85. Une équation à une inconnue est du second degré quand elle peut être mise sous la forme

$$[1] \qquad ax^2+bx+c=0$$

x désignant l'inconnue et a, b, c des nombres donnés.

Pour résoudre l'équation [1], multiplions ses deux membres par $4a$, ce qui est permis (**46**), pourvu que a ne soit pas nul, et faisons passer $4ac$ dans le second membre, nous obtiendrons

$$4a^2x^2+4abx=-4ac.$$

Si nous ajoutons b^2 aux deux membres de cette équation, elle devient

$$4a^2x^2+4abx+b^2=b^2-4ac;$$

le premier membre étant, comme il est facile de le vérifier, le carré de $2ax+b$, cette équation peut s'écrire

$$(2ax+b)^2=b^2-4ac,$$

ce qui équivaut à

$$2ax+b=\sqrt{b^2-4ac},$$

équation du premier degré, dont on déduit

$$[2] \qquad x=\frac{-b+\sqrt{b^2-4ac}}{2a}.$$

86. Remarque I. La formule [2] fournit deux valeurs distinctes de x, car l'expression $\sqrt{b^2-4ac}$ représente, indifféremment, deux nombres égaux et de signes contraires. Si par exemple b^2-4ac est égal à 9, $\sqrt{b^2-4ac}$ est égal à $+3$ ou à -3. On indique, en général, cette double valeur du radical en écrivant la formule [2] de la manière suivante

$$x = \frac{-b \pm \sqrt{b^2 - 4ac}}{2a},$$

et l'on sous-entend alors, que $+\sqrt{b^2 - 4ac}$ représente la valeur positive du radical et $-\sqrt{b^2 - 4ac}$ sa valeur négative.

Les solutions d'une équation sont appelées ses racines : on peut donc dire, d'après ce qui précède, que l'équation du second degré a deux racines x' et x'', exprimées par les formules

$$x' = \frac{-b + \sqrt{b^2 - 4ac}}{2a}$$

$$x'' = \frac{-b - \sqrt{b^2 - 4ac}}{2a}.$$

87. Remarque II. Si $b^2 - 4ac$ est négatif, $\sqrt{b^2 - 4ac}$ ne représente, d'après nos conventions, aucun nombre positif ou négatif, et l'équation proposée n'admet pas de solution. Cependant on dit alors qu'elle a deux racines *imaginaires* exprimées par la formule [2].

On désigne en général sous le nom d'expression imaginaire la racine carrée d'un nombre négatif. Il ne faut attacher à cette locution aucune idée relative à la mesure des grandeurs. Une expression imaginaire, semblable en cela à un nombre négatif, ne représente aucune grandeur ; mais, de même que les opérations faites sur les nombres négatifs, les opérations relatives aux expressions imaginaires reçoivent, conventionnellement, un sens, et deviennent un moyen précieux de généralisation. La première de ces conventions consiste en ce que le carré de l'expression $\sqrt{-A}$ est $-A$; pour définir les autres opérations, on convient d'appliquer aux expressions imaginaires toutes les règles démontrées généralement pour les quantités réelles.

Nous reviendrons, du reste, dans un chapitre spécial, sur la théorie des nombres imaginaires.

88. Remarque III. Si $b^2 - 4ac$ est nul, les deux valeurs de

$\sqrt{b^2-4ac}$ se réduisent à zéro, et les racines deviennent, l'une et l'autre,

$$x=-\frac{b}{2a},$$

l'équation n'admet donc qu'une seule solution. On dit cependant qu'elle a deux racines égales.

89. En résumé, l'équation

$$ax^2+bx+c=0$$

admet quelquefois deux solutions, quelquefois une seule, et quelquefois enfin n'en admet aucune. On dit cependant qu'elle en admet toujours deux qui peuvent être réelles et différentes, réelles et égales, ou imaginaires. Il peut sembler puéril, au premier abord, de choisir, ainsi, une forme détournée pour affirmer, dans tous les cas, l'existence de deux racines qui n'en existent pas pour cela davantage. Ces locutions et l'introduction dans les calculs de nombres imaginaires sont cependant une conséquence de l'esprit de généralisation qui règne en algèbre. Il serait impossible, en effet, d'opérer sur des expressions *littérales*, si la forme des résultats changeait avec la valeur numérique des lettres. Il faudrait, à chaque instant, diviser et subdiviser les questions pour obtenir les formules correspondantes à telle ou telle hypothèse. L'adoption des nombres négatifs et imaginaires a pour but d'éviter cet inconvenient. Dans une question particulière, l'introduction de ces nombres n'aurait aucune utilité, mais dans l'étude générale d'une classe de questions, ils permettent d'exprimer et de démontrer, en une fois, des règles et des résultats qui exigeraient, sans cela, des démonstrations et des formules distinctes.

90. Les racines imaginaires d'une équation de second degré sont, d'après ce qui précède, des expressions de la forme

$$A+\sqrt{-B}$$

$-B$ représentant un nombre négatif. Désignons par b la racine carrée de ce nombre pris positivement, de telle sorte que

$$B=b^2,$$

l'expression imaginaire qui représente la racine deviendra

$$A+\sqrt{-b^2}=A+\sqrt{b^2\times(-1)}$$

que l'on écrit souvent $A+b\sqrt{-1}$.

Remarque. On substitue $b\sqrt{-1}$ à $\sqrt{b^2\times(-1)}$ en faisant sortir le facteur b^2 hors du radical, absolument comme s'il s'agissait de la racine carrée d'un produit positif. En général, nous conviendrons d'appliquer aux opérations relatives aux expressions imaginaires toutes les règles démontrées généralement pour les nombres réels. Ces règles, dans ce cas nouveau, serviront de définitions aux opérations qui sans cela n'auraient aucun sens.

91. La résolution des équations du second degré a une telle importance, que nous ne craindrons pas de paraître trop minutieux en entrant dans quelques détails relatifs aux cas dans lesquels la formule générale se simplifie légèrement.

1° Il arrive souvent que le coefficient a du premier terme est égal à l'unité, et l'on peut d'ailleurs faire en sorte qu'il en soit ainsi en divisant l'équation par a. Soit

$$x^2+px+q=0,$$

l'équation ainsi simplifiée la formule générale devient alors

$$x=\frac{-p\pm\sqrt{p^2-4q}}{2}=-\frac{p}{2}\pm\sqrt{\frac{p^2}{4}-q};$$

il est indispensable de la savoir par cœur sous cette dernière forme.

2° Si, dans l'équation $ax^2+bx+c=0$, le coefficient b contient le facteur 2 en évidence et est, par exemple, égal à $2k$, les racines de l'équation

$$ax^2+2kx+c=0$$

prennent la forme

$$\frac{-2k\pm\sqrt{4k^2-4ac}}{2a}=\frac{-k\pm\sqrt{k^2-ac}}{a},$$

et l'on ne doit jamais se dispenser de faire cette simplification lorsqu'elle se présente.

Relation entre les coefficients et les racines d'une équation du second degré.

92. L'équation $$ax^2+bx+c=0$$

a, comme on la vu, deux racines

$$x'=\frac{-b+\sqrt{b^2-4ac}}{2a},$$

$$x''=\frac{-b-\sqrt{b^2-4ac}}{2a};$$

si on les ajoute, on trouve

$$x'+x''=-\frac{b}{a},$$

et si on les multiplie

$$x'x''=\frac{(-b+\sqrt{b^2-4ac})(-b-\sqrt{b^2-4ac})}{4a^2}=\frac{4ac}{4a^2}=\frac{c}{a};$$

la somme et le produit des racines dépendent donc d'une manière simple des coefficients de l'équation.

D'après cela, la solution de l'équation du second degré permet de résoudre le problème suivant. *Trouver deux nombres connaissant leur somme et leur produit.*

Soient, en effet, S la somme de deux nombres et P leur produit, on pourra prendre, pour ces deux nombres, les racines de l'équation

$$[1] \qquad x^2-Sx+P=0,$$

car la somme de ces racines est S et leur produit P. Il est facile de donner à l'équation [1] une forme qui montre, *a priori*, la raison de ce fait, on peut, en effet, l'écrire

$$P=Sx-x^2,$$

ou

$$P=x(S-x),$$

et l'on voit que résoudre cette équation, c'est trouver deux nombres x et $S-x$ dont le produit soit P; d'ailleurs la somme de ces deux nombres $x+S-x$ est évidemment égale à S.

Décomposition d'un trinome du second degré en facteurs du premier degré.

93. Si x' et x'' désignent les racines de l'équation

[1] $$ax^2+bx+c=0,$$

on a (**92**) $$x'+x''=-\frac{b}{a},$$

$$x'x''=\frac{c}{a}.$$

Si l'on divise les deux membres de l'équation [1] par a et que l'on remplace $\frac{b}{a}$ et $\frac{c}{a}$ par les valeurs précédentes, son premier membre devient

$$x^2-(x'+x'')x+x'x'',$$

ou, comme il est facile de le vérifier,

$$(x-x')(x-x'').$$

Ainsi, le premier membre d'une équation du second degré

$$x^2+\frac{b}{a}x+\frac{c}{a}x=0$$

est le produit de deux binomes du premier degré égaux à l'excès de x sur chacune des racines.

Si l'équation proposée est de la forme

$$ax^2+bx+c=0,$$

c'est seulement, après l'avoir divisée par a, que l'on peut lui appliquer le résultat précédent, et, par suite, avant cette division, le premier membre est égal à

$$a(x-x')(x-x'').$$

94. Le théorème important qui précède peut encore se démontrer, plus directement, d'une autre manière.

Considérons le trinome

$$ax^2+bx+c,$$

on a, identiquement,

$$[1] \quad ax^2+bx+c=a\left(x^2+\frac{b}{a}x+\frac{c}{a}\right)=a\left\{\left(x+\frac{b}{2a}\right)^2+\frac{c}{a}-\frac{b^2}{4a^2}\right\};$$

or on peut remplacer $\frac{c}{a}-\frac{b^2}{4a^2}$, par l'expression identiquement égale

$$-\left(\sqrt{\frac{b^2}{4a^2}-\frac{c}{a}}\right)^2$$

et, par cette substitution, l'expression [1] devient le produit de a par la différence de deux carrés, savoir :

$$a\left\{\left(x+\frac{b}{2a}\right)^2-\left(\sqrt{\frac{b^2}{4a^2}-\frac{c}{a}}\right)^2\right\};$$

or on sait que la différence de deux carrés est égale au produit de la somme des racines par leur différence et, par suite, l'expression précédente, équivalente à ax^2+bx+c, peut s'écrire

$$a\left(x+\frac{b}{2a}-\sqrt{\frac{b^2}{4a^2}-\frac{c}{a}}\right)\left(x+\frac{b}{2a}+\sqrt{\frac{b^2}{4a^2}-\frac{c}{a}}\right)$$

ou, ce qui revient au même,

$$a\left(x-\frac{-b+\sqrt{b^2-4ac}}{2a}\right)\left(x-\frac{-b-\sqrt{b^2-4ac}}{2a}\right),$$

où l'on reconnaît l'expression trouvée plus haut

$$a(x-x')(x-x'').$$

Cette formule, quelle que soit la manière dont on l'établisse, s'applique évidemment au cas où x' et x'' sont imaginaires, mais, dans ce cas, les deux facteurs $(x-x')(x-x'')$ n'ayant aucune valeur arithmétique, on doit la considérer comme presque sans applications.

93. Lorsque les racines d'une équation du second degré sont imaginaires, on peut mettre le premier membre sous une forme particulière très-utile à connaître.

Si nous reprenons les calculs faits plus haut, nous aurons en effet

$$ax^2+bx+c=a\left(x^2+\frac{b}{a}x+\frac{c}{a}\right)=a\left\{\left(x+\frac{b}{2a}\right)^2+\frac{c}{a}-\frac{b^2}{4a^2}\right\},$$

les racines étant supposées imaginaires, b^2-4ac est négatif et, par conséquent,

$$\frac{4ac-b^2}{4a^2}=\frac{c}{a}-\frac{b^2}{4a^2}$$

est une quantité positive, que l'on peut regarder comme le carré de sa racine carrée. Le premier membre de l'équation devient alors

$$a\left\{\left(x+\frac{b}{2a}\right)^2+\left(\sqrt{\frac{c}{a}-\frac{b^2}{4a^2}}\right)^2\right\}$$

et l'on voit qu'il est le produit de a, par la somme des carrés de deux expressions réelles.

96. Si les deux racines x' et x'' sont égales, les facteurs $x-x'$, $x-x''$ (**94**) deviennent égaux, et le premier membre est un carré parfait. Ce résultat est d'ailleurs facile à vérifier. Pour que les racines de l'équation

$$ax^2+bx+c=0$$

soient égales, il faut (**88**) que l'on ait

$$b^2=4ac,$$

ou

$$c=\frac{b^2}{4a}$$

remplaçant c par sa valeur et divisant les deux membres de l'équation par a, celle-ci devient

$$x^2+\frac{b}{a}x+\frac{b^2}{4a^2}=0,$$

c'est-à-dire

$$\left(x+\frac{b}{2a}\right)^2=0.$$

97. Les relations qui donnent la somme et le produit de deux racines permettent de déterminer leurs signes sans résoudre l'équation.

On voit, en effet, d'après le signe de leur produit $\frac{c}{a}$, si les racines sont de même signe ou de signes contraires. Dans le premier cas, le signe de la somme $-\frac{b}{a}$ apprendra si elles sont toutes deux positives ou toutes deux négatives. Dans le second cas, l'une est positive et l'autre négative, et le signe de $-\frac{b}{a}$ fait savoir quel est le signe de la plus grande.

Exemple. Les racines de l'équation

$$x^2-3x-4=0$$

sont de signes contraires, car leur produit est -4, et la plus grande est positive, car leur somme est positive et égale à 3.

Remarque. Avant d'appliquer les règles précédentes il faut s'assurer que les racines sont réelles. Si nous considérons, par exemple, l'équation

$$x^2-3x+10=0,$$

on serait conduit (96) à regarder les racines comme toutes deux positives, car leur produit 10 est positif ainsi que leur somme 3. Mais l'expression b^2-4ac (87) étant ici égale à -31, les racines sont imaginaires.

Nous remarquerons, à cette occasion, que les racines sont toujours réelles lorsque leur produit $\frac{c}{a}$ est négatif. Si, en effet, $\frac{c}{a}$ est négatif, il en est de même de ac, car on a

$$ac=\frac{c}{a}\times a^2,$$

et le facteur a^2 est essentiellement positif. ac étant négatif, $4ac$ est négatif, par suite $-4ac$ est positif et il en est, *a fortiori*, de même de b^2-4ac; les racines sont donc réelles.

98. Le théorème de l'article **94**, dont on fait du reste un usage continuel en analyse, permet de résoudre immédiatement la question suivante, *former une équation du second degré dont les racines soient des nombres donnés α et β.*

L équation demandée est évidemment

$$(x-\alpha)(x-\beta)=x^2-(\alpha+\beta)x+\alpha\beta=0,$$

et l'on aperçoit d'ailleurs *a priori*, que le premier membre $(x-\alpha)(x-\beta)$ s'annule pour $x=\alpha$ et pour $x=\beta$. On voit que le coefficient de x est égal à la somme des racines prise en signe contraire et que le terme tout connu est égal au produit des racines.

Exemple. *Quelle est l'équation du second degré dont les racines sont* $2+\sqrt{3}$ *et* $2-\sqrt{3}$ *?*

On a $$2+\sqrt{3}+2-\sqrt{3}=4$$

$$(2+\sqrt{3})(2-\sqrt{3})=4-3=1,$$

et l'équation demandée est, par conséquent,

$$x^2-4x+1=0.$$

Examen d'un cas particulier remarquable.

99. Lorsque, dans l'équation

$$ax^2+bx+c=0,$$

on suppose que le coefficient a prenne la valeur 0, les formules qui expriment les racines,

$$x'=\frac{-b+\sqrt{b^2-4ac}}{2a},$$

$$x''=\frac{-b-\sqrt{b^2-4ac}}{2a},$$

prennent la forme $$x'=\frac{0}{0},$$

$$x''=\frac{-2b}{0};$$

d un autre côté, l'équation proposée devient

$$bx+c=0;$$

elle est alors du premier degré et n'admet qu'une seule solution

$$x = -\frac{c}{b};$$

les formules générales semblent donc, dans ce cas, en défaut.

Remarquons d'abord que, si réellement il en était ainsi, il n'en faudrait rien conclure contre les raisonnements qui y ont conduit, car ces raisonnements supposent, expressément (85), que a ne soit pas nul.

Cependant les valeurs de x' et de x'' satisfaisant à l'équation proposée, quelque soit a, lorsque a tend vers zéro, l'une d'elles doit approcher de la solution de

$$bx + c = 0.$$

C'est ce que nous allons vérifier pour la première. La seconde augmente évidemment sans limite quand a diminue.

On a $$x' = \frac{-b + \sqrt{b^2 - 4ac}}{2a}.$$

Multiplions les deux termes de cette fraction par $-b - \sqrt{b^2 - 4ac}$, il viendra

$$x = \frac{(-b + \sqrt{b^2 - 4ac})(-b - \sqrt{b^2 - 4ac})}{2a(-b - \sqrt{b^2 - 4ac})};$$

ou en effectuant la multiplication indiquée au numérateur, et remarquant que l'on a le produit de la somme de deux nombres $-b + \sqrt{b^2 - 4ac}$ par leur différence $-b - \sqrt{b^2 - 4ac}$;

$$x' = \frac{b^2 - b^2 + 4ac}{2a(-b - \sqrt{b^2 - 4ac})} = \frac{4ac}{2a(-b - \sqrt{b^2 - 4ac})}$$
$$= \frac{2c}{-b - \sqrt{b^2 - 4ac}},$$

et sous cette forme, il est évident que, a tendant vers zéro, x s'approche de la valeur $-\frac{2c}{2b}$ ou $-\frac{c}{b}$.

Résolution de l'équation $ax^2+bx+c=0$, lorsque a est très-petit.

100. La formule générale qui donne les racines de l'équation $ax^2+bx+c=0$,

$$x=-\frac{b}{2a}\pm\frac{1}{2a}\sqrt{b^2-4ac},$$

se prête mal aux calculs numériques, lorsque le coefficient a a une valeur très-petite. On comprend, en effet, qu'après avoir calculé approximativement $\sqrt{b^2-4ac}$, en divisant le résultat par $2a$, on diviserait en même temps l'erreur qui se trouverait par là considérablement augmentée. Il est donc convenable de modifier dans ce cas la formule qui donne les racines; occupons-nous seulement de la racine qui diffère peu de $-\frac{c}{b}$ (**99**); l'autre se trouvera ensuite, sans peine, puisque la somme des deux est connue et égale à $-\frac{b}{a}$.

De l'équation $\qquad ax^2+bx+c=0,$
on déduit

$$[1] \qquad x=-\frac{c}{b}-\frac{ax^2}{b},$$

a, étant par hypothèse très-petit, nous pouvons négliger $\frac{ax^2}{b}$, et écrire, comme *première approximation*,

$$[2] \qquad x=-\frac{c}{b},$$

l'erreur commise en adoptant cette valeur est $\frac{ax^2}{b}$; elle contient en facteur la première puissance de a, et l'on dit, pour cette raison, qu'elle est du *premier ordre*.

Si nous désignons par α_1 l'erreur commise quand on prend $x=-\frac{c}{b}$, nous aurons exactement

$$[3] \qquad x=-\frac{c}{b}+\alpha_1;$$

en remettant cette valeur dans le second membre de l'équation [1], il vient

$$[4] \quad x = -\frac{c}{b} - \frac{a}{b}\left(-\frac{c}{b} + \alpha_1\right)^2 = -\frac{c}{b} - \frac{ac^2}{b^3} + \frac{2a\alpha_1 c}{b^2} - \frac{\alpha_1^2 a}{b};$$

si nous négligeons, dans le second membre, le troisième et le quatrième terme qui contiennent en facteurs $a\alpha_1$ et $a\alpha_1^2$, il viendra, comme *seconde approximation*,

$$[5] \quad x = -\frac{c}{b} - \frac{ac^2}{b^3};$$

α_1 étant du premier ordre par rapport à a, $a\alpha_1$ et $\alpha_1^2 a$ sont respectivement du second et du troisième ordre, c'est-à-dire qu'ils contiennent a^2 et a^3 en facteur. Notre seconde approximation, fournie par la formule [5], ne laisse donc subsister que des erreurs du *second ordre*, et, si nous posons, par conséquent,

$$[6] \quad x = -\frac{c}{b} - \frac{ac^2}{b^3} + \alpha_2,$$

α_2 sera du second ordre, c'est-à-dire que son expression contiendrait a^2 en facteur.

Si nous remettons dans le second membre de la formule [1] la valeur de x fournie par la formule [6], il vient :

$$[7] \quad x = -\frac{c}{b} - \frac{a}{b}\left(-\frac{c}{b} - \frac{ac^2}{b^3} + \alpha_2\right)^2;$$

ou, en développant

$$[8] \quad x = -\frac{c}{b} - \frac{ac^2}{b^3} - \frac{2a^2c^3}{b^5} - \frac{a^3c^4}{b^7} + 2\alpha_2\frac{a}{b}\left(\frac{c}{b} + \frac{ac^2}{b^3}\right) - \frac{\alpha_2^2 a}{b},$$

α_2 étant du *second ordre* (c'est-à-dire contenant a^2 en facteur), $\alpha_2 a$ et $\frac{\alpha_2^2 a}{b}$ seront du troisième et du cinquième ordre. Si nous négligeons les termes qui les contiennent, ainsi que $\frac{a^3c^4}{b^7}$, qu'il n'y a dès lors aucune raison pour conserver, il vient, comme *troisième approximation*,

$$x = -\frac{c}{b} - \frac{ac^2}{b^3} - \frac{2a^2c^3}{b^5}.$$

Il serait facile de continuer ainsi indéfiniment.

Remarque. Les formules d'approximation successives :

$$x = -\frac{c}{b}$$

$$x = -\frac{c}{b} - \frac{ac^2}{b^3}$$

$$x = -\frac{c}{b} - \frac{ac^2}{b^3} - \frac{2a^2c^3}{b^5},$$

satisfont aux conditions que l'on doit toujours s'efforcer d'obtenir dans un système d'approximations successives :

1° Chacune s'obtient de la précédente par l'addition d'un terme de correction;

2° L'erreur qui subsiste après l'addition de chacun des termes est toujours *très-petite* par rapport à ce terme.

En effet, quand on écrit $x = -\frac{c}{b}$, l'erreur commise contient a en facteur, et est, par suite, très-petite par rapport à $-\frac{c}{b}$.

Quand on écrit $x = -\frac{c}{b} - \frac{ac^2}{b^3}$,

l'erreur commise contient a^2 en facteur et est très-petite par rapport à $\frac{ac^2}{b^3}$, ainsi de suite.

D'après cette remarque, pour savoir si la valeur obtenue est trop grande ou trop petite, il suffira d'examiner le signe du terme de correction que l'on obtiendrait en poussant l'approximation plus loin.

Soit, par exemple, l'équation

$$0,000047x^2 + 6724x - 334 = 0,$$

on a

$$a = \frac{47}{10^6},$$

$$b = 6724,$$

$$c = -334,$$

on en conclut,

$$\frac{c}{b} = -\frac{334}{6724} \quad \text{ou} \quad \frac{c}{b} < \frac{1}{10},$$

et on voit sans peine que le 1er terme de x est $< \frac{1}{10}$,

2e » $< \frac{1}{10^{10}}$,

3e » $< \frac{1}{10^{19}}$,

4e » $< \frac{1}{10^{28}}$,

etc...

et pour résoudre l'équation donnée exactement à 20 décimales, il ne faudra calculer que 3 termes de x et encore le troisième terme n'influence-t-il que le dernier chiffre.

Nous aurons donc :

$$\frac{c}{b} = -\frac{334}{6724} = -\ 0{,}04967\ 28138\ 01308\ 74479\ 5$$

$$\frac{ac^2}{b^3} = +\frac{47.334^2}{6725^3.10^6} = +\ 17246\ 76624\ 8$$

$$\frac{2a^2c^3}{b^5} = -\frac{2.47^2.334^3}{6724^5.10^{10}} = -\ 1\ 2$$

$$x' = 0{,}04967\ 28137\ 84061\ 97856$$

de plus,

$$-\frac{b}{a} = \frac{-6724.10^6}{47} = -1430\ 63829{,}78723\ 40435\ 53194\ 48936\ 17$$

donc

$$x'' = -\frac{b}{a} - x' = -1430\ 63829{,}83690\ 68563\ 37253\ 46792$$

valeurs exactes à 20 décimales.

On aurait pu obtenir directement les mêmes valeurs de x_1 et x_2 par l'emploi de la formule générale (83).

Par la simple division on obtient d'abord

$$\frac{b}{2a} = \frac{6724.10^6}{94} = 715\,31914,\,89361\,70212\,76595\,74468$$

$$b^2 - 4ac = 2 \times 2260\ 60880\ 31396$$
$$= 2 \times 47\ 54586^2;$$

mais $\sqrt{2} = 1,\,41421\ 35623\ 73095\ 04880\ 16887$

donc $47\ 54586.\sqrt{2} = 67\ 24000,\,00466\ 92444\ 95701\ 82598$

et $$\frac{1}{2a}\sqrt{b^2-4ac} = \frac{10^3}{94} \times 47\ 54586.\sqrt{2}$$

$$= 715\ 31914,\,94328\ 98350\ 60657\ 72324$$

Nous avons donc

$$\frac{b}{2a} = 715\ 31914,\,89361\ 70212\ 76595\ 74468$$

$$\frac{1}{2a}\sqrt{b^2-4ac} = 715\ 31914,\,94328\ 98350\ 60657\ 72324$$

et

$$x' = -\frac{b}{2a} + \frac{1}{2a}\sqrt{b^2-4ac} = \ldots\ldots\ldots 0,\,04967\ 28137\ 84061\ 97856$$

$$x'' = -\frac{b}{2a} - \frac{1}{2a}\sqrt{b^2-4ac} = -1430\ 63829,\,83690\ 68563\ 37253\ 46792.$$

Solution de quelques problèmes.

101. Problème I. *Calculer la profondeur d'un puits, sachant qu'il s'est écoulé un nombre* t *de secondes entre l'instant où l'on a laissé tomber une pierre, et celui où le bruit qu'elle a fait en frappant le fond est revenu frapper l'oreille.*

Pour résoudre ce problème, il faut se rappeler deux principes de physique.

1° L'espace parcouru par un corps pesant est proportionnel au carré du temps écoulé depuis le commencement de la chute, et représenté par la formule,

$$e=\frac{gt^2}{2},$$

g étant un coefficient constant égal à $9^m,809$.

2° Le son se meut d'un mouvement uniforme et parcourt 333 mètres par seconde. Dans le calcul qui va suivre, nous représenterons sa vitesse par v; de sorte que, dans le temps t, il parcoure vt.

Soit x la profondeur du puits évaluée en mètres. En nommant t_1 le nombre de secondes que la pierre met à descendre, on a

$$[1] \qquad x=\frac{gt_1^2}{2}, \quad \text{d'où } t_1=\sqrt{\frac{2x}{g}}.$$

Si t_2 désigne le temps que le son met à remonter, on a

$$[2] \qquad x=vt_2, \quad \text{d'où} \quad t_2=\frac{x}{v},$$

en sorte que

$$[3] \qquad t_1+t_2=t=\frac{x}{v}+\sqrt{\frac{2x}{g}}.$$

Pour résoudre cette équation, mettons-la sous la forme

$$[4] \qquad t-\frac{x}{v}=\sqrt{\frac{2x}{g}}.$$

En élevant les deux membres au carré, on a

$$[5] \qquad t^2-\frac{2tx}{v}+\frac{x^2}{v^2}=\frac{2x}{g};$$

ou, en faisant passer tous les termes dans le premier membre,

$$[6] \qquad \frac{x^2}{v^2}-x\left(\frac{2t}{v}+\frac{2}{g}\right)+t^2=0,$$

d'où l'on déduit (**91**)

$$[7] \qquad x=\frac{\frac{t}{v}+\frac{1}{g}\pm\sqrt{\left(\frac{t}{v}+\frac{1}{g}\right)^2-\frac{t^2}{v^2}}}{\frac{1}{v^2}}.$$

Les deux racines sont réelles, car la quantité placée sous le radical,

$$\left(\frac{t}{v}+\frac{1}{g}\right)^2-\frac{t^2}{v^2},$$

est évidemment positive.

Il est facile de voir qu'elles sont toutes deux positives : car leur produit t^2v^2 est positif, ainsi que leur somme $\left(\frac{2t}{v}+\frac{2}{g}\right)v^2$. Le problème ne peut cependant avoir qu'une solution, car deux puits de profondeur différente ne peuvent correspondre à une même valeur de t. Pour expliquer cette singularité, et trouver quelle est celle des deux racines qui répond à la question, remarquons qu'en élevant au carré les deux membres de l'équation [4], nous formons une équation nouvelle, qui, il est vrai, ne peut manquer d'être satisfaite si la proposée l'est elle-même, mais qui peut l'être, aussi, sans que celle-ci le soit. Les deux membres auraient, en effet, même carré s'ils étaient égaux et de signes contraires : l'équation [5] équivaut donc réellement aux deux suivantes :

$$t-\frac{x}{v}=\sqrt{\frac{2x}{g}},$$

$$t-\frac{x}{v}=-\sqrt{\frac{2x}{g}}.$$

La première de ces équations correspond seule au problème proposé, et sa solution, qui est moindre que vt, puisque $t-\frac{x}{v}$ est positif, satisfait à ce problème. La solution de la seconde équation, qui est plus grande que vt, est par conséquent la plus grande racine de [5] : elle doit être rejetée comme solution étrangère.

L'équation du problème précédent est

$$\frac{x^2}{v^2}-x\left(\frac{2t}{v}+\frac{2}{g}\right)+t^2=0.$$

Dans cette équation, v représente la vitesse du son, égale à 333 environ; le carré v^2 est donc un nombre assez considérable, et $\frac{1}{v^2}$, coefficient de x^2, est très-petit. Il y a donc lieu d'appliquer les formules de l'article **100**; en adoptant la première, il viendra

$$[a] \qquad x=\frac{t^2}{\frac{2}{g}+\frac{2t}{v}},$$

dont on devra se servir dans les applications, car on peut, sans aucun inconvénient, négliger les quantités de l'ordre $\frac{1}{v^2}$ ($\frac{1}{100000}$ environ, et l'unité de longueur est le mètre).

La formule [a] peut, du reste, se simplifier un peu si l'on remarque que v étant grand, $\frac{2t}{v}$ est petit; en sorte qu'en le négligeant dans une première approximation on peut écrire

$$x=\frac{gt^2}{2}:$$

c'est la formule qui conviendrait, en supposant la vitesse du son infinie. Pour obtenir un terme de correction, posons

$$x=\frac{gt^2}{2}+\alpha.$$

Nous aurons, pour déterminer α,

$$\frac{t^2}{\frac{2}{g}+\frac{2t}{v}}=\frac{gt^2}{2}+\alpha;$$

d'où

$$0=\frac{2\alpha}{g}+\frac{gt^3}{v}+\frac{2t\alpha}{v}.$$

Négligeant $\frac{\alpha t}{v}$, qui est à la fois très-petit à cause du facteur α et du facteur $\frac{1}{v}$, on en déduit

$$\alpha=-\frac{g^2t^3}{2v},$$

et l'on a enfin, comme valeur approchée de x,

$$x=\frac{gt^2}{2}-\frac{g^2t^3}{2v}.$$

Problème II. *Diviser une droite en moyenne et extrême raison, c'est-à-dire la partager en deux parties telles que l'une d'elles soit moyenne proportionnelle entre la ligne entière et l'autre partie.*

Soient a la ligne donnée et x la plus grande partie, on doit avoir

$$a : x :: x : a-x,$$

ou

$$x^2=(a-x)a$$

$$x^2+ax-a^2=0,$$

et, par suite,

$$x=-\frac{a}{2}\pm\sqrt{\frac{a^2}{4}+a^2}=-\frac{a}{2}\pm\frac{a}{2}\sqrt{5}.$$

L'une des racines est positive et donne la valeur de x, l'autre est négative et doit être rejetée.

On peut interpréter la racine négative. Désignons-la en effet par $-\alpha$; on doit avoir

$$(-\alpha)^2=a[a-(-\alpha)],$$

ou

$$\alpha^2=a(a+\alpha);$$

donc α est moyenne proportionnelle entre a et $a+\alpha$, et répond évidemment à la question suivante.

Trouver sur la ligne AB prolongée

X A B

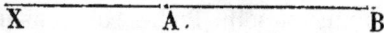

un point X, tel que la distance AX (α) soit moyenne proportionnelle entre AB (a) et XB ($a+\alpha$).

Il arrive donc, comme dans la plupart des problèmes du premier degré (**75**), que la solution négative doit être portée sur la droite AB en sens opposé à la solution positive.

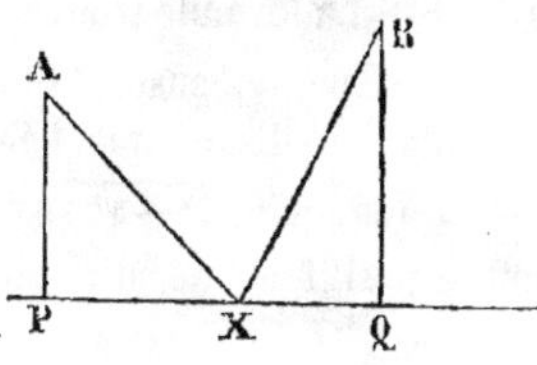

Problème III. *Trouver, sur une ligne* PQ, *un point* X *également éclairé par deux lumières* A *et* B *dont les intensités sont* i *et* i'; *on donne* AP$=$a, BQ$=$b *et* PQ$=$d. AP *et* PQ *étant les perpendiculaires abaissées des points* A *et* B *sur la ligne* PQ.

On doit se rappeler, pour résoudre ce problème, que l'intensité de la lumière est en raison inverse du carré de la distance du point éclairé au point lumineux, de sorte qu'une lumière d'intensité i éclaire à la distance x avec une intensité $\frac{i}{x^2}$.

On doit avoir, par conséquent,

$$\frac{i}{\overline{AX}^2} = \frac{i'}{\overline{BX}^2}$$

ou en désignant PX par x, et, par conséquent, QX par $d-x$

$$\frac{i}{a^2+x^2} = \frac{i'}{b^2+(d-x)^2}$$

ou, en chassant les dénominateurs,

$$[b^2+(d-x)^2]i = (a^2+x^2)i'.$$

Sans entrer dans les détails de la solution de cette équation et des conditions de possibilité du problème, cherchons à interpréter les solutions négatives qu'elle peut avoir. En désignant par $-\alpha$ une solution négative, on doit avoir

$$\frac{i}{a^2+\alpha^2} = \frac{i'}{b^2+(d+\alpha)^2},$$

ce qui est précisément l'équation que l'on aurait dû écrire si, cherchant le point X à gauche de P, on avait désigné par α sa distance inconnue au point P. Les solutions négatives fournissent donc des solutions du problème proposé, pourvu que l'on porte la longueur qu'elles représentent à gauche du point P, c'est-à-dire dans un sens opposé à celui qui correspond aux solutions positives.

RÉSUMÉ.

85. Résolution de l'équation $ax^2+bx+c=0$. — **86**. La formule trouvée dépend de l'expression $\sqrt{b^2-4ac}$ et est, par conséquent, susceptible de deux valeurs distinctes. On exprime ce résultat en disant que l'équation du second degré a deux racines. — **87**. Lorsque $\sqrt{b^2-4ac}$ est négatif, $\sqrt{b^2-4ac}$ ne représente aucun nombre positif ou négatif; on dit alors que les racines sont imaginaires. — **88**. Si $\sqrt{b^2-4ac}$ est nul, il n'y a qu'une seule racine; mais on dit qu'il y a deux racines égales. — **89**. Indication des motifs qui font adopter ces locutions. — **90**. Dans tous les cas, on peut dire que l'équation du second degré a deux racines. — **91**. Expression de la somme et du produit des racines. — **92**. Trouver deux nombres connaissant leur somme et leur produit. — **93**. Le premier membre d'une équation du second degré qui a pour racines x' et x'' peut être mis sous la forme $(x-x')\cdot(x-x'')$. — **94**. Autre démonstration du même théorème. — **95**. Forme du premier membre lorsque les racines sont imaginaires. — **96**. Si les deux racines sont égales, le premier membre est un carré. — **97**. Les relations qui donnent la somme et le produit des racines permettent de prévoir leurs signes sans résoudre l'équation, pourvu que l'on soit assuré qu'elles ne sont pas imaginaires. —**98**. Équation dont les racines sont données. — **99**. Examen du cas où le coefficient de x^2 est nul ou très-petit. — **100**. Application à un exemple. — **101**. Solution de quelques problèmes. Cas où une racine positive doit être rejetée comme solution étrangère. Cas ou une racine négative s'interprète.

EXERCICES.

I. Former la somme des carrés, la somme des cubes, la somme des quatrièmes puissances et la somme des inverses des quatrièmes puissances des racines de l'équation

$$ax^2 + bx + c = 0.$$

II. Conditions nécessaires pour que la fraction

$$\frac{Ax^2 + Bx + C}{A'x^2 + B'x + C'}$$

soit indépendante de x.

III. Si l'on a

$$\frac{Ax^2+Bx+C}{A'x^2+B'x+C'} = \frac{Ay^2+By+C}{A'y^2+B'y+C'} = \frac{Az^2+Bz+C}{A'z^2+B'z+C'},$$

deux des nombres x, y, z sont égaux entre eux, à moins que l'on n'ait

$$\frac{A}{A'} = \frac{B}{B'} = \frac{C}{C'}.$$

IV. Conditions pour que la fraction

$$\frac{Ay^2+Bxy+Cx^2+Dy+Ex+F}{A'y^2+B'xy+C'x^2+D'y+E'x+F'}$$

soit indépendante de x et de y.

V. Un voyageur part d'un point B pour aller vers C, en même temps qu'un autre voyageur part de C pour aller vers B. Chacun d'eux marche avec une vitesse constante. Ces deux vitesses ont un rapport tel que le premier arrive en C quatre heures après qu'ils se sont rencontrés, et le second arrive en B neuf heures après cette rencontre. Quel est le rapport des vitesses?

VI. Résoudre l'équation

$$2x\sqrt[3]{x}-3x\sqrt[3]{\frac{1}{x}}=20.$$

VII. Résoudre l'équation

$$2x^2+3x-5\sqrt{2x^2+3x+9}+3=0.$$

VIII. Résoudre

$$\frac{1}{x-\sqrt{2-x^2}}-\frac{1}{x+\sqrt{2-x^2}}=1.$$

IX. Résoudre

$$\sqrt[m]{(1+x)^2}-\sqrt[m]{(1-x)^2}=\sqrt[m]{1-x^2}.$$

X. Résoudre

$$\frac{1}{1-\sqrt{1-x^2}}-\frac{1}{1+\sqrt{1-x^2}}=\frac{\sqrt{3}}{x^2}.$$

XI. Résoudre $x^2+\sqrt{5x+x^2}=42-5x$.

XII. Limite de $\sqrt{x^2+5x+1}-x$ lorsque x augmente indéfiniment.

XIII. Limite de $a-\sqrt{a^2-b}$. a et b augmentant de manière à ce que le rapport $\frac{b^2}{a}$ s'approche d'une limite fixe.

XIV. On donne un cercle et un point O sur un diamètre. Trouver une droite P perpendiculaire à ce diamètre et telle qu'en menant par le point O une sécante qui coupe le cercle en A et B, et désignant par p et q les distances des points A et B à la droite P, la somme $\frac{1}{p}+\frac{1}{q}$ soit indépendante de la direction de AB.

XV. Deux cercles étant placés l'un dans l'autre, trouver sur la ligne des centres un point tel que les distances à deux points où les cercles sont coupés par une même perpendiculaire à la ligne des centres soient dans un rapport constant.

XVI. Résoudre l'équation

$$\frac{x^2}{8a}+\frac{2x}{3}=\sqrt{\frac{x^3}{3a}+\frac{x^2}{4}-\frac{a}{2}}.$$

XVII. Résoudre $\sqrt{\frac{1+bx}{1-bx}}=\frac{1+ax}{1-ax}$

XVIII. Résoudre $\left(\frac{a+x}{a-x}\right)^2=1+\frac{cx}{ab}$.

XIX. On donne

$$ab-\tfrac{1}{2}(a+b)(x+y)+xy=0,$$

$$cd-\tfrac{1}{2}(c+d)(x+y)+xy=0;$$

déduire de ces équations

$$\frac{(x-y)^2}{4}=\frac{(a-c)(a-d)(b-c)(b-d)}{(a+b-c-d)^2}.$$

XX. Trouver la relation *rationnelle* qui doit exister entre a, b, c, a', b', c', pour que les deux équations

$$ax^2+bx+c=0$$

$$a'x^2+b'x+c'=0,$$

aient une racine commune. Faire voir que dans ce cas, les racines peuvent s'exprimer sans radicaux.

XXI. Résoudre $\sqrt{a+x}+\sqrt{b+x}+\sqrt{c+x}=0$.

XXII. Résoudre

$$\sqrt{a+x}+\sqrt{b+x}+\sqrt{c+x}+\sqrt{d+x}=0;$$

montrer que x s'obtient par une équation du premier degré, et que $\sqrt{a+x}$, $\sqrt{b+x}$, $\sqrt{c+x}$, $\sqrt{d+x}$, peuvent s'exprimer rationnellement en a, b, c, d.

XXIII. Résoudre

$$\gamma z^2 - [\alpha x^2 - 2c(\alpha+\gamma)x - \alpha k^2]z - k^2\gamma x^2 = 0;$$

déduire de cette équation la valeur de z qui correspond à

$$x = \frac{2c\alpha}{\alpha-\gamma};$$

vérifier que cette valeur ne contient pas de radicaux.

CHAPITRE IX.

ÉQUATIONS QUI SE RAMÈNENT A CELLES DU SECOND DEGRÉ.

Équations bicarrées.

102. Quelques équations d'un degré plus élevé que le second peuvent se ramener à celles du second degré par un changement d'inconnue.

Nous considérerons en particulier l'équation

$$[1] \qquad ax^4 + bx^2 + c = 0$$

que l'on nomme équation bicarrée.

Si l'on prend x^2 pour inconnue, cette équation devient du second degré : en posant, en effet, $x^2 = z$, on a $x^4 = z^2$ et l'équation [1] devient

$$az^2 + bz + c = 0,$$

d'où l'on déduit $$z = \frac{-b \pm \sqrt{b^2 - 4ac}}{2a};$$

et, par suite, $$x = \pm \sqrt{\frac{-b \pm \sqrt{b^2 - 4ac}}{2a}}.$$

x admet donc, en général, quatre valeurs égales deux à deux et de signes contraires. Toutes les quatre sont réelles si les deux valeurs de z sont positives; si l'une de ces valeurs est positive et l'autre négative, la première seulement admet une racine carrée réelle, et deux des valeurs de x sont imaginaires; enfin, si l'équation en z a ses deux racines négatives ou imaginaires, x n'admet aucune valeur réelle.

Transformation des expressions de la forme $\sqrt{a + \sqrt{b}}$.

103. On peut quelquefois transformer les expressions de la forme $\sqrt{a+\sqrt{b}}$ en une somme de deux radicaux simples, et poser

$$[1] \qquad \sqrt{a+\sqrt{b}}=\sqrt{x}+\sqrt{y},$$

x et y étant commensurables, sans cela, la transformation n'aurait aucun avantage. On a, en effet, en élevant au carré les deux membres de l'équation [1],

$$[2] \qquad a+\sqrt{b}=x+y+2\sqrt{xy},$$

équation à laquelle on satisfera évidemment si l'on pose

$$[3] \qquad \begin{cases} a=x+y, \\ \sqrt{b}=2\sqrt{xy}, \end{cases}$$

et par suite

$$[4] \qquad \begin{cases} a=x+y, \\ b=4xy. \end{cases}$$

D'après ces deux équations [4], x et y sont (**93**) les deux racines de l'équation

$$z^2-az+\frac{b}{4}=0,$$

c'est-à-dire

$$\frac{a+\sqrt{a^2-b}}{2},$$

$$\frac{a-\sqrt{a^2-b}}{2}.$$

Si donc a^2-b est un carré, les valeurs de x et de y seront rationnelles et la transformation sera effectuée par la formule

$$[5] \qquad \sqrt{a+\sqrt{b}}=\sqrt{\frac{a+\sqrt{a^2-b}}{2}}+\sqrt{\frac{a-\sqrt{a^2-b}}{2}}.$$

Cette formule [5] est vraie quels que soient a et b, mais il n'y a avantage à l'employer que si a^2-b est un carré.

104. Remarque I. La démonstration de la formule [5] laisse subsister une difficulté sur laquelle il convient de revenir.

L'équation à laquelle il faut satisfaire étant

[1] $$\sqrt{a+\sqrt{b}}=\sqrt{x}+\sqrt{y}.$$

Nous avons commencé par lui substituer la suivante,

[2] $$a+\sqrt{b}=x+y+2\sqrt{xy},$$

que l'on obtient en élevant ses deux membres au carré. Or cette équation [2] est plus générale que la proposée, elle pourrait être satisfaite si l'on avait

$$-\sqrt{a+\sqrt{b}}=\sqrt{x}+\sqrt{y}.$$

Mais si nous convenons de prendre les radicaux avec le signe +, cette dernière égalité deviendra impossible et l'équation [2] devient alors complétement équivalente à [1]. Il est évident que l'on y satisfera, en posant

[3] $$\begin{cases} a=x+y, \\ \sqrt{b}=2\sqrt{xy}. \end{cases}$$

Lorsque, à ces deux équations, nous substituons

[4] $$\begin{cases} a=x+y, \\ b=4xy, \end{cases}$$

il se présente une difficulté analogue à la précédente; l'équation $b=4xy$ est plus générale que $\sqrt{b}=2\sqrt{xy}$ et pourrait être satisfaite si l'on avait $-\sqrt{b}=2\sqrt{xy}$; mais la difficulté disparaît encore, si l'on convient que tous les radicaux sont positifs.

105. Remarque II. Si l'on avait à transformer $\sqrt{a-\sqrt{b}}$ on poserait

$$\sqrt{a-\sqrt{b}}=\sqrt{x}-\sqrt{y},$$

ou

$$a-\sqrt{b}=x+y-2\sqrt{xy},$$

et l'on y satisfera évidemment en posant

$$a=x+y,$$
$$\sqrt{b}=2\sqrt{xy},$$

qui ne diffèrent pas des équations [4]. x et y ont donc les mêmes valeurs que dans le cas précédent, et l'on a,

$$\sqrt{a-\sqrt{b}}=\sqrt{\frac{a+\sqrt{a^2-b}}{2}}-\sqrt{\frac{a-\sqrt{a^2-b}}{2}}.$$

106. Remarque III. Pour satisfaire à l'équation

$$[2] \qquad a+\sqrt{b}=x+y+2\sqrt{xy},$$

nous avons posé [3] $\quad a=x+y,$

$$\sqrt{b}=2\sqrt{xy},$$

il est évident, en effet, que ces deux équations entraînent la proposée, mais on peut démontrer, en outre, qu'elles sont nécessaires si l'on suppose que a, b, x et y soient rationnels.

En général, si l'on a

$$[1] \qquad a+\sqrt{b}=a'+\sqrt{b'};$$

a, b, a', b' étant rationnels, il faut que a et b soient respectivement égaux à a' et b'. On déduit, en effet, de [1]

$$\sqrt{b}=a'-a+\sqrt{b'},$$

et, en élevant les deux membres au carré,

$$b=(a'-a)^2+2(a'-a)\sqrt{b'}+b':$$

le premier membre est commensurable, et si l'on n'avait pas $a'=a$, le second ne le serait pas; a doit donc être égal à a', et il faut, par suite, que b soit égal à b'. Pour appliquer ce résultat à l'équation [2], il suffit de remplacer a' par $x+y$ et b par $4xy$, car $2\sqrt{xy}=\sqrt{4xy}$.

Quelques exemples d'équations simultanées de degré supérieur au premier.

107. La résolution des équations simultanées est une des questions les plus compliquées de l'algèbre. Nous n'avons pas l'intention d'en aborder ici la théorie générale, nous nous bornerons à traiter quelques cas fort simples.

On peut résoudre deux équations à deux inconnues, l'une du premier et l'autre du second degré.

Soit, en effet, le système

[1] $$ax+by=c,$$

[2] $$Ay^2+Bxy+Cx^2+Dy+Ex+F=0.$$

On déduit de l'équation [1]

[3] $$y=\frac{c-ax}{b}.$$

En portant cette valeur dans l'équation [2], on obtiendra une équation du second degré en x, qui fournira, pour cette inconnue, deux valeurs, à chacune desquelles, correspondra une valeur de y fournie par la formule [3].

108. Nous résoudrons encore quelques systèmes simples, pour faire connaître des artifices fréquemment employés.

1° Soit le système $\quad x^2y+y^2x=30,$

$$\frac{1}{x}+\frac{1}{y}=\frac{5}{6};$$

ou, en chassant les dénominateurs de la seconde équation,

$$xy(x+y)=30,$$
$$6(x+y)=5xy.$$

Si donc on considère xy et $x+y$ comme deux inconnues u et v, on aura,

$$uv=30,$$
$$6v=5u.$$

La seconde équation donne $v=\frac{5}{6}u$; en substituant cette valeur dans la première, elle devient

$$\frac{5}{6}u^2=30,$$

ou $$u^2=36,$$

$$u=\pm 6;$$

et on en conclut, $$v=\pm 5.$$

Il faut adopter le même signe pour la valeur de u et pour celle de v, puisque $v=\frac{5}{6}u$.

Si nous adoptons les valeurs $u=6$, $v=5$, on a

$$x+y=5,$$
$$xy=6,$$

d'où l'on déduit pour x et y les valeurs 2 et 3,

Si nous adoptons $v=-6$, $u=-5$, on a

$$x+y=-5,$$
$$xy=-6,$$

d'où l'on déduit pour x et y les valeurs -6 et 1.

2° Soit encore le système

$$\frac{4}{y^2}+\frac{4+y}{y}=\frac{8+4y}{x}+\frac{12y^2}{x^2},$$
$$4y^2-xy=x.$$

La première équation devient, si l'on chasse les dénominateurs,

$$4x^2+(4+y)yx^2=(8+4y)xy^2+12y^4,$$

que l'on peut écrire,

$$x^2(2+y)^2-4xy^2(2+y)+4y^4=16y^4,$$

le premier membre étant le carré de $x(2+y)-2y^2$, cette équation peut s'écrire,

$$[x(2+y)-2y^2]^2=(4y^2)^2;$$

ce qui équivaut à

$$x(2+y)-2y^2=\pm 4y^2.$$

Nous pouvons donc, au système proposé, substituer les deux suivants :

$$x(2+y)-2y^2=4y^2 \qquad x(2+y)-2y^2=-4y^2$$
$$4y^2-xy=x \qquad 4y^2-xy=x,$$

que l'on résoudra sans difficulté en résolvant la seconde équation par rapport à x, et reportant la valeur trouvée, dans la première.

109. Quelques problèmes sont considérablement simplifiés par un choix habile de l'inconnue. En voici un exemple :

Trouver quatre nombres en proportion, connaissant la somme des moyens 2s, *la somme des extrêmes* 2s', *et la somme des carrés des quatre termes* 4q.

Prenons pour inconnue le produit x des moyens, leur somme étant $2s$, ils sont (**92**) racines de l'équation

$$z^2 - 2sz + x = 0,$$

et égaux, par conséquent, à

$$s + \sqrt{s^2 - x},$$
$$s - \sqrt{s^2 - x}.$$

On verra, de la même manière, que les extrêmes sont

$$s' + \sqrt{s'^2 - x},$$
$$s' - \sqrt{s'^2 - x}.$$

En formant la somme des carrés de ces quatre expressions, on trouve

$$4s^2 + 4s'^2 - 4x,$$

l'équation du problème est donc

$$4s^2 + 4s'^2 - 4x = 4q\,;$$

d'où l'on déduira la valeur de x, et, par suite, les quatre termes de la proportion qui sont, tout calcul fait,

$$s' + \sqrt{q - s^2}, \quad s + \sqrt{q - s'^2}, \quad s - \sqrt{q - s'^2}, \quad s' - \sqrt{q - s^2}.$$

Il est naturel de prendre pour inconnue le produit des moyens, parce que ce produit, pour chaque proportion, n'admet qu'une seule valeur. Si l'on cherchait, par exemple, à déterminer un des moyens, on devrait les trouver tous les deux par le même calcul, car rien ne les distingue dans l'énoncé. L'équation serait donc au moins du second degré.

110. Nous donnerons encore la solution du problème suivant: *Trouver une proportion connaissant la somme* 4s *de ses termes, la somme* 4q *de leurs carrés et la somme* 4c *de leurs cubes.*

Prenons pour inconnue la différence $4x$ entre la somme des extrêmes et la somme des moyens, soient y le produit des extrêmes et a, b, c, d les quatre termes de la proportion, on a

$$a+b+c+d=4s,$$
$$a+b-(c+d)=4x;$$

d'où l'on déduit,

$$a+b=2s+2x,$$
$$c+d=2s-2x,$$

comme l'on a,

$$ab=y,$$
$$cd=y,$$

on en déduit (**92**) pour a, b, c, d les valeurs

$$s+x+\sqrt{(s+x)^2-y},$$
$$s+x-\sqrt{(s+x^2)-y},$$
$$s-x+\sqrt{(s-x)^2-y},$$
$$s-x-\sqrt{(s-x)^2-y}.$$

La somme des quatre carrés est, comme on le calcule facilement,

$$8(s^2+x^2)-4y,$$

et la somme des quatre cubes,

$$16s(s^2+3x^2)-12sy,$$

ce qui fournit les équations,

$$8(s^2+x^2)-4y=4q,$$
$$16s(s^2+3x^2)-12sy=4c,$$

que l'on résoudra sans difficulté.

RÉSUMÉ.

102. Résolution de l'équation bicarrée; elle peut avoir les quatre racines réelles, deux racines réelles et deux imaginaires, ou quatre racines imaginaires. — **103**. Transformation de l'expression $\sqrt{a+\sqrt{b}}$ en une somme de deux radicaux. — **104**. Examen de quelques difficultés que peut présenter la démonstration précédente. — **105**. On peut par le même calcul, transformer $\sqrt{a-\sqrt{b}}$. — **106**. Pour que deux expressions de la forme $a+\sqrt{b}\ a'+\sqrt{b'}$ soient égales, a, b, a', b', étant des nombres commensurables, il faut que l'on ait $a=a'$, $b=b'$. — **107**. Résolutions de deux équations à deux inconnues, l'une du premier, l'autre du second degré. — **108**. Systèmes d'équations qui se simplifient par un changement d'inconnues. — **109** et **110**. Solutions de deux problèmes qui deviennent très-faciles par un choix habile de l'inconnue.

EXERCICES.

I. Résoudre les équations

$$a^n x^m + b^m y^n = 2\sqrt{a^m x^m}\sqrt{b^n y^n}$$
$$xy = ab.$$

II. On donne la somme q des surfaces de deux rectangles, la somme a de leurs bases, et les surfaces p et p', des deux rectangles qui auraient la base de l'un et la hauteur de l'autre. Trouver ces rectangles.

III. Trouver une progression par quotient connaissant la somme de ses termes, la somme de leurs carrés et la somme de leurs cubes.

IV. Résoudre $\dfrac{xy}{z}=q$, $\dfrac{xz}{y}=q'$, $\dfrac{yz}{x}=q''$.

V. Résoudre

$$x(y+z)=p,$$
$$y(x+z)=p',$$
$$z(x+y)=p''.$$

VI. Résoudre

$$2(ab+xy)+(a+b)(x+y)=0,$$
$$2(cd+xy)+(c+d)(x+y)=0.$$

VII. Résoudre $x+y=a$, $x^4+y^4=d^4$.

VIII. Résoudre les deux équations

$$a^2-x^2=3xy,$$
$$(\sqrt{y}-\sqrt{x})(a-x)=3\sqrt{x}(x+y).$$

IX. Résoudre $\sqrt{\frac{x}{y}}+\sqrt{\frac{y}{x}}=\frac{61}{\sqrt{xy}}+1,$

$$\sqrt[4]{x^3y}+\sqrt[4]{xy^3}=78.$$

X. Résoudre les équations

$$y\sqrt{(a-x)(x-b)}+x\sqrt{(a-y)(b-y)}$$
$$=2\left[b\sqrt{(a-x)(a-y)}+a\sqrt{(x-b)(b-y)}\right],$$
$$xy=4ab$$

XI. Résoudre les équations

$$\frac{xyz}{x+y}=a,\quad \frac{xyz}{x+z}=b,\quad \frac{xyz}{y+z}=c.$$

XII. Trouver quatre nombres en progression par quotient connaissant leur somme et celle de leurs carrés.

XIII. Trouver un nombre de deux chiffres tel que, divisé par le produit de ces deux chiffres, il donne pour quotient $5\frac{1}{3}$, et que, si on retranche 9, on obtienne le nombre renversé.

XIV. Trouver un nombre de trois chiffres tel que le second chiffre soit moyen proportionnel entre les deux autres, que le nombre soit à la somme de ses chiffres comme 124 est à 7, et qu'en lui ajoutant 594, on obtienne le nombre renversé.

XV. Résoudre les équations

$$x-y+\sqrt{\frac{x-y}{x+y}}=\frac{20}{x+y},$$
$$x^2+y^2=34.$$

XVI. Résoudre les équations

$$(x+y)(xy+1)=18xy,$$
$$(x^2+y^2)(x^2y^2+1)=208x^2y^2.$$

XVII. Résoudre les équations

$$\sqrt{x^2+\sqrt[3]{x^4y^2}}+\sqrt{y^2+\sqrt[3]{y^4x^2}}=a,$$
$$x+y+3\sqrt[3]{bxy}=b.$$

XVIII. Résoudre les équations

$$\frac{x^2+xy+y^2}{x+y}=a, \quad \frac{x^2-xy+y^2}{x-y}=b.$$

XIX. Trouver cinq nombres en progression par différence connaissant leur somme et leur produit.

XX. Trouver quatre nombres en progression par différence connaissant leur somme et celle de leurs inverses.

XXI. Résoudre les deux équations

$$(1-x^2)^2(1+y^2)-(1+x^2)^2(1-y^2)=4x^2\sqrt{1+y^4},$$
$$4xy=\sqrt{2}(1-x^2)(1-y^2).$$

XXII. Résoudre les deux équations

$$(x^4+2bx^2y+a^2y^2)(y^4+2bxy^2+a^2x^2)=4(a^2-b^2)(b+c)^2x^2y^2,$$
$$x^3+y^3=2cxy.$$

XXIII. Résoudre

$$\sqrt{1-x^2}-\sqrt{1-y^2}=m$$
$$xy+\sqrt{1-x^2}\sqrt{1-y^2}=n.$$

CHAPITRE X.

THÉORIE DES INÉGALITÉS.

Définitions.

111. On dit qu'un nombre A, est plus grand qu'un autre nombre B, lorsque la différence A—B est positive. D'après cette définition, tout nombre positif est plus grand qu'un nombre négatif, et les nombres négatifs sont d'autant plus grands que leur valeur absolue est plus petite.

EXEMPLES. On a $1 > -8,$

$$-7 > -20,$$

on a aussi $0 > -4.$

112. Lorsqu'une expression qui dépend d'un nombre inconnu, doit être plus grande ou plus petite qu'une autre, cette condition, que l'on nomme inégalité, permet, en général, d'assigner des limites entre lesquelles l'inconnue doit être ou ne doit pas être comprise. Nous en donnons dans ce chapitre quelques exemples.

Principes généraux relatifs aux inégalités.

113. Une inégalité étant donnée, on peut, sans altérer les conditions qu'elle exprime, ajouter ou retrancher un même nombre à ses deux membres, et par conséquent, faire passer un terme d'un membre dans l'autre comme s'il s'agissait d'une équation. On ne change pas, en effet, la différence de deux nombres, en les augmentant et les diminuant également, et l'inégalité qui existait entre eux, subsiste, par conséquent, dans le même sens, après cette addition.

Ainsi, à l'inégalité $A > B$

on peut substituer, quel que soit m,

$$A+m>B+m.$$

114. On peut aussi multiplier par un même nombre les deux membres d'une inégalité, *pourvu que ce nombre soit positif*. Les deux conditions

$$A>B,$$

$$mA>mB,$$

sont, en effet, complétement équivalentes puisque la différence $mA-mB$ ou $m(A-B)$ est de même signe que $A-B$, si m est positif.

On peut aussi multiplier, par un nombre négatif, les deux membres d'une inégalité, mais il faut alors en changer le sens. Ainsi, n désignant un nombre négatif, les inégalités

$$A>B,$$

$$nA<nB$$

sont équivalentes, car la différence $nA-nB$ ou $n(A-B)$ est de signe contraire à $A-B$.

La même remarque s'applique à la division des deux membres d'une inégalité par un même nombre, car la division par m revient à la multiplication par $\frac{1}{m}$.

115. Il n'est pas toujours permis d'élever au carré les deux membres d'une inégalité, il faut pour cela qu'ils soient positifs. On a, par exemple,

$$4>-7$$

$$-3>-9,$$

et, en élevant les deux membres au carré, on serait conduit aux inégalités

$$16>49,$$

$$9>81$$

qui sont inexactes.

On ne peut pas non plus extraire la racine carrée des deux

membres d'une inégalité, à moins que l'on ne prenne les résultats positivement. Ainsi

$$A^2 > B^2$$

n'entraîne
$$A > B$$

que si A est positif.

116. Quand on a deux inégalités qui ont lieu dans le même sens

$$A > B,$$
$$C > D;$$

si on les ajoute membre à membre, on obtient une nouvelle inégalité

$$A + C > B + D$$

qui est exacte, mais qui ne peut pas, comme lorsqu'il s'agit d'équations, remplacer une des deux proposées; en d'autres termes, les deux systèmes

$$\begin{cases} A > B \\ C > D \end{cases}$$

$$\begin{cases} A > B \\ A + C > B + D \end{cases}$$

ne sont pas équivalents. Le second est une conséquence du premier, mais le premier n'est pas une conséquence du second.

Inégalités du premier degré à une inconnue.

117. Une inégalité à une inconnue est dite du premier degré quand elle peut se ramener à la forme

$$Ax + B > A'x + B',$$

A, B, A', B' désignant des nombres donnés. Pour trouver les valeurs de x qui y satisfont, je fais passer les termes d'un membre dans l'autre (**115**), de manière à lui donner la forme

$$(A - A')x > B' - B,$$

en divisant les deux membres par $A - A'$, on en déduira, suivant que cette différence sera positive ou négative

$$x > \frac{B' - B}{A - A'} \quad \text{ou} \quad x < \frac{B' - B}{A - A'}.$$

Il suffit donc, suivant le cas, de prendre x plus grand ou plus petit qu'une certaine limite. On peut remarquer que cette limite est précisément la valeur de x qui rendrait les deux membres égaux.

118. Nous résoudrons, comme application, la question suivante :

Deux points A *et* B *sont situés à une distance* 2c, *on sait qu'un point* M *est tel que* AM + MB = 2a, a *étant une ligne donnée, plus grande que* c ; *entre quelles limites doit être comprise la distance* AM?

Supposons d'abord AM > BM ; en nommant x et y ces deux lignes AM et BM, on a, d'après l'énoncé,

[1] $$x + y = 2a.$$

De plus, pour que le triangle AMB soit possible, il faut que le côté AB ou $2c$ soit moindre que la somme des deux autres et plus grand que leur différence, c'est-à-dire que l'on doit avoir

[2] $$2c < x + y,$$

[3] $$2c > x - y.$$

La première de ces inégalités est une conséquence nécessaire de [1] : on peut donc la supprimer. Quant à la seconde, si on y remplace x par sa valeur $2a - y$, elle devient

$$2a - y - y < 2c,$$

ou $$2a - 2y < 2c,$$

qui équivaut à $$y > a - c.$$

y étant plus grand que $a - c$, x, qui est égal à $2a - y$, et par conséquent d'autant plus petit que y est plus grand, doit être moindre que $2a-(a-c)$, c'est-à-dire que $a + c$.

On doit donc avoir $$y > a - c$$
$$x < a + c,$$

y désignant le plus petit et x le plus grand des deux côtés AM et MB.

Inégalités du second degré.

119. Une inégalité est dite du second degré lorsqu'elle peut se mettre sous la forme

$$Ax^2 + Bx + C > 0,$$

ou

$$Ax^2 + Bx + C < 0,$$

A, B, C désignant des nombres donnés, et x le nombre inconnu dont il faut déterminer les limites.

Pour résoudre cette question très-importante, il faut distinguer trois cas.

1° *Le trinome* $ax^2 + bx + c$, *égalé à zéro, fournit une équation dont les racines sont imaginaires.*

Dans ce cas, on a vu (95) que le trinome est égal au produit de a par la somme des carrés de deux nombres réels; cette somme étant toujours positive, le produit est nécessairement de même signe que a. Nous pouvons donc énoncer le théorème suivant :

Lorsque les racines de l'équation $ax^2 + bx + c = 0$ *sont imaginaires, le trinome* $ax^2 + bx + c$, *est, quel que soit* x, *de même signe que son premier terme.*

Exemples. Le trinome $x^2 + x + 7$ est positif et le trinome $-4x^2 + 2x - 20$ est négatif pour toutes les valeurs réelles de x.

2° *Le trinome* $ax^2 + bx + c$, *égalé à zéro, donne deux racines réelles et inégales.*

Dans ce cas, on a (95), en désignant par x', x'' les deux racines,

$$ax^2 + bx + c = a(x - x')(x - x'').$$

On voit, à l'inspection de cette formule, que si x est compris entre les racines x' et x'', les deux différences $x - x'$, $x - x''$ seront de signes contraires et le produit sera par conséquent de signe contraire à a. Si, au contraire, x n'est pas compris entre x' et x'', il sera plus grand que chacun de ces nombres ou plus petit que chacun d'eux. Les facteurs $x - x'$, $x - x''$

seront donc tous deux positifs ou tous deux négatifs et le produit sera, par conséquent, de même signe que a.

Nous pouvons donc énoncer le théorème suivant :

Lorsque les racines de l'équation $ax^2+bx+c=0$ *sont réelles et représentées par* x' *et* x'', *le trinome* ax^2+bx+c, *est de même signe que son premier terme lorsque* x *n'est pas compris entre* x' *et* x'', *et de signe contraire à son premier terme lorsque* x *est compris entre* x' *et* x''.

3° *Le trinome* ax^2+bx+c, *égalé à zéro, donne deux racines réelles et égales.*

En désignant par x' la valeur commune de ces racines, on a (96)

$$ax^2+bx+c=a(x-x')^2,$$

et l'on voit que cette expression est toujours de même signe que a, excepté pour la valeur $x=x'$ qui la rend nulle.

Ainsi donc : *Lorsque les racines de l'équation* $ax^2+bx+c=0$ *sont égales, le trinome* ax^2+bx+c *est toujours de même signe que son premier terme, excepté pour la valeur de* x *qui le rend nul.*

Remarque. Les trois théorèmes précédents peuvent se renfermer sous un seul énoncé : *Le trinome* ax^2+bx+c *est de même signe que son premier terme, excepté lorsque* x *est compris entre les racines de l'équation* $ax^2+bx+c=0$.

On sous-entend alors que, dans le cas des racines imaginaires, x ne pouvant jamais être compris entre elles, le trinome a toujours le signe de son premier terme.

Exemple I. Soit l'inégalité

$$-3x^2-5x-\frac{4}{3}>0 :$$

En égalant le premier membre à zéro, on trouve, pour racines, $-\frac{1}{3}$ et $-\frac{4}{3}$. Il faut donc, pour qu'il soit positif, c'est-à-dire de signe contraire à son premier terme, que x soit compris entre ces deux racines, c'est-à-dire il faut que

$$x<-\frac{1}{3},\quad x>-\frac{4}{3}.$$

EXEMPLE II. Soit encore l'inégalité

$$3x - x^2 - 7 < 0 :$$

les racines de l'équation $3x - x^2 - 7 = 0$ étant imaginaires, l'inégalité proposée est satisfaite quel que soit x.

Discussion de quelques problèmes.

120. La théorie des inégalités sert fréquemment, dans la discussion des problèmes, à déterminer leurs conditions de possibilité ; nous en donnerons quelques exemples.

PROBLÈME I. *Déterminer les côtés d'un triangle rectangle connaissant sa surface* m² *et son périmètre* 2p.

Soient x, y, z les côtés du triangle, z étant l'hypoténuse, on a, d'après l'énoncé, et en se servant de propositions très-connues,

$$[1] \qquad z^2 = x^2 + y^2,$$

$$[2] \qquad x + y + z = 2p,$$

$$[3] \qquad 2m^2 = xy.$$

En multipliant par 2 les deux membres de la troisième équation, et l'ajoutant ensuite à la première, il vient

$$z^2 + 4m^2 = x^2 + y^2 + 2xy,$$

ou

$$[4] \qquad z^2 + 4m^2 = (x + y)^2.$$

La seconde, donne d'ailleurs l'équation

$$x + y = 2p - z,$$

d'où

$$[5] \qquad (x + y)^2 = (2p - z)^2.$$

En égalant les deux valeurs de $(x+y)^2$ fournies par les équations [4] et [5], il vient

$$(2p - z)^2 = z^2 + 4m^2,$$

ou, en effectuant l'élévation au carré indiquée dans le second membre, et supprimant le terme z^2 qui est commun,

$$4p^2 - 4pz = 4m^2,$$

d'où l'on déduit,

[6] $$z = \frac{4p^2 - 4m^2}{4p} = \frac{p^2 - m^2}{p}.$$

On voit, par cette valeur de z, que l'une des conditions de possibilité du problème est $p^2 > m^2$, mais cette condition ne suffit pas, il faut, en outre, que l'on trouve pour x et y des valeurs positives et réelles. Or, z étant connu, les équations [2] et [3] font connaître $x+y$ et xy, et donnent

$$x + y = 2p - z = \frac{p^2 + m^2}{p},$$

$$xy = 2m^2;$$

x et y sont, par conséquent, racines de l'équation

$$u^2 - \frac{p^2 + m^2}{p} u + 2m^2 = 0.$$

On voit, à l'inspection de cette équation (**97**), que les racines sont positives si elles sont réelles. Il suffit donc d'exprimer qu'elles sont réelles, c'est-à-dire que l'on a

$$\frac{(p^2 + m^2)^2}{4p^2} - 2m^2 > 0;$$

ou, ce qui revient au même, puisque $4p^2$ est positif,

$$(p^2 + m^2)^2 > 8p^2m^2;$$

ou, en extrayant la racine carrée des deux membres, ce qui est permis, puisqu'ils sont positifs,

[7] $$p^2 + m^2 > 2pm\sqrt{2}.$$

Telle est la condition à laquelle p et m doivent satisfaire; on peut en déduire les limites entre lesquelles peut varier p pour une valeur donnée de m, ou m pour une valeur de p. Nous obtiendrons ces deux résultats à la fois, en posant $\frac{p}{m} = r$. Si, en effet, l'on divise par m^2 les deux membres de l'inégalité [7], elle devient

$$r^2+1>2r\sqrt{2},$$

ou

$$r^2-2r\sqrt{2}+1>0;$$

d'où l'on conclut (119) que r doit être plus grand que la plus grande racine de l'équation $r^2-2r\sqrt{2}+1=0$, ou plus petit que la plus petite, c'est-à-dire plus grand que $\sqrt{2}+1$, ou plus petit que $\sqrt{2}-1$. Mais p étant, comme on l'a vu, plus grand que m, le rapport $\frac{p}{m}$ ne peut pas être moindre que $\sqrt{2}-1$; il faut donc qu'il soit plus grand que $\sqrt{2}+1$; et telle est la condition de possibilité du problème.

Remarque. Le triangle rectangle dont le périmètre est $2p$ et la surface m^2, n'est possible que si $\frac{p}{m}$ est plus grand que $\sqrt{2}+1$;

et par suite

$$m<\frac{p}{\sqrt{2}+1},$$

$$p>m(\sqrt{2}+1).$$

Ces inégalités fournissent les solutions des questions suivantes:

Quelle est la plus grande surface que puisse avoir un triangle rectangle de périmètre donné?

Quel est le plus petit périmètre que puisse avoir un triangle rectangle de surface donnée?

Problème II. *Inscrire dans une sphère de rayon* R *un cylindre dont la surface totale, y compris les deux bases, soit équivalente à un cercle de rayon donné,* πm^2.

En nommant x le rayon de base et y la hauteur du cylindre, la géométrie fournit immédiatement les équations suivantes:

$$[1] \qquad x^2+\frac{y^2}{4}=R^2,$$

$$2\pi x^2+2\pi xy=\pi m^2;$$

ou, en supprimant le facteur π,

$$[2] \qquad 2x^2+2xy=m^2.$$

On déduit de [2] $y = \frac{m^2 - 2x^2}{2x}$;

et, en substituant dans [1],

$$x^2 + \frac{(m^2 - 2x^2)^2}{16x^2} = R^2;$$

ou, chassant les dénominateurs et réduisant les termes semblables,

$$20x^4 - (4m^2 + 16R^2)x^2 + m^4 = 0,$$

d'où l'on déduit

$$[4] \quad x = \sqrt{\frac{4m^2 + 16R^2 \pm \sqrt{(4m^2 + 16R^2)^2 - 80m^4}}{40}}.$$

A la seule inspection de l'équation bicarrée qui donne les valeurs de x^2, on s'aperçoit que si les racines sont réelles, elles sont toutes deux positives, et fournissent par conséquent chacune une valeur réelle de x. Mais il ne suffit pas que x soit réel et positif, il faut que y aussi le soit; par suite on doit avoir

$$m^2 - 2x^2 > 0,$$

$$x < \frac{m}{\sqrt{2}}.$$

Le problème aura donc autant de solutions qu'il y aura de valeurs de x fournies par la formule [4], et satisfaisant à cette condition.

Pour que les deux valeurs de x conviennent, il faut d'abord qu'elles soient réelles; il suffit pour cela, comme nous l'avons dit, que celles de x^2 le soient, ce qui exige seulement l'inégalité

$$(4m^2 + 16R^2)^2 > 80m^4,$$

ou

$$(4m^2 + 16R^2) > 4\sqrt{5} . m^2,$$

c'est-à-dire

$$[4] \quad m^2 < \frac{16R^2}{4(\sqrt{5} - 1)} < \frac{4R^2}{\sqrt{5} - 1}.$$

Cette condition étant remplie, cherchons dans quel cas les valeurs de x satisfont toutes les deux ; il faut, pour cela, qu'elles soient moindres que $\frac{m}{\sqrt{2}}$; et il suffit évidemment d'exprimer que la plus grande remplit cette condition et que l'on a,

$$\frac{m^2}{2} > \frac{4m^2 + 16R^2 + \sqrt{(4m^2 + 16R^2)^2 - 80m^4}}{40},$$

ou, en chassant les dénominateurs et réduisant,

$$16(m^2 - R^2) > \sqrt{(4m^2 + 16R^2)^2 - 80m^4}.$$

Si m est moindre que R, cette inégalité est impossible, et il ne peut pas, par conséquent, exister deux solutions.

Si m est plus grand que R, les deux membres de l'inégalité étant positifs, on peut les élever au carré après les avoir divisés l'un et l'autre par 4, il vient ainsi

$$16(m^2 - R^2)^2 > (m^2 + 4R^2)^2 - 5m^4,$$

ou

$$20m^4 - 40m^2R^2 > 0,$$

c'est-à-dire

$$m^2 > 2R^2.$$

D'ailleurs, pour que x soit réel, on doit avoir

$$m^2 < \frac{4R^2}{\sqrt{5} - 1}.$$

Il faut donc, pour qu'il y ait deux solutions, que m^2 soit compris entre $2R^2$ et $\frac{4R^2}{\sqrt{5} - 1}$.

Un calcul facile prouverait que la plus petite valeur de x satisfait dans tous les cas, et fournit une solution du problème toutes les fois qu'elle est réelle.

Remarque. On peut se rendre compte, de la manière suivante, des résultats que nous venons d'obtenir.

Si l'on examine les valeurs successives par lesquelles passe la surface d'un cylindre inscrit dans une sphère lorsque le rayon de la base augmente depuis 0 jusqu'au rayon r de la sphère, on voit que cette surface, d'abord nulle, augmente jusqu'à une limite que le calcul fait connaître, et qui, d'après ce qui précède, est $\dfrac{4\pi R^2}{\sqrt{5}-1}$; puis elle diminue jusqu'à la valeur $2\pi R^2$, qui correspond au cas où la hauteur étant nulle, le cylindre se réduit à ses deux bases qui sont deux grands cercles. Or, en augmentant depuis zéro jusqu'au maximum pour diminuer depuis le maximum jusqu'à $2\pi R^2$, il est évident que la surface du cylindre passe deux fois par toutes les valeurs comprises entre le maximum et $2\pi R^2$, et une seule fois par celles qui sont moindres que $2\pi R^2$.

RÉSUMÉ.

111. Définition des expressions plus grand que, plus petit que, quand il s'agit des nombres négatifs. — **112**. Ce qu'on entend par résoudre une inégalité. — **113**. On peut ajouter ou retrancher un nombre quelconque aux deux membres d'une inégalité. — **114**. On peut aussi multiplier les deux membres d'une inégalité par un nombre positif. Si on les multiplie par un nombre négatif, il faut changer le sens de l'inégalité. — **115**. On ne peut pas toujours élever au carré ni extraire la racine carrée des deux membres d'une inégalité. — **116**. On peut ajouter deux inégalités qui ont lieu dans le même sens, mais le résultat ne peut pas remplacer l'une d'elles. — **117**. Inégalités du premier degré à une inconnue. — **118**. Connaissant la base d'un triangle et la somme de ses côtés, trouver entre quelles limites sont compris ces côtés. — **119**. Inégalité du second degré ; la question se ramène toujours à savoir pour quelles valeurs de x le trinome ax^2+bx+c est positif ou négatif. On doit distinguer trois cas : 1° Si le trinome égalé à zéro a les racines réelles, il est de signe contraire à a lorsque x est compris entre les racines, et de même signe dans le cas contraire; 2° Si les racines sont égales, le trinome peut s'annuler, mais ne devient jamais de signe contraire à a; 3° Si elles sont imaginaires, il ne peut ni s'annuler ni devenir de signe contraire à a. — **120**. Application de la théorie précédente à la discussion de quelques problèmes.

EXERCICES.

I. Déduire de l'inégalité,

$$\frac{x+a}{\sqrt{a^2+x^2}} > \frac{x+b}{\sqrt{b^2+x^2}},$$

les limites entre lesquelles x doit être compris, a étant plus grand que b.

II. Conditions nécessaires pour que l'inégalité

$$Ay^2 + Bxy + Cx^2 + Dy + Ex + F > 0$$

soit satisfaite, quels que soient x et y, et pour que

$$Ax^2 + A'y^2 + A''z^2 + 2B''xy + 2B'xz + 2Byz$$
$$+ 2Cx + 2C'y + 2C''z + D > 0,$$

soit satisfaite, quels que soient x, y et z.

III. Mener d'un point à un cercle une sécante de longueur donnée, et chercher les conditions de possibilité. On donne la perpendiculaire b abaissée de ce point sur un diamètre du cercle, la distance a du pied de cette perpendiculaire au centre, et le rayon R du cercle.

IV. On donne un point O et un cercle dont le centre est en C, et le rayon égal à R. La polaire du point O est une perpendiculaire à OC menée par un point X de cette droite, tel que $CX \cdot OC = R^2$. Deux cercles étant donnés, trouver si un point de leur plan peut avoir même polaire dans l'un et dans l'autre.

V. $\sqrt[m+n+p+q]{abcd}$ est compris entre la plus grande et la plus petite des expressions $\sqrt[m]{a}$, $\sqrt[n]{b}$, $\sqrt[p]{c}$, $\sqrt[q]{d}$.

VI. On a toujours

$$a\alpha + a'\alpha' + a''\alpha'' + \ldots < \sqrt{a^2 + a'^2 + a''^2 + \ldots}\,\sqrt{\alpha^2 + \alpha'^2 + \alpha''^2 + \ldots};$$

à moins que $\quad \dfrac{a}{\alpha} = \dfrac{a'}{\alpha'} = \dfrac{a''}{\alpha''} \ldots$

VII. $x^5 + y^5 - x^4y - y^4x$ est toujours positif, quelles que soient les valeurs positives de x et de y.

VIII. $3(1 + a^2 + a^4)$ est plus grand que $(1 + a + a^2)^2$, quelles que soient les valeurs, positives ou négatives, de a.

IX. abc est plus grand que $(a + b - c)(a + c - b)(b + c - a)$, quels que soient les nombres positifs a, b, c.

X. $ab(a + b) + ac(a + c) + bc(b + c) > 6abc$, quels que soient les nombres positifs a, b, c.

XI. Quels que soient les nombres positifs a_1, a_2, $a_3 \ldots a_n$, prouver que

$$\frac{n-1}{2}(a_1+a_2+a_3+\ldots+a_n) > \sqrt{a_1 a_2}+\sqrt{a_1 a_3}+\sqrt{a_2 a_3}+\text{etc}\ldots$$

XII. L'équation

$$(b^2-4ac)x^2+x(4a'c+4ac'-2bb')+b'^2-4a'c'=0$$

a toujours les racines réelles quand b^2-bac est négatif.

XIII. $(a+b+c)^3$ est compris entre $27abc$ et $9\,(a^3+b^3+c^3)$, quelles que soient les valeurs positives de a, b, c.

CHAPITRE XI.

QUELQUES QUESTIONS DE MAXIMUM OU MINIMUM.

---

121. Lorsqu'on cherche à rendre une grandeur égale à une quantité donnée, le problème n'est souvent possible que sous certaines conditions. Dans la plupart des cas, il faut que la quantité donnée soit comprise entre certaines limites que la discussion fait connaître. Ces limites indiquent la plus grande et la plus petite valeur que l'on puisse attribuer à la grandeur considérée, c'est-à-dire le *maximum* et le *minimum* de cette grandeur. Nous en donnons quelques exemples dans ce chapitre.

122. PROBLÈME I. *La somme de deux nombres* x *et* y *étant donnée et égale à* 2a, *entre quelles limites peut varier leur produit?*

Nommons p le produit des deux nombres x et y, cherchons à les déterminer en regardant ce produit comme connu : nous verrons ensuite quelles conditions p doit remplir pour que le problème soit possible.

On a

$$[1] \qquad x+y=2a,$$

$$[2] \qquad xy=p,$$

x et y sont donc les racines de l'équation

$$[3] \qquad z^2-2az+p=0,$$

et leurs valeurs sont réelles (**87**), si l'on a

$$a^2>p,$$

a^2 est donc la limite que p ne peut surpasser, et, par conséquent, le maximum du produit xy. Il n'y a pas de minimum.

Si l'on suppose $p = a^2$, l'équation [3] a ses deux racines égales à a; le produit maximum correspond donc au cas où x et y sont égaux à a.

Du résultat précédent, on peut en déduire plusieurs autres qu'il ne serait pas aussi facile d'obtenir directement.

123. Théorème. *La somme de plusieurs nombres positifs étant donnée, leur produit est le plus grand possible quand ils sont tous égaux.*

Les nombres considérés étant tous moindres que la somme donnée, leur produit ne peut surpasser toute limite, il est donc susceptible d'un certain maximum.

Soit
$$abc \ldots l$$
ce maximum. Je dis que les facteurs a, b, ...l ne peuvent être inégaux, car si deux d'entre eux, a et b par exemple, étaient différents, on pourrait, sans altérer leur somme, les remplacer, l'un et l'autre, par $\frac{a+b}{2}$, ce qui augmenterait leur produit, puisque (**122**), la somme étant constante, le produit est le plus grand possible quand les facteurs sont égaux. On aurait donc

$$abc \ldots kl < \frac{a+b}{2} \cdot \frac{a+b}{2} c \ldots kl,$$

et par suite, $abc \ldots kl$ n'est pas le plus grand produit que l'on puisse faire avec des facteurs ayant la somme donnée.

124. Remarque. Nous supposons, dans le raisonnement précédent, que $a, b, \ldots k, l$. . soient des nombres positifs. S'il n'en était pas ainsi, le produit n'aurait pas de maximum, car la somme des facteurs restant la même, leur valeur absolue pourrait augmenter sans limite, et si les facteurs négatifs étaient en nombre pair, le produit serait positif et aussi grand qu'on le voudrait.

125. Problème II. *La somme de deux nombres positifs* x, y *étant donnée, trouver le maximum du produit* $x^m y^n$, m *et* n *étant des nombres entiers donnés.*

Le maximum cherché correspond aux mêmes valeurs de x et de y que celui de

$$\left(\frac{x}{m}\right)^m \left(\frac{y}{n}\right)^n,$$

car cette expression ne diffère de la première que par un facteur constant $\frac{1}{m^m n^n}$: mais ce nouveau produit, peut être considéré comme composé de $m+n$ facteurs

$$\frac{x}{m}, \frac{x}{m} \cdots \frac{x}{m} \quad \frac{y}{n}, \frac{y}{n} \cdots \frac{y}{n},$$

dont la somme

$$m\frac{x}{m} + n\frac{y}{n} \quad \text{ou} \quad x+y$$

est donnée. Le produit sera donc le plus grand possible (**123**), si les facteurs sont égaux, c'est-à-dire si l'on a

$$\frac{x}{m} = \frac{y}{n};$$

cette relation permettra de déterminer x et y, puisque l'on connaît, par hypothèse, la somme $x+y$.

126. Problème III. *On donne le produit* p *de deux nombres positifs. Trouver le minimum de leur somme.*

Je dis que la somme sera minimum lorsque les deux nombres seront égaux à $\sqrt{p}$, et leur somme égale, par conséquent, à $2\sqrt{p}$.

En effet, le plus grand produit possible de deux nombres qui ont pour somme $2\sqrt{p}$, est égal (**122**) à $\sqrt{p}.\sqrt{p}$ ou à p. Donc : si deux nombres ont, pour somme, $2\sqrt{p}$, leur produit est, au plus, égal à p.

Il est évident, d'après cela, que si les deux nombres ont une somme moindre que $2\sqrt{p}$, leur produit est moindre que p; il faut donc, pour que le produit de deux nombres soit p, que leur somme ne soit pas moindre que $2\sqrt{p}$; $2\sqrt{p}$ est, par suite, la plus petite valeur que cette somme puisse avoir.

127. Problème IV. *On donne le produit* p *de* n *nombres positifs. Trouver le minimum de leur somme.*

Je dis que la somme sera minimum lorsque tous les nombres seront égaux à $\sqrt[n]{p}$.

En effet, le plus grand produit possible de n nombres qui ont, pour somme $n\sqrt[n]{p}$, est (**123**) $(\sqrt[n]{p})^n$ ou p.

Donc, si n nombres ont une somme égale à $n\sqrt[n]{p}$, leur produit ne peut surpasser p.

A fortiori, si n nombres ont une somme moindre que $n\sqrt[n]{p}$, leur produit sera moindre que p.

D'après cela, pour que le produit de n nombres soit p, il faut que leur somme ne soit pas moindre que $n\sqrt[n]{p}$, et $n\sqrt[n]{p}$ est par conséquent, la valeur minima de cette somme.

128. Problème V. *On donne le produit* $x^m y^n = p$. *Trouver le minimum de* $x + y$.

Je dis que ce minimum correspondra au cas où $\frac{x}{m} = \frac{y}{n}$. Soient, en effet, α et β deux nombres tels que

$$\alpha^m \beta^n = p,$$

$$\frac{\alpha}{m} = \frac{\beta}{n}.$$

Parmi tous les nombres x et y qui ont pour somme $\alpha + \beta$ (**125**), α et β sont ceux qui donnent au produit $x^m y^n$ la plus grande valeur. Si donc deux nombres x et y ont une somme moindre que $\alpha + \beta$, le produit $x^m y^n$ sera, *a fortiori*, moindre que $\alpha^m \beta^n$, c'est-à-dire que p. Par suite, pour que $x^m y^n$ soit égal à p, il faut que $x + y$ soit au moins égal à $\alpha + \beta$, qui est, par conséquent, sa valeur minimum.

129. Remarque. Les trois problèmes précédents (**126**), (**127**), (**128**) sont, en quelque sorte, réciproques de ceux que nous avons résolus en commençant ce chapitre (**122**), (**123**), (**125**). Cette réciprocité entre certains problèmes de maximum et minimum peut être formulée, comme il suit, d'une manière générale.

Si, une quantité B étant donnée, une autre quantité A est maximum, *dans certaines circonstances;* A, étant donné, B sera minimum *dans les mêmes circonstances*, *pourvu* que la valeur maximum de A diminue lorsque la valeur donnée de B diminue elle-même.

Admettons, en effet, que A_1 soit la plus grande valeur de A qui puisse se concilier avec la valeur B_1 de B. *A fortiori*, une valeur de B moindre que B_1 exigerait que A fût moindre que A_1, puisque, par hypothèse, le maximum de A est d'autant moindre que la valeur de B est plus petite. La valeur A_1 de A ne peut, d'après cela, correspondre qu'à des valeurs de B au moins égales à B_1, et B_1 est, en d'autres termes, la moindre valeur de B qui corresponde à $A=A_1$, c'est-à-dire le minimum de B, correspondant à la valeur A_1 de A.

Exemples. On démontre en géométrie :

Que le cercle est la courbe qui, sous une longueur donnée, renferme la plus grande surface ;

Que le triangle équilatéral est le triangle qui, sous un périmètre donné, contient la plus grande surface.

Il en résulte :

Que le cercle est la courbe qui, avec une aire donnée, a le plus petit périmètre;

Que le triangle équilatéral est le triangle qui, avec une aire donnée, admet le plus petit périmètre.

130. Nous appliquerons la méthode générale qui a fourni le théorème I, à des questions un peu plus composées.

Problème VI. *Trouver entre quelles limites peut varier l'expression*

$$\frac{ax^2+bx+c}{a'x^2+b'x^2+c'}$$

lorsque x *prend toutes les valeurs possibles.*

Posons, conformément à la méthode générale,

$$[1] \qquad \frac{ax^2+bx+c}{a'x^2+b'x+c'}=m,$$

on en déduit

$$x^2(a-a'm)+x(b-b'm)+c-c'm=0$$

$$x=\frac{b'm-b\pm\sqrt{(b'm-b)^2-4(a-a'm)(c-c'm)}}{2(a-a'm)},$$

pour que x soit réel, on doit avoir

$$(b'm-b)^2-4(a-a'm)(c-c'm)>0$$

c'est-à-dire

$$[2] \quad m^2(b'^2 - 4a'c') + m(4ac' + 4a'c - 2bb') + b^2 - 4ac > 0,$$

nous distinguerons trois cas.

1° $b'^2 - 4a'c'$ est positif.

Dans ce cas, le trinome qui forme le premier membre de l'inégalité sera positif, c'est-à-dire, de même signe que le premier terme, pour toutes les valeurs de m non comprises entre les racines de l'équation obtenue en l'égalant à zéro. Si donc, ces racines sont réelles et désignées par m', m'', m pourra recevoir toutes les valeurs, excepté celles comprises entre m' et m''; si elles sont imaginaires, m pourra recevoir toutes les valeurs sans exception.

2° $b'^2 - 4a'c'$ est négatif.

Dans ce cas, le trinome qui forme le premier membre de l'inégalité sera positif, c'est-à-dire de signe contraire à son premier terme, pour les valeurs de x comprises entre les racines de l'équation obtenue en l'égalant à zéro. Il est d'ailleurs impossible que ces racines ne soient pas réelles, car alors m ne pourrait prendre aucune valeur, et il est évident, d'après l'équation [1], que cette conclusion est inadmissible.

3° $b'^2 - 4a'c'$ est nul.

L'inégalité [2] devient alors du premier degré, et on la résoudra comme il a été dit (**117**).

PROBLÈME VII. y *et* x *étant deux variables liées entre elles par une équation du second degré*

$$[1] \quad ay^2 + bxy + cx^2 + dy + ex + f = 0,$$

trouver les valeurs extrêmes que puisse prendre l'une d'elles, x *par exemple.*

Si on résout l'équation [1] par rapport à y, on aura

$$[2] \quad y = \frac{-bx - d}{2a} \pm \frac{1}{2a}\sqrt{(bx+d)^2 - 4a(cx^2 + ex + f)};$$

la quantité sous le radical est un trinome du second degré que nous pouvons remplacer par $mx^2 + nx + q$; m, n, q étant des quantités connues dont on formera facilement l'expression, savoir :

$$m = b^2 - 4ac$$
$$n = 2bd - 4ae$$
$$q = d^2 - 4af,$$

et l'on aura

$$[3] \qquad y = \frac{-bx + d}{2a} \pm \frac{1}{2a}\sqrt{mx^2 + nx + p}.$$

Or, il est évident que l'on ne pourra donner à x que les valeurs qui rendent $mx^2 + nx + p$ positif, car, sans cela, y serait imaginaire; x doit donc satisfaire à l'inégalité

$$[4] \qquad mx^2 + nx + p > 0,$$

et on a vu (**119**) comment on peut, dans les différents cas, déduire de l'inégalité [4] les limites entre lesquelles x doit être ou ne doit pas être comprise.

Problème VIII. *Trouver entre quelles limites peut varier le polynome*

$$[1] \qquad Ay^2 + Bxy + Cx^2 + Dy + Ex + F$$

lorsque les variables x *et* y *prennent toutes les valeurs possibles.*

Posons $\quad Ay^2 + Bxy + Cx^2 + Dy + Ex + F = m;$

si, dans cette équation, on considère y comme inconnue, on en déduit

$$y = -\frac{Bx + D}{2A} \pm \frac{1}{2A}\sqrt{(Bx + D)^2 - 4A(Cx^2 + Ex + F - m)}.$$

Pour qu'une valeur assignée à m, soit compatible avec des valeurs réelles de x et de y, il faut que, pour cette valeur de m, l'on puisse avoir, en choisissant x convenablement,

$$[2] \qquad (Bx + D)^2 - 4A(Cx^2 + Ex + F - m) > 0,$$

c'est-à-dire

$$[2] \quad (B^2 - 4AC)x^2 + 2(BD - 2AE)x + D^2 - 4AF + 4Am > 0,$$

nous distinguerons trois cas :

1° $(B^2 - 4AC)$ est positif.

Dans ce cas, l'inégalité [2] est toujours possible, car un trinome du second degré peut toujours prendre le signe de son premier terme ; il n'y a pas alors de limites pour m.

2° $(B^2 - 4AC)$ est négatif.

Dans ce cas, l'inégalité [2] est possible lorsque le premier membre égalé à zéro fournit des valeurs réelles de x, et impossible dans le cas contraire. On sait, en effet, qu'un trinome du second degré ne peut devenir de signe contraire à son premier terme, que lorsqu'il s'annulle pour des valeurs réelles de la variable. On doit, d'après cela, choisir m, telle que les racines de l'équation

$$(B'^2 - 4A'C')\,x^2 + 2(BD - 2AE)\,x + D^2 - 4AF + 4Am = 0$$

soient réelles.

Cette condition est exprimée par l'inégalité

$$(BD - 2AE)^2 > (B'^2 - 4A'C)\,(D^2 - 4AF + 4Am);$$

cette inégalité est du premier degré en m, on en déduira (**117**), la limite de cette quantité.

3° $(B^2 - 4AC)$ est nul.

Dans ce cas, l'inégalité [2] est du premier degré en x, et possible, par conséquent, pour toutes les valeurs de m ; il n'y a donc pas alors de limite à assigner à cette quantité.

S'il arrivait pourtant que $BD - 2AE$ s'annulât en même temps que $B^2 - 4AC$, l'inégalité deviendrait

$$D^2 - 4AF + 4Am > 0,$$

et l'on en déduirait une limite de m, savoir :

$$m > \frac{4AF - D^2}{4A},$$

ou

$$m < \frac{4AF - D^2}{4A},$$

selon que A serait positif ou négatif.

Problème IX. *La somme* $x + y$ *étant donnée et égale à* $2a$, *entre quelles limites peut varier* $x^3 + y^3$?

Désignons $x^3 + y^3$ par s^3, et cherchons à déterminer x et y, nous verrons quelle condition s^3 doit remplir pour que le problème soit possible ; on a

[1] $$x + y = 2a$$

[2] $$x^3 + y^3 = s^3,$$

on déduit de [1] $$y = 2a - x,$$

et, en substituant cette valeur dans [2],

[3] $$x^3 + (2a - x)^3 = s^3,$$

ou, en développant

[4] $$x^3 + 8a^3 - 12a^2x + 6ax^2 - x^3 = s^3,$$

et, en supprimant les termes x^3 et $-x^3$ qui se détruisent, et ordonnant par rapport à x,

[5] $$6ax^2 - 12a^2x + 8a^3 = s^3;$$

on en déduit

[6] $$x = a \pm \frac{1}{12a}\sqrt{144a^4 - 24a(8a^3 - s^3)},$$

et, pour que le problème soit possible, il faut que l'on ait

$$144a^4 - 24a(8a^3 - s^3) > 0;$$

si a est positif, nous pouvons supprimer le facteur $24a$, et il vient

$$6a^3 - 8a^3 + s^3 > 0,$$

d'où l'on déduit $$s^3 > 2a^3;$$

telle est donc la seule condition imposée à la somme s^3, puisque, x étant réelle, l'équation [1] fournira toujours une valeur réelle pour y.

Le minimum demandé est, par conséquent, $2a^3$.

Il est facile de voir que l'hypothèse $s^3 = 2a^3$, introduite dans l'équation [6], donne $x = a$, et que l'on a, par suite, $y = a$. La somme $x^3 + y^3$ est donc minimum quand x et y sont égaux entre eux.

RÉSUMÉ.

121. Définition du maximum et du minimum des grandeurs assujetties à certaines conditions. — **122.** Maximum du produit de deux nombres lorsque leur somme est donnée. — **123.** Extension du résultat au cas d'un nombre quelconque de facteurs positifs. — **124.** Si l'on donnait la somme de plusieurs nombres sans les assujettir à être positifs, le produit pourrait croître sans limite. — **125.** $x+y$ étant donné, $x^m y^n$ est maximum quand on a $\frac{x}{m}=\frac{y}{n}$. — **126.** Connaissant le produit de deux nombres positifs, trouver le minimum de leur somme. — **127.** Extension au cas d'un nombre quelconque de facteurs. — **128.** Connaissant $x^m y^n$, trouver le minimum de $x+y$. — **129.** Remarque sur un certain genre de réciprocité entre des questions de maximum et de minimum. **130.** Solution de quelques problèmes de maximum et de minimum.

EXERCICES.

I. $x+y$ étant donné, la règle qui fournit le maximum de $x^m y^n$ s'étend au cas de m et n fractionnaires.

II. Minimum de
$$x^m + \frac{1}{x^n},$$
m et n étant entiers ou fractionnaires et x positif.

III. $x^m y^n$ étant donné, $x^{m'} y^{n'}$ est-il suceptible de maximum ou de minimum, m, n, m', n' étant donnés, et x et y assujettis à être positifs?

IV. Parmi les parallélipipèdes rectangles de mêmes surfaces, quel est celui qui a le plus grand volume, et parmi ceux de même volume, lequel a la plus petite surface?

V. Quelle est la zone sphérique, à une base, qui contient le plus grand volume parmi celles de même surface, et la zone de plus petite surface parmi celles qui contiennnent même volume?

VI. Quel est le plus grand cylindre inscrit dans une sphère donnée, et parmi les cylindres de même volume, celui qui est inscrit dans la plus petite sphère?

VII. Valeur minima de $\frac{tang\,3a}{tang^3 a}$ lorsque a varie de 0 à 30°,

VIII. Deux corps de masses m et m' animés, dans le même sens, de vitesses v et v' viennent à se choquer. Trouver les vitesses qu'ils prendront après le choc, d'après la condition que la somme des produits obtenus en multipliant chaque masse par le carré du changement de vitesse soit la moindre possible.

IX. On marque sur une droite des points équidistants que l'on numérote 1, 2, 3 ...n. Trouver sur la droite, un point tel que la somme des carrés de ses distances aux points donnés multipliées par le numéro correspondant soit un minimum.

X. Même question, en supposant que les points soient numérotés 1, 3, 6, 10... $\frac{n(n+1)}{2}$.

XI. On donne une feuille de carton carrée aux quatre coins de laquelle on supprime des carrés égaux qui sont ombrés dans la figure ci-jointe. Déterminer le côté de ces carrés par la condition que la boîte qui aurait pour fond $mnpq$ et pour faces latérales les rectangles restants qui ont tous même hauteur ait un volume maximum.

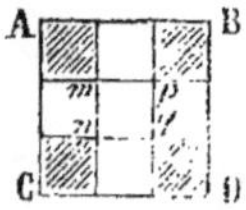

XII. Minimum de

$$a^{x^3}b^{\frac{1}{x^2}},$$

a et b étant deux nombres positifs donnés.

XIII. On donne l'équation

$$ax^4+by^4+cz^4+2dx^2y^2+2ex^2z^2+2fy^2z^2+mx^2+ny^2+pz^2+q=0.$$

Trouver entre quelles limites peut varier $x^2+y^2+z^2$.

XIV. Entre quelles limites peut varier l'expression

$$(x+y)^2+(y+z)^2+(z-3x)^2+2x-y+z+10,$$

lorsque x, y, z prennent toutes les valeurs possibles?

XV. On donne trois équations à deux inconnues

$$ax + by = d$$
$$a'x + b'y = d'$$
$$a''x + b''y = d''.$$

Il existe un nombre infini de facteurs λ, λ', λ'', tels qu'en multipliant la première équation par λ, la seconde par λ', la troisième par λ'', et en ajoutant les résultats, on obtienne une équation de la forme

$$x = \lambda d + \lambda' d' + \lambda'' d''.$$

Trouver les facteurs λ, λ', λ'' qui, remplissant cette condition, rendent la somme $\lambda^2 + \lambda'^2 + \lambda''^2$ la plus petite possible.

CHAPITRE XII.

THÉORIE DES PROGRESSIONS.

Progressions par différence.

131. Une progression par différence est une suite de nombres tels que la différence de l'un d'eux au précédent soit constante : cette différence se nomme *raison* de la progression.

Exemple. Les nombres entiers 1, 2, 3, 4... forment une progression par différence dont la raison est 1.

Pour indiquer que des nombres forment une progression, on les écrit à la suite les uns des autres en les faisant précéder du signe ÷ et plaçant un point dans chaque intervalle. Exemple :

$$\div 5 . 10 . 15 . 20 . 25 \ldots$$

est une progression dont la raison est 5.

Remarque. Si l'on écrit en sens inverse les termes d'une progression, la différence d'un terme au précédent reste la même, mais elle change de signe. Ainsi la progression précédente peut s'écrire.

$$\div 25 . 20 . 15 . 10 . 5.$$

On lui donne alors le nom de progression décroissante.

Valeur d'un terme de rang quelconque dans une progression.

132. Dans une progression croissante, chaque terme peut se former en ajoutant la raison au précédent ; il en résulte que pour former un terme de rang quelconque, il faut ajouter au premier autant de fois la raison qu'il y a de termes avant celui que l'on considère.

Dans une progression décroissante un terme de rang quelconque est, au contraire, égal au premier, diminué d'autant de fois la raison qu'il y a de termes avant celui que l'on considère.

EXEMPLE. Dans la progression :

$$\div 4 . 9 . 14 . 19 . 24 . 29 . 34$$

le terme 34 est égal à 4 augmenté de 6 fois 5 ou 30.

REMARQUE. a étant le premier terme d'une progression croissante, et r sa raison, le n^{me} terme est égal à $a+(n-1)r$. Si la progression est décroissante, a et r, désignant toujours le premier terme et la raison, la valeur du n^{me} terme est $a-(n-)r$.

Les deux formules précédentes peuvent se réduire à une seule et la distinction entre les progressions croissante et décroissante peut être supprimée si l'on convient, en général, que la raison d'une progression est l'excès d'un terme sur le terme précédent. Si la progression est décroissante, cet excès est négatif, et la lettre r qui désigne la raison représente alors un nombre négatif. D'après cette convention, si le premier terme est a et r la raison, le dernier terme sera égal, dans tous les cas, à

$$a+(n-1)r.$$

Insertion de moyens arithmétiques.

133. Insérer m moyens arithmétiques entre deux nombres, a et l, c'est former une progression dont a et l soient les termes extrêmes et dont ces m moyens soient les termes intermédiaires.

Pour calculer ces moyens et la raison de la progression qu'ils forment, remarquons que cette progression aura $m+2$ termes; le dernier terme l, sera donc (**132**) égal à a augmenté de $(m+1)$ fois la raison. L'excès de l sur a est donc égal à $m+1$ fois la raison cherchée, et, par conséquent, cette raison r est $\frac{l-a}{m+1}$. Connaissant la raison et le premier terme, on formera sans peine tous les autres.

134. Remarque I. La raison ne dépend que de la différence $l-a$ et du nombre de moyens insérés. Il en résulte que si l'on considère une progression

$$\div a.b.c.d....k.l,$$

et que l'on insère m moyens entre a et b, m entre b et c, m entre c et d, etc., les progressions ainsi formées auront toutes même raison, et comme le dernier terme de l'une est le premier de la suivante, on pourra les considérer comme n'en faisant qu'une seule.

135. Remarque II. Quel que soit le nombre de moyens insérés entre deux nombres a et l, la raison de la progression obtenue est le quotient de la division de $l-a$ par un nombre entier. Réciproquement, on peut déterminer le nombre des moyens insérés, de telle sorte que le nombre entier par lequel il faut diviser $l-a$, pour obtenir la raison, ait telle valeur que l'on voudra.

Si l'on veut, par exemple, que la raison soit $\frac{l-a}{4}$, il faut insérer trois moyens.

Somme des termes d'une progression par différence.

136. Théorème. *Dans une progression par différence la somme de deux termes également distants des extrêmes est constante et égale à la somme des termes extrêmes.*

Désignons par a et l les termes extrêmes d'une progression, et par r sa raison. Le terme qui suit a, est $a+r$, celui qui précède l, est $l-r$, et il est évident que leur somme est égale à $a+l$. Le terme qui suit a de deux rangs est $a+2r$. celui qui précède l de deux rangs, $l-2r$, et leur somme est encore $a+l$. En général, le terme placé n rangs après a, est $a+nr$, le terme placé n rangs avant l est $l-nr$, et l'on a évidemment

$$a+nr+l-nr=a+l.$$

137. Soit une progression

$$[1] \qquad \div a.b.c...j.k.l.$$

Écrivons cette progression sur une seconde ligne horizontale en la renversant de telle sorte que les termes à égale distance des extrêmes se correspondent verticalement dans les deux lignes :

[2] $\div l\,.\,k\,.\,j\ldots c\,.\,b\,.\,a.$

Si on ajoute les termes de la suite [1] et ceux de la suite [2], on aura évidemment le double de la somme cherchée, puisque chaque terme entrera deux fois. On aura donc, en désignant cette somme par s,

$$2s=(a+l)+(b+k)+(c+j)+\ldots+(j+c)+(k+b)+(l+a);$$

mais (**136**), toutes les sommes indiquées entre parenthèses sont égales à la somme $a+l$ des termes extrêmes, et comme leur nombre est le nombre n des termes de la progression, on a

$$2s=(a+l)\times n$$

ou

$$s=\frac{(a+l)\times n}{2}.$$

Remarque. Si l'on connaissait seulement le premier terme a, la raison r, et le nombre n des termes, il faudrait, pour appliquer le résultat précédent, commencer par calculer le dernier terme l. On aurait (**132**) $l=a+(n-1)\,r$, et par conséquent,

$$s=\frac{(a+l)n}{2}=\frac{[2a+(n-1)r]n}{2}.$$

Exemple. Calculer la somme des n premiers nombres impairs,

$$1+3+5+7+\ldots+2n-1.$$

Ces nombres forment une progression de n termes, leur somme est donc

$$s=\frac{(1+2n-1)n}{2}=n^2:$$

ainsi la somme des n premiers nombres impairs est égale au carré de n.

Progression par quotient.

138. Une progression par quotient est une suite de nombres tels que le rapport de l'un d'eux au précédent soit constant. Ce rapport se nomme *raison* de la progression.

Exemple. Les nombres 1, 10, 100, 1000, etc., forment une progression par quotient dont la raison est 10.

Pour indiquer que des nombres forment une progression par quotient, on les écrit à la suite les uns des autres, en les faisant précéder du signe ∺, et plaçant deux points dans chaque intervalle.

Exemple. ∺ 4 : 8 : 16 : 32 : 64 : 128 : etc., est une progression par quotient dont la raison est 2.

Remarque. Si l'on écrit en sens inverse les termes d'une progression, le rapport d'un terme au précédent prend une valeur réciproque de celle qu'il avait : ce rapport est donc encore constant, et l'on a une nouvelle progression, décroissante si la première était croissante.

Exemple. ∺ 128 : 64 : 32 : 16 : 8 : 4 est une progression décroissante dont la raison est $\frac{1}{2}$.

Valeur d'un terme de rang quelconque.

139. Dans une progression par quotient, chaque terme se forme en multipliant le précédent par la raison : il en résulte que pour former un terme de rang quelconque, il faut multiplier le premier par la raison prise autant de fois comme facteur, qu'il y a de termes avant celui que l'on considère, c'est-à-dire par la raison élevée à une puissance marquée par ce nombre de termes.

Remarque. a étant le premier terme d'une progression par quotient et q sa raison, le n^{me} terme est égal à $a \times q^{n-1}$.

140. Théorème. *Si une progression est croissante, on peut la prolonger assez pour que ses termes dépassent toute limite donnée.*

Soit une progression croissante ayant pour raison un nombre q supérieur à l'unité :

$$∺ a : b : c : d : \ldots\ldots : k : l : m.$$

On a les égalités $l = k \times q,$
$$m = l \times q$$
on en déduit $m - l = (l - k) \times q,$

et comme q est, par hypothèse, plus grand que 1, la différence $m - l$ est plus grande que $l - k$. L'excès d'un terme sur le précédent va donc sans cesse en croissant. Or, en supposant cet excès constant, on pourrait, en l'ajoutant au premier terme a, un nombre suffisant de fois, obtenir un résultat aussi grand qu'on le voudrait, et il en est, *a fortiori*, de même si, comme nous l'avons reconnu, il va en augmentant.

141. Théorème. *Si une progression est décroissante, on peut la prolonger assez pour que ses termes décroissent au-dessous de toute limite.*

Soit une progression décroissante ayant pour raison un nombre q inférieur à l'unité :

$$\div\div a : b : c : d : \ldots\ldots : k : l : m.$$

Les termes $\frac{1}{a}, \frac{1}{b}, \frac{1}{c}, \frac{1}{d}, \ldots \frac{1}{k}, \frac{1}{l}, \frac{1}{m}$

formeront une progression croissante ayant pour raison $\frac{1}{q}$; car des égalités

$$b = a \times q, \quad c = b \times q, \quad d = c \times q$$

on déduit

$$\frac{1}{b} = \frac{1}{a} \times \frac{1}{q}, \quad \frac{1}{c} = \frac{1}{b} \times \frac{1}{q}, \quad \frac{1}{d} = \frac{1}{c} \times \frac{1}{q}.$$

Il résulte donc du théorème précédent que les fractions $\frac{1}{k}, \frac{1}{l}, \frac{1}{m}$ peuvent devenir aussi grandes, et, par suite, leurs dénominateurs k, l, m, aussi petits qu'on le voudra. C'est précisément ce qu'il fallait démontrer.

Insertion de moyens par quotient.

142. Insérer m moyens par quotient entre deux nombres a et l, c'est former une progression dont a et l soient les termes extrêmes, et dont ces m moyens soient les termes intermédiaires.

Pour calculer ces moyens et la raison de la progression qu'ils forment, remarquons que cette progression ayant $m+2$ termes, le dernier terme l est égal (**139**) à a multiplié par la puissance $(m+1)^{me}$ de la raison; on en conclut que le rapport $\frac{l}{a}$ est la puissance $(m+1)^{me}$ de la raison, et que, par conséquent, cette raison est $\sqrt[m+1]{\frac{l}{a}}$. Connaissant la raison et le premier terme, on formera sans peine tous les autres.

143. Remarque I. La raison ne dépend que du rapport $\frac{l}{a}$ et du nombre des moyens insérés; il en résulte que si on considère une progression

$$\div\!\div\, a : b : c : d : e : \ldots\ldots : k : l,$$

et que l'on insère m moyens entre a et b, m entre b et c, m entre c et d......, les progressions ainsi formées auront toutes même raison, et comme le dernier terme de l'une est le premier de la suivante, on pourra les considérer comme n'en faisant qu'une seule.

144. Remarque II. Pour que trois nombres a, b et c puissent faire partie d'une même progression, il faut qu'on puisse insérer entre a et c un nombre de moyens tel, que la progression qu'ils forment compte b parmi ses termes; en désignant par m ce nombre inconnu de moyens, la raison de la progression est (**143**) $\sqrt[m+1]{\frac{c}{a}}$.

Pour que b soit le n^{me} terme de cette progression, on doit avoir

$$[1] \qquad b = a\left(\sqrt[m+1]{\frac{c}{a}}\right)^{n-1},$$

ou, ce qui revient au même,

$$[2] \qquad \frac{b}{a} = \left(\sqrt[m+1]{\frac{c}{a}}\right)^{n-1}.$$

Ces deux quantités devant être égales, il faut que leurs

puissances $(m+1)^{\text{mes}}$ le soient elles-mêmes, et, par conséquent,

$$[3] \qquad \frac{b^{m+1}}{a^{m+1}} = \frac{c^{n-1}}{a^{n-1}}.$$

Supposons que b, a et c soient commensurables, il en sera de même de $\frac{b}{a}$ et $\frac{c}{a}$; si nous désignons par $\frac{b_1}{a_1}$ et $\frac{c_1}{a_2}$ les fractions irréductibles équivalentes, l'égalité [3] revient à

$$[4] \qquad \frac{b_1^{m+1}}{a_1^{m+1}} = \frac{c_1^{n-1}}{a_2^{n-1}},$$

Mais ces deux fractions sont irréductibles, et ne peuvent être égales que si

$$b_1^{m+1} = c_1^{n-1},$$
$$a_1^{m+1} = a_2^{n-1},$$

d'où résulte évidemment que b_1 et c_1 doivent être composés des mêmes facteurs premiers, ainsi que a_1 et a_2, et que les exposants d'un même facteur, dans b_1 et c_1 et dans a_1 et a_2, doivent avoir un rapport constant, $\frac{m+1}{n-1}$.

Application. *Quels sont les nombres commensurables qui peuvent faire partie d'une progression par quotient ayant pour termes* 1 *et* 10?

Si nous nommons $\frac{p}{q}$ un des nombres cherchés, on doit avoir, d'après ce qui précède, en désignant par m et n des nombres entiers,

$$\left(\frac{10}{1}\right)^{m+1} = \left\{\frac{\left(\frac{p}{q}\right)}{1}\right\}^{n-1},$$

c'est-à-dire

$$10^{m+1} = \frac{p^{n-1}}{q^{n-1}}.$$

Le premier membre étant entier, le second doit l'être aussi, et comme la fraction $\frac{p^{n-1}}{q^{n-1}}$ est irréductible, il faut que l'on ait $q=1$. De plus, pour que 10^{m+1} soit égal à p^{n-1}, il faut que p ne contienne que les facteurs 2 et 5, et que ces facteurs y soient affectés d'exposants égaux, ou, en d'autres termes, que p soit une puissance de 10.

Les puissances de 10 sont donc les seuls nombres commensurables qui puissent figurer dans une progression par quotient, dont 1 et 10 font partie.

Somme des termes d'une progression par quotient.

145. Soit une progression par quotient

$$\div\div a : b : c : d : e : \ldots\ldots : k : l;$$

il faut évaluer la somme

$$[1] \qquad S = a + b + c + d + \ldots\ldots + k + l.$$

En nommant q la raison, et multipliant par q les deux membres de l'égalité [1], on obtient

$$[2] \qquad Sq = aq + bq + cq + dq + \ldots\ldots + kq + lq;$$

mais, par hypothèse, $aq = b$, $bq = c$, $cq = d$, ... $kq = l$; l'égalité précédente devient donc

$$[3] \qquad Sq = b + c + d + \ldots\ldots + k + lq.$$

Si l'on retranche les deux premiers membres des égalités [1] et [3], on aura le même résultat qu'en retranchant leurs seconds membres, ce qui donne évidemment

$$Sq - S = lq - a$$

ou

$$S(q-1) = lq - a,$$

et par conséquent,

$$S = \frac{lq - a}{q - 1}.$$

Remarque I. Si la progression est décroissante, q est plus petit que 1, et l'on ne peut plus retrancher S de Sq; il faut faire la soustraction en sens inverse, et l'on trouve alors

$$S = \frac{a - lq}{1 - q}.$$

Mais les conventions faites sur les nombres négatifs rendent ces formes équivalentes.

REMARQUE II. Si l'on donne seulement le premier terme a d'une progression, sa raison q, et le nombre n de termes, il faudra, pour faire usage du résultat précédent, commencer par calculer le dernier terme l, on aura (**139**) $l=aq^{n-1}$, et, par conséquent,

$$S=\frac{aq^n-a}{q-1}.$$

Limite de la somme des termes d'une progression par quotient décroissante.

146. La formule qui donne la somme des termes d'une progression décroissante, dont a est le premier terme, l le dernier et q la raison, est

$$S=\frac{a-lq}{1-q},$$

on peut l'écrire $S=\frac{a}{1-q}-\frac{lq}{1-q}.$

Si le nombre des termes de la progression augmente indéfiniment, $\frac{a}{1-q}$ conserve constamment la même valeur, mais $\frac{lq}{1-q}$ peut devenir aussi petit que l'on voudra, à cause du facteur l qui décroît sans limite (**141**); il en résulte que la limite dont s'approche la valeur de S, à mesure que le nombre des termes augmente, est $\frac{a}{1-q}$.

APPLICATION. Une fraction décimale périodique peut être considérée comme une progression décroissante, et la formule précédente lui est applicable.

Soit, par exemple, la fraction périodique

0, 35 35 35 35 ....

En la séparant en tranches de deux chiffres à partir de la virgule, on obtient la progression

$$\div\!\div \frac{35}{100} : \frac{35}{10000} : \frac{35}{1000000} : \ldots.$$

dont la raison est $\frac{1}{100}$. D'après la formule précédente, la limite de la somme de ses termes est

$$\frac{\frac{35}{100}}{1-\frac{1}{100}} \quad \text{ou} \quad \frac{35}{99},$$

ce qui est précisément le résultat obtenu dans la théorie des fractions périodiques.

RÉSUMÉ.

131. Définition des progressions par différence ; progressions croissantes ou décroissantes. Définition de la raison. — **132.** Un terme de rang quelconque est égal au premier terme augmenté ou diminué d'autant de fois la raison qu'il y a de termes avant lui. — **133.** Insertion de moyens par différence. — **134.** Si, entre les termes d'une progression, on insère un nombre constant de moyens, on forme une progression nouvelle. — **135.** Quel que soit le nombre des moyens insérés, la raison est un diviseur de la différence des termes extrêmes. — **136.** Dans une progression par différence, la somme de deux termes également distants des extrêmes est constante et égale à celle des extrêmes. — **137.** Somme des termes d'une progression par différence. — **138.** Définition des progressions par quotient. — **139.** Un terme de rang quelconque est égal au premier, multiplié par la raison élevée à une puissance marquée par le nombre des termes qui le précèdent. — **140.** Les termes d'une progression par quotient croissante peuvent dépasser toute limite. — **141.** Les termes d'une progression décroissante peuvent décroître au-dessous de toute limite assignée. — **142.** Insertion de moyens par quotient. — **143.** Si on insère un nombre constant de moyens entre les termes consécutifs d'une progression par quotient, on forme une progression nouvelle. — **144.** Recherche d'une progression dont fassent partie des nombres donnés. Cas dans lesquels une telle progression n'existe pas. — **145.** Somme des termes d'une progression par quotient. — **146.** Limite de la somme des termes d'une progression décroissante.

EXERCICES.

I. Quelles sont les progressions par différence dans lesquelles la somme de deux termes quelconques fait partie de la progression ; et les progressions par quotient dans lesquelles le produit de deux termes fait partie de la progression ?

II. Si dans une suite de nombres chacun est la demi-somme de ceux qui le comprennent, ces nombres forment une progression par différence, et si chacun est moyen proportionnel entre les deux qui le comprennent, ils forment une progression par quotient.

III. Dans quelles progressions par différence existe-t-il un rapport indépendant de n entre la somme des n premiers termes et la somme des n suivants?

IV. $\sqrt{2}$, $\sqrt{5}$ et $\sqrt{7}$ peuvent-ils faire partie d'une même progression par différence ou par quotient?

V. Si on prend la suite des nombres impairs 1, 3, 5, 7, ... et qu'on la sépare en groupes dont le premier ait un terme, le second deux termes, le troisième trois, etc., la somme des termes d'un même groupe est un cube.

VI. Si on considère la suite 1, 2, 4, 6, 8, 10 .... la somme des n premiers termes est impaire et augmentée des $n-1$ nombres impairs suivants, elle donne un cube.

VII. Dans une progression géométrique de six termes, la différence des termes extrêmes est plus grande que six fois la différence des termes du milieu.

VIII. Si on ajoute termes à termes deux progressions géométriques qui n'ont pas même raison, les résultats ne formeront pas une progression, mais chaque terme pourra se déduire des deux précédents, en les multipliant par des nombres constants et ajoutant les produits.

IX. On forme une suite de termes tels que chacun soit la demi-somme des précédents; connaissant les deux premiers termes de cette suite, trouver de quelle limite on s'approche lorsqu'on en forme un nombre de plus en plus grand.

X. Soit A B une ligne quelconque, on marque son milieu C,

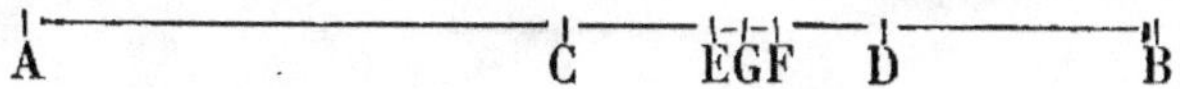

puis le milieu D de CB, puis le milieu E de DC, puis le milieu F de ED, le milieu G de FE et ainsi de suite indéfiniment, prouver que les points C, D, E, F, G, s'approchent de plus en plus du tiers de AB à partir du point B.

XI. Trouver la limite de la somme des fractions

$$\frac{1}{2}+\frac{2}{4}+\frac{3}{8}+\frac{4}{16}+\frac{5}{32}+\ldots$$

dont les numérateurs forment une progression par différence et les dénominateurs une progression par quotient.

XII. On forme la suite des nombres

$$1,\ 3,\ 6,\ 10,\ 15,\ 21,\ \text{etc.},$$

tels que la différence de deux termes consécutifs, va sans cesse en augmentant d'une unité, trouver la somme des n premiers termes de cette suite.

XIII. Si dans une progression par différence trois termes consécutifs sont des nombres premiers, la raison est divisible par 6, à moins que le premier de ces termes ne soit 3. S'il y en a 5, la raison est divisible par 30, à moins que le premier de ces termes ne soit 5, et s'il y en a 7, elle est divisible par 210, à moins que le premier de ces termes ne soit 7.

XIV. Dans une progression par quotient dont le nombre des termes est impair, la somme des carrés des termes est égale à la somme des termes multipliée par l'excès de la somme des termes de rang impair sur la somme des termes de rang pair.

XV. Éliminer y entre les deux équations

$$x^m + x^{m-1}y + x^{m-2}y^2 + \ldots + y^m = a^m$$
$$x^{2m} + x^{2m-2}y^2 + x^{2m-4}y^4 + \ldots + y^{2m} = b^{2m}.$$

XVI. Trouver une progression par quotient connaissant la somme de ses termes, la somme de leurs carrés et celle de leurs cubes.

CHAPITRE XIII.

THÉORIE ÉLÉMENTAIRE DES LOGARITHMES.

Définitions.

147. Quand on considère deux progressions, l'une par différence commençant par 0, l'autre par quotient commençant par l'unité, les termes de la progression par différence sont nommés les *logarithmes* des termes de même rang dans la progression par quotient.

Remarque. Le logarithme d'un nombre considéré isolément, est tout à fait arbitraire. Si l'on demande : quel est le logarithme de 3? cette question n'a aucun sens tant que l'on n'a pas choisi les progressions qui définissent le système dont on veut parler.

148. D'après la définition précédente, lorsque l'on a choisi les deux progressions qui définissent un système de logarithmes, il semble que les nombres qui ne font pas partie de la progression par quotient n'ont pas de logarithmes ; nous allons voir comment, en étendant cette définition, on est conduit à regarder chaque nombre plus grand que l'unité comme ayant un logarithme. Nous considérerons spécialement le système qui résulte des progressions

$$\because 1 : 10 : 100 : 1000 \ldots.$$
$$\div 0 . 1 . 2 . 3 \ldots.$$

C'est le seul dont on fasse usage dans les applications numériques.

Supposons qu'entre deux termes consécutifs de chacune de ces progressions on insère un même nombre de moyens. On obtiendra (**134**, **145**) deux nouvelles progressions dans lesquelles les termes des progressions primitives se correspondront encore, et les termes nouvellement introduits dans la progression par quotient, auront pour logarithmes les termes de même rang introduits dans la progression par différence.

149. Remarque. Pour que la définition donnée (**148**) soit admissible, il faut montrer que si, en insérant des nombres différents de moyens, on amène, de deux manières différentes, un même nombre à faire partie de la progression par quotient, on lui trouvera des deux manières le même logarithme.

Supposons que l'on ait d'abord inséré p moyens entre les divers termes des deux progressions

$$\div\div 1 : 10 : 100 \ldots.$$

$$\div 0 \,.\, 1 \,.\, 2 \ \ldots.$$

la raison de la progression par quotient deviendra (**142**) $\sqrt[p+1]{10}$, et celle de la progression par différence $\frac{1}{p+1}$.

En sorte que, l'un quelconque des termes de la première, sera $(\sqrt[p+1]{10})^k$ et le terme correspondant de la seconde $\frac{k}{p+1}$; k désignant un nombre entier.

Supposons que l'on insère entre deux termes consécutifs des progressions primitives, un autre nombre p' de moyens, un terme quelconque de la progression par quotient sera $(\sqrt[p'+1]{10})^{k'}$, et son logarithme $\frac{k'}{p'+1}$; nous voulons prouver, que si l'on a

$$[1] \qquad (\sqrt[p+1]{10})^k = (\sqrt[p'+1]{10})^{k'};$$

on aura ainsi

$$[2] \qquad \frac{k}{p+1} = \frac{k'}{p'+1}.$$

Si, en effet, nous élevons les deux membres de la première de ces égalités à la puissance $(p+1)\times(p'+1)$, nous aurons:

$$[3] \qquad 10^{k\times(p'+1)} = 10^{k'\times(p+1)},$$

car, pour élever $(\sqrt[p+1]{10})$ à la puissance k, puis à la puissance $(p+1)\times(p'+1)$, il suffit de le prendre comme facteur un nombre de fois égal à $k\times(p+1)\times(p'+1)$, et, pour cela, on peut l'élever d'abord à la puissance $p+1$, puis élever le résultat, qui est 10, à la puissance $k\times(p'+1)$.

L'égalité [3] entraîne évidemment :

$$k \times (p' + 1) = k' \times (p + 1),$$

et par suite,

$$\frac{k}{p + 1} = \frac{k'}{p' + 1}.$$

Donc, *si l'on peut introduire un même nombre de deux manières différentes dans la progression par quotient, on lui trouvera des deux manières le même logarithme.*

150. Si l'on calcule des logarithmes en insérant un certain nombre de moyens entre les termes consécutifs des deux progressions, puis que l'on en calcule d'autres en insérant un autre nombre de moyens, ces divers logarithmes peuvent être considérés comme faisant partie d'un seul et même système. Pour le prouver, remarquons que si entre les termes consécutifs de la progression par quotient on insère $p-1$ moyens, puis $p'-1$ moyens, tous les termes obtenus dans l'un et l'autre cas, font partie d'une seule et même progression, que l'on obtiendrait en insérant $p \times p' - 1$ moyens.

Si, en effet, entre deux termes a et b d'une progression, on insère $p \times p' - 1$ moyens, le terme b aura, après cette insertion, le $p' \times p^{me}$ rang, à partir du second. Si donc, dans la progression ainsi formée, on compte les termes de p en p, b sera le p'^{me}, et si on les compte de p' en p', il sera le p^{me}; les termes ainsi obtenus pourront donc être considérés, dans le premier cas, comme formant $p'-1$ moyens entre a et b, et dans le second, comme en formant $p-1$. La même remarque s'appliquant à la progression par différence, on voit que les deux systèmes obtenus en insérant $p-1$ moyens et $p'-1$ moyens, sont compris dans le système unique qui correspond à $p \times p' - 1$ moyens.

Par exemple, si a et b désignent deux termes consécutifs d'une progression par quotient ou par différence, et que l'on insère entre a et b, trois moyens, puis ensuite cinq moyens, de manière à former les progressions

$$a,\ A_1,\ A_2,\ A_3,\ b,$$
$$a,\ B_1,\ B_2,\ B_3,\ B_4,\ B_5,\ b.$$

Si l'on insère ensuite 23 moyens (c'est-à-dire $4 \times 6 - 1$) on formera une progression nouvelle dans laquelle A_1, A_2, A_3 figureront aux rangs 7, 13 et 19, et B_1, B_2, B_3, B_4, B_5, aux rangs 5, 9, 13, 17 et 21.

Généralités sur les nombres incommensurables.

151. Quand deux grandeurs n'ont pas de commune mesure, leur rapport ne peut être représenté par aucun nombre entier ou fractionnaire. Il existe de pareilles grandeurs. Nous savons, par exemple, que si un nombre n'est pas un carré ou un cube parfait, sa racine carrée ou cubique représente une grandeur parfaitement déterminée, qui n'a pas de commune mesure avec l'unité.

Un nombre incommensurable ne peut se définir qu'en indiquant comment la grandeur qu'il exprime peut se former au moyen de l'unité. Dans ce qui suit, nous supposons que cette définition consiste à indiquer quels sont les nombres commensurables plus petits ou plus grands que lui ; on peut alors concevoir la grandeur dont il est la mesure comme servant de limite commune à celles qui sont représentées par des nombres plus grands ou plus petits, absolument comme on l'a indiqué en arithmétique à l'occasion des racines carrées.

Addition et soustraction des nombres incommensurables.

152. Ajouter ou soustraire deux nombres incommensurables, c'est trouver un nombre exprimant la somme ou la différence des grandeurs exprimées par les nombres proposés.

Multiplication.

153. Si le multiplicateur est commensurable, il n'y a aucune modification à apporter à la définition.

Exemple. Le produit de $\sqrt{2}$ par 7, est un nombre exprimant une grandeur 7 fois plus grande que celle qu'exprime $\sqrt{2}$. Le produit de $\sqrt{2}$ par $\frac{3}{4}$, est un nombre exprimant une grandeur égale aux trois quarts de celle qu'exprime $\sqrt{2}$.

Si le multiplicateur est incommensurable, il faut une définition nouvelle. Nous appellerons produit d'un nombre A par un nombre incommensurable B, un nombre moindre que le produit de A par un nombre commensurable quelconque supérieur à B, et plus grand que le produit de A par un nombre commensurable quelconque moindre que B.

Division.

154. Diviser deux nombres A et B l'un par l'autre, c'est trouver un troisième nombre qui, multiplié par le diviseur B, reproduise le dividende A. Cette définition s'applique quels que soient les nombres A et B, commensurables ou incommensurables.

Racines carrées et cubiques.

155. La racine carrée ou cubique d'un nombre incommensurable est un nombre qui, pris deux ou trois fois comme facteur, donne un produit égal au nombre donné.

Remarque. La seule opération qui exige une définition véritablement nouvelle est celle de la multiplication, toutes les autres se rattachent à celle-là.

Théorèmes relatifs aux nombres incommensurables.

156. Théorème I. *On peut toujours trouver deux nombres commensurables ayant une différence aussi petite que l'on voudra et qui comprennent entre eux un nombre incommensurable donné.*

Soit n un nombre entier quelconque ; si l'on considère la suite

$$0,\ \frac{1}{n},\ \frac{2}{n},\ \frac{3}{n},\ \frac{4}{n},\ \frac{5}{n},\ \text{etc.}$$

on voit que ses termes augmente sans limite, et comme ils commencent à 0, le nombre donné, quel qu'il soit, est nécessairement compris entre deux d'entre eux, $\frac{x}{n}$ et $\frac{x+1}{n}$, et l'on peut prendre n assez grand, pour que leur différence $\frac{1}{n}$ soit aussi petite qu'on le voudra.

157. REMARQUE. D'après le théorème précédent, nous admettrons, comme évident, que les théorèmes suivants, qui ont été démontrés pour des nombres commensurables quelconques, s'appliquent aussi à des nombres incommensurables.

Dans un produit de plusieurs facteurs, on peut changer l'ordre des facteurs.

Pour multiplier un nombre par le produit de plusieurs facteurs, on peut le multiplier successivement par ces divers facteurs.

Pour multiplier un produit par un nombre, il suffit de multiplier un de ses facteurs par ce nombre.

Pour multiplier un produit par un autre produit, il suffit de former un produit unique avec les facteurs du multiplicande et ceux du multiplicateur.

Pour multiplier deux puissances d'un même nombre, il suffit d'ajouter les exposants.

Logarithmes incommensurables.

158. Les nombres dont les logarithmes sont définis dans les paragraphes précédents, croissent par degrés aussi rapprochés qu'on le veut. Si l'on se bornait cependant à cette définition, une infinité de nombres devraient être regardés comme n'ayant pas de logarithmes. On sait par exemple (**144**) que, quel que soit le nombre des moyens insérés dans la progression par quotient ∺ 1 : 10 : 100 : etc., aucun de ces moyens n'est commensurable. Tous les nombres commensurables peuvent, au contraire, s'introduire dans la progression par différence ÷ 1 . 2 . 3 . 4 . etc., d'où il résulte que *les nombres commensurables qui ne sont pas entiers, sont tous des logarithmes de nombres incommensurables.*

159. Quand un nombre ne peut pas être introduit dans la progression par quotient, son logarithme se définit de la manière suivante :

Le logarithme d'un nombre N, qui ne peut pas faire partie de la progression par quotient est plus grand que les nombres commensurables qui sont les logarithmes de nombres inférieurs à N, et moindre que les nombres commensurables qui sont les logarithmes de nombres plus grands que N.

Cette manière de définir un logarithme en disant quels sont les nombres commensurables plus grands et plus petits que lui, est, comme on l'a vu, le moyen ordinaire de définition pour les nombres incommensurables.

D'après la définition précédente, il est évident qu'un nombre N étant donné, si l'on insère dans les progressions, un nombre considérable de moyens, deux d'entre eux comprendront N dans la progression par quotient, et leurs logarithmes seront des valeurs approchées du logarithme de N.

Ce procédé pour calculer les logarithmes serait fort long, et nous allons montrer, par un exemple, combien il exigerait d'opérations. Nous verrons, du reste, plus loin, qu'il existe, pour le calcul des logarithmes, des méthodes beaucoup plus rapides.

Exemple. Supposons que l'on demande le logarithme de 1855.

Nous savons que

$$3 = \log 1000$$

et

$$4 = \log 10000;$$

donc

$$3{,}5 = \log\sqrt{1000 \times 10000} = \log 3162{,}27766 = \log a.$$

Le logarithme cherché est donc compris entre 3 et 3,5; en insérant un moyen entre 3 et 3,5 dans la progression par différence, et un autre entre 1000 et a dans la progression par quotient, nous aurons

$$\tfrac{1}{2}(3+3{,}5) = 3{,}25 = \log\sqrt{1000a} = \log 1778{,}2794 = \log b;$$

donc, le logarithme de 1855 est compris entre 3,5 et 3,25; en insérant deux nouveaux moyens, on trouve

$$3{,}375 = \log\sqrt{ab} = \log 2371{,}3737 = \log c,$$

et les nouvelles limites sont 3,25 et 3,375. Une nouvelle opération donne

$$3{,}3125 = \log\sqrt{bc} = \log 2053{,}5250 = \log d.$$

La suite des calculs donnera les résultats suivants:

$$
\begin{aligned}
3{,}5 &= \log a &&= \log 3162,\ 27766 \\
3{,}25 &= \log\sqrt{1000a} = \log b &&= \log 1778,\ 2794 \\
3{,}375 &= \log\sqrt{ab} = \log c &&= \log 2371,\ 3737 \\
3{,}3125 &= \log\sqrt{bc} = \log d &&= \log 2053,\ 5250 \\
3{,}28125 &= \log\sqrt{bd} = \log e &&= \log 1910,\ 95294 \\
3{,}265625 &= \log\sqrt{be} = \log f &&= \log 1843,\ 42296 \\
3{,}2734375 &= \log\sqrt{ef} = \log g &&= \log 1876,\ 8843 \\
3{,}26953125 &= \log\sqrt{fg} = \log h &&= \log 1860,\ 0784 \\
3{,}26757812 &= \log\sqrt{fh} = \log i &&= \log 1851,\ 7321 \\
3{,}26855469 &= \log\sqrt{hi} = \log k &&= \log 1855,\ 9005 \\
3{,}26806641 &= \log\sqrt{ik} = \log l &&= \log 1853,\ 8151 \\
3{,}26831055 &= \log\sqrt{kl} = \log m &&= \log 1854,\ 8575 \\
3{,}26843262 &= \log\sqrt{km} = \log n &&= \log 1855,\ 3789.
\end{aligned}
$$

En comparant les deux derniers résultats, on a

$$
\begin{array}{ll}
\log 1855,\ 3789 = 3.268\ 43262 \\
\log 1854,\ 8575 = 3.268\ 31055 \\
\hline
\text{Diff.}\ \ 0.5214 & \text{Diff.}\ \ 12207.
\end{array}
$$

Mais $1855 = 1854,\ 8575 + 0.1425;$

donc, en admettant que, pour des nombres aussi rapprochés, l'accroissement des logarithmes soit proportionnel à celui des nombres

$$\log 1855 = 3{,}268\ 31055 + \frac{1425 \times 12207}{5214 \times 10^8}$$

$$
\begin{array}{l}
= 3{,}268\ 31055 + \\
\qquad\qquad\ \ 3336 \\
\hline
\end{array}
$$

ou $\log 1855 = 3{,}268\ 34391$ valeur exacte.

Propriétés des logarithmes.

160. Théorème I. *Le logarithme d'un produit de deux facteurs est la somme des logarithmes des facteurs.*

Soient les deux progressions :

$$\div\div 1 : q : q^2 \ldots\ : q^n \ldots\ : q^m : \ldots$$

$$\div 0 . r . 2r \ldots\ . nr \ldots\ . mr \ldots,$$

qui définissent un système quelconque de logarithmes ; les termes de la première sont les puissances de la raison q, ceux de la seconde, les multiples de la raison r.

Si on multiplie l'un par l'autre deux termes de la progression par quotient, q^m et q^n, on aura un produit q^{m+n} qui, évidemment, est le $(m+n+1)^{me}$ terme de la même progression ; si l'on ajoute les logarithmes de q^m et q^n. qui sont mr et nr, on aura une somme $(m+n)r$ qui est, évidemment, le $(m+n+1)^{me}$ terme de la progression par différence et, par conséquent, le logarithme de q^{m+n} ; la proposition est donc démontrée.

161. La démonstration précédente suppose que les nombres considérés fassent partie de la même progression par quotient. Elle est en défaut pour les logarithmes incommensurables définis (**158**). Pour démontrer que, dans ce cas, la proposition est encore exacte, remarquons que si l'on donne deux nombres quelconques N et N', on peut toujours insérer dans les progressions assez de moyens pour que les termes croissent par degrés insensibles et que, par conséquent, il y ait deux termes consécutifs N_1 et N'_1, qui diffèrent aussi peu qu'on le voudra de N et de N' ; mais on aura (**160**)

$$\log N_1 \times N'_1 = \log N_1 + \log N'_1.$$

Le premier membre différant aussi peu que l'on voudra de $\log N \times N'$, et le second aussi peu que l'on voudra de $\log N + \log N'$, il est impossible que ces deux quantités aient une différence déterminée quelconque, et par conséquent elles sont égales. C'est ce qu'il fallait démontrer.

162. Remarque. Le théorème précédent s'étend à un nombre quelconque de facteurs. Soit, par exemple, un produit de trois facteurs $a \times b \times c$, on a évidemment :

$$\log (a \times b \times c) = \log (a \times b) \times c = \log (a \times b) + \log c = \log a + \log b + \log c.$$

163. THÉORÈME II. *Le logarithme d'une puissance d'un nombre est le produit du logarithme du nombre par l'exposant de la puissance.*

Ce théorème est une conséquence de la remarque précédente. Soit, en effet, a^4 la puissance considérée, on a :

$$\log a^4 = \log a \times a \times a \times a = \log a + \log a + \log a + \log a = 4 \log a.$$

La démonstration s'applique évidemment quel que soit l'exposant.

164. THÉORÈME III. *Le logarithme d'un quotient est égal au logarithme du dividende, moins celui du diviseur.*

Soit un quotient $\frac{a}{b}$ que je désignerai par q; on aura

$$a = b \times q,$$

donc

$$\log a = \log b + \log q,$$

ce qui prouve que $\log q$ est l'excès de $\log a$ sur $\log b$.

REMARQUE. On suppose, dans le théorème précédent, que le quotient $\frac{a}{b}$ soit plus grand que 1, car les logarithmes des nombres plus grands que 1 ont seuls été définis.

165. THÉORÈME IV. *Le logarithme d'une racine d'un nombre est égal au logarithme du nombre, divisé par l'indice de la racine.*

Soit la racine $\sqrt[m]{a}$ que je désigne par r, on a

$$\sqrt[m]{a} = r,$$

et, par conséquent,

$$a = r^m;$$

d'où l'on conclut (**163**)

$$\log a = m \log r,$$

et, par suite,

$$\log r = \frac{\log a}{m},$$

ce qu'il fallait démontrer.

166. REMARQUE. Les quatre théorèmes précédents montrent

qu'une multiplication peut être remplacée par l'addition de deux logarithmes; une division par la soustraction de deux logarithmes, et enfin l'extraction d'une racine d'ordre quelconque, par la division du logarithme du nombre par l'indice de la racine. Mais il faut, pour profiter de ces simplifications, savoir trouver dans les tables le logarithme d'un nombre donné, et le nombre correspondant à un logarithme donné.

Disposition des tables de logarithmes de Callet.

167. La seule inspection d'un nombre fait connaître la partie entière de son logarithme. Ainsi les nombres de deux chiffres compris entre 10 et 100 ont des logarithmes compris entre 1 et 2, dont la partie entière est 1. Les nombres de trois chiffres compris entre 100 et 1000 ont des logarithmes compris entre 2 et 3, dont la partie entière est 2; et, en général, un nombre de n chiffres étant compris entre 10^{n-1} et 10^n, son logarithme est compris entre $n-1$ et n, et sa partie entière est par conséquent $n-1$.

On a profité de cette remarque pour se dispenser d'inscrire dans les tables la partie entière, ou, comme on l'appelle souvent, la *caractéristique* des logarithmes.

168. La première table est toute simple; elle contient les nombres naturels depuis 1 jusqu'à 1200, disposés suivant leur ordre en plusieurs colonnes, au haut desquelles on voit la lettre N, initiale du mot *nombre;* à côté et à droite de ces colonnes, on en remarque d'autres, au haut desquelles est écrit Log., initiales du mot *logarithmes;* de manière que chaque colonne de nombres est immédiatement suivie d'une colonne de logarithmes, et que chaque logarithme est placé à droite et dans l'alignement du nombre auquel il appartient. On n'a pas mis de caractéristique aux logarithmes, parce qu'on la connaît aisément à la seule inspection du nombre.

Cette table est nommée *Chiliade* I, parce qu'en effet elle contient les logarithmes du premier mille. (*Chiliade* est un mot grec francisé, qui signifie assemblage de mille unités.)

Les tables suivantes sont un peu plus composées: elles s'étendent depuis 1020 jusqu'à 108000. La première colonne, qu'on y remarque vers la gauche, est intitulée N, et contient les nombres naturels depuis 1020 jusqu'à 10800. La colonne suivante, marquée 0, offre les logarithmes qui appartiennent à ces nombres ; en sorte que l'assemblage de ces deux colonnes forme la suite de la table première, et donne sur-le-champ les logarithmes des nombres depuis 1020 jusqu'à 10800.

Si l'on observe la colonne marquée 0, on verra vers la gauche de cette colonne certains nombres isolés de trois chiffres chacun, qui vont toujours en augmentant d'une unité, et qui ne sont pas à des distances tout à fait égales les uns des autres. Vers la droite de la même colonne, sont des nombres de quatre chiffres chacun, qui ne laissent point d'intervalle entre eux ; en sorte qu'on pourrait croire que certains logarithmes n'ont que quatre chiffres, tandis que d'autres en ont sept.

Mais qu'on ne s'y trompe pas, chaque nombre isolé est censé écrit au-dessous de lui-même, et vis-à-vis chacun des nombres de quatre chiffres qui sont dans la même colonne, autant de fois qu'il est nécessaire pour que chaque ligne soit remplie : lors donc qu'on ne trouve vis-à-vis un certain nombre que quatre chiffres dans la colonne marquée 0, il faut écrire vers la gauche de ces quatre chiffres le nombre isolé de trois chiffres le plus prochain en montant. Au delà de 10000 les nombres isolés ont quatre figures.

Lorsque deux nombres sont décuples l'un de l'autre, leurs logarithmes ont pour différence le logarithme de 10 qui est 1, et par conséquent, leur partie décimale est la même ; ainsi l'assemblage des deux premières colonnes dont nous venons de parler, donne aussi de dix en dix les logarithmes des nombres compris entre 10200 et 108000. Pour trouver les logarithmes des nombres intermédiaires, il faut avoir recours aux colonnes marquées 1, 2, 3, 4, etc. Ces colonnes contiennent les quatre dernières décimales des logarithmes des nombres terminés par les chiffres qui sont en tête de ces colonnes. Ainsi la colonne marquée 0 contient les quatre dernières décimales des logarithmes des nombres compris entre 10200 et 108000 qui sont terminés par un zéro, et en outre les nombres isolés dont nous avons parlé, et qui sont aussi censés placés à la gauche des chiffres que contiennent les autres colonnes. La colonne marquée 1 contient les quatre derniers chiffres des logarithmes de tous les nombres terminés par 1 ; la colonne marquée 2, ceux de tous les nombres terminés par 2; la colonne marquée 3, ceux de tous les nombres terminés par 3; et ainsi de suite jusqu'à neuf. On a par ce moyen une table à double entrée, dans laquelle on consulte d'abord la première colonne marquée N; et lorsqu'on y a trouvé les quatre premières figures du nombre dont on veut avoir le logarithme, on suit de l'œil la ligne sur laquelle ils se trouvent, jusqu'à ce qu'on soit arrivé à la colonne au haut de laquelle se trouve le dernier chiffre du nombre donné; alors on a sous les yeux les quatre derniers chiffres du logarithme cherché. Quant aux trois premiers, ils sont exprimés par le nombre isolé qui se trouve dans la seconde colonne, le plus prochain en montant.

La dernière colonne contient les différences de deux logarithmes consécutifs et les parties de ces différences, c'est-à-dire les produits de ces mêmes différences multipliées par $\frac{1}{10}$, $\frac{2}{10}$, $\frac{3}{10}$, etc., jusqu'à $\frac{9}{10}$. Ces produits forment autant de petites tables qu'il y a de différences. Chacune de ces petites tables se trouve placée immédiatement au-dessus de la différence dont elle indique les parties. On verra plus loin quel est leur usage.

Mais, comme vers le commencement des tables ces différences se trouvent trop nombreuses, et par conséquent trop près les unes des autres, elles n'auraient pas permis, si elles n'eussent occupé qu'une colonne, de placer les petites tables des parties dans l'intervalle qui se serait trouvé entre elles. C'est pourquoi on les a disposées d'abord sur deux colonnes : la première de ces différences occupe la première colonne; les deux suivantes, sans sortir de la ligne horizontale où elles doivent être placées, sont repoussées à droite et occupent la seconde colonne; les deux différences qui suivent se trouvent sur la première colonne et les deux suivantes sur la seconde : ainsi de suite. Dans les quatre premières pages, on n'a placé les tables des parties de ces différences que de deux en deux.

Pour rendre ces explications plus claires, nous reproduisons ici l'une des pages de la table de Callet :

N.	0	1	2	3	4	5	6	7	8	9	DIFF.
7680	885.3612	3669	3725	3782	3838	3895	3951	4008	4065	4121	57
81	4178	4234	4291	4347	4404	4460	4517	4573	4630	4686	1 | 6
82	4743	4800	4856	4913	4969	5026	5082	5139	5195	5252	2 | 11
83	5308	5365	5421	5478	5534	5591	5647	5704	5761	5817	3 | 17
84	5874	5930	5987	6043	6100	6156	6213	6269	6326	6382	4 | 23
7685	6439	6495	6552	6608	6665	6721	6778	6834	6891	6947	5 | 29
86	7004	7060	7117	7173	7230	7286	7343	7399	7456	7512	6 | 34
87	7569	7625	7682	7738	7795	7851	7908	7964	8021	8077	7 | 40
88	8134	8190	8247	8303	8360	8416	8473	8529	8586	8642	8 | 46
89	8699	8755	8812	8868	8925	8981	9037	9094	9150	9207	9 | 51
7690	9263	9320	9376	9433	9489	9546	9602	9659	9715	9772	
91	9828	9885	9941	9998							
	886.				0054	0110	0167	0223	0280	0336	
92	0393	0449	0506	0562	0619	0675	0732	0788	0844	0901	
93	0957	1014	1070	1127	1183	1240	1296	1352	1409	1465	
94	1522	1578	1635	1691	1748	1804	1860	1917	1973	2030	
7695	2086	2143	2199	2256	2312	2368	2425	2481	2538	2594	
96	2651	2707	2763	2820	2876	2933	2989	3046	3102	3158	
97	3215	3271	3328	3384	3441	3497	3553	3610	3666	3723	
98	3779	3835	3892	3948	4005	4061	4118	4174	4230	4287	
99	4343	4400	4456	4512	4569	4625	4682	4738	4794	4851	
7700	4907	4964	5020	5076	5133	5189	5246	5302	5358	5415	
01	5471	5528	5584	5640	5697	5753	5810	5866	5922	5979	
02	6035	6092	6148	6204	6261	6317	6373	6430	6486	6543	
03	6599	6655	6712	6768	6824	6881	6937	6994	7050	7106	
04	7163	9219	7275	7332	7388	7445	7501	7557	7614	7670	
7705	7726	7783	7839	7896	7952	8008	8065	8121	8177	8234	
06	8290	8346	8403	8459	8515	8572	8628	8685	8741	8797	
07	8854	8910	8966	9023	9079	9135	9192	9248	9304	9361	
08	9417	9473	9530	9586	9642	9699	9755	9811	9868	9924	
09	9980										
	887.	0037	0093	0149	0206	0262	0318	0375	0431	0487	
7710	0544	0600	0656	0713	0769	0825	0882	0938	0994	1051	
11	1107	1163	1220	1276	1332	1389	1445	1501	1558	1614	
12	1670	1727	1783	1839	1895	1952	2008	2064	2121	2177	
13	2233	2290	2346	2402	2459	2515	2571	2627	2684	2740	
14	2796	2853	2909	2965	3022	3078	3134	3190	3247	3303	
7715	3359	3416	3472	3528	3584	3641	3697	3753	3810	3866	
16	3922	3978	4035	4091	4147	4204	4260	4316	4372	4429	
17	4485	4541	4598	4654	4710	4766	4823	4879	4935	4991	
18	5048	5104	5160	5217	5273	5329	5385	5442	5498	5554	
19	5610	5667	5723	5779	5835	5892	5948	6004	6060	6117	
7720	6173	6229	6286	6342	6398	6454	6511	6567	6623	6679	
21	6736	6792	6348	6904	6761	7017	7073	7129	7185	7242	
22	7298	7354	7410	7467	7523	7579	7635	7692	7748	7804	
23	7860	7917	7973	8029	8085	8142	8198	8254	8310	8366	
24	8423	8479	8535	8591	8648	8704	8760	8816	8872	8929	
7725	8985	9041	9097	9154	9210	9266	9322	9378	9435	9491	
26	9547	9603	9659	9716	9772	9828	9884	9941	9997		
	888.									0053	
27	0109	0165	0222	0278	0334	0390	0446	0503	0559	0615	
28	0671	0727	0784	0840	0896	0952	1008	1064	1121	1177	
29	1233	1289	1345	1402	1458	1514	1570	1626	1683	1739	
N.	0	1	2	3	4	5	6	7	8	9	

On voit dans la table, à gauche de la colonne N, deux autres colonnes, que nous n'avons pas reproduites parce qu'elles n'ont aucun rapport avec la théorie des logarithmes.

Usage des tables de logarithmes.

169. Problème I. *Un nombre quelconque étant donné, trouver son logarithme par le moyen des tables.*

Quelle que soit la place qu'occupe dans la suite décimale le premier chiffre significatif d'un nombre, on le considérera d'abord comme s'il était entier, sauf à donner ensuite à son logarithme une caractéristique convenable.

1er Cas. Si le nombre donné est moindre que 1200, on le trouvera dans la première chiliade, parmi les nombres naturels qui sont dans quelques-unes des colonnes marquées N. Le nombre qu'on trouvera à sa droite, sur la même ligne et dans la colonne suivante, intitulée log., sera son logarithme, après qu'on y aura joint la caractéristique qui convient à ce logarithme, laquelle est toujours égale à 0, 1, 2, 3, 4, etc., selon que le premier chiffre significatif du nombre exprime des unités simples, des dizaines, des centaines ou des mille, etc.

2e Cas. Si le nombre donné est compris entre 1020 et 10800, on le cherchera dans la table qui vient après la chiliade 1, et l'ayant trouvé dans la colonne intitulée N, on consultera la colonne suivante marquée 0. Si l'on y voit sept chiffres de front dans l'alignement du nombre naturel, on aura tout d'un coup la partie décimale du logarithme cherché; mais si l'on n'y trouve que quatre figures, elles donneront les quatre derniers chiffres de la même partie décimale; ensuite on remarquera qu'il règne à leur gauche une marge ou espace blanc; on suivra cette marge en montant, et le premier nombre de trois chiffres qu'on y rencontrera, exprimera les trois premières figures de la fraction décimale du logarithme cherché. Ecrivant donc ce nombre vers la gauche des quatre chiffres qu'on a déjà trouvés, on aura un nombre de sept chiffres comme ci-dessus : enfin on y joindra une caractéristique convenable. Par exemple à côté de 7680, je trouve 8853612 sur la même ligne et dans la colonne marquée 0; j'ai donc tout d'un coup la partie décimale du logarithme que je cherche; il ne me reste plus qu'à y joindre la caractéristique 3. Si le nombre était 7,680, la caractéristique serait zéro; elle serait 1, si le nombre était 76,80; 2, s'il était 768,0. A côté de 7695, dans la colonne marquée 0, je ne trouve que 2086; mais en suivant la marge, le premier nombre que je rencontre en montant est 886; mon logarithme est donc 3,8862086. Le nombre ayant cinq figures, s'il était moindre que 10800, on trouverait de même son logarithme.

3e Cas. Si le nombre est compris entre 10000 et 108000, c'est-à-dire s'il y a cinq chiffres significatifs, on fera pour un instant abstraction du dernier, et l'on cherchera, comme ci-dessus, le nombre qu'expriment les quatre premiers. On suivra de l'œil la ligne sur laquelle on l'aura trouvé, en la parcourant de gauche à droite jusqu'à ce qu'on soit dans la colonne en haut de laquelle est écrit le cinquième chiffre dont on a fait abstraction. Les quatre figures qui sont tout à la fois dans l'alignement des quatre premiers chiffres du nombre donné, et dans la colonne qui répond au cinquième, exprimeront les quatre dernières décimales du logarithme de ce nombre. Quant aux trois premières, on les trouvera, comme ci-dessus, en remontant le long de la marge de la colonne intitulée 0. Soit, par exemple, 772,37 dont on veut le logarithme, je cherche 7723 dans la colonne N, je ne vois rien dans son alignement à la marge de la colonne 0; mais un peu plus haut, je rencontre 887 dans cette marge; je parcours la ligne du nombre 7723, et je m'arrête à la colonne marquée 7, sur laquelle et dans l'alignement de 7723, je trouve 8254. La partie décimale de mon logarithme est donc 0,8878254 et ce logarithme est 2,8878254. Si le nombre était compris entre 100000 et 108000, on trouverait de même son logarithme.

170. Les explications très-détaillées qui précèdent, donnent le moyen de trouver le logarithme d'un nombre entier moindre que 108000 et celui d'un nombre décimal, dont les chiffres, abstraction faite de la virgule, expriment un nombre inférieur à cette limite. Pour trouver le logarithme des nombres plus grands, on remarque qu'en les divisant par une puissance convenable de 10, on pourra toujours les réduire à être compris dans les limites de la table; or, une pareille division diminue le logarithme d'un nombre entier d'unités, et ne change pas, par conséquent, sa partie décimale. Le problème se réduit donc à trouver le logarithme d'un nombre qui n'est pas entier, inférieur à 108000. Pour cela, on admet que, dans des limites peu éloignées, l'accroissement des logarithmes est proportionnel à celui des nombres. Soit donc un nombre 76807,753, on dira :

le logarithme de 76807 est 4,8054008
celui de 76808 est 4,8854065

leur différence indiquée dans la table est 57 (unités décimales du septième ordre), par conséquent : le nombre augmentant d'une unité, son logarithme augmente de 57, s'il augmente de 0,753, son logarithme augmentera d'une quantité x, déterminée par la proportion

$$1 : 0,753 :: 57 : x$$

d'où

$$x = 57 \times 0,753.$$

Dans la multiplication de 57 par 0,753, il ne faudra prendre que la partie entière du produit, car la partie décimale exprimerait au plus des dixièmes d'unité du septième ordre, c'est-à-dire des unités du huitième ordre, que l'on néglige dans la valeur des logarithmes.

Pour multiplier 57 par 0,753, on le multipliera successivement par 7, 5 et 3 ; ces produits se trouvent tout calculés dans le tableau placé au-dessous de 57, dernière colonne à droite de la table. Ils sont réduits aux chiffres que l'on doit conserver, en supposant que le multiplicateur exprime des dixièmes. Ainsi, vis-à-vis de 7, on trouve 40, au lieu de 39,9 qui serait le produit exact ; vis-à-vis de 5, on trouve 29 au lieu de 28,5 ; vis-à-vis de 3, on trouve 17 au lieu de 17,1. Dans le cas actuel, 5 exprimant des centièmes, le produit correspondant sera 2,9, auquel on substituera 3 ; 3 exprimant des millièmes, le produit correspondant devra être divisé par 100, il exprimera alors 0,17, et on le négligera.

La valeur de x, $57 \times 0,753$, sera, d'après cela, 43, et pour avoir le logarithme demandé, il faut ajouter au logarithme de 76807, 43 unités du septième ordre, ce qui fera 4,8854051.

Si l'on voulait le logarithme de 76807953, il serait évidemment 7,8854051. En général, pourvu que l'on conserve les mêmes chiffres, à quelque place que l'on mette la virgule, la partie décimale du logarithme reste la même.

171. Problème II. *Un logarithme étant donné, trouver par le moyen des tables le nombre auquel il appartient.*

1er Cas. Si le logarithme se trouve parmi quelqu'un de ceux de la première chiliade, on aura sur-le-champ le nombre qui lui correspond ; ce nombre sera dans la colonne marquée N qui précède immédiatement celle qui contient le logarithme donné, et dans l'alignement de ce logarithme.

2e Cas. Si le logarithme ne se trouve pas dans la première table, on cherchera les trois premières décimales de ce logarithme parmi les nombres isolés que l'on voit dans la colonne marquée 0 de la seconde table, et les ayant trouvées, on cherchera les quatre dernières figures du logarithme parmi les nombres de quatre chiffres qui sont dans cette même colonne en descendant. Si l'on y trouve ces quatre dernières figures, on verra le nombre cherché dans la colonne marquée N, et sur leur alignement.

3e Cas. Si l'on ne trouve pas dans la colonne marquée 0 les quatre dernières figures du logarithme donné, on s'arrêtera à celles qui en approchent le plus *en moins;* on suivra la ligne sur laquelle on se sera arrêté, en la parcourant de gauche à droite; et si l'on trouve dans cette ligne les quatre dernières figures du logarithme donné, on suivra en montant ou en descendant la colonne dans laquelle on les aura trouvées; le chiffre qu'on verra à la tête ou au pied de cette colonne, sera la cinquième figure du nombre cherché, dont les quatre premières se trouveront, comme ci-dessus, dans la colonne marquée N.

Veut-on savoir, par exemple, à quel nombre appartient le logarithme qui a, pour partie décimale, 8871276, je cherche 887 parmi les nombres isolés de la colonne marquée 0 ; je parcours en descendant la même colonne, et je trouve que 1107 approche le plus *en moins* de 1276 ; je suis la ligne qui commence par 1107, et je trouve 1276 sur cette ligne; je monte dans la colonne qui contient 1276, je trouve le chiffre 3 à la tête de cette colonne; je reviens à 1276, et je vois que la ligne où il se trouve répond au nombre 7711 ; j'écris ce nombre, et à sa droite le chiffre 3 que j'ai déjà trouvé : ce qui me donne 77113. C'est le nombre qu'il fallait trouver.

4ᵉ Cas. Le logarithme donné ne se trouvant dans aucun des cas précédents, pour avoir le nombre auquel il appartient, on cherchera, comme ci-dessus, le logarithme qui en approche le plus *en moins*. On cherchera le nombre entier correspondant, ce nombre et le suivant comprendront le nombre cherché et l'on cherchera la différence avec un de ces nombres entiers, à l'aide de la proportion admise (**170**).

Exemple. Soit à chercher le nombre dont le logarithme a pour partie décimale 8870279. On trouvera, comme il a été dit, que ce logarithme est compris entre 8870262 et 8870318, qui répondent aux nombres 77095 et 77096, la différence de ces deux logarithmes est 57 unités du dernier ordre, et le logarithme donné surpasse le plus petit des deux de 17 unités du même ordre; on dira donc, à une différence 57 entre les logarithmes correspond une différence 1 entre les nombres, donc à une différence 17 doit correspondre entre les nombres une différence x déterminée par la proportion

$$57 : 17 :: 1 : x,$$

d'où l'on conclut $x = \frac{17}{57}$, et, par suite, le nombre cherché est $77095 + \frac{17}{57}$, ou, en réduisant en décimales, 77095,29.

Remarque I. Si l'on retranche l'un de l'autre les deux logarithmes consécutifs 8870262 et 8870318, on trouve pour différence 56 et non 57. On peut adopter néanmoins la différence 57 donnée par Callet, qui, à cause des chiffres décimaux non écrits dans la table, est peut-être aussi près de la véritable que 56.

172. Remarque II. Nous ne pouvons pas indiquer ici la limite de l'erreur que l'on peut commettre, en supposant l'accroissement des logarithmes proportionnel à celui des nombres. Nous ferons observer seulement que l'inspection des tables montre que cette proportionnalité est à peu près exacte dans des limites assez écartées. La différence de deux logarithmes consécutifs varie, en effet, très-lentement, et, au degré d'approximation que donnent les tables, elle reste souvent constante pendant plusieurs pages; il en résulte évidemment que, pour les nombres entiers compris dans ces pages, l'accroissement des logarithmes est proportionnel à celui des nombres.

Application de la théorie des logarithmes.

173. Quand un nombre inconnu résulte de multiplications, divisions, extractions de racines ou élévations aux puissances effectuées sur des nombres donnés, pour déterminer sa valeur, on cherche celle de son logarithme, qui résulte d'opérations beaucoup plus simples; le logarithme étant connu, le nombre correspondant se détermine comme il a été dit (**170**).

174. Remarque. D'après nos définitions, les nombres plus grands que l'unité ont seuls des logarithmes. Il est donc essentiel que les nombres sur lesquels on opère remplissent tous cette condition; on pourra toujours faire que cela ait lieu, en remarquant que pour multiplier un nombre par un nombre a moindre que l'unité, on peut le diviser par le nombre $\frac{1}{a}$ qui est plus grand que 1, et pour le multiplier par a, on peut au contraire le diviser par $\frac{1}{a}$.

Si le nombre que l'on veut calculer était lui-même moindre que 1, nos définitions ne lui assigneraient pas de logarithme. Dans ce cas, on le multiplierait par une puissance de 10 assez considérable, pour que le produit surpassât l'unité; on appliquerait alors la méthode précédente, et on diviserait le résultat par cette puissance de 10.

Exemple I. Calculer l'expression

$$x=\left(\sqrt[3]{13572\times\tfrac{1}{11}}\right)^2,$$

on écrit cette expression:

$$x=\left(\sqrt[3]{\tfrac{13572}{11}}\right)^2$$

et l'on a
$$\log x=\tfrac{2}{3}(\log 13572-\log 11),$$

en cherchant dans les tables log 13572 et log 11, on obtient

$$\log x=\tfrac{2}{3}\times 3{,}091\ 2512$$
$$=2{,}060\ 8341,$$

d'où
$$x=115{,}03608.$$

EXEMPLE II. Calculer

$$x = \sqrt[5]{\tfrac{1}{375} \times 0,5142}.$$

x étant plus petit que **1**, on le multiplicera par une puissance de 10, 10^n, et l'on aura

$$10^n \times x = 10^n \sqrt[5]{\tfrac{1}{375} \times \tfrac{5142}{10000}} = \frac{10^n}{\sqrt[5]{375} \times \sqrt[5]{\tfrac{10000}{5142}}}$$

et, par suite,

$$\log(10^n \times x) = n - \tfrac{1}{5}(\log 375 + \log \tfrac{10000}{5142})$$

$\log \frac{10000}{5142}$ est égal à $4 - \log 5142$, on a donc

$$\log(10^n . x) = n - \tfrac{1}{5}(\log 375 - \log 5142 + 4),$$

ou $$\log(10^n . x) = n - \tfrac{1}{5} \times 2,862\ 3992.$$

En prenant ici $n = 1$, la soustraction indiquée dans le second membre pourra s'effectuer; on aura

$$\log 10x = 1 - 0,572\ 5798$$
$$= 0,427\ 4202;$$

donc $$10x = 2,675594$$

et $$x = 0,267\ 5594.$$

Des caractéristiques négatives.

175. D'après nos définitions, les nombres plus petits que l'unité n'ont pas de logarithmes, et pour étendre jusqu'à eux le bénéfice de ce procédé abrégé de calcul, on doit les multiplier par une puissance convenable de 10 (**174**). Mais il a été démontré, qu'en multipliant un nombre par 10^n, son logarithme s'accroît du logarithme de 10^n, c'est-à-dire de n unités; si nous voulons étendre ce théorème aux nombres plus petits que **1**, nous obtiendrons les définitions suivantes:

Le logarithme d'un nombre A, moindre que 1, est égal au logarithme du produit $A \times 10^n$, que l'on peut toujours rendre plus grand que 1, diminué de n unités; le nombre n étant toujours entier se retranchera de la caractéristique qui deviendra seule négative, et la partie décimale restera positive.

Emploi des compléments.

176. Lorsque, dans les calculs logarithmiques, on est conduit à faire une soustraction, on la transforme le plus souvent en addition, au moyen de l'artifice suivant. On a identiquement :

$$a-b=a+(10-b)-10.$$

Il suffit donc, pour calculer la différence $a-b$, d'ajouter à a le *complément* de b à 10, et de retrancher 10 du résultat. La formation du complément $10-b$ n'est jamais difficile, car les chiffres de ce complément sont les compléments à 9 de ceux de b, sauf le dernier, qui est le complément à 10 du dernier chiffre de b.

EXEMPLE. Former la cinquième puissance $\frac{2}{37}$. On a :

$$\log 2=0,30103000$$
$$\log 37=1,56820172$$
$$\text{comp} \log 37=8,43179828$$
$$\log \tfrac{2}{37}=\bar{2},73282828$$
$$\log \left(\tfrac{2}{37}\right)^5=5 \log \left(\tfrac{2}{37}\right)=\bar{7},66414140,$$

et l'on en déduit

$$\log \left(\tfrac{2}{37}\right)^5=0,0000004614678.$$

Des différents systèmes de logarithmes.

177. On peut choisir à volonté deux progressions par différence et par quotient, commençant l'une par 0, l'autre par l'unité; elles fourniront un système de logarithmes qui jouira de toutes les propriétés démontrées (**160**). Ces systèmes en nombre infini sont liés les uns aux autres par une loi très-simple qui résulte du théorème suivant :

THÉORÈME. *Le rapport des logarithmes de deux nombres est le même dans tous les systèmes.*

Soient, en effet, A et B deux nombres quelconques, et $\frac{m}{n}$ la fraction à termes entiers qui, dans un certain système, représente le rapport de leurs logarithmes, on aura

$$\frac{\log A}{\log B} = \frac{m}{n},$$

et par suite $$n \log A = m \log B,$$

ou bien, $$\log A^n = \log B^m,$$

d'où l'on conclut $$A^n = B^m;$$

mais quel que soit le système de logarithmes adopté, il résulte de cette dernière égalité

$$\log A^n = \log B^m,$$

et, par conséquent, $$n \log A = m \log B,$$

ou, ce qui revient au même,

$$\frac{\log A}{\log B} = \frac{m}{n}.$$

Le rapport des deux logarithmes est donc, dans un système quelconque, le même que dans le système primitif.

REMARQUE I. La démonstration précédente suppose que le rapport des deux logarithmes considéré soit commensurable. S'il n'en était pas ainsi, on pourrait en considérer deux autres aussi peu différents que l'on voudrait des premiers, et qui rempliraient cette condition, le théorème précédent s'y appliquant, quelque rapprochés qu'ils soient des deux logarithmes proposés, nous admettons, comme évident, qu'il s'applique aussi à ceux-ci.

REMARQUE II. Si A et B désignent deux nombres quelconques et qu'on représente leurs logarithmes pris dans deux systèmes différents, par log A, log B, log' A, log' B, on a, d'après le théorème précédent,

$$\frac{\log A}{\log B} = \frac{\log' A}{\log' B},$$

d'où l'on conclut aisément

$$\frac{\log' A}{\log A} = \frac{\log' B}{\log B},$$

et, par conséquent, pour obtenir log' A et log' B, il faudrait multiplier log A et log B par un même nombre, c'est-à-dire que, *pour obtenir les logarithmes des différents nombres dans un système quelconque, il faut multiplier par un nombre constant les logarithmes pris dans un autre système.*

178. Il résulte du théorème précédent, qu'une table de logarithmes étant construite, on pourra en construire une seconde, pourvu que l'on connaisse un seul des logarithmes du nouveau système. Il suffira, en effet, de multiplier les logarithmes du premier système par le rapport de ce logarithme connu au logarithme correspondant du premier système.

Pour définir un système de logarithmes, on donne ordinairement le nombre qui a pour logarithme l'unité. Ce nombre se nomme base du système. La base du système dans les tables de Callet est 10.

179. D'après ce qui précède, les tables calculées pour le cas de la base 10 permettent de calculer un logarithme dans un système quelconque. Soit proposé, par exemple, de calculer le logarithme de 7698 dans le système dont la base est 12. On trouvera dans les tables de Callet que, dans le système dont la base est 10 :

Le logarithme de 12 est 1,07918125,

Le logarithme de 7698 est 3,8863779.

Dans le système dont la base est 12 :

Le logarithme de 12 est 1,

Le logarithme de 7698 est x,

et, par suite (**177**),

$$x = \frac{3{,}886\ 3779}{1.079\ 18125}$$

ou

$$x = 3{,}60122815.$$

180. Réciproquement, connaissant le logarithme d'un nombre quelconque, on peut trouver la base du système. Cherchons, par exemple, quelle est la base du système dans lequel le logarithme de 25 est 0,78321.

Nommant b cette base inconnue, on a dans le système en question :

$$\log b = 1$$

$$\log 25 = 0{,}78321.$$

Dans le système dont la base est 10, les tables donnent

$$\log 25 = 1{,}39794001\,;$$

donc, le logarithme de b, dans ce système, sera déterminé par la proportion

$$1 : 0{,}78321 :: \log b : 1{,}39794001.$$

$$\log b = \frac{1.3794001}{0{,}78321} = 1{,}784\ 8853\,;$$

et, par suite,

$$b = 60{,}937\ 59.$$

Application des logarithmes aux questions d'intérêt. — Intérêts composés.

181. Si le taux de l'intérêt est tel que 1 fr. rapporte, en un an, un intérêt représenté par r, une somme quelconque A rapportera dans le même temps Ar, et deviendra par conséquent $A(1+r)$.

Si cette somme $A(1+r)$ est placée pendant une seconde année, elle deviendra évidemment

$$A(1+r)^2.$$

Cette nouvelle somme, placée pendant une troisième année, se multiplie encore par $(1+r)$, et deviendra

$$A(1+r)^3.$$

Et, en général, la somme placée se multipliant chaque année par $(1+r)$, deviendra, après n années,

$$A(1+r)^n.$$

On a donc, en désignant par S le montant d'un capital A, placé pendant n années, à *intérêts composés*,

$$[1] \qquad S = A(1+r)^n.$$

Cette formule sert à résoudre plusieurs problèmes pour lesquels l'emploi des logarithmes est indispensable :

1° Que devient une somme donnée, placée à un taux donné, pendant un temps donné ?

2° Quelle somme faut-il placer aujourd'hui pour obtenir une somme déterminée après un nombre d'années donné ?

3° Un capital donné a été placé aujourd'hui ; après n années il a produit une somme donnée. Quel est le taux de l'intérêt ?

4° Pendant combien de temps faut-il placer un capital donné pour produire une somme donnée ?

En un mot, on peut, dans la formule [1], prendre pour inconnue l'une quelconque des quatre lettres S, A, r, n qu'elle renferme. Il suffit de donner un exemple de chacun des problèmes.

EXEMPLE I. Calculer le montant d'un capital de 8000 fr. au bout de 39 ans, l'intérêt étant de $4\frac{1}{2}$ pour 100.

$$S = A(1+r)^n,$$

$$\begin{aligned}
\log(1+r) &= \log 1{,}045 = 0{,}019\ 11629\\
\log.(1+r)^n &= 39.\log 1{,}045 = 0{,}745\ 5353\\
\log A &= \log 8000 = 3{,}903\ 0900\\
\hline
\log S &= 4{,}648\ 6253\\
S &= 44527{,}19\ldots
\end{aligned}$$

ou le montant du capital sera de 44527 fr. 19 c.

EXEMPLE II. Un centime ayant été placé au commencement de l'ère chrétienne à 5 pour 100, que deviendrait-il au commencement de l'année 1855 ?

$$S = A(1+r)^n$$

$$\begin{aligned}
\log(1+r) &= \log 1{,}05 = 0{,}021118\,92991\\
\log.(1+r)^n &= 1855.\log 1{,}05 = 39{,}306\ 1498\\
\log A &= \bar{2}\\
\hline
\log S &= 37{,}306\ 1498
\end{aligned}$$

d'où $S = 20337174 \times 10^{30}$ fr. (approximativement),

nombre de 38 chiffres.

Afin de représenter cette somme sous une forme plus appréciable, calculons les dimensions d'une sphère en or qui équivaut à la somme indiquée; la densité de l'or étant 19,5, et le prix du kilogramme d'or étant de $3444\frac{4}{9}$ fr.

Nous aurons alors :

Rayon de la sphère en mètres $= x$,

Volume de la sphère $= \frac{4x^3\pi}{3}$,

Poids de la sphère en or $= \frac{4x^3\pi}{3} \times 19500$ kilogr.,

Valeur en francs $= \frac{4x^3\pi}{3} \times 19500 \times 3444\frac{4}{9}$ fr.

Donc $$S = \frac{4x^3\pi}{3} \times 19500 \times 3444\tfrac{4}{9},$$

et par conséquent $$x^3 = \frac{3S}{4\pi \times 19500 \times 3444\frac{4}{9}}.$$

$$\begin{aligned}
\log S &= 37,306\ 1498\\
\log 3 &= 0,477\ 1213\\
-10 + \text{comp} \log 4 &= \bar{1},397\ 9400\\
-10 + \text{comp} \log \pi &= \bar{1},502\ 8501\\
-10 + \text{comp} \log 19500 &= \bar{5},709\ 9654\\
-10 + \text{comp} \log 3444\tfrac{4}{9} &= \bar{4},462\ 8808\\
\hline
\log x^3 &= 28,856\ 9074\\
\log x &= 9,618\ 9691,
\end{aligned}$$

d'où $$x = 4158\ 810000 \text{ mètres.}$$

Ainsi donc, le rayon de la sphère en question est de plus de 4158 millions de mètres, et son volume serait par conséquent plus de 278 millions de fois plus grand que celui de la terre.

Exemple III. Quelle est la valeur actuelle d'une somme de 7220 fr. payable dans 33 ans, l'intérêt étant à 5 pour 100?

$$A = \frac{S}{(1+r)^n}.$$

$$\log (1+r) = \log 1{,}05 = 0{,}021\ 18930$$

$$n.\log (1+r) = 33.\log 1{,}05 = 0{,}699\ 2469$$

$$\text{compl} = 9{,}300\ 7531$$
$$\log S = 3{,}858\ 5372$$
$$\log A = 3{,}159\ 2903$$

$$A = 1443 \text{ fr. } 8 \text{ c.},$$

et cette somme deviendra, par accumulation des intérêts à 5 pour 100 et pendant le temps indiqué ci-dessus, 7220 fr.

EXEMPLE IV. Une somme de 28 895 fr. a été placée aujourd'hui; au bout de 73 années elle a produit 250 000 fr. : quel est le taux de l'intérêt?

$$r = -1 + \sqrt[n]{\frac{S}{A}}.$$

$$\log S = \log 250\,000 = 5{,}397\ 9400$$
$$\log A = \log 28\,895 = 4{,}460\ 8227$$

$$\log \frac{S}{A} = 0{,}937\ 1173$$

$$\log \sqrt[n]{\frac{S}{A}} = 0{,}012\ 8372$$

$$\sqrt[n]{\frac{S}{A}} = 1{,}0300000$$

$$r = 0{,}0300000.$$

Le taux de l'intérêt est donc de 3 pour 100.

EXEMPLE V. En combien de temps un capital de 7700 fr. devient il 42 850 fr., l'intérêt étant à 4 pour 100?

$$n = \frac{\log S - \log A}{\log (1+r)}$$

$$\log S = \log 42850 = 4{,}631\ 9508$$
$$\log A = \log 7700 = 3{,}886\ 4907$$

$$\log S - \log A = 0{,}745\ 4601$$

$$\log(1+r) = \log 1{,}04 = 0{,}017\ 0333$$

$$n = \frac{745\ 4601}{17\ 0333} \text{ ans}$$

$$= 43^{\text{ans}},7648$$

ou $$n = 43 \text{ ans } 279 \text{ jours.}$$

A l'occasion de cette dernière solution, nous ferons une remarque importante.

La formule $$S = A(1+r)^n$$

suppose essentiellement, d'après la manière dont on l'a démontrée, que n soit un nombre entier et positif; mais on verra plus loin que cette formule s'applique encore lorsque n est fractionnaire, et l'on peut, par conséquent, accepter la solution fractionnaire qui résulte du calcul précédent.

Théorie des annuités.

182. Une annuité est une rente payable pendant un nombre limité d'années.

PROBLÈME. *Calculer la valeur actuelle d'une annuité de* a *francs, payable pendant* n *années, le premier payement devant avoir lieu dans un an.*

a francs payables dans k années valent aujourd'hui

$$\frac{a}{(1+r)^k};$$

car la somme $\frac{a}{(1+r)^k}$, placée pendant k années, deviendrait (**181**), après ce temps,

$$\frac{a}{(1+r)^k}\cdot(1+r)^k, \quad \text{c'est-à-dire} \quad a.$$

D'après cela, on peut déterminer la valeur actuelle de chacun des payements dont se compose l'annuité.

Le premier payement, qui doit avoir lieu dans un an, vaut aujourd'hui

$$\frac{a}{1+r}.$$

Le second payement, qui doit avoir lieu dans deux ans, vaut aujourd'hui

$$\frac{a}{(1+r)^2}.$$

Le troisième payement vaut

$$\frac{a}{(1+r)^3},$$

et le n^{me},

$$\frac{a}{(1+r)^n}.$$

La valeur actuelle de tous ces payements sera donc

$$A=\frac{a}{1+r}+\frac{a}{(1+r)^2}+\ldots+\frac{a}{(1+r)^n},$$

c'est-à-dire, en appliquant la formule de sommation des progressions par quotient,

$$[2] \qquad A=\frac{a-\dfrac{a}{(1+r)^n}}{r}$$

$$=\frac{a}{r}\left[1-\frac{1}{(1+r)^n}\right].$$

Si n devient infini, on a

$$A=\frac{a}{r},$$

valeur de la rente perpétuelle.

Remarque. La formule [2] peut s'obtenir d'une autre manière, et se déduire sans calcul de la formule [1] (**181**).

Supposons, en effet, qu'un individu prête à un autre un capital $\frac{a}{r}$ pendant n années. Le débiteur devra, chaque année, payer un intérêt a, et à la fin il devra encore la somme empruntée $\frac{a}{r}$. Concevons que cet intérêt a soit versé, au moment où il est dû, entre les mains d'une personne tierce chargée de le faire valoir; cette personne recevra ainsi une annuité a, pendant n années consécutives, et la valeur totale de cette annuité est évidemment ce dont le capital $\frac{a}{r}$ s'est *bonifié* pendant n années.

On a donc

$$\frac{a}{r}(1+r)^n = \frac{a}{r} + \text{une annuité } a \text{ payable pendant } n \text{ années,}$$

d'où l'on déduit, pour valeur de l'annuité,

$$\frac{a}{r}(1+r)^n - \frac{a}{r};$$

et, si l'on remarque que la valeur des sommes a été calculée au moment du n^{me} payement, pour avoir la valeur actuelle de l'annuité, il faut diviser le résultat précédent pour $(1+r)^n$, ce qui donne bien la formule écrite plus haut.

La formule [2] sert à résoudre quatre problèmes différents, suivant que l'on prend pour inconnue l'une ou l'autre des quatre lettres qui y entrent.

Exemple I. Quelle est la valeur actuelle d'une annuité de 825 fr., payable pendant 37 ans, l'intérêt étant à $4\frac{1}{2}$ pour 100?

$$A = \frac{a}{r} - \frac{a}{r(1+r)^n}$$

$$\begin{aligned}
\log(1+r) = \log 1{,}045 &= 0{,}019\ 11629 \\
\log(1+r)^n = 37 . \log 1{,}045 &= 0{,}707\ 30273 \\
-10 + \text{comp} &= \bar{1}{,}292\ 69727 \\
\log a = \log 825 &= 2{,}916\ 45395 \\
-10 + \text{comp} \log r &= 1{,}346\ 78749 \\
\hline
\log \frac{a}{r(1+r)^n} &= 3{,}555\ 9387
\end{aligned}$$

$$\frac{a}{r(1+r)^n} = 3596{,}985$$

$$\frac{a}{r} = 825 . \frac{1000}{45} = 18333{,}333$$

$$A = \frac{a}{r} - \frac{a}{r(1+r)^n} = 14736{,}348.$$

Donc la valeur actuelle de l'annuité est de 14736 fr. 35 c.

Exemple II. Quelle est l'annuité qui *amortit* en 51 ans une somme de 34600 fr., l'intérêt étant à 4 pour 100?

On déduit de l'équation [2]

$$a = \frac{Ar}{1 - \frac{1}{(1+r)^n}}$$

$$\log(1+r) = \log 1{,}04 = 0{,}017\ 03334$$
$$\log(1+r)^n = 51.\log 1{,}04 = 0{,}868\ 70034$$
$$\log \frac{1}{(1+r)^n} = -51.\log 1{,}04 = \overline{1}{,}131\ 29966$$
$$\frac{1}{(1+r)^n} = 0{,}135\ 3006$$
$$1 - \frac{1}{(1+r)^n} = 0{,}864\ 6994.$$

Mais $$Ar = 34600 . \frac{4}{100} = 1384;$$

donc $$a = \frac{1384}{0{,}864\ 6994} = 1600{,}556,$$

et la somme d'amortissement est de 1600 fr. $55\frac{1}{2}$ c.

Exemple III. En combien de temps une somme de 261069 fr. sera-t-elle amortie par une annuité de 10000 fr., au taux de $3\frac{1}{4}$ pour 100?

La formule [2] donne immédiatement

$$n = \frac{\log a - \log(a - Ar)}{\log(1+r)}.$$

Le problème n'est possible que lorsque $(a - Ar)$ est positif, car les nombres négatifs n'ont pas de logarithmes réels.

$$Ar = 261069 \times \frac{3\frac{1}{4}}{100} = 8484{,}7425$$
$$a - Ar = 1515{,}2575$$
$$\log(a - Ar) = 3{,}180\ 4864$$
$$\log a - \log(a - Ar) = 0{,}819\ 5136.$$
$$\log(1+r) = 0{,}01389006.$$

Donc $$n = \frac{0,819\ 5136}{0,0138\ 9006} = 59,$$

la somme donnée sera donc amortie par 59 annuités.

Si l'on avait trouvé pour n un nombre fractionnaire, il aurait fallu conclure que le problème est impossible, mais qu'un nombre d'annuités, égal au nombre entier inférieur, n'acquitterait pas la dette, tandis qu'une annuité de plus serait plus que suffisante.

Exemple IV. On place, au commencement de chaque année une somme de 50 fr. au taux de 6 pour 100 : quelle sera la valeur au bout de 24 ans?

Au moyen des formules [1] et [2], on obtient

$$V = \frac{a}{r}\left(1 - \frac{1}{(1+r)^n}\right).(1+r)^{n+1} = \frac{a}{r}[(1+r)^{n+1} - (1+r)]$$

$$\log(1+r) = \log 1,06 = 0,025\ 30587$$

$$\log(1+r)^{n+1} = 25 . \log 1,06 = 0,632\ 6467$$

$$(1+r)^{n+1} = 4,291\ 871$$

$$(1+r)^{n+1} - (1+r) = 3,231\ 871$$

et $$\frac{a}{r}[(1+r)^{n+1} - (1+r)] = \frac{50}{0,06} \times 3,231\ 371$$

$$= 2693,226.$$

La valeur totale de toutes ces annuités sera donc, au bout de 24 ans, 2693 fr. $22\frac{1}{2}$ c.

RÉSUMÉ.

147. Définition des logarithmes au moyen de deux progressions. — **148.** Extension de la définition aux termes que l'on peut introduire dans les progressions par insertion de moyens. — **149.** De quelque manière qu'un nombre arrive à faire partie de la progression par quotient, son logarithme sera toujours le même. — **150.** Les logarithmes calculés en insérant différents nombres de moyens font partie d'un même système; il suffit que le nombre de moyens insérés entre deux termes de la progression par différence soit le même qu'entre deux termes de la progression par quotient. — **151.** Définition des logarithmes des nombres qui ne peuvent pas faire partie de la progression par quotient. — **152.** Les nombres commensurables autres que les puissances de 10 ont des logarithmes incommensurables. — **153.** Le logarithme d'un produit de deux facteurs est la somme des logarithmes des facteurs. — **154.** La proposition s'étend aux logarithmes incommensurables. — **155.** Le théorème s'étend à un nombre quelconque de facteurs. — **156.** Logarithme d'une puissance. — **157.** Logarithme d'un quotient. — **158.** Logarithme d'une racine. — **159.** Les théorèmes précédents ramènent les opérations à d'autres plus simples, pourvu que l'on sache faire usage des tables de logarithmes. — **160.** La seule inspection d'un nombre fait connaître la partie entière ou caractéristique de son logarithme. — **161.** Disposition des tables de Callet. — **162.** Usages des tables pour trouver le logarithme d'un nombre compris dans la table. — **163.** Pour trouver le logarithme d'un nombre non compris dans la table, on suppose l'accroissement des logarithmes proportionnel à celui des nombres. — **164.** Moyen de trouver le nombre correspondant à un logarithme donné dans le cas où le logarithme n'est pas dans la table; on fait encore usage de la proportion admise plus haut. — **165.** L'inspection des tables prouve que cette proportion est à peu près exacte. — **166.** Moyen d'effectuer par logarithmes les multiplication, division, élévation aux puissances, etc. — **167.** Les nombres sur lesquels on opère doivent être plus grands que l'unité; moyen de faire en sorte que cela ait lieu. — **168.** Le rapport des logarithmes de deux nombres est le même dans tous les systèmes. — **169.** Cas où les deux logarithmes sont incommensurables. — **177.** On en conclut qu'une table de logarithmes étant construite, il suffira, pour en former une seconde, de multiplier tous les termes de la première par un même nombre. — **178.** Pour construire une table, il suffit donc de connaître le logarithme d'un seul nombre. — **179.** Application numérique. — **180.** Chercher la base d'un système d'après un seul logarithme supposé connu. — **181.** Formule qui donne la valeur d'un capital placé à intérêts composés; diverses applications numériques. — **182.** Formules des annuités; diverses applications numériques.

EXERCICES.

I. Quelle est la raison d'une progression géométrique de 11 termes, dont le premier terme est 10 et dont le dernier est 100?

Quelle est la somme de cette progression?

II. Un capital de 8500 fr. est placé à $4\frac{1}{2}$ pour 100 : que devient-il au bout de 41 ans?

III. Une population de 200 000 âmes augmente par an de $1\frac{1}{4}$ pour 100 : à combien montera-t-elle dans un siècle?

IV. Combien de temps un capital de 3500 fr. doit-il être placé à 5 pour 100 pour s'élever à la même somme que 4300 fr. placés à 4 pour 100 pendant 18 ans?

V. Deux capitaux sont placés aux intérêts d'intérêts : l'un, de 38 000 fr., à $4\frac{1}{2}$ pour 100; l'autre, de 99 398 fr., à $3\frac{1}{2}$ pour 100 : en combien de temps s'élèveront-ils à la même somme?

VI. Quelle est la valeur actuelle d'une rente annuelle de 1500 fr. payable pendant 36 ans, l'intérêt étant à 5 pour 100, et le premier payement devant s'effectuer dans un an?

VII. On veut payer une dette de 25 000 fr. en 7 payements annuels égaux, l'intérêt étant à 4 pour 100.

Quelle doit être la valeur de l'annuité?

VIII. Quelle est l'annuité qui amortit en 48 ans un emprunt de 36 000 fr. au taux de $3\frac{3}{4}$ pour 100?

IX. On veut acheter une rente de 3000 fr. pour 91 650 fr. : pour combien d'années, à raison de 3 pour 100, doit-on concéder la rente ?

X. Quelle est la valeur actuelle, au taux de 5 pour 100, de 24 annuités dont la première, payable dans un an, est de 1000 fr., et qui croissent en progression géométrique dont la raison est $=\frac{11}{10}$?

Calculer le montant de la dernière annuité.

CHAPITRE XIV.

CALCUL DES VALEURS ARITHMÉTIQUES DES RADICAUX.

183. L'expression $\sqrt[m]{a}$ représente un nombre dont la puissance m^{me} est égale à a. Si nous nous bornons à considérer les nombres positifs, $\sqrt[m]{a}$ a, d'après cette définition, une valeur unique et déterminée ; mais les conventions faites en algèbre nous obligent, dès à présent, à lui attribuer un sens plus étendu.

1° Si a est positif, et que m soit pair, la puissance m^{me} du nombre négatif, égal en valeur absolue à $\sqrt[m]{a}$, sera égale à a ; car un nombre pair de facteurs négatifs donne un produit positif.

$\sqrt[m]{a}$ admet donc, dans ce cas, deux valeurs égales et de signes contraires.

Exemple. $\sqrt{4}$ représente à la fois, d'après nos conventions, -2 et 2 : car les deux nombres ont l'un et l'autre 4 pour carré.

2° Si a est positif et m impair, il n'y a pas lieu, *pour le moment*, d'attribuer à $\sqrt[m]{a}$ une signification plus générale qu'en arithmétique.

3° Si a est négatif et m pair, $\sqrt[m]{a}$ ne représente aucun nombre positif ou négatif, car les puissances paires d'un nombre sont toujours positives.

4° Enfin, si a étant négatif et égal à $-a'$, m est impair, $\sqrt[m]{-a'}$ représente un nombre négatif égal à $-\sqrt[m]{a'}$, et l'on a

$$\sqrt[m]{-a'} = -\sqrt[m]{a'}.$$

En effet, m étant impair, la puissance m^{me} de $-\sqrt[m]{a'}$ sera $-a'$.

Exemple. $$\sqrt[3]{-8} = -2.$$

Car le cube de -2 est -8.

Ces généralisations sont, en algèbre, d'une grande importance; elles recevront plus tard de grands développements. Nous avons déjà rencontré leur utilité à l'occasion des équations du second degré; il nous a paru utile de les rappeler, mais il n'en sera plus question dans le reste de ce chapitre : nous y considérerons seulement les racines positives des nombres positifs.

Simplification d'un radical.

184. Lorsque le signe radical porte sur un nombre élevé lui-même à une puissance, on peut souvent lui faire subir une simplification.

1° Si l'indice de la racine est égal au degré de la puissance, les deux opérations se détruisent. Ainsi l'on a

$$\sqrt[m]{a^m}=a.$$

2° S'il existe un facteur commun à l'indice de la racine et à l'exposant de la puissance, on peut le supprimer. Ainsi l'on a

$$\sqrt[mp]{a^{np}}=\sqrt[m]{a^n}.$$

Pour le prouver, il suffit de remarquer qu'en élevant ces deux expressions à la puissance mp, on obtient des résultats égaux. On a en effet

$$\left(\sqrt[mp]{a^{np}}\right)^{mp}=a^{np},$$

$$\left(\sqrt[m]{a^n}\right)^{mp}=\left[\left(\sqrt[m]{a^n}\right)^m\right]^p=(a^n)^p=a^{np}.$$

Toutes ces formules sont évidentes, si on se rappelle (voy. l'*Arithmétique*) que la puissance mp d'un nombre est égale à la puissance m^{me} de sa puissance p^{me}.

4° S'il se trouve, sous un radical, un facteur dont l'exposant soit égal à l'indice de la racine on peut le faire sortir du radical en supprimant son exposant. Ainsi l'on a

$$\sqrt[n]{a^nb}=a\sqrt[n]{b}.$$

Pour le prouver, il suffit de remarquer qu'en élevant ces deux expressions à la puissance n, on obtient des résultats égaux, car on a

$$\left(\sqrt[n]{a^nb}\right)^n=a^nb,$$

$$\left(a\sqrt[n]{b}\right)^n=a^n\left(\sqrt[n]{b}\right)^n=a^nb.$$

Ces formules sont évidentes si on se rappelle que la n^{me} puissance d'un produit est le produit des n^{mes} puissances des facteurs.

Puissance d'un radical.

185. Pour former une puissance d'un radical, il suffit d'élever à cette puissance le nombre placé sous le radical. Ainsi l'on a

$$(\sqrt[m]{a})^n = \sqrt[m]{a^n}.$$

Pour le démontrer, il suffit de remarquer que la puissance m^{me} de ces deux expressions est la même. On a en effet

$$[(\sqrt[m]{a})^n]^m = (\sqrt[m]{a})^{mn} = [(\sqrt[m]{a})^m]^n = a^n,$$
$$(\sqrt[m]{a^n})^m = a^n.$$

Toutes ces égalités sont évidentes, si l'on se rappelle que la puissance m^{me} de la puissance n^{me} d'un nombre est égale à sa puissance mn^{me} (voy. l'*Arithmétique*).

Racines d'un radical.

186. Pour extraire la racine m^{me} d'un radical, il suffit de multiplier l'indice par m; ainsi l'on a

$$\sqrt[m]{\sqrt[n]{a}} = \sqrt[mn]{a}.$$

Pour le prouver, il suffit de remarquer que ces deux expressions élevées à la puissance mn donnent des résultats égaux; on a en effet

$$\left(\sqrt[m]{\sqrt[n]{a}}\right)^{mn} = \left[\left(\sqrt[m]{\sqrt[n]{a}}\right)^m\right]^n = (\sqrt[n]{a})^n = a,$$
$$(\sqrt[nm]{a})^{mn} = a.$$

Réduction de plusieurs radicaux au même indice.

187. On peut remplacer deux radicaux quelconques $\sqrt[n]{a}$ et $\sqrt[m]{b}$ par deux autres de même indice.

On a en effet (**184**) $\sqrt[n]{a} = \sqrt[mn]{a^m},$

$$\sqrt[m]{b} = \sqrt[mn]{b^n}.$$

Un nombre quelconque de radicaux $\sqrt[m]{a}$, $\sqrt[n]{b}$, $\sqrt[p]{c}$, $\sqrt[q]{d}$ peuvent être ramenés à l'indice commun $mnpq$. On a en effet

$$\sqrt[m]{a}=\sqrt[mnpq]{a^{npq}},$$
$$\sqrt[n]{b}=\sqrt[mnpq]{b^{mpq}},$$
$$\sqrt[p]{c}=\sqrt[mnpq]{c^{mnq}},$$
$$\sqrt[q]{d}=\sqrt[mnpq]{d^{mnp}}.$$

On peut même donner à plusieurs radicaux un indice commun égal au plus petit multiple commun de leurs indices. Soient par exemple deux radicaux $\sqrt[m]{a}$ et $\sqrt[n]{b}$, et μ un multiple de m et de n, de telle sorte que

$$\mu=m\alpha \quad \mu=n\beta\,;$$

on aura évidemment

$$\sqrt[m]{a}=\sqrt[m\alpha]{a^\alpha}=\sqrt[\mu]{a^\alpha},$$
$$\sqrt[n]{b}=\sqrt[n\beta]{b^\beta}=\sqrt[\mu]{b^\beta}.$$

Produit de plusieurs radicaux.

188. Pour multiplier plusieurs radicaux de même indice, il suffit de multiplier les nombres placés sous ces radicaux et d'affecter le produit de l'indice commun.

Ainsi l'on a

$$\sqrt[m]{a}\sqrt[m]{b}\sqrt[m]{c}=\sqrt[m]{abc}\,;$$

pour le prouver, il suffit de remarquer que ces deux expressions ont même puissance m^e ; on a en effet

$$(\sqrt[m]{a}\sqrt[m]{b}\sqrt[m]{c})^m=(\sqrt[m]{a})^m(\sqrt[m]{b})^m(\sqrt[m]{c})^m=abc,$$
$$(\sqrt[m]{abc})^m=abc.$$

Si l'on veut multiplier des radicaux quelconques, on les ramènera au même indice, et on appliquera ensuite la règle précédente.

Exemple. On a

$$\sqrt[p]{a^m}\times\sqrt[q]{a^n}=\sqrt[pq]{a^{mq}}\times\sqrt[qp]{a^{np}}=\sqrt[pq]{a^{mq+np}}.$$

Quotient de deux radicaux.

189. Pour diviser, l'un par l'autre, deux radicaux qui ont même indice, il suffit de diviser les nombres placés sous ces radicaux et d'affecter le quotient de l'indice commun.

Ainsi l'on a
$$\frac{\sqrt[m]{a}}{\sqrt[m]{b}} = \sqrt[m]{\frac{a}{b}}.$$

Pour le prouver, il suffit de remarquer que ces deux expressions ont même puissance m^e; on a en effet

$$\left(\frac{\sqrt[m]{a}}{\sqrt[m]{b}}\right)^m = \frac{(\sqrt[m]{a})^m}{(\sqrt[m]{b})^m} = \frac{a}{b},$$

$$\left(\sqrt[m]{\frac{a}{b}}\right)^m = \frac{a}{b}.$$

Si l'on veut diviser, l'un par l'autre, deux radicaux quelconques, on les ramènera au même indice et on appliquera ensuite la règle précédente.

Exemple. On a

$$\frac{\sqrt[p]{a^m}}{\sqrt[q]{b^n}} = \frac{\sqrt[pq]{a^{mq}}}{\sqrt[pq]{b^{np}}} = \sqrt[pq]{\frac{a^{mq}}{b^{np}}}.$$

Notation des exposants fractionnaires.

190. Les résultats précédents peuvent s'énoncer plus simplement si l'on convient de représenter $\sqrt[n]{a^m}$ par $a^{\frac{m}{n}}$, en désignant $\frac{m}{n}$ sous le nom d'*exposant* de a.

Avant de montrer l'avantage de cette notation dans l'énoncé des propositions précédentes, nous ferons remarquer qu'elle n'implique pas contradiction, et que, l'expression $a^{\frac{m}{n}}$ conserve la même valeur, si on y remplace $\frac{m}{n}$ par une fraction égale. En d'autres termes, si l'on a

$$\frac{m}{n}=\frac{m'}{n'},$$

on aura aussi $$a^{\frac{m}{n}}=a^{\frac{m'}{n'}}.$$

c'est-à-dire $$\sqrt[n]{a^m}=\sqrt[n']{a^{m'}};$$

pour le démontrer, réduisons ces deux radicaux au même indice, ils deviendront

$$\sqrt[nn']{a^{mn'}},\quad \sqrt[n'n]{a^{m'n}},$$

ce qui est identiquement la même chose, puisque l'égalité $\frac{m}{n}=\frac{m'}{n'}$ entraîne évidemment $mn'=m'n$.

191. Nous allons montrer que cette nouvelle notation permet de généraliser plusieurs théorèmes.

1° On a (**185**) $$(\sqrt[n]{a^m})^p=\sqrt[n]{a^{mp}},$$

ou, dans notre nouvelle notation,

$$\left(a^{\frac{m}{n}}\right)^p=a^{\frac{mp}{n}};$$

donc, pour élever une puissance fractionnaire $a^{\frac{m}{n}}$ à une puissance entière p, il suffit de multiplier son exposant par p;

2° On a (**186**) $$\sqrt[p]{\sqrt[n]{a^m}}=\sqrt[np]{a^m},$$

ou, dans notre nouvelle notation,

$$\left(a^{\frac{m}{n}}\right)^{\frac{1}{p}}=a^{\frac{m}{np}};$$

donc, pour élever une expression $a^{\frac{m}{n}}$ à la puissance $\frac{1}{p}$, il suffit de multiplier son exposant par $\frac{1}{p}$;

3° On a (**185, 186**) $$\sqrt[q]{(\sqrt[n]{a^m})^p}=\sqrt[q]{\sqrt[n]{a^{mp}}}=\sqrt[nq]{a^{mp}}$$

ou, dans notre nouvelle notation,

$$\left(a^{\frac{m}{n}}\right)^{\frac{p}{q}}=a^{\frac{mp}{nq}};$$

donc, *pour élever une expression* $a^{\frac{m}{n}}$ *à la puissance* $\frac{p}{q}$, *il suffit de multiplier son exposant par* $\frac{p}{q}$.

Cette dernière proposition comprend les deux précédentes qui en résultent évidemment si l'on fait $p=1$ ou $q=1$. Elle est d'ailleurs facile à retenir, à cause de son analogie avec une proposition relative aux puissances entières.

4° On a (188) $\sqrt[n]{a^m}\times\sqrt[q]{a^p}=\sqrt[nq]{a^{np+mq}}$,

ou, dans notre nouvelle notation,

$$a^{\frac{m}{n}}\times a^{\frac{p}{q}}=a^{\frac{mq+np}{nq}}=a^{\frac{m}{n}+\frac{p}{q}};$$

donc, pour *multiplier deux puissances d'un même nombre, il suffit d'ajouter les exposants.*

5° On a (189) $\dfrac{\sqrt[n]{a^m}}{\sqrt[q]{a^p}}=\dfrac{\sqrt[nq]{a^{mq}}}{\sqrt[nq]{a^{np}}}=\sqrt[nq]{\dfrac{a^{mq}}{a^{np}}}$.

Si l'on suppose $mq>np$, cette égalité peut s'écrire

$$\frac{\sqrt[n]{a^m}}{\sqrt[q]{a^p}}=\sqrt[nq]{a^{mq-np}},$$

ou, dans notre nouvelle notation,

$$\frac{a^{\frac{m}{n}}}{a^{\frac{p}{q}}}=a^{\frac{mq-np}{nq}}=a^{\frac{m}{n}-\frac{p}{q}}.$$

Si l'on remarque que l'on a supposé $mq>np$, et, par suite, $\frac{m}{n}>\frac{p}{q}$, ce résultat peut s'énoncer ainsi : *pour diviser une puissance d'un nombre par une autre puissance de moindre exposant, il suffit de retrancher les exposants.*

Comme dans les cas précédents, l'analogie est complète avec les théorèmes relatifs aux exposants entiers.

Exposants négatifs.

192. On représente souvent l'expression $\frac{1}{a^m}$ par a^{-m}, m désignant, ici, un nombre positif entier ou fractionnaire. Cette notation permet, comme on va le voir, de généraliser encore davantage les théorèmes énoncés plus haut.

Remarquons d'abord que l'égalité

$$a^{-m} = \frac{1}{a^m} \qquad [1]$$

ayant lieu, par définition, quand m est positif, est vraie, par cela même, pour des valeurs négatives de m; si l'on suppose, en effet, $m = -m'$, $-m$ deviendra m', et la formule [1] se changera en

$$a^{m'} = \frac{1}{a^{-m'}};$$

ou, en remplaçant $a^{-m'}$ par sa valeur $\frac{1}{a^{m'}}$,

$$a^{m'} = \frac{1}{\frac{1}{a^{m'}}},$$

ce qui est évidemment exact.

La convention précédente permet, comme nous l'avons dit, de généraliser différents théorèmes:

1° La formule

$$\frac{a^m}{a^n} = a^{m-n} \qquad [1]$$

n'a été démontrée (**191**, 5°) que pour $m > n$; elle est vraie lors même que $m < n$; en effet, on a évidemment dans ce cas

$$\frac{a^m}{a^n} = \frac{1}{\frac{a^n}{a^m}} = \frac{1}{a^{n-m}};$$

or, d'après notre convention,

$$\frac{1}{a^{n-m}} = a^{-(n-m)} = a^{m-n},$$

on a donc enfin,

$$\frac{a^m}{a^n} = a^{m-n}. \qquad [2]$$

Remarque. Si l'on supposait $m=n$, $\frac{a^m}{a^n}$ serait égal à l'unité, et a^{m-n} deviendrait a^0, si donc nous voulons que la formule [2] s'étende à ce cas, il faut *convenir* de regarder la puissance zéro d'un nombre comme égale à l'unité. C'est là une convention, et il n'y a pas lieu à démonstration.

2° On a (**191**, 3°) la formule

$$[3] \qquad (a^m)^n = a^{mn},$$

quels que soient les nombres positifs m et n. Cette formule est encore vraie si l'un des deux, ou tous les deux, sont négatifs.

Supposons d'abord m positif et n négatif, égal à $-n'$, la formule [3] devient

$$(a^m)^{-n'} = a^{-mn'},$$

ou, d'après nos conventions,

$$\frac{1}{(a^m)^{n'}} = \frac{1}{a^{mn'}},$$

ce qui est exact, puisque $(a^m)^{n'} = a^{mn'}$.

Supposons m négatif égal à $-m'$ et n positif: la formule [3] devient

$$(a^{-m'})^n = a^{-m'n}$$

ou, d'après nos conventions,

$$\left(\frac{1}{a^{m'}}\right)^n = \frac{1}{a^{m'n}},$$

ce qui est évidemment exact.

Supposons enfin m et n négatifs et égaux à $-m'$ et $-n'$: la formule à démontrer devient

$$(a^{-m'})^{-n'} = a^{(-m')(-n')} = a^{m'n'},$$

or, d'après nos conventions,

$$(a^{-m'})^{-n'} = \frac{1}{\left(\frac{1}{a^{m'}}\right)^{n'}} = \frac{1}{\frac{1}{a^{m'n'}}} = a^{m'n'},$$

ce qui démontre encore la formule [3] dans ce dernier cas.

3° On a (**191**, 4°)

$$[4] \qquad a^m \times a^n = a^{m+n},$$

quels que soient les nombres positifs m et n.

Cette formule est encore vraie si l'un des deux nombres m et n ou tous les deux sont négatifs. Supposons d'abord m positif et n négatif égal à $-n'$; cette formule deviendra

$$a^m \times a^{-n'} = a^{m-n'}.$$

Remplaçons $a^{-n'}$ par $\frac{1}{a^{n'}}$, elle devient

$$\frac{a^m}{a^{n'}} = a^{m-n'},$$

ce qui a été démontré (**192**).

4° Supposons maintenant m et n négatifs et égaux à $-m'$, $-n'$: la formule [4] devient

$$a^{-m'} \times a^{-n'} = a^{-m'-n'}$$

ou

$$\frac{1}{a^{m'}} \times \frac{1}{a^{n'}} = \frac{1}{a^{m'+n'}}$$

ce qui est évidemment exact.

5° La formule [4] entraîne évidemment la suivante :

$$[5] \qquad \frac{a^m}{a^n} = a^{m-n},$$

car en remplaçant $\frac{1}{a^n}$ par sa valeur a^{-n}, cette dernière devient

$$a^m \times a^{-n} = a^{m-n}$$

ou, ce qui est la même chose,

$$a^m \times a^{-n} = a^{m+(-n)},$$

qui a lieu (3°), quels que soient les nombres, positifs ou négatifs, m et n.

Exposants incommensurables.

193. Il nous reste à définir l'expression a^x lorsque x est un nombre incommensurable; on doit, dans ce cas, adopter la définition suivante :

a^x est la limite vers laquelle tendent les puissances de a, dont l'exposant commensurable s'approche de plus en plus de x.

Cette définition est très-simple, mais elle exige quelques développements. On pourrait, en effet, se demander si la limite est bien déterminée et si, quelle que soit la série des exposants commensurables qui s'approchent indéfiniment de x, la limite des puissances de a est toujours la même. Pour le démontrer, il faut établir quelques propositions.

1° *Toutes les puissances commensurables d'un nombre positif sont positives.* Cela résulte de ce que, comme nous l'avons dit, nous ne considérons que les valeurs positives des radicaux.

2° *Toutes les puissances positives d'un nombre plus grand que l'unité sont elles-mêmes plus grandes que l'unité et toutes les puissances négatives sont moindres que l'unité.*

Le contraire a lieu pour les puissances d'un nombre moindre que l'unité.

Soit en effet a un nombre plus grand que l'unité et $a^{\frac{m}{n}}$ une puissance positive de a, on a, par définition,

$$a^{\frac{m}{n}} = \sqrt[n]{a^m};$$

or, a étant plus grand que l'unité, il en est évidemment de même de la puissance entière a^m, et par suite de $\sqrt[n]{a^m}$.

Les puissances positives de a étant plus grandes que l'unité, l'égalité

$$a^{-m} = \frac{1}{a^m},$$

montre que les puissances négatives, qui sont leurs inverses, sont moindres que l'unité.

Enfin, si l'on suppose à a une valeur moindre que l'unité, on peut le représenter par $\frac{1}{a'}$, a' étant plus grand que l'unité, et l'on aura alors

$$a^x = \frac{1}{a'^x},$$

et il est évident que les valeurs de x, qui rendent a' plus grand que l'unité, rendent a^x plus petit, et réciproquement,

3° *Si* x *reçoit des valeurs commensurables croissantes, l'expression* a^x *varie toujours dans le même sens, elle augmente si* a *est plus grand que l'unité, elle diminue dans le cas contraire.*

Soient, en effet, p et q deux valeurs commensurables positives ou négatives, attribuées successivement à x, on a (**193**)

$$\frac{a^q}{a^p}=a^{q-p},$$

or, $q-p$ est positif, puisque, par hypothèse, q est plus grand que p; si donc a est plus grand que l'unité, il sera de même de a^{q-p}, et, par suite, on aura $a^q>a^p$. Si, au contraire, a est moindre que l'unité, il en sera de même de a^{q-p}, et l'on aura $a^q<a^p$. Dans le premier cas, a^x augmente par conséquent quand x passe de la valeur p à la valeur q, et il diminue dans le second.

4° *On peut dans l'expression* a^x *donner à l'expression commensurable* x *un accroissement assez petit pour que* a^x *varie aussi peu qu'on le voudra.*

Soit m une valeur commensurable quelconque de x; je dis que l'on peut augmenter m d'une quantité α assez petite pour que la différence

$$a^{m+\alpha}-a^m$$

soit aussi petite qu'on le voudra.

On a $$a^{m+\alpha}=a^m\times a^\alpha,$$

et, par suite, $$a^{m+\alpha}-a^m=a^m(a^\alpha-1),$$

a^m est un nombre indépendant de α. Il suffit donc de prouver que $a^\alpha-1$ peut être rendu aussi petit qu'on le voudra pour des valeurs suffisamment petites de α. Supposons d'abord a plus grand que l'unité. Quelle que soit la valeur positive de α, a^α sera toujours (**193**) plus grand que l'unité. Pour montrer qu'il en approche autant qu'on veut, il suffit de faire voir qu'il peut devenir plus petit qu'un nombre quelconque $1+\varepsilon$ supérieur à l'unité, et que l'on peut choisir α de manière que

$$a^\alpha<1+\varepsilon;$$

posons, en effet, $\alpha = \frac{1}{k}$, l'inégalité précédente devient

$$a^{\frac{1}{k}} < (1 + \varepsilon),$$

ou, ce qui revient au même,

$$(1 + \varepsilon)^k > a.$$

Or, les puissances entières de $(1 + \varepsilon)$ forment une progression par quotient croissante, dont les termes (**140**) peuvent surpasser toute limite. La dernière inégalité est donc toujours possible, et, par suite, la proposition est démontrée dans le cas de $a > 1$. Si a est moindre que 1, on le représente par $\frac{1}{a'}$, a' étant plus grand que l'unité; a^α sera alors égal à $\frac{1}{a'^\alpha}$; or, a'^α différant, d'après ce qui précède, aussi peu que l'on voudra, de l'unité, il en sera évidemment de même de a^α.

194. Les remarques qui précèdent sont indispensables pour donner de a^x une définition parfaitement rigoureuse dans le cas de x incommensurable. Chacune d'elles forme d'ailleurs une proposition qu'il serait indispensable de connaître quand bien même on ne s'astreindrait pas, comme nous l'avons fait, à ne laisser subsister aucune difficulté sur ce point important.

Nous dirons : a^x représente, pour une valeur incommensurable h, attribuée à x, un nombre compris entre les valeurs de a^x qui correspondent à des exposants commensurables moindres que h, et celles qui correspondent à des exposants plus grands que h. Cette définition, analogue à celle que nous donnons, en arithmétique, pour les racines carrées et cubiques, assigne à a^h une valeur unique et déterminée.

Si l'on suppose, en effet, pour fixer les idées, que les valeurs de a^x représentent des longueurs portées sur une ligne droite à partir d'une certaine origine, l'extrémité de celles qui correspondent à des valeurs de x moindres que h occuperont une certaine région de la droite; celles qui correspondent aux valeurs de x plus grandes que h en occupent une autre, et il *résulte des remarques précédentes* que ces régions sont entièrement séparées (3°), et qu'il ne peut exister entre elles aucun intervalle d'étendue finie (4°), mais un simple point de démarcation. La distance à laquelle ce point se trouve de l'origine mesure a^h.

RÉSUMÉ.

183. Définition de l'expression $\sqrt[n]{a}$; si n est pair, elle est susceptible de deux valeurs quand a est positif, et n'en représente aucune quand a est négatif. — **184**. Simplifications d'un radical $\sqrt[m]{a^n}$ lorsque m et n ont un facteur commun. Simplifications du radical $\sqrt[n]{a^n b}$. — **185**. Puissances d'un radical. — **186**. Racines d'un radical. — **187**. Réduction de plusieurs radicaux au même indice ; on peut prendre pour indice commun le plus petit multiple commun des indices. — **188**. Produit de plusieurs radicaux qui ont même indice ; on peut multiplier des radicaux quelconques en les réduisant au même indice. — **189**. Quotient de deux radicaux qui ont même indice. — **190**. Exposants fractionnaires. — **191**. Cette notation permet de généraliser plusieurs théorèmes. — **192**. Exposants négatifs. — **193**. Exposants incommensurables. Principes nécessaires pour mettre la définition à l'abri de toute objection. — **194**. Définition rigoureuce de a^x.

EXERCICES.

I. $$x=[-q+(q^2+p^3)^{\frac{1}{2}}]^{\frac{1}{3}}+[-q-(q^2+p^3)^{\frac{1}{2}}]^{\frac{1}{3}}$$

satisfait à l'équation

$$x^3+3px+2q=0.$$

II. On a

$$\left[\frac{a+(a^2-b)^{\frac{1}{2}}}{2}\right]^{\frac{1}{2}}+\left[\frac{a-(a^2-b)^{\frac{1}{2}}}{2}\right]^{\frac{4}{2}}=(a+b^{\frac{1}{2}})^{\frac{1}{2}}.$$

III. Réduire $$\frac{x+\sqrt{x^2-1}}{x-\sqrt{x^2-1}}-\frac{x-\sqrt{x^2-1}}{x+\sqrt{x^2-1}}.$$

IV. $$\{[f+(f^2+e^3)^{\frac{1}{2}}]^{\frac{1}{3}}+[f-(f^2+e^3)^{\frac{1}{2}}]^{\frac{1}{3}}\}^2+2e$$
$$=\{[e^3+2f^2+\{(e^3+2f^2)^2-e^6]^{\frac{1}{2}}\}^{\frac{1}{3}}+[e^3+2f^2-[e^3+2f^2)^2-e^6]^{\frac{1}{2}}\}^{\frac{1}{3}}.$$

V. $$2[2f+(f^2-c^2)^{\frac{1}{2}}][f-(f^2-c^2)^{\frac{1}{2}}]^{\frac{1}{2}}=(f+c)^{\frac{3}{2}}-(f-c)^{\frac{3}{2}}.$$

VI. Si l'on pose

$$\pi(k,z)=\frac{1.2.3\ldots k}{(z+1)(z+2)\ldots(z+k)}k^z,$$

l'expression

$$\frac{n^{nz}\pi(k,z)\pi\left(k,z-\frac{1}{n}\right)\pi\left(k,z-\frac{2}{n}\right)\ldots\pi\left(k,z-\frac{n-1}{n}\right)}{\pi(nk,nz)}$$

est indépendante de z.

VII. Simplifier l'expression

$$\frac{\sqrt[3]{x^4}+\sqrt[3]{x^2y^2}-\sqrt[3]{x^3y}}{\sqrt[3]{x^4}+\sqrt[3]{xy^3}-\sqrt[3]{x^3y}-\sqrt[3]{y^4}}.$$

VIII. Simplifier

$$\sqrt{a^2+\sqrt[3]{a^4b^2}}+\sqrt{b^2+\sqrt[3]{a^2b^4}}.$$

IX. Simplifier $\dfrac{1-ab+\sqrt{1+a^2}-a\sqrt{1+b^2}}{1-ab+\sqrt{1+b^2}-b\sqrt{1+a^2}}.$

X. Que devient l'expression

$$\frac{1-ax}{1+ax}\sqrt{\frac{1+bx}{1-bx}}$$

quand on y fait $x=\frac{1}{a}\sqrt{\frac{2a}{b}-1}$?

XI. Que devient l'expression

$$2\left(uv-\sqrt{1-u^2}\sqrt{1-v^2}\right)$$

quand on y fait $2u=x+\frac{1}{x}$, $2v=y+\frac{1}{y}$?

XII. Que devient l'expression

$$\frac{2a\sqrt{1+x^2}}{x+\sqrt{1+x^2}}$$

quand on y fait $x=\frac{1}{2}\left(\sqrt{\frac{a}{b}}-\sqrt{\frac{b}{a}}\right)$?

XIII. Que devient l'expression

$$\frac{1}{2}\left(\frac{a^2-b^2}{a^2+b^2}\right)\left(\sqrt[p]{x}+\sqrt[q]{x}\right)$$

quand on y suppose $x=\left(\frac{a+b}{a-b}\right)^{\frac{2q}{q-p}}$?

XIV. Résoudre les équations :

$$\left(\sqrt{x}\right)^{\sqrt[4]{x}+\sqrt[4]{y}}=\left(\sqrt{y}\right)^{\frac{8}{3}},$$

$$\left(\sqrt{y}\right)^{\left(\sqrt[4]{x}+\sqrt[4]{y}\right)}=\left(\sqrt{x}\right)^{\frac{2}{3}}.$$

CHAPITRE XV.

NOTIONS SUR LES SÉRIES.

Définitions.

195. Une *série* est une somme composée d'un nombre illimité de termes.

On dit qu'une série est *convergente* lorsqu'il existe une limite dont la somme de ses termes s'approche indéfiniment à mesure que l'on en considère un plus grand nombre.

Une série qui n'est pas convergente est dite *divergente*. Une série divergente ne représente rien et ne peut être d'aucun usage en analyse.

Exemple. Une progression par quotient est une série convergente, lorsque sa raison est moindre que l'unité. On a vu, en effet (**146**); qu'en supposant q moindre que l'unité, la somme

$$a + aq + aq^2 + \ldots + aq^n + \text{etc.}$$

s'approche indéfiniment de la limite $\frac{a}{1-q}$.

Une progression indéfinie dont la raison surpasse l'unité est évidemment divergente.

196. Pour qu'une série soit convergente, il faut que ses termes approchent indéfiniment de la limite zéro. Mais cette condition est loin d'être suffisante. Pour le prouver, nous allons faire voir que la série

$$[1] \qquad 1 + \frac{1}{2} + \frac{1}{3} + \frac{1}{4} + \frac{1}{5} + \ldots,$$

dont les termes diminuent indéfiniment, est cependant divergente. En effet, la somme

$$[2] \qquad \frac{1}{n+1} + \frac{1}{n+2} + \ldots \frac{1}{2n}$$

est, quel que soit n, plus grande que $\frac{1}{2}$, car elle se compose de n termes, tous plus grands que $\frac{1}{2n}$; on peut donc, à partir d'un terme *quelconque*, prolonger assez la série [1] pour que sa somme augmente de $\frac{1}{2}$, et il est évident qu'en prenant un nombre suffisamment grand de groupes, tels que [2], on obtiendra autant de fois qu'on le voudra une somme plus grande que $\frac{1}{2}$, et le résultat pourra, dès lors, surpasser toute limite assignée.

197. Il n'est pas toujours facile de décider si une série est convergente ou divergente. Nous nous bornerons à indiquer une règle fort simple qui permet de prononcer dans un grand nombre de cas.

Théorème. *Une série à termes positifs est divergente, lorsque, à partir d'une certaine limite, le rapport d'un terme au précédent est plus grand que l'unité. Elle est convergente lorsque, à partir d'une certaine limite, ce rapport est constamment moindre qu'un nombre fixe plus petit que l'unité (il ne suffirait pas qu'il fût constamment moindre que l'unité).*

1° Si, à partir d'une certaine limite, le rapport d'un terme au précédent surpasse l'unité, il est évident que les termes vont en croissant, et que, par suite, leur somme augmente sans limite ;

2° Considérons la série

$$u_1 + u_2 + u_3 + \ldots + u_n + u_{n+1} + \text{etc.....}$$

Supposons qu'à partir du terme de rang n, le rapport d'un terme au précédent soit constamment moindre qu'un nombre K inférieur à l'unité, en sorte que l'on ait

$$[1] \qquad \left\{\begin{array}{l} \dfrac{u_{n+1}}{u_n} < K \\ \dfrac{u_{n+2}}{u_{n+1}} < K \\ \dfrac{u_{n+3}}{u_{n+2}} < K, \\ \vdots \end{array}\right.$$

on déduit des inégalités [1] :

$$u_{n+1} < Ku_n$$
$$u_{n+2} < Ku_{n+1} < K^2u_n$$
$$u_{n+3} < Ku_{n+2} < K^3u_n$$
$$\vdots$$
$$u_{n+p} < Ku_{n+p-1} < K^pu_n,$$
$$\vdots$$

en sorte que les termes de la série proposée, à partir du n^{me}, sont moindres que ceux de la progression décroissante

$$u_n + Ku_n + K^2u_n + K^3u_n + \ldots,$$

et il est impossible, par conséquent, que leur somme croisse sans limite. Lors donc qu'on prendra un nombre de termes de plus en plus grand dans la série proposée, la somme, qui va sans cesse en augmentant, puisque les termes sont positifs, ne pourra cependant pas surpasser tout nombre donné. Il est dès lors évident qu'elle a une limite, précisément égale au plus petit des nombres qu'elle ne peut jamais surpasser.

198. Remarque I. La démonstration précédente serait en défaut si l'on avait $k = 1$; dans ce cas, il y aurait doute, et la série pourrait être convergente ou divergente.

199. Remarque II. La démonstration précédente fait connaître une limite de l'erreur commise quand on s'arrête dans la sommation d'une série à un terme d'un certain ordre. Soit en effet la série

$$u_0 + u_1 + u_2 + \ldots + u_n + u_{n+1} + \ldots.$$

Supposons qu'à partir du terme u_n, le rapport $\frac{u_{n+1}}{u_n}$ soit constamment moindre que k, les termes u_{n+1}, $u_{n+2} \ldots$ seront **(199)** moindres que

$$u_nk, \quad u_nk^2, \quad u_nk^3 \ldots,$$

et, par suite, la somme des termes négligés en s'arrêtant à u_n

sera plus petite que

$$ku_n + k^2u_n + \dots;$$

c'est-à-dire que $$\frac{ku_n}{1-k}.$$

200. Remarque. Si, dans une série dont les termes ne sont pas tous de même signe, le rapport d'un terme au précédent est, à partir d'une certaine limite, moindre, en valeur absolue, qu'un nombre k inférieur à l'unité, on peut, *a fortiori*, affirmer que la série est convergente. Il est facile de voir, en effet, qu'une série à termes positifs étant convergente, elle le sera encore lorsque, les termes gardant la même valeur absolue, une partie d'entre eux changera de signe. Le caractère d'une série convergente consiste, en effet, en ce que l'on peut y prendre un assez grand nombre de termes pour que la somme des suivants, prolongée autant qu'on le veut, soit inférieure à toute limite donnée; or, si cette condition est remplie par une série à termes positifs, elle le sera *a fortiori* par la série composée des mêmes termes dont les uns seront ajoutés et les autres retranchés.

201. Théorème II. *Si les termes d'une série sont alternativement positifs et négatifs, et qu'ils décroissent indéfiniment, la série est convergente.*

Soit, en effet, la série

$$u_0 - u_1 + u_2 - u_3 - u_4 + \dots + u_n - u_{n+1} + u_{n+2} - \dots,$$

les termes u_0, u_1, u_2, ... allant toujours en diminuant, de telle sorte que chacun soit plus petit que le précédent, et que u_n puisse devenir aussi petit qu'on le voudra, si n est suffisamment grand.

Nommons S_0, S_1, S_2, ... S_n les diverses sommes obtenues en arrêtant la série, successivement, au terme u_0, au terme u_1, ... au terme u_n. Si nous représentons les sommes par des longueurs portées sur une droite à partir d'un point O, elles formeront la figure suivante :

O S_1 S_3 S_5 S_7 S_8 S_6 S_4 S_2 S_0

La première, S_0, est la plus grande de toutes. S_1, étant égal à

$u_0 - u_1$, est moindre que S_0; S_2, étant égal à $S_1 + u_2$, est plus grand que S_1, mais moindre que S_0 : car, pour la former, on a ajouté à S_0, $-u_1 + u_2$, qui est négatif; S_3 est moindre que S_2, mais plus grand que S_1 : car, pour la former, on a ajouté à S_1, $u_2 - u_3$, qui est positif; ainsi de suite. Les sommes S_1, S_3, S_5... forment une série croissante, et S_0, S_2, S_4 ..., une série décroissante. D'ailleurs, les termes de la première série n'augmentent pas indéfiniment, car ils sont tous plus petits que les divers termes de la seconde série, et, dès lors, il est évident que ces termes ont une limite, qui est précisément le plus petit nombre, qu'ils ne peuvent pas dépasser. De même, les termes de la série décroissante S_0, S_2, S_4 ... ont une limite, qui est le plus grand nombre, auquel ils restent constamment supérieurs; et enfin les deux limites sont les mêmes : car on a

$$S_{2n} - S_{2n-1} = u_{2n},$$

et, par suite, la différence entre deux termes correspondants des deux séries à indices pairs et impairs, peut devenir aussi petite que l'on voudra.

202. Remarque. Quand une série dont les termes ne sont pas tous positifs est convergente, indépendamment du signe de ses termes, on peut, évidemment, la considérer comme la différence des deux séries convergentes, dont l'une serait formée par les termes positifs, l'autre par les termes négatifs. Mais il faut bien se garder d'étendre cette remarque aux séries qui deviendraient divergentes si tous leurs termes étaient positifs. On serait ainsi conduit à des erreurs graves.

Nous nous bornerons à citer un exemple. Les séries

$$1 - \frac{1}{2} + \frac{1}{3} - \frac{1}{4} + \frac{1}{5} - \frac{1}{6} + \ldots + \frac{1}{2n-1} - \frac{1}{2n} + \ldots,$$

$$1 + \frac{1}{3} - \frac{1}{2} + \frac{1}{5} + \frac{1}{7} - \frac{1}{4} + \frac{1}{9} + \frac{1}{11} - \frac{1}{6} + \ldots$$
$$+ \frac{1}{2n-3} + \frac{1}{2n-1} - \frac{1}{n} + \ldots$$

sont composés des mêmes termes positifs :

$$1,\ \frac{1}{3},\ \frac{1}{5},\ \frac{1}{7},\ \ldots,$$

et des mêmes termes négatifs :

$$\frac{1}{2},\ \frac{1}{4},\ \frac{1}{6},\ \ldots$$

Pourtant, leurs sommes sont très-différentes. On voit, en effet, qu'en s'arrêtant, dans toutes deux, au terme $\frac{1}{2n-1}$, la première contient, de plus que la seconde, les termes négatifs :

$$-\frac{1}{n}-\frac{1}{n+1},\ \ldots\ -\frac{1}{2n-2},$$

et la somme de ces $n-1$ termes, dont le moindre est $\frac{1}{2n-2}$, surpasse en valeur absolue

$$\frac{n-1}{2n-2},$$

c'est-à-dire $\frac{1}{2}$. La différence des deux séries prolongées indéfiniment surpasse donc certainement $\frac{1}{2}$.

RÉSUMÉ.

195. Ce qu'on appelle série, convergente et divergente. Une progression par quotient est convergente quand la raison est plus petite que l'unité, divergente dans le cas contraire. — **196.** Les termes d'une série peuvent décroître indéfiniment sans que la série soit convergente. — **197.** Une série dont tous les termes sont positifs, est convergente lorsque le rapport d'un terme au précédent est à partir d'une certaine limite moindre qu'un nombre fixe moindre que l'unité. — **198.** Il ne suffirait pas que le nombre fixe fût égal à l'unité. — **199.** Limite de l'erreur commise quand on s'arrête à un terme donné. — **200.** Lorsqu'une série à termes positifs est convergente, elle ne cesse pas de l'être lorsqu'on change le signe d'une partie de ses termes. — **201.** Une série dont les termes sont alternativement positifs et négatifs est convergente quand les termes décroissent indéfiniment. — **202.** Il ne faut pas toujours considérer une série comme la différence entre les sommes de ses termes positifs et celles de ses termes négatifs.

EXERCICES.

I.
$$\frac{1}{2^m}+\frac{1}{3^m}+\ldots+\frac{1}{n^m}+\ldots$$

est une série convergente quand m est plus grand que l'unité, et divergente dans le cas contraire.

II. La série, à termes positifs,

$$u_0 + u_1 + \dots + u_{n-1} + u_n + \dots$$

est convergente si $\sqrt[n]{u_n}$ a une limite moindre que l'unité.

III. Prouver la convergence de la série

$$1 + \frac{1}{1.2} + \frac{1}{1.2.3} + \dots + \frac{1}{1.2.3\dots n} + \dots$$

par l'application de la règle précédente.

IV. Si la série $u_0 + u_1 + u_2 + \dots + u_n + \dots$

est convergente, il en est de même, quels que soient les signes de ses termes, de la série

$$E_0 u_0 + E_1 u_1 + \dots + E_n u_n,$$

$E_0, E_1, \dots E_n$ étant des nombres positifs décroissants.

V. Si, dans une série

$$u_0 + u_1 + u_2 + \dots + u_n + u_{n+1} + \dots$$

le rapport d'un terme au précédent est représenté par la formule

$$\frac{u_{n+1}}{u_n} = \frac{n^p + An^{p-1} + Bn^{p-2} + Cn^{p-3} + \dots}{n^p + an^{p-1} + bn^{p-2} + cn^{p-3} + \dots},$$

A, B, C, ..., désignant des nombres constants, la série sera décroissante si la première des différences $A - a$, $B - b$, $C - c$, qui ne l'annule pas est négative. Mais si cette première différence n'est pas $A - a$, les termes ne tendront pas vers zéro.

VI. Prouver que, dans la série

$$1 + \frac{n-h-1}{n} + \frac{(n-h-1)(n-h)}{n(n+1)} + \dots + \\ + \frac{(n-h-1)(n-h)\dots(n-h+p-1)}{n(n+1)(n+2)\dots(n+p)} + \dots,$$

la somme des $p+2$ premiers termes est

$$\frac{n-1}{h} - \frac{(n-h-1)(n-h)\dots(n-h+p)}{hn(n+1)\dots(n+p)}$$

et que la série est convergente et a pour limite $\frac{n-1}{h}$.

CHAPITRE XVI.

COMBINAISONS ET FORMULE DU BINOME.

Définitions.

203. On nomme combinaisons n à n, de m objets distincts, les différents groupes que l'on peut former avec n de ces objets; il est utile d'en calculer le nombre.

La question peut être considérée sous deux points de vue, suivant que l'on regarde ou non, comme distincts, les groupes, qui, étant composés des mêmes objets, diffèrent seulement par l'ordre dans lequel on les place.

Dans le premier cas, les combinaisons reçoivent le nom d'*arrangements;* et dans le second, celui de *produits différents.*

Nombre des arrangements.

204. Calculons, d'abord, le nombre des arrangements distincts de m objets pris n à n. Désignons ce nombre par A_n et par A_{n-1} celui des arrangements des mêmes objets, $n-1$ à $n-1$. Si tous les arrangements $n-1$ à $n-1$ étaient formés, en plaçant successivement, à la suite de chacun d'eux, les $m-(n-1)$, objets qui n'y entrent pas, on formerait des arrangements n à n, dont le nombre serait

$$A_{n-1}[m-(n-1)], \quad \text{ou} \quad A_{n-1}(m-n+1);$$

car chaque arrangement $n-1$ à $n-1$, fournit, de cette manière, $[m-(n-1)]$ arrangements n à n. Je dis que $A_{n-1}[m-(n-1)]$ est précisément le nombre des arrangements n à n; et pour cela, il faut montrer qu'ils ont tous été formés, et que chacun d'eux ne l'a été qu'une seule fois.

1° On a obtenu tous les arrangements n à n, car on peut former tout arrangement de n objets, en plaçant le dernier d'entre eux à la suite de l'arrangement formé par l'ensemble des $n-1$ autres.

2° Un même arrangement n'a pu être formé qu'une fois, car les arrangements $n-1$ à $n-1$, étant distincts, ainsi que les $m-n+1$ objets que l'on place à la suite de chacun d'eux, les groupes que l'on forme diffèrent, soit par les $n-1$ premiers objets s'ils proviennent de deux arrangements $n-1$ à $n-1$ différents, soit par le dernier, s'ils proviennent du même arrangement $n-1$ à $n-1$.

On a donc la relation

$$A_n = (m-n+1)\,A_{n-1}.$$

Cette relation étant démontrée pour une valeur quelconque de n, on aura de même, en désignant par A_{n-2}, $A_{n-3} \ldots A_1$, le nombre des arrangements $n-2$ à $n-2$, $n-3$ à $n-3$,... un à un :

$$\begin{aligned}
A_{n-1} &= (m-n+2)A_{n-2},\\
A_{n-2} &= (m-n+3)A_{n-3},\\
&\vdots\\
A_2 &= (m-1)A_1.
\end{aligned}$$

En multipliant ces équations membre à membre, les facteurs A_{n-1}, A_{n-2}, A_2 disparaîtront, et il vient, en remarquant que le nombre A_1 des arrangements 1 à 1 est m,

$$A_n = (m-n+1)(m-n+2)\ldots(m-1)m.$$

Nombre des permutations.

205. La formule précédente, si on y suppose $n=m$, fera connaître le nombre des arrangements de m lettres m à m. Ces arrangements, dans lesquels figurent toutes les lettres, se nomment des *permutations*. En désignant leur nombre par P_m, on a

$$P_m = 1.2\ldots.m,$$

puisque pour $m=n$, $m-n+1$ devient égal à l'unité.

Nombre des produits différents.

206. Les produits différents de m objets, n à n, sont les groupes distincts que l'on peut former, avec ces m objets, en regardant comme identiques ceux qui ne diffèrent que par l'ordre des objets.

Représentons par C_n le nombre de *ces produits*. Imaginons qu'on les considère tous ensemble, et que l'on forme les permutations des n objets contenus dans chacun d'eux; les groupes ainsi formés, seront des *arrangements* des m objets donnés n à n. Or, je dis qu'ils y seront tous, et chacun une seule fois.

1° Ils y seront tous, car les objets qui forment un arrangement, étant considérés indépendamment de leur ordre, composent l'un des produits différents; et lorsque l'on permutera *de toutes les manières* les objets qui composent ce produit, l'un des groupes ainsi formés sera l'arrangement considéré.

2° Chaque arrangement sera formé une seule fois, car les arrangements qui proviennent d'un même produit, diffèrent par l'ordre des objets, et ceux qui proviennent de deux produits différents, ne sont pas composés des mêmes objets.

On peut donc obtenir toute la série des arrangements, en permutant les produits différents, de toutes les manières possibles. Or, chaque produit fournit ainsi $1.2\ldots n$ arrangements distincts; le nombre total des arrangements A_n est donc égal au nombre des produits C_n, multiplié par $1.2\ldots n$, et l'on a, par conséquent,

$$A_n = C_n . 1.2\ldots n,$$

$$[1] \quad C_n = \frac{A_n}{1.2\ldots n} = \frac{(m-n+1)(m-n+2)\ldots m}{1.2\ldots n}.$$

Remarque I. La formule précédente peut se mettre sous une forme que l'on trouve quelquefois plus commode. Si l'on multiplie en effet par $1.2\ldots m-n$, les deux termes de la fraction qui représente C_n, elle devient

$$[2] \quad C_n = \frac{1.2\ldots(m-n)(m-n+1)(m-n+2)\ldots m}{1.2\ldots n.1.2\ldots m-n};$$

en sorte que, au numérateur se trouve le produit des nombres entiers depuis 1 jusqu'à m, et au dénominateur le produit des nombres entiers de 1 jusqu'à $m-n$, et le produit des nombres entiers de 1 à n.

207. Remarque II. La formule [2] reste évidemment la même si l'on change n en $m-n$, cette substitution aura seulement pour effet de changer, l'un dans l'autre, les facteurs $1.2\ldots n$, et $1.2\ldots(m-n)$ du dénominateur.

Le nombre des produits différents de m objets, n à n, est, par conséquent, le même que celui de m objets, $m-n$ à $m-n$.

L'égalité de ces deux nombres est d'ailleurs évidente *à priori*. Si, en effet, dans m objets, on prend un groupe de n, il restera un groupe de $m-n$: les groupes ou produits n à n et $m-n$ à $m-n$ se correspondent donc deux à deux, et sont, par conséquent, en même nombre.

Puissance d'un binome.

208. Nous avons vu (25) que le produit d'un nombre quelconque de polynomes est la somme de tous les produits que l'on peut former en prenant pour facteur un terme de chacun d'eux.

Appliquons cette règle à la formation du produit de n binomes ayant même premier terme

$$(x+a)(x+b)(x+c)\ldots(x+l),$$

si nous ordonnons ce produit suivant les puissances décroissantes de x, il est évident que le premier terme sera x^m, produit formé en prenant comme facteurs les m premiers termes des binomes.

Le terme en x^{m-1} se composera des produits dans lesquels on prendra, comme facteurs, les premiers termes de $m-1$ binomes, avec le dernier du binome restant, et le coefficient de x^{m-1} sera, par conséquent, la somme des seconds termes de nos binomes.

Le terme en x^{m-2} se composera des produits dans lesquels on prendra, comme facteurs, les premiers termes de $m-2$ binomes, et les derniers des deux binomes restants. Le coefficient de x^{m-2}

sera, par conséquent, la somme des produits deux à deux des seconds termes.

On verra, de même, que le coefficient de x^{m-3}, est la somme des produits trois à trois des seconds termes, et qu'en général, le coefficient de x^{m-n}, est la somme de leurs produits n à n.

On écrit souvent ce résultat de la manière suivante:

$$\begin{aligned}&(x+a)(x+b)(x+c)\ldots(x+k)(x+l)\\&\quad=x^m+x^{m-1}\Sigma a+x^{m-2}\Sigma ab+x^{m-3}\Sigma abc\ldots\\&\quad+x^{m-n}\Sigma abc\ldots p+\ldots abc\ldots kl,\end{aligned}$$

en représentant par Σa, Σab, $\Sigma abc\ldots$ la somme des seconds termes, la somme de leurs produits deux à deux, trois à trois, etc.

209. Pour déduire de ce qui précède, l'expression de $(x+a)^m$, il suffit de supposer $a=b=c\ldots=l$, le développement se simplifie alors notablement.

Le premier terme reste égal à x^m.

Le coefficient de x^{m-1}, égal à la somme des seconds termes, devient égal à ma.

Le coefficient de x^{m-2}, égal à la somme des produits deux à deux des seconds termes, devient égal à a^2 multiplié par le nombre de ces produits, c'est-à-dire à

$$\frac{m(m-1)}{2}a^2.$$

Le coefficient de x^{m-3}, égal à la somme des produits trois à trois des seconds termes, devient égal à a^3 multiplié par le nombre de ces produits, c'est-à-dire à

$$\frac{m(m-1)(m-2)}{1.2.3}a^3.$$

En général, le coefficient de x^{m-p}, qui est la somme des produits p à p des seconds termes, deviendra égal à a^p multiplié par le nombre de ces produits, c'est-à-dire à

$$\frac{m(m-1)\ldots(m-p+1)}{1.2\ldots p}a^p;$$

on a donc, enfin,

$$(x+a)^m = x^m + mx^{m-1}a + \frac{m(m-1)}{1.2}a^2x^{m-2} + \ldots$$
$$+ \frac{m(m-1)\ldots(m-p+1)}{1.2\ldots p}a^p x^{m-p} + \ldots + a^m.$$

210. Remarque I. Dans le développement précédent, les coefficients des termes à égale distance des extrêmes sont égaux. En effet, le coefficient de $x^{m-p}a^p$ est le nombre des produits différents de m lettres p à p et celui de $a^{m-p}x^p$ le nombre des produits différents de m lettres $m-p$ à $m-p$; or ces nombres sont égaux (**207**).

211. Remarque II. Quand on forme successivement les différents termes du développement de $x+a$, le calcul de chaque terme peut être simplifié par la connaissance du terme précédent; en examinant avec attention les termes successifs, on aperçoit, en effet, cette règle générale:

Pour passer d'un terme au suivant, il faut multiplier son coefficient par l'exposant de x *dans ce terme, et le diviser par le nombre qui marque son rang, ajouter une unité à l'exposant de* a *et en retrancher une à celui de* x.

212. Remarque III. On n'a fait aucune hypothèse sur le signe des nombres x et a; a peut donc avoir une valeur négative $-b$, et l'on a, par conséquent,

$$(x-b)^m = x^m + m(-b)x^{m-1} + \frac{m(m-1)}{1.2}(-b)^2x^{m-1}\ldots + (-b)^m;$$

ou, en remarquant que les puissances paires de $-b$ sont égales à celles de b, et que les puissances impaires sont égales et de signes contraires

$$(x-b)^m = x^m - mbx^{m-1} + \frac{m(m-1)}{1.2}b^2x^{m-2}$$
$$- \frac{m(m-1)(m-2)}{1.2.3}b^3x^{m-3} + \ldots \pm b^m.$$

213. Remarque IV. Il existe entre les coefficients des diverses puissances des binomes des relations nombreuses; nous ferons connaître la plus simple, dont on fait, en analyse, un fréquent usage.

Soit $(x+a)^m=x^m+A_1ax^{m-1}+A_2a^2x^{m-2}+\ldots+A_na^nx^{m-n}+\ldots+a^m$

le développement de la puissance m^{me} d'un binome, dans lequel on a fait, pour abréger,

$$A_n=\frac{m.(m-1)\ldots(m-n+1)}{1.2\ldots n},$$

multiplions les deux membres de l'égalité par $x+a$, nous aurons, en effectuant la multiplication du second membre d'après la règle ordinaire,

$$(x+a)^{m+1}=x^{m+1}+(A_1+1)ax^m+(A_2+A_1)a^2x^{m-1}+$$
$$+\ldots(A_n+A_{n-1})a^nx^{m-n+1}+\ldots+a^{m+1},$$

et l'on voit que les coefficients de $(x+a)^{m+1}$, peuvent s'obtenir en ajoutant deux coefficients consécutifs de $(x+a)^m$. On pourrait d'ailleurs vérifier directement que l'on a

$$\frac{m.(m-1)..(m-n+1)}{1.2\ldots n}+\frac{m.(m-1)\ldots(m-n+2)}{1.2\ldots n-1}$$
$$=\frac{(m+1)m\ldots(m-n+2)}{1.2.3\ldots n}.$$

Développement de $(a+b\sqrt{-1})^m$.

214. Pour développer $(a+b\sqrt{-1})^m$, il faut appliquer la formule du binome qui, résultant de la multiplication, est démontrée, d'après nos conventions, pour les expressions imaginaires. Il est nécessaire de former d'abord les diverses puissances de $\sqrt{-1}$. Or, on a, d'après nos conventions,

$$(\sqrt{-1})^2=-1$$
$$(\sqrt{-1})^3=-1\times\sqrt{-1}=-\sqrt{-1}$$
$$(\sqrt{-1})^4=(-\sqrt{-1})(\sqrt{-1})=+1$$
$$(\sqrt{-1})^5=\sqrt{-1}$$
$$\vdots$$

et les puissances seront, périodiquement, $\sqrt{-1}$, -1, $-\sqrt{-1}$, $+1$, ..., d'après cela, on a

$$(a+b\sqrt{-1})^m = a^m + ma^{m-1}b\sqrt{-1} - \frac{m.m-1}{1.2}a^{m-2}b^2 - \frac{m.(m-1).m-2}{1.2.3}a^{m-3}b^3\sqrt{-1} + ...,$$

les termes dans lesquels l'exposant de b est pair, sont réels, les mêmes que ceux du développement de $(a+b)^m$, avec cette différence qu'on doit leur donner alternativement le signe $+$ et le signe $-$. Les termes dans lesquels b a un exposant impair, ont tous $\sqrt{-1}$ en facteur, et sont, à cela près, les mêmes que ceux du développement de $(a+b)^m$, auxquels on aurait donné, alternativement, le signe $+$ et le signe $-$.

On réunit ordinairement les termes imaginaires et l'on écrit

$$(a+b\sqrt{-1})^m = a^m - \frac{m.m-1}{1.2}a^{m-2}b^2 + \frac{m(m-1)(m-2)(m-3)}{1.2.3.4}a^{m-4}b^4 - ... + \sqrt{-1}\left[ma^{m-1}b - \frac{m(m-1).(m-2)}{1.2.3}a^{m-3}b^3 + ...\right].$$

215. Remarque. $(a+b\sqrt{-1})^m$ peut être réel sans que b soit nul. On a, par exemple,

$$(1+\sqrt{3}.\sqrt{-1})^3 = -8.$$

Puissances d'un trinome.

216. Un trinome $a+b+c$, peut être considéré comme un binome, si l'on regarde les deux premiers termes $(a+b)$ comme réunis en un seul. On aura alors

$$[1]\quad [(a+b)+c]^m = (a+b)^m + m(a+b)^{m-1}c + \frac{m(m-1)}{1.2}(a+b)^{m-2}c^2 + ... + \frac{m(m-1)...(m-p+1)}{1.2...p}(a+b)^{m-p}c^p + ...$$

Si l'on développe les diverses puissances de $a+b$ qui figurent dans le second membre, on obtiendra une somme de termes de la forme $a^\alpha\, b^\beta\, c^\gamma$, dans lesquels la somme des exposants α, β, γ sera constamment égale à m. Si l'on considère, par exemple, ceux qui proviennent du terme

$$\frac{m(m-1)\ldots m-p+1}{1.2\ldots p}(a+b)^{m-p}c^p,$$

ils contiennent le produit de c^p par des puissances de a et b dont les exposants ont une somme égale à $m-p$, de sorte que les trois exposants réunis forment une somme égale à m.

Réciproquement, α, β, γ étant trois nombres quelconques dont la somme soit égale à m, il y aura dans le développement un terme en $a^\alpha b^\beta c^\gamma$: car, dans [1], se trouve le terme

$$\frac{m.(m-1)\ldots(m-\gamma+1)}{1.2\ldots\gamma}(a+b)^{m-\gamma}c^\gamma,$$

et le développement de $(a+b)^{m-\gamma}$ contient un terme dans lequel a figure avec l'exposant α, et b, par conséquent, avec l'exposant $m-\gamma-\alpha$ ou β.

217. Cherchons le coefficient de ce terme en $a^\alpha b^\beta c^\gamma$: il provient, comme nous l'avons dit, de

$$\frac{m.(m-1)\ldots(m-\gamma+1)}{1.2\ldots\gamma}(a+b)^{m-\gamma}c^\gamma,$$

ce qui peut s'écrire (**206**)

$$\frac{1.2\ldots m}{1.2\ldots\gamma.1.2\ldots(m-\gamma)}(a+b)^{m-\gamma}c^\gamma;$$

or, dans le développement de $(a+b)^{m-\gamma}$, le coefficient de $a^\alpha b^{m-\gamma-\alpha}$ est égal à

$$\frac{1.2\ldots(m-\gamma)}{1.2\ldots\alpha.1.2\ldots(m-\gamma-\alpha)},$$

Le terme demandé est donc

$$\frac{1.2\ldots m.1.2\ldots(m-\gamma)}{1.2\ldots\gamma.1.2\ldots(m-\gamma)1.2\ldots\alpha.1.2\ldots(m-\gamma-\alpha)}.a^\alpha b^{m-\gamma-\alpha}c^\gamma;$$

or, en supprimant le facteur commun $1.2\ldots(m-\gamma)$, et remplaçant $m-\gamma-\alpha$ par β,

$$\frac{1.2\ldots m}{1.2\ldots\alpha.1.2\ldots\beta.1.2\ldots\gamma}.a^\alpha b^\beta c^\gamma,$$

et le développement se compose de tous les termes analogues, qui correspondent à toutes les valeurs de α, β, γ, dont la somme soit égale à m.

218. Remarque. On trouvera sans peine par un procédé tout à fait analogue, que le développement de $(a+b+c+d)^m$ a pour terme général

$$\frac{1.2\ldots m}{1.2\ldots\alpha.1.2\ldots\beta.1.2\ldots\gamma.1.2\ldots\delta}.a^\alpha b^\beta c^\gamma d^\delta,$$

et se compose de tous les termes analogues qui correspondent à toutes les valeurs de α, β, γ, δ, dont la somme soit égale à m.

On doit observer que si l'on veut faire représenter à ce terme général tous les termes du développement, sans exception, il faut convenir que, pour $\alpha=0$, on prendra $1.2.3\ldots\alpha=1$. La même remarque s'applique à la formule précédente.

Définition du nombre e.

219. L'expression $\left(1+\frac{1}{m}\right)^m$, lorsque m augmente indéfiniment, tend vers une limite dont la considération est fort utile en analyse et que l'on désigne habituellement par la lettre e. Nous allons donner le moyen d'exprimer cette limite par une série convergente.

Supposons d'abord que m soit entier. On a alors

$$\left(1+\frac{1}{m}\right)^m=1+m.\frac{1}{m}+\frac{m.m-1}{1.2}\frac{1}{m^2}+\ldots$$
$$+\frac{m(m-1)\ldots(m-n+1)}{1.2\ldots n}\frac{1}{m^n}+\ldots,$$

ce que l'on peut écrire de la manière suivante:

$$\left(1+\frac{1}{m}\right)^m=1+1+\frac{\frac{m}{m}.\frac{m-1}{m}}{1.2}+\frac{\frac{m}{m}.\frac{m-1}{m}.\frac{m-2}{m}}{1.2.3}+\frac{\frac{m}{m}.\frac{m-1}{m}.\frac{m-2}{m}.\frac{m-3}{m}}{1.2.3.4}+\ +$$
$$\ldots+\frac{\frac{m}{m}.\frac{m-1}{m}.\frac{m-2}{m}\ldots\frac{m-n+1}{m}}{1.2\ldots n}+\ldots.$$

mais on a évidemment

$$\frac{m}{m}.\frac{m-1}{m}.\frac{m-2}{m}\ldots\frac{m-(n-1)}{m}=1.\left(1-\frac{1}{m}\right)\left(1-\frac{2}{m}\right)\ldots\left(1-\frac{n-1}{m}\right),$$

en sorte que

$$\left(1+\frac{1}{m}\right)^m=1+1+\frac{1-\frac{1}{m}}{1.2}+\frac{\left(1-\frac{1}{m}\right)\left(1-\frac{2}{m}\right)}{1.2.3}+\text{etc.}...$$

si m croît indéfiniment, $\frac{1}{m}, \frac{2}{m}, \frac{3}{m}, ...$ tendent vers zéro, et l'on a, à la limite,

$$\lim\left(1+\frac{1}{m}\right)^m=1+1+\frac{1}{1.2}+\frac{1}{1.2.3}+...\frac{1}{1.2...n}+....$$

220. Remarque. On peut objecter au raisonnement précédent que les fractions $\frac{1}{m}, \frac{2}{m}, \frac{3}{m}, ...$, ne tendant vers zéro lorsque m augmente qu'à la condition d'avoir toujours un numérateur fini, on pourra toujours trouver, quelque grand que soit m, dans les termes avancés du développement, des facteurs, tels que $\left(1-\frac{n-1}{m}\right)$, qui différeront notablement de l'unité. Il faut, en effet, ajouter quelques explications pour que la démonstration précédente devienne complétement rigoureuse.

1° La série

$$[1] \qquad 1+1+\frac{1}{1.2}+\frac{1}{1.2.3}+...+\frac{1}{1.2.3...n}+....$$

est convergente (**197**), car le rapport du terme de rang n au précédent est égal à $\frac{1}{n-1}$, et tend vers zéro lorsque n augmente.

Il en résulte qu'à partir d'un terme suffisamment éloigné, la somme des termes de cette série devient aussi petite que l'on veut; en d'autres termes, on peut prendre n assez grand pour que

$$\frac{1}{1.2...n}+\frac{1}{1.2...n+1}+...$$

ait une limite plus petite qu'un nombre assigné quelconque.

2° La suite

$$[2] \qquad 1+1+\frac{\left(1-\frac{1}{m}\right)}{1.2}+\frac{\left(1-\frac{1}{m}\right)\left(1-\frac{2}{m}\right)}{1.2.3}+...,$$

a les termes plus petits que les termes de même rang dans la suite [1] ; on peut donc, *à fortiori*, assigner une valeur de n assez grande pour que la somme des termes de cette suite, à partir du n^{me}, soit et reste plus petite que tout nombre assigné, quelque valeur que l'on attribue ultérieurement à m.

3° Cela posé, il est clair que si, dans l'expression [2], après avoir assigné à n une valeur fixe, mais très-grande, on fait augmenter m indéfiniment, les n premiers termes auront pour limite les n premiers termes de la suite [1], et la différence des deux séries aura pour limite zéro, puisque les n premiers termes s'approchant d'être les mêmes, la somme des suivants est aussi petite que l'on veut dans l'une et l'autre série.

Il est donc prouvé que si l'on attribue à m des valeurs entières de plus en plus grandes, on a

$$e = \lim\left(1+\frac{1}{m}\right)^m = 1+1+\frac{1}{1.2}+\frac{1}{1.2.3}+\ldots+\frac{1}{1.2\ldots n}+\ldots$$

221. Si, dans l'expression $\left(1+\frac{1}{m}\right)^m$, on attribue à m des valeurs fractionnaires de plus en plus grandes, la limite sera toujours la même et égale à e. Pour le prouver, supposons que, n désignant un nombre entier très-grand, on ait

$$m = n + \alpha,$$

α étant moindre que l'unité, l'expression

$$\left(1+\frac{1}{m}\right)^m$$

sera évidemment comprise entre

$$\left(1+\frac{1}{n}\right)^{n+1}$$

et

$$\left(1+\frac{1}{n+1}\right)^n;$$

car, pour obtenir la première de ces expressions, il faut, dans $\left(1+\frac{1}{m}\right)^m$, remplacer le terme $\frac{1}{m}$ et l'exposant m respectivement par les nombres plus grands $\frac{1}{n}$ et $n+1$; pour obtenir la seconde, il a fallu remplacer les mêmes quantités par les nombres plus petits $\frac{1}{n+1}$ et n. Or on a

$$\left(1+\frac{1}{n}\right)^{n+1}=\left(1+\frac{1}{n}\right)^{n}\left(1+\frac{1}{n}\right)$$

$$\left(1+\frac{1}{n+1}\right)^{n}=\left(1+\frac{1}{n+1}\right)^{n+1}\frac{1}{1+\frac{1}{n+1}}.$$

n étant entier et très-grand, $\left(1+\frac{1}{n}\right)^{n}$ et $\left(1+\frac{1}{n+1}\right)^{n+1}$ diffèrent très-peu de e, $1+\frac{1}{n}$, $1+\frac{1}{n+1}$ diffèrent très-peu de l'unité, et les deux expressions précédentes ont l'une et l'autre e pour limite; il en est par conséquent de même de $\left(1+\frac{1}{m}\right)^{m}$, qui est compris entre elles.

222. Nous donnerons la valeur de e, exacte à 20 décimales. Pour l'obtenir, il faut chercher, d'abord, une limite de l'erreur commise quand on s'arrête à un terme donné de la série

$$1+1+\frac{1}{1.2}+\frac{1}{1.2.3}+\ldots+\frac{1}{1.2.3\ldots n}+\ldots,$$

en supprimant les termes qui suivent $\frac{1}{1.2.3\ldots n}$. L'erreur commise est

$$\frac{1}{1.2.3\ldots n+1}+\frac{1}{1.2.3\ldots(n+1)(n+2)}+\ldots;$$

elle est moindre, évidemment, que la progression qui, ayant pour premier terme $\frac{1}{1.2\ldots(n+1)}$, aurait pour raison $\frac{1}{n+2}$, c'est-à-dire moindre que

$$\frac{\frac{1}{1.2.3\ldots n+1}}{1-\frac{1}{n+2}}=\frac{n+2}{1.2.3\ldots n.(n+1)^2},$$

c'est-à-dire que l'erreur commise est moindre que le terme qui suit celui auquel on s'arrête, multiplié par $\frac{n+2}{n+1}$. Or, on calcule que

$$\frac{1}{1.2.3\ldots 20} = 0,0000000000000000041\ldots,$$

$$\frac{1}{1.2.3\ldots 21} = 0,0000000000000000002.$$

Il suffit donc de prendre 20 termes après les deux premiers; leurs valeurs successives sont:

0,50000 00000 00000 000000
0,16666 66666 66666 666667
0,04166 66666 66666 666667
0,00833 33333 33333 333334
0,00138 88888 88888 888889
0,00019 84126 98412 698413
0,00002 48015 87301 587301
0,00000 27557 31922 398589
0,00000 02755 73192 239859
0,00000 00250 52108 385442
0,00000 00020 87675 698787
0,00000 00001 60590 438368
0,00000 00000 11470 745598
0,00000 00000 00764 716373
0,00000 00000 00047 794773
0,00000 00000 00002 811457
0,00000 00000 00000 156192
0,00000 08000 00000 008220
0,00000 00000 00000 000411
0,00000 00000 00000 000020
―――――――――――――――
0,71828 18284 59045 23536

et, par suite, e est égal à

2,71828 18284 59045 23536.

Sommation des piles de boulets.

223. La méthode la plus simple repose sur la solution préalable du problème suivant:

Trouver la somme des puissances m^mes *des termes d'une progression par différence.* Soit la progression :

$$a,\ b,\ c,\ d,\ \ldots.\ k,\ l,$$

et r sa raison, on a

$$b=a+r,\quad c=b+r,\quad d=c+r,\ \ldots.\ l=k+r.$$

Élevons ces diverses équations à la puissance $m+1$, nous aurons

$$b^{m+1}=(a+r)^{m+1}=a^{m+1}+(m+1)a^m r+\frac{(m+1)m}{2}a^{m-1}r^2+\ldots+r^{m+1},$$

$$c^{m+1}=(b+r)^{m+1}=b^{m+1}+(m+1)b^m r+\frac{(m+1)m}{2}b^{m-1}r^2+\ldots+r^{m+1},$$

$$\vdots$$

$$l^{m+1}=(k+r)^{m+1}=k^{m+1}+(m+1)k^m r+\frac{(m+1)m}{2}k^{m-1}r^2+\ldots+r^{m+1},$$

ajoutant toutes ces équations, il vient, en désignant généralement par S_μ la somme $a^\mu+b^\mu+\ldots+k^\mu$, et par p le nombre des termes $a,\ b,\ c,\ \ldots\ k$,

$$l^{m+1}=a^{m+1}+(m+1)r\,S_m+\frac{(m+1)m}{1.2}r^2 S_{m-1}$$
$$+\frac{(m+1)m(m-1)}{1.2.3}r^3 S_{m-2}+\ldots+pr^{m+1}.$$

Cette équation fera connaître S_m si l'on connaît S_{m-1}, $S_{m-2}\ldots.$ S_2, S_1. En y faisant donc successivement $m=1$, $=2$, $=3$, etc., on obtiendra successivement S_1, puis S_2, puis S_3, etc.

Supposons, par exemple, que la progression proposée soit

$$1,\ 2,\ 3,\ 4,\ \ldots,\ n,\ n+1;$$

on a ici

$$S_\mu=1^\mu+2^\mu+3^\mu+\ldots+n^\mu;\ a=1,\ l=n+1,\ r=1,\ p=n,$$

et notre formule générale devient

$$(n+1)^{m+1}=1+(m+1)S_m+\frac{(m+1)m}{1.2}S_{m-1}+\frac{(m+1)m(m-1)}{1.2.3}S_{m-2}+\ldots$$
$$+\frac{(m+1)m\ldots3.2}{1.2\ldots m}S_1+n.$$

Faisant $m=1$, il vient

$$(n+1)^2=1+2S_1+n, \qquad \text{d'où} \qquad S_1=\frac{n(n+1)}{2},$$

formule déjà connue.

En faisant $m=2$, il vient

$$(n+1)^3=1+3S_2+3S_1+n,$$

d'où
$$S_2=\frac{2(n+1)^3-2(n+1)-3n(n+1)}{6}$$

ou
$$S_2=1^2+2^2+3^2+\ldots+n^2=\frac{n(n+1)(2n+1)}{6}.$$

Telle est la formule qui va nous servir pour la sommation des piles de boulets.

Elle se déduit, comme on voit, d'une formule beaucoup plus générale, qui pourrait donner également la somme des cubes, la somme des quatrièmes puissances ... des nombres naturels. Si l'on veut seulement arriver le plus simplement possible à ce résultat, qui est le seul dont on ait, actuellement, à faire usage, on peut procéder comme il suit :

224. On a évidemment

$$\begin{aligned}
2^3 &= (1+1)^3 = 1^3+3\times1^2+3\times1+1^3,\\
3^3 &= (2+1)^3 = 2^3+3\times2^2+3\times2+1,\\
4^3 &= (3+1)^3 = 3^3+3\cdot3^2+3\cdot3+1,\\
&\vdots\\
(n+1)^3 &= n^3+3n^2+3n+1,
\end{aligned}$$

ajoutant toutes ces équations, il vient, après que l'on a supprimé les termes communs aux deux membres et en désignant par S_2 la somme des carrés des nombres naturels et par S_1 la somme des premières puissances,

$$(n+1)^3=1+3S_2+3S_1+n,$$

équation identique à celle du paragraphe précédent et dont on déduira la même valeur de S_2.

225. *Piles triangulaires.* La base d'une pile triangulaire est formée par des boulets rangés en triangle équilatéral. La pre-

mière rangée contenant 1 boulet, la seconde 2, la troisième 3, la n^{me} n. Le nombre total des boulets employés est ici

$$1+2+3+\ldots+n=\frac{n(n+1)}{2}=\frac{n^2+n}{2}.$$

La tranche immédiatement supérieure est formée par des boulets rangés également en triangle équilatéral, dont le côté contient un boulet de moins; le nombre des boulets de cette seconde tranche s'obtiendra en changeant dans la formule précédente n en $(n-1)$, on aura ainsi $\frac{(n-1)^2+(n-1)}{2}$; la troisième tranche contiendra de même $\frac{(n-2)^2+(n-2)}{2}$ boulets; et ainsi de suite jusqu'à la première, qui en contient $\frac{1^2+1}{2}$.

Le nombre total est, d'après cela,

$$N=\frac{n^2+n}{2}+\frac{(n-1)^2+(n-1)}{2}+\frac{(n-2)^2+(n-2)}{2}+\ldots+\frac{1^2+1}{2},$$

ce que l'on peut écrire de la manière suivante :

$$N=\frac{n^2+(n-1)^2+(n-2)^2+\ldots+1^2}{2}+\frac{n+(n-1)+(n-2)+\ldots+1}{2},$$

ou, en vertu des formules écrites plus haut,

$$N=\frac{n.(n+1)(2n+1)}{12}+\frac{n.(n+1)}{4}=\frac{n.(n+1)(2n+1+3)}{12}$$
$$=\frac{n.(n+1)(n+2)}{6},$$

telle est la formule qui exprime le nombre des boulets contenus dans une pile triangulaire.

226. *Pile à base carrée.* La base d'une pareille pile est formée par des boulets rangés en carré, dont le nombre total est n^2, n désignant le nombre de ceux qui sont contenus dans le côté de ce carré. La seconde tranche contiendra $(n-1)^2$ boulets, la troisième $(n-2)^2$, etc., et enfin la dernière n'en contient qu'un. Le nombre total est donc

$$N=n^2+(n-1)^2+\ldots+1=\frac{n.(n+1)(2n+1)}{6}.$$

227. *Pile à base rectangulaire*. La base d'une pareille pile est formée par des boulets rangés en rectangle. Si l'un des côtés de la base contient m boulets et l'autre côté n, le nombre total des boulets qui la composent sera mn. La tranche suivante est un rectangle, dont les côtés comprennent respectivement $(m-1)$ et $(n-1)$ boulets, elle en contient par conséquent un nombre égal à $(m-1)(n-1)$; la troisième tranche en contient de même $(m-2)(n-2)$, et ainsi de suite jusqu'à la dernière, qui est une file de $m-n+1$ boulets (si l'on suppose $m>n$). Le nombre total que nous cherchons est donc

$$N=mn+(m-1)(n-1)+(m-2)(n-2)+\ldots+(m-n+1)1.$$

Posons $(m-n)=p$: on aura évidemment $m=n+p$, et

$$N=n.(n+p)+(n-1)(n-1+p)+(n-2)(n-2+p)+\ldots+1(1+p),$$

c'est-à-dire

$$N=[n^2+(n-1)^2+(n-2)^2+\ldots+1]+p[n+(n-1)+\ldots+1],$$

ou, d'après les formules connues,

$$N=\frac{n.(n+1)(2n+1)}{6}+p.\frac{n.(n+1)}{2}=\frac{n.(n+1)(2n+3p+1)}{6}.$$

228. Nous ferons connaître, à l'occasion des formules précédentes, un mode de raisonnement très-fréquemment employé, et qu'il suffira de développer sur un seul exemple.

Supposons que l'on donne sans démonstration la formule

$$1+2^2+3^2+\ldots n^2=\frac{n.(n+1)(2n+1)}{6}.$$

Comment devra-t-on s'y prendre pour en vérifier l'exactitude?

On commencera par faire les hypothèses les plus simples :

Pour $n=1$, on a $\dfrac{n(n+1)(2n+1)}{6}=\dfrac{1.2.3}{6}=1$;

Pour $n=2$, on a $\dfrac{n(n+1)(2n+1)}{6}=\dfrac{2.3.5}{6}=5=1+2^2$;

Pour $n=3$, on a $\dfrac{n(n+1)(2n+1)}{6}=\dfrac{3.4.7}{6}=14=1+2^2+3^2$.

La formule est donc exacte pour les valeurs **1, 2, 3** du nombre n. Cela posé, pour prouver qu'elle est générale, il suffit de montrer qu'en la supposant vraie pour une certaine valeur de

n, elle l'est, par cela même, pour la valeur immédiatement supérieure. Admettons donc que l'on ait

$$[1] \qquad 1+2^2+3^2+\ldots n^2=\frac{n.(n+1)(2n+1)}{6};$$

il faut prouver que l'on aura, par suite,

$$[2] \qquad 1^2+2^2+\ldots n^2+(n+1)^2=\frac{(n+1)(n+2)(2n+3)}{6}.$$

Les premiers membres des équations [1] et [2] ont pour différence $(n+1)^2$. Si donc il en est de même des seconds membres, la première égalité entraîne nécessairement la seconde. Or, on a

$$\frac{(n+1)(n+2)(2n+3)}{6}-\frac{n(n+1)(2n+1)}{6}$$
$$=\frac{(n+1)[(n+2)(2n+3)-n(2n+1)]}{6}=\frac{(n+1)(6n+6)}{6}=(n+1)^2.$$

Le théorème est donc vérifié.

Une marche semblable s'appliquerait aux diverses formules qui représentent le nombre des boulets dans les différents cas.

RÉSUMÉ.

203. Définition des combinaisons, ce que l'on nomme arrangements, produits différents. — **204**. Nombre des arrangements de m objets pris n à n. — **205**. Nombre des permutations. — **206**. Nombre des produits différents. Forme plus simple de l'expression du nombre des produits différents. — **207**. Le nombre des produits différents de m lettres n à n est le même que celui de m lettres $m-n$ à $m-n$. — **208**. Formation du produit de m binomes qui ont mêmes premiers termes. — **209**. Puissance d'un binome. — **210**. Les coefficients à égale distance des extrêmes sont égaux. — **211**. Moyen de former un terme connaissant le précédent. — **212**. Puissance d'un binome dont le second terme est négatif. — **213**. Relations entre les coefficients du développement $(x+a)^m$. — **214**. Développement de $(a+b\sqrt{-1})^m$. — **215**. Conditions pour que le résultat soit réel. — **216**. Puissance d'un trinome. — **217**. Terme général du développement. — **218**. Terme général du développement de $(a+b+c+d)^m$. — **219**. Définition du nombre e, série qui le représente. — **220**. Objection que l'on peut faire au raisonnement précédent, moyen de s'en affranchir. — **221**. e est la limite de $\left(1+\frac{1}{m}\right)^m$, lors même que m grandit sans être entier. — **222**. Valeur de e à vingt décimales. — **223**. Somme des puissances semblables des termes d'une progression. — **224**. Somme des carrés des nombres naturels. — **225**. Piles triangulaires. — **226**. Piles à base carrée. — **227**. Pile à base rectangle. — **228**. Moyen de vérifier l'exactitude de la formule qui donne la somme des carrés des nombres naturels.

EXERCICES.

I. En désignant par $[\overset{n}{m}]$ le produit $m(m-1)\ldots(m-n+1)$, vérifier les formules

$$[(\overset{m}{a+b})]=[\overset{m}{a}]+m[\overset{m-1}{a}]b+\frac{m.m-1}{1.2}[\overset{m-2}{a}][\overset{2}{b}]+\ldots$$
$$+\frac{m.m-1\ldots m-n+1}{1.2\ldots n}[\overset{m-n}{a}][\overset{n}{b}]+\ldots+[\overset{m}{b}].$$

$$[(\overset{m}{a+b+c})]=[\overset{m}{a}]+\ldots+\frac{1.2\ldots m}{1.2\ldots\alpha.1.2\ldots\beta.1.2\ldots\gamma}[\overset{\alpha}{a}][\overset{\beta}{b}][\overset{\gamma}{c}]+\ldots,$$

le second membre comprenant les termes analogues à ceux que nous avons écrits, et correspondant à toutes les valeurs de α, β, γ, pour lesquelles $\alpha+\beta+\gamma=m$. On regarde $[\overset{0}{a}]$ comme égal à 1.

II Nombre des termes du développement de $(a+b+c)^m$ et de $(a+b+c+d)^m$.

III. Vérifier la formule

$$x^n+\frac{1}{x^n}=\left(x+\frac{1}{x}\right)^n-n\left(x+\frac{1}{x}\right)^{n-2}+\frac{n(n-3)}{1.2}\left(x+\frac{1}{x}\right)^{n-4}$$
$$-\frac{n(n-4)(n-5)}{1.2.3}\left(x+\frac{1}{x}\right)^{n-6}+\ldots$$

IV. Vérifier

$$1.2\ldots m=(m+1)^m-m.m^m+\frac{m(m-1)}{1.2}(m-1)^m$$
$$-\frac{m(m-1)(m-2)}{1.2.3}(m-2)^m+\ldots$$

V. Trouver le plus grand terme du développement de $(x+a)^m$.

x et a étant donnés, et m augmentant indéfiniment, trouver la limite du rapport de leurs exposants dans le terme maximum.

Trouver le plus grand terme de $(a+b+c)^m$ et les rapports limites des exposants de a, b, c dans ce plus grand terme, lorsque m augmente indéfiniment.

VI. Vérifier que $(x+a)^m+(x-a)^m$ est plus grand que $2x^m$. En déduire le maximum de $x+y$ lorsque x^m+y^m est donné.

VII. Vérifier la formule

$$(x+\alpha)^m = x^m + m\alpha(x+\beta)^{m-1} + \frac{m(m-1)}{1.2}\alpha(\alpha-2\beta)(x+2\beta)^{m-2}$$
$$+\dots+\frac{m(m-1)\dots(m-n+1)}{1.2\dots n}\alpha(\alpha-n\beta)^{n-1}(x+n\beta)^{m-n}$$
$$+\dots+m\alpha[\alpha-(m-1)\beta]^{m-2}[x+(m-1)\beta]+\alpha(\alpha-m\beta)^{m-1}.$$

Cette formule, dans le cas de $\beta=0$, ne diffère pas de celle du binome : elle a lieu quel que soit β.

VIII. Nombre de manières de décomposer un polygone en triangles par les diagonales : démontrer les formules

$$P_{n+1}=P_n+P_{n-1}P_3+P_{n-2}P_4+\dots+P_3P_{n-1}+P_n$$
$$P_{n+1}=\frac{4n-6}{n}P_n,$$

P_n désignant de combien de manières cette décomposition peut se faire pour un polygone de n côtés.

IX. Si l'on considère une permutation de n nombres $1.2.3\dots n$, que l'on dise qu'il y a *dérangement* quand ce nombre est suivi, immédiatement ou non, d'un autre plus petit que lui, prouver que le nombre total des dérangements contenus dans les permutations de ces n nombres est égal à $(1.2\dots n).\frac{n(n-1)}{4}$.

X. Trouver la somme des carrés des coefficients du binome. Cette somme peut être représentée par les deux formules

$$\frac{2n.(2n-1)\dots(n+1)}{1.2.3\dots n},\quad \frac{2.6.10.14\dots 4n-2}{1.2\dots n};$$

prouver que ces formules sont équivalentes.

XI. Prouver que si dans la somme

$$S=\frac{1-x}{1-a}+\frac{(1-x)(a-x)}{a-a^3}+\ldots+\frac{(1-x)(a-x)(a^2-x)\ldots(a^{n-1}-x)}{a^{\frac{n.n-1}{2}}-a^{\frac{n.n+1}{2}}}+\ldots,$$

on fait $x=a^n$, cette somme devient égale à n.

XII. Limite de $\left(1-\frac{1}{m}\right)^m$, lorsque m augmente indéfiniment. Cette limite est $\frac{1}{e}$. Former la série qui la représente.

XIII. Trouver la limite de $\left(1+\frac{x}{m}\right)^m$, lorsque m croît indéfiniment. Cette limite est e^m. Former la série qui la représente.

XIV. e est incommensurable.

XV. La série

$$\frac{1}{z^{\alpha_1}}+\frac{1}{z^{\alpha_2}}+\frac{1}{z^{\alpha_3}}+\ldots+\frac{1}{z^{\alpha_m}}+\ldots$$

dans laquelle z est un nombre entier, ainsi que les exposants $\alpha_1, \alpha_2, \ldots \alpha_m$, a une limite incommensurable lorsque les différences $\alpha_2-\alpha_1$, $\alpha_3-\alpha_2 \ldots \alpha_{m+1}-\alpha_m$, vont toujours en augmentant.

XVI. Si l'on nomme S_m la somme des m^{mes} puissances des n premiers nombres naturels, prouver que S_m est compris entre $\frac{(n+1)^{m+1}}{m+1}$ et $\frac{n^{m+1}}{m+1}$, m désignant un nombre entier quelconque.

CHAPITRE XVII.

COMPLÉMENT DE LA THÉORIE DES LOGARITHMES.

L'expression a^n peut prendre toutes les valeurs possibles lorsque a est un nombre positif plus grand ou plus petit que l'unité.

229. Nous avons donné (**194**) la définition de l'expression a^x, et nous avons vu (**195**) que si, le nombre a étant donné, l'exposant x reçoit des accroissements suffisamment petits, l'expression a^x peut varier aussi peu qu'on le voudra. On dit, d'après cela que cette expression est une *fonction continue* de x, et l'on entend par là qu'elle ne peut passer brusquement d'une valeur à une autre sans être susceptible d'acquérir les valeurs intermédiaires.

230. Il résulte de la *continuité* de l'expression a^x que a étant positif, et x variant de $-\infty$ à $+\infty$, cette expression peut prendre toutes les valeurs positives. Pour le démontrer nous distinguerons deux cas.

1° a *est plus grand que l'unité.* Les puissances entières de a forment une progression croissante; et, par suite (**144**), il existe toujours un exposant assez grand pour que a^x dépasse toute grandeur assignée d'avance; d'ailleurs, pour $x=0$, a^x devient l'unité, et par suite la fonction considérée, pouvant être égale à l'unité et à un nombre aussi grand que l'on voudra, peut acquérir, en vertu de la continuité, toutes les valeurs intermédiaires; on voit donc que x variant de 0 à $+\infty$, a^x varie de 1 à $+\infty$ et prend toutes les valeurs plus grandes que l'unité.

Si l'on donne à x des valeurs négatives en posant, par exemple, $x=-m$, on aura

$$a^x=\frac{1}{a^m},$$

et m variant de 0 à $+\infty$, le dénominateur du second membre prend toutes les valeurs possibles plus grandes que l'unité, et, par suite, la fraction prendra toutes les valeurs moindres que 1. Il est clair d'ailleurs que a^x ne peut pas prendre deux fois la même valeur, car si l'on avait, par exemple,

$$a^x = a^{x'},$$

on en conclurait

$$1 = \frac{a^{x'}}{a^x} = a^{x'-x};$$

or, la puissance 0 d'un nombre plus grand que 1 est évidemment la seule qui soit égale à l'unité, et l'on devrait avoir

$$x = x'.$$

2° a *est plus petit que l'unité*. Posons $a = \frac{1}{a'}$, a' sera plus grand que l'unité; on aura

$$a^x = \frac{1}{a'^x},$$

et, d'après ce qui précède, x variant de 0 à $+\infty$, a'^x prendra toutes les valeurs possibles supérieures à l'unité, donc a^x prendra évidemment toutes celles qui sont moindres; x variant de 0 à $-\infty$, a'^x prendra toutes les valeurs moindres que l'unité, et par suite a^x prendra évidemment toutes celles qui sont plus grandes que l'unité. En sorte que, dans ce cas encore, a^x peut prendre toutes les valeurs positives.

231. La définition que nous avons adoptée (**147**) permet de démontrer les propriétés essentielles des logarithmes; mais pour leur étude plus approfondie, il est convenable de prendre un autre point de départ et nous adopterons une définition nouvelle.

Définition des logarithmes.

232. Lorsqu'on a la relation

$$a^x = b,$$

on dit que x est le *logarithme* du nombre b dans la base a, et on l'écrit ainsi :

$$x = \log b.$$

L'ensemble des logarithmes des différents nombres correspondants à une même base a, forme ce que l'on nomme un *système de logarithmes*. Les logarithmes d'un même système jouissent de propriétés fort importantes que nous allons d'abord démontrer. Nous supposons toujours la base positive.

Propriétés des logarithmes.

233. *Le logarithme du produit de deux nombres est égal à la somme des logarithmes de ces nombres.*

Soient, en effet, x et y les logarithmes des nombres b et c, on a (**232**)

$$a^x = b,$$

$$a^y = c;$$

et, en multipliant ces deux équations membre à membre,

$$a^{x+y} = bc,$$

donc $x+y$ est le logarithme de bc, et l'on a

$$\log bc = \log b + \log c.$$

234. *Le logarithme du quotient de deux nombres est égal à la différence des logarithmes de ces nombres.*

Soient, en effet, x et y les logarithmes de deux nombres b et c, on a (**232**)

$$a^x = b,$$

$$a^y = c,$$

et, en divisant ces deux équations membre à membre,

$$a^{x-y} = \frac{b}{c},$$

donc $x - y$ est le logarithme de $\frac{b}{c}$, et l'on a

$$\log \frac{b}{c} = \log b - \log c.$$

235. *Le logarithme de la puissance* n^{me} *d'un nombre est égal, quel que soit* n *(entier ou fractionnaire, positif ou négatif), au produit de* n *par le logarithme de ce nombre.*

Soit x le logarithme de b, on a

$$a^x = b;$$

d'où, en élevant les deux membres à la puissance n,

$$a^{nx} = b^n;$$

donc nx est le logarithme de b^n, et l'on a

$$\log b^n = n \log b.$$

236. *Dans un système quelconque de logarithmes, l'unité a pour logarithme zéro, et la base du système pour logarithme l'unité.*

On a, en effet, quel que soit a,

$$a^0 = 1,$$
$$a^1 = a.$$

237. *Lorsque la base d'un système est plus grande que l'unité, les nombres plus grands que l'unité ont des logarithmes positifs, et les nombres moindres que l'unité ont des logarithmes négatifs. Le contraire a lieu lorsque la base est moindre que l'unité.*

On a vu, en effet (**195**), que les puissances positives d'un nombre plus grand que l'unité sont plus grandes que l'unité, et ses puissances négatives sont moindres que l'unité. Le contraire a lieu pour les puissances des nombres moindres que l'unité. Si donc a est plus grand que l'unité, l'équation

$$a^x = b$$

exige que x, c'est-à-dire $\log b$, soit positif si b est plus grand que l'unité et négatif dans le cas contraire.

Si, au contraire, a est moindre que l'unité, l'équation

$$a^x = b$$

exige que x, c'est-à-dire $\log b$, soit négatif si b est plus grand que l'unité, et positif dans le cas contraire.

Remarque. Les nombres négatifs n'ont pas de logarithmes; car les puissances, positives ou négatives, d'une base positive sont toutes positives.

Identité des logarithmes algébriques et arithmétiques.

238. Il est essentiel de démontrer que les logarithmes, tels que nous les avons définis, ne diffèrent pas de ceux que l'on considère en arithmétique, et qui naissent de la considération de deux progressions.

Si l'on considère, en effet, des nombres en progression par quotient commençant par l'unité :

$$\div\div\ 1 : q : q^2 : q^3 : q^4 : q^5 : \ldots q^n : q^{n+1},$$

et que l'on nomme x le logarithme de q, les logarithmes des différents termes de cette progression seront (**235**)

$$0,\ x,\ 2x,\ 3x,\ \ldots,\ nx,\ (n+1)x,$$

et formeront, par conséquent, une progression arithmétique commençant par 0.

239. Si maintenant on insère un nombre k de moyens entre les termes consécutifs des deux progressions, on dit, en arithmétique, que les termes introduits par là dans la progression par différence, sont les logarithmes des termes correspondants dans la progression par quotient. Or nous allons voir que les conséquences de cette définition sont d'accord avec celle que nous avons donnée en algèbre.

Si, en effet, nous insérons k moyens entre les termes q^n, q^{n+1} de la propression par quotient et les termes nx, $(n+1)x$ de la progression par différence, les raisons des progressions formées par ces moyens seront

$$\sqrt[k+1]{q},\quad \frac{x}{k+1},$$

et le p^{me} moyen sera, dans la progression par quotient,

$$q^n \times \left(\sqrt[k+1]{q}\right)^p,$$

et dans la progression par différence

$$nx + p\left(\frac{x}{k+1}\right);$$

mais on a $$q^n \times (\sqrt[k+1]{q})^p = q^{n+\frac{p}{k+1}},$$

$$nx + p\left(\frac{x}{k+1}\right) = x\left(n + \frac{p}{k+1}\right);$$

et, puisque x est, par hypothèse, le logarithme de q, le second de ses nombres est bien (235) le logarithme du premier.

240. Nous venons de voir qu'un système de logarithmes, tel que nous l'avons défini, peut toujours résulter de la considération de deux progressions convenablement choisies, et rentre dans les systèmes considérés en arithmétique. On peut faire voir aussi que le système de logarithmes défini par deux progressions quelconques, satisfait toujours à la définition donnée (232).

Soit, en effet, le système défini par les deux progressions

$$\begin{array}{ccccc} 1 & q & q^2 & \ldots & q^n, \\ 0 & \delta & 2\delta & \ldots & n\delta. \end{array}$$

Posons $$q^n = \beta, \quad n\delta = \gamma,$$

γ étant le logarithme de β; on tire de la seconde de ces équations

$$n = \frac{\gamma}{\delta},$$

et, en remettant cette valeur dans la première,

$$q^{\frac{\gamma}{\delta}} = \beta,$$

ou $$\left(q^{\frac{1}{\delta}}\right)^{\gamma} = \beta.$$

γ est donc la puissance à laquelle il faut élever la base fixe $q^{\frac{1}{\delta}}$ pour reproduire le nombre β, c'est-à-dire le logarithme β pris, d'après notre nouvelle définition, dans le système dont la base est $q^{\frac{1}{\delta}}$.

Comment on passe d'un système à un autre.

241. Le nombre a, dont les puissances servent à former tous les autres nombres, se nomme la base du système de logarithmes que l'on considère. Si l'on change de base, tous les logarithmes changent, mais il est facile de voir qu'ils conservent des valeurs proportionnelles, et se multiplient tous par un même facteur, que l'on nomme module de l'un des systèmes par rapport à l'autre.

Soient a et a' deux bases quelconques, et x, x' les logarithmes d'un même nombre b dans les deux systèmes, de sorte que l'on ait

$$[1] \qquad a^x = b,$$

$$[2] \qquad a'^{x'} = b.$$

Prenons les logarithmes, dans la base a, des deux membres de la première équation, on aura

$$[3] \qquad x l_{a'} a = l_{a'} b,$$

le signe $l_{a'}$ désignant le logarithme d'un nombre dans la base a'. Or, si on se rappelle que x est le logarithme de b dans la base a, l'équation [3] prouve que les deux logarithmes du nombre b, dans les bases a' et a, ont pour rapport le nombre constant $l_{a'}a$.

On aurait pu, également, prendre les logarithmes des deux membres de l'équation [2], en opérant cette fois dans la base a; on aurait eu alors

$$x' l_a a' = l_a b.$$

Donc le rapport des deux logarithmes du nombre b, pris, respectivement, dans les bases a' et a, est $\frac{1}{l_a a'}$. Nous avions trouvé, plus haut, que ce même rapport est $l_{a'}a$. Pour que ces deux résultats coïncident, il faut que l'on ait

$$l_a a' = \frac{1}{l_{a'} a}.$$

Or, cette égalité est évidente, si l'on pose en effet

$$l_a a' = y,$$

$$l_{a'} a = z.$$

On a, par définition, $a^y = a'$,

$$a'^z = a.$$

Remettant dans la seconde équation la valeur de a' fournie par la première, il vient

$$(a^y)^z = a^{yz} = a.$$

Donc on doit avoir $yz = 1$.

Logarithmes vulgaires.

242. Les logarithmes dont on fait habituellement usage, ceux qui sont formés par les tables de Callet, ont été calculés en prenant 10 pour base du système. Nous avons expliqué complétement (**167**) la disposition et l'usage de ces tables; nous n'y reviendrons pas ici. Nous nous bornerons à dire quelques mots des logarithmes négatifs, dont il n'a pas été question au chapitre XIII.

Logarithmes négatifs.

243. La base a du système considéré étant plus grande que l'unité, si le nombre considéré est moindre que 1, l'équation

$$a^x = b$$

donnera pour x une valeur négative; car on a vu (**230**) que c'est en faisant varier x de 0 à $-\infty$ que l'on fait prendre à a^x les valeurs comprises entre 1 et 0. Par conséquent, les nombres moindres que l'unité ont des logarithmes négatifs. Ces logarithmes jouissent de toutes les propriétés démontrées plus haut, car il n'a été fait jusqu'ici aucune hypothèse sur le signe des nombres considérés. On remarquera seulement que les logarithmes négatifs ne sont pas directement fournis par les tables: mais leur détermination n'offrira pas pour cela plus de difficulté. Supposons, en effet, que le nombre b, plus petit que l'unité, soit donné sous forme d'une fraction $\frac{m}{n}$, on aura

$$l\frac{m}{n} = lm - ln = -(ln - lm),$$

et, par suite, le logarithme négatif s'obtiendra au moyen d'une soustraction. On a vu que, pour les calculs, il est commode de préparer le logarithme de telle sorte que sa caractéristique soit seule négative : on ajoutera, pour cela, à la partie entière de lm, un nombre tel que l'on puisse soustraire ln ; la différence sera la partie décimale du logarithme cherché, et l'on donnera, pour caractéristique négative, le nombre entier qui a été ajouté à $\log m$.

Résolution des équations exponentielles.

244. On appelle équation exponentielle une équation de la forme

$$a^x = b,$$

dans laquelle a et b sont deux nombres positifs donnés. Résoudre l'équation, c'est trouver la valeur de x pour laquelle elle est satisfaite. Pour trouver cette valeur de x, il suffit de prendre les logarithmes des deux membres de l'équation. On aura ainsi

$$x \log a = \log b,$$

et par suite $$x = \frac{\log b}{\log a}.$$

La base du système dans lequel les logarithmes sont calculés est arbitraire. Cela n'a d'ailleurs aucune influence sur le résultat : car on a vu (**241**) qu'en passant d'un système à un autre, on doit multiplier tous les logarithmes par un même nombre, et, par suite, le rapport

$$\frac{\log b}{\log a}$$

n'est pas changé.

Remarques sur les questions d'intérêt.

245. On a démontré qu'une somme A, placée à intérêts composés, devient, après n années,

$$A(1+r)^n.$$

Les conventions faites (**290**) sur les exposants négatifs et fractionnaires permettent, maintenant, de généraliser cette formule.

Si n est fractionnaire et représenté par $\frac{p}{q}$, supposons que l'on étende le principe des intérêts composés aux fractions d'année, et nommons x ce que rapporte 1 franc pendant $\frac{1}{q}$ d'année.

1 franc rapportant x après $\frac{1}{q}$ d'année, devient, au bout de ce temps, $(1+x)$, et une somme quelconque placée pendant le même temps, se multipliera par $1+x$. Si donc on place 1 franc pendant $\frac{q}{q}$ d'année, c'est-à-dire pendant une année entière, il se multipliera q fois par $(1+x)$ ou par $(1+x)^q$; et comme d'ailleurs il doit devenir $1+r$, on a

$$(1+x)^q=(1+r);$$

d'où l'on déduit $$1+x=(1+r)^{\frac{1}{q}}.$$

Et il est évident que 1 franc placé pendant $\frac{p}{q}$ année se multipliera par $(1+x)^p$, c'est-à-dire par $(1+r)^{\frac{p}{q}}$, et que, par suite, une somme quelconque A deviendra

$$A(1+r)^{\frac{q}{q}};$$

ce qui est conforme au résultat énoncé.

2° Si r est négatif, nous envisagerons la question de la manière suivante :

Une somme qui vaut aujourd'hui A, est placée depuis un temps indéterminé : combien valait-elle il y a n années?

Si l'on désigne par X la valeur inconnue, X placé pendant n années est devenu A ; par suite, d'après ce qui précède,

$$A = X(1 + r)^n,$$

d'où l'on déduit $X = A(1 + r)^{-n}$;

ce qui est encore conforme à la formule donnée plus haut.

RÉSUMÉ.

229. La fonction a^x est continue. — **230.** Lorsque x varie de $-\infty$ à $+\infty$, a étant positif, a^x prend toutes les valeurs positives, et ne prend chacune qu'une seule fois. — **231, 232.** Nouvelle définition des logarithmes. — **233.** Logarithme d'un produit. — **234.** Logarithme d'un quotient. — **235.** Logarithme d'une puissance. — **236.** Logarithme de 1, et logarithme de la base. — **237.** Nombres qui ont des logarithmes positifs, et nombres qui ont des logarithmes négatifs. — **238.** Si des nombres sont en progression par quotient, leurs logarithmes sont en progression par différence. — **239.** Cas où l'on insère de nouveaux termes dans les progressions. — **240.** Les logarithmes définis au chapitre XIV sont les mêmes que ceux qui résultent de la définition nouvelle. — **241.** Comment on peut passer d'un système à un autre. — **242.** Les tables de logarithmes vulgaires ont été décrites au chapitre XIV, on n'y reviendra pas dans celui-ci. — **243.** Logarithmes négatifs. — **244.** Résolution d'une équation exponentielle. — **245.** Généralisation des formules relatives aux questions d'intérêt.

CHAPITRE XVIII.

THÉORIE DES DÉRIVÉES.

Développement d'une fonction entière de $(x+h)$ suivant les puissances de h.

246. Si, dans un polynome entier, par rapport à une lettre x, et que nous représenterons généralement par

$$A_0x^m + A_1x^{m-1} + A_2x^{m-2} + \ldots + A_{m-1}x + A_m,$$

on remplace x par $x+h$, le résultat de cette substitution sera

$$A_0(x+h)^m + A_1(x+h)^{m-1} + \ldots + A_{m-1}(x+h) + A_m.$$

Cette expression devient, en développant chaque terme par la formule du binome et ordonnant suivant les puissances h,

$$\begin{array}{l|l|l|l}
A_0x^m + mA_0x^{m-1} & h + m(m-1)A_0x^{m-2} & \dfrac{h^2}{1.2} + \ldots + mA_0x & h^{m-1} + A_0h^m \\
+A_1x^m + (m-1)A_2x^{m-2} & \quad +(m-1)(m-2)A_1x^{m-3} & \qquad\qquad\quad +A_1 & \\
+\;\;\cdot\;\;+\;\;\;\;\cdot & \quad +\;\;\;\cdot & & \\
\qquad\vdots\qquad\;\vdots & \qquad\;\vdots & & \\
+A_{m-1}x + A_{m-1} & \quad +2A_{m-2} & & \\
+A_m & & &
\end{array}$$

Les termes indépendants de h, ceux auxquels se réduit l'expression pour $h=0$, forment, comme cela devait être, le polynome proposé lui-même. Le coefficient de la première puissance de h se nomme la *dérivée* du polynome proposé. En désignant celui-ci par $f(x)$, la dérivée se représente assez habituellement par $f'(x)$. Les coefficients de $\frac{h^2}{1.2}$, $\frac{h^3}{1.2.3}$, ..., $\frac{h^m}{1.2\ldots m}$, qui sont des polynomes dont le degré est de moins en moins élevé, étant désignés par $f''(x)$, $f'''(x)$, ..., $f^m(x)$, le développement précédent s'écrira

$$f(x+h)=f(x)+hf'(x)+\frac{h^2}{1.2}f''(x)+\dots+\frac{h^{m-1}}{1.2\dots m-1}f^{m-1}(x)+ \\ +\frac{h^m}{1.2\dots m}f^m(x).$$

Le polynome

$$f'(x)=mA_0x^{m-1}+(m-1)A_1x^{m-2}+(m-2)A_2x^{m-3}+\dots+A_{m-1}$$

se déduit du polynome $f(x)$ d'après une loi fort simple que l'on reconnaît immédiatement. Il faut, pour le former, diminuer d'une unité l'exposant de chacun des termes de $f(x)$ et multiplier le coefficient par l'exposant non encore diminué. L'inspection des polynomes $f''(x)$, $f'''(x)$, ..., montre que chacun d'eux se déduit du précédent suivant la même loi, en sorte que $f''(x)$ est la dérivée de $f'(x)$, $f'''(x)$ celle de $f''(x)$ et ainsi de suite. On dit aussi, pour cette raison, que $f''(x)$ est la *seconde dérivée* de $f(x)$, que $f'''(x)$ en est la *troisième dérivée* et ainsi de suite.

Chaque dérivée est de degré moindre que la précédente, en sorte que la m^{me} dérivée d'un polynome de degré m est constante et qu'il n'y en a pas de $(m+1)^{me}$.

Nouvelle définition de la dérivée.

247. La définition que nous avons donnée de la dérivée ne s'applique qu'aux polynomes entiers et rationnels, mais nous allons en déduire une propriété importante que nous prendrons ensuite pour définition, ce qui permettra d'étendre la notion de dérivée aux expressions d'une autre forme.

On a (**246**), en désignant par $F(x)$ un polynome entier par rapport à x,

$$F(x+h)=F(x)+hF'(x)+\frac{h^2}{1.2}F''(x)+\dots+\frac{h^m}{1.2\dots m}F^m(x),$$

on en conclut

$$\frac{F(x+h)-F(x)}{h}=F'(x)+\frac{h}{1.2}F''(x)+\frac{h^2}{1.2.3}F'''(x)+\dots$$

Si, x restant fixe, on fait tendre h vers zéro, le second membre a évidemment pour limite $F'(x)$, il doit, par suite, en être de même du premier, et l'on a, par conséquent,

$$F'(x) = \lim \frac{F(x+h) - F(x)}{h},$$

résultat que l'on peut énoncer ainsi :

La dérivée d'un polynome F(x) *est la limite du rapport de l'accroissement* F(x+h)—F(x) *de ce polynome à l'accroissement* h *de la variable, lorsque cet accroissement diminue de plus en plus.*

La propriété précédente sera dorénavant prise par nous comme définition ; on voit qu'elle permet d'étendre la notion de dérivées à une expression renfermant une variable x d'une manière quelconque, c'est-à-dire à une fonction quelconque de x. Car on désigne sous la dénomination générale de fonction toute quantité qui acquiert une valeur déterminée pour chaque valeur attribuée à la variable.

248. La dérivée seconde d'une fonction est la dérivée de la dérivée, la dérivée troisième est la dérivée de la seconde dérivée, et ainsi de suite.

Nous commencerons par faire connaître la dérivée des deux fonctions algébriques les plus simples, a^x et $\log x$.

Dérivée de a^x.

249. La dérivée de a^x est, par définition, la limite du rapport

$$\frac{a^{x+h} - a^x}{h};$$

or, on a, évidemment,

$$a^{x+h} - a^x = a^x(a^h - 1);$$

il faut donc, pour obtenir la dérivée, chercher la limite de

$$\frac{a^x(a^h - 1)}{h}.$$

Posons

[3] $$a^h - 1 = \alpha.$$

h étant très-petit, a^h diffère peu de l'unité et, par suite, α est une quantité qui tend vers 0. On déduit de [3]

$$a^h = 1 + \alpha,$$

$$h \log a = \log (1 + \alpha),$$

$$h = \frac{\log (1 + \alpha)}{\log a}.$$

L'expression [2] devient d'après cela

$$a^x \frac{\alpha}{\frac{\log (1 + \alpha)}{\log a}} = \frac{a^x \alpha \log a}{\log (1 + \alpha)} = \frac{a^x \log a}{\frac{1}{\alpha} \log (1 + \alpha)},$$

le numérateur ne contenant pas α, il suffit de chercher la limite du dénominateur. Or, on a

$$\frac{1}{\alpha} \log (1 + \alpha) = \log (1 + \alpha)^{\frac{1}{\alpha}},$$

et en posant $$\alpha = \frac{1}{n},$$

$$\log (1 + \alpha)^{\frac{1}{\alpha}} = \log \left(1 + \frac{1}{n}\right)^n.$$

α tendant vers 0, n augmente indéfiniment, $\left(1 + \frac{1}{n}\right)^n$ tend donc (**221**) vers e, et, par suite, $\log \left(1 + \frac{1}{n}\right)^n$ a pour limite $\log e$, et l'expression $\dfrac{a^x \log a}{\log \left(1 + \frac{1}{n}\right)^n}$ tend vers $\dfrac{a^x \log a}{\log e}$: telle est donc la dérivée de a^x.

On peut remarquer que la base du système dans lequel sont pris les logarithmes n'a pas été définie ; mais le choix de cette base n'a aucune influence sur le résultat, car le rapport $\dfrac{\log a}{\log e}$ ne dépend pas (**241**) de la base du système considéré.

Dérivée de $\log x$.

250. La dérivée de $\log x$ est, par définition, la limite de l'expression

$$\frac{\log(x+h)-\log x}{h},$$

lorsque h tend vers zéro.

Or, on a

$$\log(x+h)-\log x=\log\left(\frac{x+h}{x}\right)=\log\left(1+\frac{h}{x}\right).$$

L'expression [1] équivaut donc à

$$[2] \qquad \frac{\log\left(1+\frac{h}{x}\right)}{h}.$$

Posons $\frac{h}{x}=\alpha$, α tendra vers 0 avec h; il viendra $h=\alpha x$, et l'expression [2] devient

$$\frac{\log(1+\alpha)}{\alpha x}=\frac{1}{x}\cdot\frac{1}{\alpha}\log(1+\alpha)=\frac{1}{x}\log(1+\alpha)^{\frac{1}{\alpha}}.$$

Or, on a vu (**249**) que, α tendant vers 0, $\log(1+\alpha)^{\frac{1}{\alpha}}$ a pour limite $\log e$. La limite de $\frac{1}{x}\log(1+\alpha)^{\frac{1}{\alpha}}$ est donc $\frac{\log e}{x}$, qui représente par conséquent la dérivée de $\log x$.

Après avoir fait connaître les dérivées des deux fonctions très-simples, $\log x$ et a^x, nous allons établir quelques règles générales qui nous permettront d'obtenir les dérivées d'expressions plus composées.

Dérivée d'une somme.

251. Si u, v, w, sont des fonction de u, dont les dérivées u', v', w' sont connues, la somme

$$u+v+w$$

aura pour dérivée la somme

$$u'+v'+w'.$$

Posons, en effet, $F = u + v + w$.

Si nous désignons en général, l'accroissement d'une quantité par le signe Δ placé devant la lettre qui la représente, en attribuant à la variable x un accroissement Δx, les fonctions u, v, w prendront, respectivement, des accroissements Δu, Δv, Δw, et l'accroissement de la somme $u + v + w$, sera évidemment

$$\Delta u + \Delta v + \Delta w,$$

le rapport de cet accroissement à l'accroissement Δx de la variable, est donc

$$\frac{\Delta u}{\Delta x} + \frac{\Delta v}{\Delta x} + \frac{\Delta w}{\Delta x},$$

et, il a, par conséquent pour limite

$$u' + v' + w',$$

comme nous voulions le démontrer.

Dérivée d'une fonction de fonction.

252. On nomme, en général, fonction explicite d'une variable le résultat d'opérations bien définies, exécutées sur cette variable; ainsi, par exemple,

$$x^m, \log\sqrt{1 + x^2}, \log\sin x, a^{x^3}$$

sont des fonctions de x; le nombre des opérations successivement indiquées pouvant d'ailleurs être aussi grand qu'on le voudra :

Si l'on désigne par u une fonction quelconque de la variable x, et que l'on exécute des opérations sur la quantité u, considérée comme donnée, le résultat de ces opérations sera, d'après ce qui précède une fonction de u, et comme u est elle-même une fonction de x, ce résultat se trouve une fonction de fonction. Il est bien entendu qu'en remplaçant u par son expression en x, on peut faire immédiatement d'une fonction de fonction une fonction ordinaire.

Exemples. $(x^2)^3 = x^6$

peut être considéré comme une fonction de fonction (le cube de x^2) ou comme une fonction simple.

$$\log a^x = x \log a$$

peut être considéré comme une fonction de fonction (le logarithme de la fonction a^x) ou comme la fonction simple du premier degré, $x \log a$.

Lors même que des réductions analogues aux précédentes ne s'effectuent pas, rien ne distingue essentiellement une fonction de fonction de celles qui dépendent directement de la variable principale.

D'après les définitions qui précèdent, si l'on désigne par u une fonction $\varphi(x)$ de la variable x, et par w une fonction $\psi(u)$ de la variable u, w sera une fonction de fonction définie par les équations

$$u = \varphi(x),$$

$$w = \psi(u).$$

Nous allons montrer que si les fonctions φ et ψ sont de telle nature qu'on sache prendre leurs dérivées par rapport à la variable dont elles dépendent immédiatement, on pourra former la dérivée de w par rapport à x.

Supposons, en effet, que l'on donne à x un accroissement Δx, et qu'il en résulte

pour u un accroissement Δu,

pour w un accroissement Δw,

on a, identiquement, $\dfrac{\Delta w}{\Delta x} = \dfrac{\Delta w}{\Delta u} \cdot \dfrac{\Delta u}{\Delta x}.$

Or, Δx tendant vers zéro, le premier membre de cette égalité a, par définition, pour limite la dérivée de w par rapport à x, et les deux facteurs du second membre tendent, respectivement, vers la dérivée de w par rapport à u, et vers la dérivée de u par rapport à x; en désignant donc ces deux dérivées par $\psi'(u)$ et $\varphi'(x)$, on voit que la dérivée de w par rapport à x est égale au produit

$$\psi'(u)\ \varphi'(x)$$

résultat que l'on peut énoncer de la manière suivante :

La dérivée d'une fonction de fonction est le produit des dérivées des fonctions simples qui la composent, prises, chacune, par rapport à la variable dont la fonction dépend immédiatement.

253. Exemples. Considérons la fonction

$$(x^2)^3,$$

c'est-à-dire, supposons que dans la formule qui précède, on ait

$$u = x^2$$
$$w = u^3.$$

Pour former la dérivée de cette fonction de fonction, il faut, comme on l'a vu, prendre la dérivée de u^3 par rapport à u, qui est $3u^2$, et la multiplier par la dérivée de x^2 par rapport à x, c'est-à-dire par $2x$, et cette dérivée est donc

$$3u^2 \times 2x = 6x^5,$$

ce qui est précisément le résultat que l'on aurait obtenu (**246**) en remplaçant la fonction de fonction par sa valeur x^6.

Considérons encore la fonction

$$\log x^5,$$

c'est-à-dire, supposons $\quad u = x^5$

$$w = \log u.$$

La dérivée de cette fonction de fonction est le produit de $5x^4$, dérivée de x^5, par $\frac{\log e}{u}$, dérivée de $\log u$, par rapport à u; elle est égale, par conséquent, à

$$\frac{5x^4 \log e}{x^5} = \frac{5 \log e}{x};$$

c'est précisément ce que l'on aurait trouvé en remarquant que

$$\log x^5 = 5 \log x,$$

car la dérivée de $5 \log x$ est évidemment égale à cinq fois la dérivée de $\log x$.

Les deux exemples précédents ont été choisis de manière à fournir un résultat qui fût connu à l'avance, mais on conçoit que dans un grand nombre de cas la règle des fonctions de fonctions conduira à des résultats entièrement nouveaux et qu'il serait difficile d'obtenir autrement.

Cherchons, par exemple, la dérivée de e^{x^2}, en posant

$$x^2 = u$$

$$w = e^u.$$

On voit que la dérivée demandée est le produit de $2x$, dérivée de u par rapport à x, et de e^u, dérivée de e^u par rapport à u; elle est, par conséquent, égale à

$$2xe^{x^2}.$$

254. On peut généraliser la règle des fonctions de fonctions et l'étendre à des expressions qui dépendent de la variable x au moyen de plusieurs fonctions intermédiaires.

Posons, en effet,

$$u = \varphi(x)$$

$$v = \psi(u)$$

$$w = f(v)$$

$$z = F(w),$$

et cherchons la dérivée de z par rapport à x; soit, Δx un accroissement attribué à x, Δu, Δv, Δw, Δz, les accroissements qui en résultent pour u, v, w, z; on a, identiquement,

$$\frac{\Delta z}{\Delta u} = \frac{\Delta z}{\Delta w} \cdot \frac{\Delta w}{\Delta v} \cdot \frac{\Delta v}{\Delta u} \cdot \frac{\Delta u}{\Delta x},$$

et l'on voit que si Δx tend vers zéro, le premier membre a pour limite la dérivée de z par rapport à x, et les facteurs du second tendent vers les dérivées des fonctions z, w, v, u, par rapport aux variables dont elles dépendent immédiatement. On en conclut que la dérivée de w est encore le produit obtenu en multipliant les dérivées des diverses fonctions z, w, v, u, prises chacune par rapport à la variable dont la fonction dépend immédiatement.

Dérivée d'un produit.

255. Soient u, v, w, des fonctions données en nombre quelconque, et z leur produit, dont on demande la dérivée.

On a
$$z = u \, . \, v \, . \, w,$$
en prenant les logarithmes des deux membres, il vient
$$\log z = \log u + \log v + \log w,$$
et si l'on prend les dérivées des deux membres, on a, en appliquant la règle des fonctions de fonctions, et désignant par z', u', v', w, les dérivées de z, u, v, w,
$$\frac{\log e}{z} z' = \frac{\log e}{u} u' + \frac{\log e}{v} v' + \frac{\log e}{w} w';$$
d'où l'on déduit
$$z' = \frac{z}{u} u' + \frac{z}{v} v' + \frac{z}{w} w' = vwu' + uwv' + uvw'.$$

Ainsi, *la dérivée d'un produit est la somme des produits obtenus en multipliant successivement la dérivée de chaque facteur par le produit de tous les autres.*

Dérivée d'un quotient.

256. Soient u et v deux fonctions de x, et z leur quotient, dont on demande la dérivée, on a
$$z = \frac{u}{v}.$$

En prenant les logarithmes, il vient
$$\log z = \log u - \log v;$$
et si l'on prend les dérivées des deux membres, cette équation donne, en adoptant les mêmes notations que précédemment,
$$\frac{\log e}{z} z' = \frac{\log e}{u} u' - \frac{\log e}{v} v';$$

d'où l'on déduit

$$z' = \frac{z}{u}u' - \frac{z}{v}v' = \frac{1}{v}u' - \frac{u}{v^2}v' = \frac{vu' - uv'}{v^2}.$$

Telle est la formule au moyen de laquelle on peut trouver la dérivée d'un quotient, lorsque l'on connaît celles du numérateur et du dénominateur.

Dérivée d'une puissance.

257. Soient u une fonction de x, et m un exposant, entier ou fractionnaire, positif ou négatif; désignons par z la puissance u^m, et cherchons-en la dérivée; on a

$$z = u^m.$$

En prenant les logarithmes, il vient

$$\log z = m \log u;$$

et si l'on prend les dérivées des deux membres, on aura, en adoptant toujours les mêmes notations,

$$\frac{\log e}{z} z' = m \frac{\log e}{u} u';$$

d'où l'on déduit $\quad z' = m\frac{z}{v}u' = mu^{m-1}.u'.$

Remarque I. Dans le cas où m est entier, cette règle pourrait se déduire du théorème des fonctions de fonctions : car u étant une fonction de x, u^m est une fonction de fonction; et l'on a vu (**246**) que sa dérivée par rapport à u est mu^{m-1}.

Remarque II. Si, dans la formule précédente, on suppose $u = x$, on obtient la dérivée de x^m, et l'on voit qu'elle est mx^{m-1} : cette dérivée s'exprime par conséquent par la même formule que lorsque m est entier.

Dérivée de u^v.

258. Considérons enfin l'expression plus composée, dans laquelle l'exposant est lui-même fonction de la variable x, et cherchons la dérivée de u^v, u et v désignant deux fonctions quelconques de x.

Posons $$z = u^v,$$

on obtient, en prenant les logarithmes,

$$\log z = v \log u;$$

et si nous prenons les dérivées des deux membres, en appliquant la règle donnée pour la dérivée d'un produit, il vient

$$\frac{\log e}{z} z' = v' \log u + \frac{v \log e}{u} u';$$

d'où l'on déduit $$z' = z\left(\frac{v' \log u}{\log e} + \frac{v}{u} u'\right).$$

Exemple. Si l'on pose $v = x$, $u = x$, la fonction z devient x^x, et la dérivée est

$$x^x\left(\frac{\log x}{\log e} + 1\right).$$

Applications des règles précédentes.

259. Les règles précédentes permettent de former la dérivée d'une fonction algébrique donnée, quelque compliquée qu'elle soit ; nous en donnerons quelques exemples.

1° Trouver la dérivée de la fonction $y = \sqrt{1 + x^2}$.

On posera $$1 + x^2 = u,$$

$$\sqrt{1 + x^2} = u^{\frac{1}{2}};$$

et on trouve (**252**, **257**),

$$y' = \tfrac{1}{2} u^{-\frac{1}{2}} . u' = \frac{x}{\sqrt{1 + x^2}}.$$

2° Trouver la dérivée de la fonction $y = \dfrac{x^n}{(1 + x)^n}$.

Nous pouvons considérer cette expression comme une fraction; et, en appliquant la règle (**256**), on trouve

$$y' = \frac{nx^{n-1}(1+x)^n - nx^n(1+x)^{n-1}}{(1+x)^{2n}} = \frac{nx^{n-1}}{(1+x)^{n+1}}.$$

On pourrait encore considérer la fraction proposée comme la n^{me} puissance de $\frac{x}{1+x}$ et appliquer la règle (**257**); on aurait alors

$$y' = n\left(\frac{x}{1+x}\right)^{n-1} \cdot \left(\frac{x}{1+x}\right)' = n.\left(\frac{x}{1+x}\right)^{n-1} \frac{x+1-x}{(1+x)^2}$$

$$= n\frac{x^{n-1}}{(1+x)^{n+1}},$$

résultat conforme au précédent.

3° Trouver la dérivée de la fonction

$$y = \log \frac{\sqrt{x^2-1}-1}{\sqrt{x^2-1}+1}.$$

En posant
$$\frac{\sqrt{x^2-1}-1}{\sqrt{x^2-1}+1} = \mathrm{U},$$

on aura
$$y = \log \mathrm{U}$$

et (**253**)
$$y' = \frac{\log e}{\mathrm{U}}.\mathrm{U}'.$$

Pour trouver U′, il faut appliquer la règle (**256**), et l'on trouve

$$\mathrm{U}' = \frac{(\sqrt{x^2-1}+1)\frac{x}{\sqrt{x^2-1}} - (\sqrt{x^2-1}-1)\frac{x}{\sqrt{x^2-1}}}{(\sqrt{x^2-1}+1)^2}$$

$$= \frac{2x}{\sqrt{x^2-1}(\sqrt{x^2-1}+1)^2},$$

et, par suite,
$$y' = \frac{\log e}{(\sqrt{x^2-1})(x^2-2)}.$$

4° Soit enfin $y = e^x\, l.x$, le logarithme étant pris dans la base de Neper; on trouvera

$$y' = e^x\left(\frac{1}{x} + l.x\right).$$

DÉRIVÉES DES FONCTIONS CIRCULAIRES.

Dérivée de sin x.

260. La dérivée de la fonction sin x est, par définition, la limite du rapport

$$\frac{\sin(x+h)-\sin x}{h}.$$

Or, on a, d'après les formules connues de la trigonométrie,

$$\sin(x+h)-\sin x = 2\sin\frac{h}{2}\cos\left(x+\frac{h}{2}\right).$$

Donc

$$\frac{\sin(x+h)-\sin x}{h}=\frac{2\sin\frac{h}{2}\cos\left(x+\frac{h}{2}\right)}{h}=\frac{\sin\left(\frac{h}{2}\right)}{\left(\frac{h}{2}\right)}.\cos\left(x+\frac{h}{2}\right).$$

Mais on sait que h devenant très-petit, le rapport du sinus à l'arc correspondant tend vers l'unité. D'ailleurs, $\cos\left(x+\frac{h}{2}\right)$ s'approche indéfiniment de cos x, et, par suite, l'expression précédente a pour limite cos x.

La dérivée de sin x est donc cos x.

Dérivée de cos x.

261. On a $\cos x = \sin\left(\frac{\pi}{2}-x\right)$;

et, par conséquent, cos x peut être considéré comme une fonction de fonction. En appliquant la règle (**252**), on trouve

$$(\cos x)'=\cos\left(\frac{\pi}{2}-x\right)\left(\frac{\pi}{2}-x\right)'=-\cos\left(\frac{\pi}{2}-x\right)=-\sin x.$$

La dérivée de cos x est donc $-$ sin x.

Dérivée de tang x.

262. On a
$$\tang x = \frac{\sin x}{\cos x};$$
et, en appliquant la règle (**256**), on trouvera
$$(\tang x)' = \frac{\cos^2 x + \sin^2 x}{\cos^2 x} = \frac{1}{\cos^2 x}.$$

La dérivée de tang x est donc $\frac{1}{\cos^2 x}$.

Dérivée de séc x.

263. On a
$$\sec x = \frac{1}{\cos x}.$$
Donc $(\sec x)' = (\cos^{-1} x)' = -(\cos x)^{-2}.(-\sin x) = \frac{\sin x}{\cos^2 x}.$

La dérivée de sec x est donc $\frac{\sin x}{\cos^2 x}$.

264. Remarque. Nous admettons dans les paragraphes précédents que l'arc x soit mesuré par son rapport au rayon du cercle dont il fait partie. C'est en effet dans cette hypothèse seulement qu'il est vrai de dire, comme nous l'avons fait (**260**), que le rapport du sinus à l'arc tend vers l'unité lorsque l'arc diminue.

Dérivées des fonctions circulaires inverses.

265. Toutes les fois que deux variables sont liées de telle manière que la valeur connue de l'une détermine la valeur de l'autre, elles sont dites fonctions l'une de l'autre. Ainsi, par exemple, le sinus d'un arc est une fonction de cet arc, mais, réciproquement, l'arc est fonction du sinus, car à chaque valeur du sinus correspond une valeur déterminée de l'arc. Nous désignerons cette fonction par la notation
$$\text{arc} \sin x,$$
que l'on doit lire : arc dont le sinus est x.

Posons $$y = \text{arc} \sin x$$
et cherchons la dérivée de y par rapport à x.

De l'équation $$y = \text{arc} \sin x$$
on déduit $$x = \sin y,$$
en prenant la dérivée des deux membres, et appliquant, pour le second, la règle des fonctions de fonctions, on trouve
$$1 = \cos y \times y',$$
donc $$y' = \frac{1}{\cos y},$$
mais sin y étant égal à x, cos y est égal à $\pm \sqrt{1-x^2}$, et l'on a, par conséquent,
$$y' = \frac{1}{\pm \sqrt{1-x^2}}.$$

Il peut sembler extraordinaire que la dérivée cherchée ait un signe indéterminé. Mais on remarquera qu'à un même sinus correspondent plusieurs arcs, dont les uns ont un cosinus positif et les autres un cosinus négatif; ce sont ces divers arcs qui ont des dérivées différentes, chacun d'eux, bien entendu, ne peut en avoir qu'une seule.

Dérivée de arc cos x.

266. Si l'on pose $$y = \text{arc} \cos x,$$
on en déduit $$x = \cos y,$$
et en prenant les dérivées des deux membres
$$1 = -\sin y \times y',$$
d'où l'on déduit $$y' = -\frac{1}{\sin y} = \mp \frac{1}{\sqrt{1-x^2}}.$$

Le second membre devant être pris de signe contraire à sin y, c'est-à-dire au sinus de l'arc dont on cherche la dérivée.

On peut remarquer que les deux fonctions arc sin x et arc cos x ont, d'après ce qui précède, des dérivées égales ou égales et de signes contraires, on s'explique facilement qu'il doit en être ainsi, en remarquant que si y désigne un arc dont le sinus soit x, $\frac{\pi}{2} - y$ et $y - \frac{\pi}{2}$ auront x pour cosinus. On a donc

$$\frac{\pi}{2} - \text{arc sin } x = \text{arc cos } x$$

et

$$\text{arc sin } x - \frac{\pi}{2} = \text{arc cos } x.$$

On voit, d'après cela, que suivant la valeur adoptée pour arc cos x, sa dérivée sera égale à celle de arc sin x ou égale et de signe contraire.

Dérivée de arc tang x.

267. Posons $$y = \text{arc tang } x,$$

on en déduit $$x = \text{tang } y,$$

et en prenant les dérivées des deux membres

$$1 = \frac{y'}{\cos^2 y},$$

donc

$$y' = \cos^2 y = \frac{1}{1 + \text{tang}^2 y} = \frac{1}{1 + x^2}.$$

La dérivée de arc tang x est donc $\frac{1}{1 + x^2}$.

On voit que la fonction arc tang x n'a qu'une seule dérivée. Il existe cependant un nombre infini d'arcs qui correspondent à une tangente donnée; mais si l'on désigne l'un d'eux par y, tous les autres sont compris dans la formule

$$n\pi + y;$$

ils ont, par conséquent, même dérivée que y.

Tableau des dérivées.

268. Comme il est nécessaire de connaître les formules

fondamentales du calcul des dérivées, je les ai toutes réunies dans le tableau suivant :

1° $y = ax + b$,	$y' = a.$
2° $y = fx \pm \varphi x$,	$y' = f'x \pm \varphi' x.$
3° $y = fx . \varphi x$,	$y' = f'x\varphi . x + fx . \varphi' x.$
4° $y = \frac{\varphi x}{fx}.$	$y' = \frac{fx . \varphi x - fx . \varphi' x}{f(x)^2}.$
5° $y = x^m$,	$y' = mx^{m-1}.$
6° $y = e^x$,	$y' = e^x.$
7° $y = a^x$,	$y' = a^x\, l.a.$
8° $y = l.x$,	$y' = \frac{1}{x}$,
9° $y = \log x$,	$y' = \frac{1}{x} \log e.$
10° $y = \sin x$,	$y' = \cos x.$
11° $y = \cos x$,	$y' = - \sin x.$
12° $y = \text{tang}\, x$,	$y' = \frac{1}{\cos^2 x}.$
13° $y = \text{cotang}\, x$,	$y' = - \frac{1}{\sin^2 x}$,
14° $y = \text{séc}\, x$,	$y' = \frac{\sin x}{\cos^2 x}.$
15° $y = \text{coséc}\, x$,	$y' = - \frac{\cos x}{\sin^2 x}.$
16° $y = \text{arc} \sin x$,	$y' = \frac{1}{\sqrt{1 - x^2}}.$
17° $y = \text{arc} \cos x$;	$y' = - \frac{1}{\sqrt{1 - x^2}}.$
18° $y = \text{arc tang}\, x$,	$y' = \frac{1}{1 + x^2}.$
19° $y = \text{arc cot}\, x$,	$y' = - \frac{1}{1 + x^2}.$
20° $y = \text{arc séc}\, x$,	$y' = \frac{1}{x\sqrt{x^2 - 1}}.$
21° $y = \text{arc coséc}\, x$,	$y' = - \frac{1}{x\sqrt{x^2 - 1}}.$
22° $y = \log \sin x$,	$y' = \text{cotang}\, x.$
23° $y = \log \cos x$,	$y' = - \text{tang}\, x.$
24° $y = \log \text{tang}\, x$,	$y' = \frac{1}{\sin x . \cos x}.$

Conditions pour qu'une fonction soit croissante ou décroissante.

269. Soit $f(x)$ une fonction quelconque de la variable x. On dit que cette fonction est croissante lorsqu'un petit accroissement, attribué à la variable x, fait prendre à la fonction une valeur plus grande; lorsque l'on a, en d'autres termes, pour de très-petites valeurs de h,

$$f(x+h) > f(x);$$

il est évident, d'après cela, que si la fonction $f(x)$ est croissante, la fraction

$$\frac{f(x+h)-f(x)}{h}$$

est toujours positive pour de petites valeurs de h; et, par conséquent, sa limite qui est la dérivée de $f(x)$ est positive. Ainsi donc : *lorsqu'une fonction est croissante sa dérivée est positive.* Réciproquement : une fonction $f(x)$ est dite décroissante lorsqu'un petit accroissement, attribué à la variable x, fait prendre à la fonction une valeur plus petite; lorsque l'on a, en d'autres termes, pour de très-petites valeurs de h

$$f(x+h) < f(x);$$

il est clair, d'après cela, que si la fonction $f(x)$ est décroissante, la fraction

$$\frac{f(x+h)-f(x)}{h}$$

est toujours négative pour de petites valeurs de h; et, par conséquent, sa limite qui est la dérivée de $f(x)$ est négative. Ainsi donc : *lorsqu'une fonction est décroissante sa dérivée est négative.*

Les deux théorèmes précédents sont d'un grand usage dans l'étude des diverses fonctions.

Lorsque la variable de laquelle dépend une fonction change d'une manière continue, la fonction elle-même varie d'une manière continue, et les théorèmes qui précèdent nous permettent de trouver les valeurs de la variable pour lesquelles la fonction est croissante ou décroissante.

Si la fonction considérée devient maxima pour une certaine valeur a de x, elle est croissante lorsque x est moindre que a, et décroissante dès que x dépasse cette limite. La dérivée doit donc changer de signe, en *passant du positif au négatif*, lorsque x croissant d'une manière continue vient à atteindre la valeur a.

On verra de même que si, pour $x = a$, la fonction considérée est minima, la dérivée doit changer de signe en *passant du négatif au positif* lorsque x, croissant d'une manière continue, atteindra la valeur a.

On voit, par ce qui précède, que les valeurs de x qui rendent une fonction maxima ou minima sont celles pour lesquelles la dérivée de cette fonction vient à changer de signe; et comme une fonction continue ne peut changer de signe qu'en passant par la valeur zéro, intermédiaire entre les valeurs positives et négatives, il en résulte qu'une fonction dont la dérivée est continue ne devient maxima ou minima que pour les valeurs de la variable qui annulent la dérivée.

La réciproque n'est pas exacte : pour qu'il y ait maximum ou minimum, il faut que la dérivée change de signe; et un grand nombre de fonctions peuvent s'annuler sans changer de signe.

Nous appliquerons les considérations qui précèdent à l'étude de quelques fonctions.

1° Étudier la fonction x^x lorsque x varie de 0 à ∞.

Commençons par chercher la valeur de cette fonction pour $x=0$. Si l'on attribue immédiatement cette valeur à la variable, la fonction prend la forme indéterminée 0^0 qui n'a aucun sens; car, d'une part, toutes les puissances de 0 sont nulles; et, d'autre part, toute puissance dont l'exposant est zéro est égale à 1. Pour connaître la véritable valeur de x^x, c'est-à-dire la valeur vers laquelle converge x^x lorsque x diminue de plus en plus, posons

$$y = x^x;$$

si nous prenons les logarithmes des deux membres, il vient

$$\log y = x \log x.$$

Or, puisque x doit recevoir une valeur très-petite, posons-le égal à $\frac{1}{z}$, z étant très-grand ; on aura

$$y = \frac{1}{z}\log\frac{1}{z} = -\frac{1}{z}\log z.$$

Or, il est évident qu'un nombre très-grand est beaucoup plus grand que son logarithme (si par exemple les logarithmes sont pris dans la base 10, le logarithme d'un nombre de 1000 chiffres a seulement 999 pour partie entière). $\frac{1}{z}\log z$ a donc pour limite 0; et, par suite, $\log y$ diminue indéfiniment, d'où l'on conclut que y tend vers l'unité.

Pour étudier les variations de x^x, à partir de la valeur 1, prenons la dérivée de cette fonction. On a (**258**), pour expression de cette dérivée,

$$x^x(1+l.x),$$

le logarithme étant pris dans la base de Neper.

Si x est très-petit, cette dérivée est négative, x^x commence donc par décroître, et diminuera tant que l'on aura

$$1+l.x<0,$$

c'est-à-dire

$$l.x<-1$$

ou

$$x<\frac{1}{e}.$$

Pour $x=\frac{1}{e}$, la dérivée s'annule et la fonction devient minima; x croissant à partir de la valeur $\frac{1}{e}$, la dérivée est toujours positive et x^x croît sans limite.

2° Étudier la fonction

$$y=\frac{l.x}{x},$$

le logarithme étant pris dans la base de Neper.

Pour $x=0$ on a, évidemment, $y=-\infty$. Si l'on prend la dérivée, on trouve

$$y'=\frac{1-l.x}{x^2}.$$

Cette dérivée est positive tant que x est plus petit que e; la fonction augmente donc sans cesse lorsque x passe de la valeur 0 à la valeur e. La fonction passe alors de la valeur $-\infty$ à la valeur $\frac{1}{e}$. Cette valeur $\frac{1}{e}$ est son maximum, et la dérivée devenant ensuite négative, la fonction diminue indéfiniment, et l'on voit sans peine qu'elle tend vers zéro lorsque x augmente sans limite.

3° On donne la somme $x+y$. Trouver le maximum ou le minimum de x^m+y^m.

Remarquons d'abord que, la somme $x+y$ étant donnée, y est une fonction de x, et que, par conséquent, x^m+y^m est aussi fonction de x; on peut, par conséquent, lui appliquer le théorème démontré plus haut (**269**).

Posons $$x+y=2a,$$
$$x^m+y^m=u.$$

Il faut chercher la dérivée de u et l'égaler à zéro; or, on a évidemment
$$u'=mx^{m-1}+my^{m-1}y'.$$

D'ailleurs, l'équation $$x+y=2a$$
donne $$1+y'=0;$$
donc $$y'=-1,$$
$$u'=mx^{m-1}-my^{m-1}.$$

La condition $$u'=0$$
revient donc à $$x^{m-1}=y^{m-1},$$

et exige, par conséquent, que l'on ait $x=y$, et, par suite, $x=a$.

Pour savoir s'il y a maximum ou minimum, il faut chercher (**269**) si, lorsque x, en croissant, passe par la valeur a, la dérivée, en changeant de signe, devient négative ou positive. Or, en supposant m plus grand que 1, pour x plus petit que a,
$$mx^{m-1}-my^{m-1}$$
est négatif, et pour x plus grand que a, cette différence est positive; donc il y a minimum. La conclusion serait opposée si $m-1$ était négatif.

4° Chercher es valeurs maxima et minima de l'expression

$$y = \frac{x^2 - 5x + 6}{x^2 + x + 1}.$$

Cherchons d'abord la dérivée y' de y; on a, d'après la règle donnée (**256**),

$$y' = \frac{(2x-5)(x^2+x+1)-(2x+1)(x^2-5x+6)}{(x^2+x+1)^2} = \frac{6x^2-10x-11}{(x^2+x+1)^2}.$$

Le dénominateur de y' étant positif, le signe de cette dérivée sera celui de $6x^2 - 10x - 11$. Or, ce trinome est négatif quand x est compris entre les racines de l'équation

$$[1] \qquad 6x^2 - 10x - 11 = 0,$$

et il est positif dans le cas contraire.

Les deux racines de l'équation [1] sont :

$$x = \frac{5 \pm \sqrt{91}}{6};$$

$$x' = 2,42323\ 20024$$
$$x'' = -0,75656\ 53357$$

les valeurs correspondantes de y sont

$$y = \frac{19 \mp 2\sqrt{91}}{3}$$

$$y = -0,02626\ 13428$$
$$y = 12,69292\ 80094$$

on voit que la fonction y (qui ne devient pas infinie, et est par conséquent continue) est croissante lorsque x varie de $-\infty$ à x'; elle décroît ensuite, lorsque x varie de x' à x'', pour augmenter indéfiniment quand x augmente à partir de la valeur x''. On voit donc que la fonction atteint son maximum pour $x = x'$, et son minimum pour $x = x''$.

On voit, d'ailleurs, que, pour des valeurs très-grandes de x, la fonction diffère peu de l'unité; car, en remplaçant, pour de telles valeurs, le numérateur et le dénominateur par leurs premiers termes, qui sont égaux, l'erreur relative commise sur l'un et sur l'autre, et, par suite, sur le quotient, est évidemment très-petite.

En résumé, la marche de la fonction est indiquée par le tableau suivant :

$x = -\infty$	$y = 1$	
$x = x' = -0,7565\ldots$	$y = 12,6929\ldots$	maximum
$x = 0$	$y = 6$	
$x = 2$	$y = 0$	
$x = 2,4232\ldots$	$y = -0,0262\ldots$	minimum
$x = 3$	$y = 0$	
$x = \infty$	$y = 1.$	

270. Les fonctions considérées précédemment sont continues, et les théorèmes démontrés (**269**) s'y appliquent sans difficulté; mais il n'en est pas toujours ainsi, et il faut alors avoir soin d'examiner à part les valeurs de la variable pour lesquelles la fonction change brusquement de valeur. La considération de la dérivée ne suffit plus alors pour étudier les variations de la fonction.

Soit, par exemple, la fonction

$$y = \frac{x^2 - 2x + 7}{x^2 - 8x + 15}.$$

On voit immédiatement que cette fonction est discontinue pour les valeurs de $x=3$ et $x=5$, qui annulent le dénominateur; et par conséquent on ne pourra appliquer les théorèmes de la théorie des dérivées que pour des valeurs de x variant entre des limites qui ne comprennent pas l'un des nombres 3 et 5.

On a, en prenant la dérivée de y,

$$y' = \frac{-6x^2 + 16x + 26}{(x^2 - 8x + 15)^2}.$$

Si l'on résout l'équation

$$-6x^2 + 16x + 26 = 0,$$

on trouve
$$x = \frac{4 \pm \sqrt{55}}{3},$$

et, par suite, $x' = -1,13873\ 28290$

$x'' = 3,80539\ 94957$

les valeurs correspondantes de y sont

$$y = -7 \mp \sqrt{55}$$

ou $y = 0,41619\ 84871$

$y = -14,41619\ 84871$

et, par suite, y' est négatif tant que x est compris entre $-\infty$ et x', positif pour les valeurs de x comprises entre x' et x'', et il redevient négatif pour x plus grand que x''. D'après cela, on devrait conclure (**269**) que y décroît lorsque x varie dans le premier intervalle, qu'il augmente dans le second et diminue dans le troisième. Mais, pour les raisons indiquées plus haut, ces conditions cessent d'être exactes, à cause de la discontinuité de y.

y diminue, en effet, quand x varie de $-\infty$ à x' : car, dans cet intervalle, la fonction est continue et la dérivée est négative.

Lorsque x varie de x' à **3**, y augmente ; il devient infini pour $x = 3$; puis il passe brusquement à la valeur $-\infty$, et augmente de nouveau jusqu'à $x = x''$, valeur pour laquelle y est maximum. A partir de la valeur x'', y diminue jusqu'à ce que l'on ait $x = 5$, valeur pour laquelle y est $-\infty$; puis cette fonction passe brusquement à la valeur $+\infty$, et diminue ensuite sans cesse, à mesure que x devient de plus en plus grand.

Si on remarque, comme plus haut, que, pour des valeurs très-grandes de x, positives ou négatives, y diffère peu de l'unité, on pourra représenter les conclusions qui précèdent par le tableau suivant, et l'on se fera facilement une idée de la marche de la fonction, qui, dans chaque intervalle, varie toujours dans le même sens.

$x = -\infty$	$y = 1$	
$x = x' = -1,1387...$	$y = 0,41619...$	minimum
$x = 0$	$y = 0,46666...$	
$x = 3$	$y = \pm\infty$	
$x = x'' = 3,80599...$	$y = -14,41619...$	maximum
$x = 5$	$y = \mp\infty$	
$x = \infty$	$y = 1$	

Deux fonctions qui ont des dérivées égales ne peuvent différer que par une constante.

271. Si deux fonctions ont des dérivées égales, leur différence a évidemment pour dérivée 0. Il suffit donc, pour prouver le théorème énoncé, de faire voir qu'une fonction dont la dérivée est nulle est nécessairement constante.

Soit $F(x)$ une fonction dont la dérivée soit nulle. Considérons les fractions suivantes

$$[1]\qquad \begin{cases} \dfrac{F(x+h)-F(x)}{h}=\varepsilon_1, \\ \dfrac{F(x+2h)-F(x+h)}{h}=\varepsilon_2, \\ \dfrac{F(x+3h)-F(x+2h)}{h}=\varepsilon_3, \\ \vdots \\ \dfrac{F(x+nh)-F[x+(n-1)h]}{h}=\varepsilon_n. \end{cases}$$

Supposons que h tendant vers zéro, n augmente de telle manière que le produit nh conserve une valeur constante k. Les seconds membres $\varepsilon_1, \varepsilon_2, \ldots \varepsilon_n$ tendront tous vers zéro, car, par hypothèse, le rapport de l'accroissement de la fonction à l'accroissement infiniment petit de la variable a toujours zéro pour limite : en chassant les dénominateurs des équations [1], et ajoutant ensuite ces équations, il vient

$$F(x+nh)-F(x)=F(x+k)-F(x)=h(\varepsilon_1+\varepsilon_2+\ldots\varepsilon_n),$$

et, en nommant η le plus grand des nombres $\varepsilon_1, \varepsilon_2, \ldots \varepsilon_n$,

$$F(x+k)-F(x)<n\eta h<\eta k.$$

Or, les quantités $\varepsilon_1, \varepsilon_2, \ldots \varepsilon_n$ tendant toutes vers zéro, la plus grande d'entre elles η peut devenir aussi petite que l'on veut, et, par suite, la différence, *fixe*, $F(x+k)-F(x)$, ne peut différer de zéro. Deux valeurs quelconques de $F(x)$ sont donc égales entre elles, et la fonction est constante.

Revenir de la dérivée à la fonction primitive dans les cas les plus simples.

272. La recherche d'une fonction dont la dérivée est donnée est l'un des problèmes les plus difficiles que présente l'analyse, et l'on est loin de savoir le résoudre en général. Le théorème qui précède prouve au moins qu'une fois une pareille fonction trouvée, toutes celles qui ont, comme elle, la dérivée proposée, s'obtiendront en lui ajoutant une constante, de valeur arbitraire.

Nous nous bornerons ici à traiter le problème dans les cas les plus simples, où la solution s'aperçoit en quelque sorte immédiatement :

1° Quelle est la fonction dont la dérivée est Ax^m? $\dfrac{Ax^{m+1}}{m+1}$.

2° Quelle est la fonction dont la dérivée est $\cos mx$? $\dfrac{\sin mx}{m}$.

3° Quelle est la fonction dont la dérivée est $\sin mx$? $-\dfrac{\cos mx}{m}$.

4° Quelle est la fonction dont la dérivée est a^x? $\dfrac{a^x \log e}{\log a}$.

5° Quelle est la fonction dont la dérivée est $\operatorname{tang} x$?

On a
$$\operatorname{tang} x = \frac{\sin x}{\cos x} = -\frac{\cos' x}{\cos x}.$$

Et l'on voit que la fonction demandée est $-\log \cos x$.

6° Quelle est la fonction dont la dérivée est $\dfrac{2-x^3}{1-x}$?

On a, en effectuant la division,

$$\frac{2-x^3}{1-x} = x^2 + x + 1 + \frac{1}{1-x}.$$

La fonction demandée est par conséquent

$$\frac{x^3}{3} + \frac{x^2}{2} + x - l.(1-x).$$

Nous nous bornerons à ces exemples, ne pouvant indiquer ici aucune des méthodes que l'on emploie pour résoudre le problème dans des cas un peu moins faciles.

RÉSUMÉ.

246. Développement d'une fonction entière de $(x+h)$; définition de la dérivée d'une telle fonction. — **247**. Généralisation de la définition précédente. — **248**. Dérivées successives. — **249**. Dérivée de a^x. — **250**. Dérivée de $\log x$. — **251**. Dérivée d'une somme. — **252**. Dérivée d'une fonction de fonction. — **253**. Exemples. — **254**. Extension à un cas plus général. — **255**. Dérivée d'un produit. — **256**. Dérivée d'un quotient. — **257**. Dérivée d'une puissance. — **258**. Dérivée de u^v, u et v étant deux fonctions de x. — **259**. Applications des règles précédentes. — **260**. Dérivée de $\sin x$. — **261**. Dérivée de $\cos x$. — **262**. Dérivée de $\text{tang}\, x$. — **263**. Dérivée de $\text{séc}\, x$. — **264**. x désigne toujours le rapport de l'arc au rayon. — **265**. Dérivée de $\text{arc}\sin x$. — **266**. Dérivée de $\text{arc}\cos x$. — **267**. Dérivée de $\text{arc tang}\, x$. — **268**. Tableau des formules qui donnent la dérivée des fonctions les plus simples. — **269**. Condition pour qu'une fonction soit croissante ou décroissante. Application à l'étude de quelques fonctions, et particulièrement de leurs maximum et minimum. — **270**. Examen d'une fonction discontinue. — **271**. Deux fonctions qui ont même dérivée ne diffèrent que par une constante. — **272**. Retour de la dérivée à la fonction primitive.

EXERCICES.

I. Trouver la dérivée de

$$\log \text{arc}\sin x,\quad \log \text{arc}\cos x,\quad \log \text{arc tang}\, x.$$

II. Trouver la dérivée de $\text{arc}\sin 2x\sqrt{1-x^2}$, et dire pour quelle raison cette dérivée est double de celle de $\text{arc}\sin x$.

III. Trouver la dérivée de $\text{arc tang}\,\dfrac{a+x}{1-ax}$, et dire pour quelle raison cette dérivée est la même que celle de $\text{arc tang}\, x$.

IV. Trouver la dérivée de $\text{arc tang}\,\dfrac{a+b+x-abx}{1-ab-ax-bx}$. Dire pourquoi elle est la même que la précédente.

V. Trouver les bases dans lesquelles un nombre peut être égal à son logarithme, en employant l'un des procédés suivants :

1° On étudiera la fonction $x-\log x$, et l'on cherchera la condition pour qu'elle puisse devenir nulle.

2° On étudiera la fonction $\frac{x}{\log x}$, et l'on cherchera la condition pour qu'elle puisse devenir égale à l'unité.

3° On étudiera la fonction $a^x - x$, et l'on cherchera la condition pour qu'elle puisse devenir égale à zéro.

4° On étudiera la fonction $\frac{a^x}{x}$, et l'on cherchera la condition pour qu'elle puisse devenir égale à l'unité.

On devra, bien entendu, trouver des quatre manières le même résultat, qui est

$$a < e^{\frac{1}{e}}.$$

VI. Examiner si l'équation

$$x^m = m^x$$

peut admettre d'autre solution que $x = m$.

On met facilement cette équation sous la forme

$$\frac{\log x}{x} = \frac{\log m}{m}.$$

On répondra donc à la question en étudiant la fonction $\frac{\log x}{x}$, et cherchant si cette fonction peut prendre deux fois la même valeur pour des valeurs différentes m et x de la variable.

VII. En posant $\log\left(\frac{1+x}{1-x}\right) = \varphi(x)$,

trouver la dérivée de $\varphi\left(\frac{a+x}{1+ax}\right)$

et celle de $\varphi\left(\frac{a+b+x+abx}{1+ab+(a+b)x}\right)$.

VIII. Trouver la dérivée de l'expression

$$\text{arc sin}\,\frac{\sin x\sqrt{1-e^2}}{1-e\cos x}.$$

IX. Trouver la dérivée de l'expression

$$\frac{1}{a^2-b^2}\left[\frac{a\sin x}{a+b\cos x} - \frac{b}{\sqrt{a^2-b^2}}\,\text{arc tang}\left(\frac{\sin x\,.\,\sqrt{a^2-b^2}}{b+a\cos x}\right)\right].$$

X. Trouver la dérivée de l'expression

$$\frac{1}{(a^2-b^2)}\left[\frac{a \sin x}{a+b\cos x}-\frac{2b}{\sqrt{a^2-b^2}} \operatorname{arc tang}\left(\frac{a-b}{\sqrt{a^2-b^2}} \operatorname{tang}\frac{x}{2}\right)\right].$$

XI. Trouver la dérivée de l'expression

$$\frac{1}{(a^2-b^2)}\left[\frac{a \sin x}{a+b\cos x}-\frac{b}{\sqrt{a^2-b^2}} \operatorname{arc cos}\left(\frac{b+a\cos x}{a+b\cos x}\right)\right].$$

Expliquer pourquoi les trois expressions qui précèdent ont même dérivée.

XII. Trouver la dérivée de l'expression

$$\frac{1}{a^2-b^2}\left[\frac{a \sin x}{a+b\cos x}-\frac{b}{\sqrt{b^2-a^2}}\, l\,.\left(\frac{b+a\cos x+\sqrt{b^2-a^2}\sin x}{a+b\cos x}\right)\right].$$

(Cette fonction a même dérivée que les trois précédentes.)

XIII. Trouver la dérivée de l'expression

$$\frac{1}{4\sqrt{2}}\, l\,.\frac{\sqrt{1+x^4}+x\sqrt{2}}{1-x^2}-\frac{1}{4\sqrt{2}} \operatorname{arc sin}\frac{x\sqrt{2}}{1+x^2}.$$

XIV. Si on désigne par U_m la fonction qui a pour dérivée $\frac{x^m}{\sqrt{1-x^2}}$, on a

$$mu_m = -x^{m-1}\sqrt{1-x^2}+(m-1)U_{m-2}.$$

Comme on a d'ailleurs évidemment :

$$U_0 = \operatorname{arc sin} x,$$

$$U_1 = -\sqrt{1-x^2},$$

on peut conclure de cette formule un moyen général de former U_m, quelle que soit la valeur paire ou impaire de m.

CHAPITRE XIX.

SÉRIES QUI SERVENT AU CALCUL DES LOGARITHMES.

Développement en série de $-l.(1-u)$.

273. Soit x une variable que nous ferons varier depuis $x=0$ jusqu'à $x=u$, u désignant une constante positive et moindre que 1.

Posons

$$[1] \qquad f(x)=-l(1-x),$$

le signe l désignant, comme dans le chapitre précédent, un logarithme népérien,

la dérivée de $f(x)$ est $\frac{1}{1-x}$ et l'on a évidemment

$$[2] \quad f'(x)=\frac{1}{1-x}=1+x+x^2+\ldots+x^{n-1}+\frac{x^n}{1-x},$$

ainsi que l'on s'en assure, soit en faisant la division, soit en sommant la première partie du second membre à l'aide de la théorie des progressions.

Posons aussi

$$[3] \qquad \varphi(x)=x+\frac{x^2}{2}+\frac{x^3}{3}+\ldots+\frac{x^n}{n},$$

la dérivée de $\varphi(x)$, désignée suivant l'habitude par $\varphi'(x)$, sera précisément la première partie de $f'(x)$, et l'on aura

$$[4] \qquad \varphi'(x)=1+x+x^2+\ldots+x^{n-1}.$$

En retranchant l'équation [4] de l'équation [2], il vient

$$f'(x)-\varphi'(x)=\frac{x^n}{1-x}.$$

Le second membre de cette équation est positif et moindre

que $\frac{x^n}{1-u}$, tant que x n'est pas égal à u, on a donc

$$f'(x)-\varphi'(x)>0,$$

$$f'(x)-\varphi'(x)-\frac{x^n}{1-u}<0.$$

Ces inégalités montrent que les fonctions $f(x)-\varphi(x)$ et $f(x)-\varphi(x)-\frac{x^{n+1}}{(n+1)(1-u)}$, sont, la première croissante, la deuxième décroissante quand x croît de 0 à u.

En effet, les deux fonctions sont continues et la première a une dérivée constamment positive, tandis que la seconde a une dérivée constamment négative.

D'ailleurs les deux fonctions dont il s'agit sont nulles pour $x=0$, donc, pour $x=u$, la première est positive et la seconde négative.

On a par conséquent

$$f(u)-\varphi(u)>0,$$

$$f(u)-\varphi(u)-\frac{u^{n+1}}{(n+1)(1-u)}<0,$$

$f(u)$ est donc compris entre $\varphi(u)$ et $\varphi(u)+\frac{u^{n+1}}{(n+1)(1-u)}$, et il est égal à $\varphi(u)$, augmenté d'une quantité moindre que $\frac{u^{n+1}}{(n+1)(1-u)}$, cette quantité peut évidemment se représenter par $\theta\frac{u^{n+1}}{(n+1)(1-u)}$, en désignant par θ un nombre inférieur à l'unité. On a donc enfin

$$f(u)=\varphi(u)+\theta\frac{u^{n+1}}{(n+1)(1-u)},$$

c'est-à-dire

$$-l(1-u)=u+\frac{u^2}{2}+\frac{u^3}{3}\cdots+\frac{u^n}{n}+\theta\frac{u^{n+1}}{(n+1)(1-u)}.$$

u étant, comme on l'a supposé, inférieur à l'unité, on voit que

$$\frac{\theta u^{n+1}}{(n+1)(1-u)}$$

tend vers zéro à mesure que n augmente, et l'on a, par conséquent,

$$-l(1-u)=u+\frac{u^2}{2}+\frac{u^3}{3}+\dots.$$

La démonstration même prouve que la série qui forme le second membre est convergente lorsque u est plus petit que l'unité. On pourrait aussi le déduire des règles démontrées (**197**).

Développement de $l(1+u)$.

274. Soit x une variable que nous ferons varier entre les limites 0 et u, u désignant une constante positive moindre que 1.

Posons $$f(x)=l(1+x),$$

la dérivée de $f(x)$ est $\frac{1}{1+x}$, et l'on a évidemment.

$$[2]\quad \begin{cases} f'(x)=1-x+x^2-x^3\dots\pm x^{n-1}\mp\dfrac{x^n}{1+x}, \\ f'(x)=1-x+x^2-x^3\dots\pm x^{n-1}\mp x^n\pm\dfrac{x^{n+1}}{1+x}. \end{cases}$$

Posons aussi $$\varphi(x)=x-\frac{x^2}{2}+\frac{x^3}{3}\dots\pm\frac{x^n}{n},$$

et désignons, suivant la notation habituelle, par $\varphi'(x)$ la dérivée de $\varphi(x)$,
nous aurons

$$[4]\quad \varphi'(x)=1-x+x^2\dots\pm x^{n-1},$$

en retranchant l'équation [4] de chacune des équations [2], on obtient

$$f'(x)-\varphi'(x)=\mp\frac{x^n}{1+x},$$

$$f'(x)-\varphi'(x)\pm x^n=\pm\frac{x^{n+1}}{1+x}.$$

Les seconds membres de ces équations sont de signes contraires, par conséquent les deux fonctions $f(x)-\varphi(x)$ et

$f(x) - \varphi(x) \pm \frac{x^{n+1}}{n+1}$, ayant leurs dérivées de signes contraires, sont l'une croissante, l'autre décroissante quand x croît de 0 à u, et comme elles sont nulles pour $x = 0$, pour $x = u$ elles sont de signes contraires, et $f(u)$ est, par conséquent, compris entre

$$\varphi(u) \quad \text{et} \quad \varphi(u) \mp \frac{u^{n+1}}{n+1}.$$

On a donc, en désignant par θ un nombre moindre que 1,

$$f(u) = \varphi(u) \mp \frac{\theta u^{n+1}}{n+1},$$

et, par suite, comme $\frac{\theta u^{n+1}}{n+1}$ tend vers zéro lorsque n augmente,

$$[8] \qquad l(1+u) = u - \frac{u^2}{2} + \frac{u^3}{3} - \ldots$$

Nous remarquerons, comme à la fin de l'article précédent, que la démonstration même de la formule [8] prouve que la série qui forme le second membre est convergente lorsque u est moindre que 1.

La démonstration pourrait même se faire sans modifications si l'on avait $u = 1$; et la série précédente peut donner, par conséquent, le logarithme népérien de 2.

Calcul des logarithmes népériens.

275. Reprenons les deux formules

$$l(1+u) = u - \frac{u^2}{2} + \frac{u^3}{3} - \ldots,$$

$$-l(1-u) = u + \frac{u^2}{2} + \frac{u^3}{3} + \ldots,$$

il vient, en ajoutant et observant que

$$l(1+u) - l(1-u) = l\left(\frac{1+u}{1-u}\right),$$

$$l\left(\frac{1+u}{1-u}\right) = 2\left(u + \frac{u^3}{3} + \frac{u^5}{5} + \ldots\right).$$

$\frac{1+u}{1-u}$ étant plus grand que 1, posons

$$\frac{1+u}{1-u}=1+\frac{h}{N}=\frac{N+h}{N};$$

d'où

$$u=\frac{h}{2N+h}.$$

L'équation [1] devient, en observant que

$$l\frac{N+h}{N}=l(N+h)-lN,$$

$$[2]\qquad l(N+h)=lN+2\left[\frac{h}{2N+h}+\frac{h^3}{3(2N+h)^3}+\ldots\right].$$

Cette formule, où N et h désignent deux nombres positifs quelconques, permet de calculer $l(N+h)$, quand on connaît lN.

276. Si l'on néglige dans le second membre de l'équation [2] tous les termes qui suivent,

$$2\frac{h^{2i+1}}{(2i+1)(2N+h)^{2i+1}},$$

l'erreur commise sera évidemment moindre que

$$2\frac{h^{2i+3}}{(2i+3)(2N+h)^{2i+3}}\left[1+\left(\frac{h}{2N+h}\right)^2+\left(\frac{h}{2N+h}\right)^4+\ldots\right],$$

c'est-à-dire moindre que

$$\frac{2h^{2i+3}}{(2i+3)(2N+h)^{2i+3}\left\{1-\left(\frac{h}{2N+h}\right)^2\right\}}=$$

$$=\frac{h^{2i+3}}{(2i+3)(2N+h)^{2i+1}\,2N(2N+2h)}.$$

En particulier, si on néglige dans la série tous les termes qui suivent le premier, et que l'on écrive simplement

$$l(N+h)=lN+\frac{2h}{2N+h},$$

l'erreur commise sera moindre que

$$\frac{h^3}{6N(N+h)(N+2h)},$$

et, à plus forte raison, moindre que

$$\frac{1}{6}\left(\frac{h}{\mathrm{N}}\right)^3,$$

Calcul de $l.10$.

277. En faisant $\mathrm{N}=1$, $h=1$, dans l'équation [2], on obtient

$$l2 = 2\left(\frac{1}{3}+\frac{1}{3.3^3}+\frac{1}{5.3^5}+\ldots\right).$$

Nous donnons ici le calcul des 19 premiers termes.

$\frac{1}{3}=$	0,33333	33333	33333	33333	3
$\frac{1}{3.3^3}=$	0,01234	56790	12345	67901	2
$\frac{1}{5.3^5}=$	0,00082	30452	67489	71193	4
$\frac{1}{7.3^7}=$	0,00006	53210	52975	37396	3
$\frac{1}{9.3^9}=$	0,00000	56450	29269	47676	2
		5131	84479	04334	2
		842	48113	41433	1
		46	46114	62508	4
		4	55501	43383	2
			45283	76827	6
			4552	33649	3
			461	83123	8
			47	20941	5
			4	85693	6
				50244	2
				5222	5
				545	1
				57	1
				6	0
				0	6
	0,34657	35902	79972	65470	6

et, en doublant,

$$0,69314\ 71805\ 59945\ 30941 = l.2$$

Si dans la formule [2] on pose $n=4$, $h=1$, on obtient l'équation

$$l.5=l.4+2\left[\frac{1}{9}+\frac{1}{3.9^3}+\frac{1}{5}\cdot\left(\frac{1}{9^5}\right)+\frac{1}{7}\cdot\frac{1}{9^7}+\ldots\right].$$

Les termes de la série réduits en fractions décimales sont :

$$
\begin{array}{rr}
\frac{1}{9}=0{,}11111\ 11111\ 11111\ 11111 & 1\\
\frac{1}{3.9^3}=0{,}00045\ 72473\ 70827\ 61774 & 1\\
.\quad 33870\ 17561\ 68605 & 7\\
.\quad 298\ 67879\ 73268 & 1\\
.\quad 2\ 86797\ 19907 & 9\\
.\quad 2896\ 94104 & 5\\
.\quad 30\ 26244 & 6\\
.\quad 32379 & 6\\
.\quad 358 & 7\\
.\quad 3 & 9\\
\hline
S=\frac{1}{9}+\frac{1}{3.9^3}+\ldots=0{,}11157\ 17756\ 57104\ 87788 & 2\\
\hline
2S=0{,}22314\ 35513\ 14209\ 75576 & 4\\
l.4=2l.\ 2=1{,}38629\ 43611\ 19890\ 61883 & 4\\
\hline
l.5=1{,}60943\ 79124\ 34100\ 37460 &
\end{array}
$$

En ajoutant ce logarithme à celui de 2, on obtient

$$l.10=2{,}30258\ 50929\ 94045\ 68402.$$

Ce nombre donne, par la simple division,

$$\frac{1}{l.10}=\log e=\frac{1}{2{,}302\ldots}=0{,}43429\ 44819\ 03251\ 82765;$$

c'est le nombre par lequel il faut multiplier les logarithmes népériens pour obtenir les logarithmes vulgaires.

Calcul des logarithmes vulgaires.

278. Pour obtenir les logarithmes vulgaires, c'est-à-dire les logarithmes dans la base 10, il faut (**241**) multiplier les logarithmes népériens par le facteur $\frac{1}{l\,10}$, dont nous venons de trouver la valeur. On pourra aussi calculer immédiatement les logarithmes, en remarquant que si l'on désigne ce module par M et qu'on emploie la notation log pour indiquer ces logarithmes vulgaires, la formule [2] devient

$$\log(N+h)-\log N=2M\left\{\frac{h}{2N+h}+\frac{1}{3}\frac{h^3}{(2N+h)^3}+\ldots\right\}.$$

Si l'on suppose $h=1$, cette formule devient

$$\log(N+1)-\log N=2M\left\{\frac{1}{2N+1}+\frac{1}{3}\frac{1}{(2N+1)^3}+\ldots\right\}.$$

C'est la formule employée par les calculateurs qui ont construit les tables dont on fait usage.

Développement de arc tang u.

279. Soit x une variable que nous supposons comprise entre 0 et une limite constante u, inférieure ou égale à l'unité. Posons

$$f(x)=\text{arc tang}\,x,$$

nous aurons (**262**)

$$f'(x)=\frac{1}{1+x^2}=1-x^2+x^4-x^6+\ldots-x^{4n-2}+\frac{x^{4n}}{1+x^2}.$$

Posons $\varphi(x)=x-\frac{x^3}{3}+\frac{x^5}{5}-\frac{x^7}{7}-\ldots-\frac{x^{4n-1}}{4n-1}$,

et, par suite,

$$\varphi'(x)=1-x^2+x^4-x^6-\ldots-x^{4n-2},$$

on aura $f'(x)-\varphi'(x)=\frac{x^{4n}}{1+x^2}$.

Par conséquent, la différence $f'(x)-\varphi'(x)$ est constamment positive et moindre que x^{4n}. On peut donc écrire

$$f'(x)-\varphi'(x)>0,$$
$$f'(x)-\varphi'(x)-x^{4n}<0,$$

et, par suite, la fonction $f(x)-\varphi(x)$

est croissante; et la fonction

$$f(x) - \varphi(x) - \frac{x^{4n+1}}{4n+1}$$

est décroissante lorsque x varie de 0 à u. Mais ces deux fonctions sont nulles pour $x=0$. La première est donc positive et la seconde négative pour $x=u$, en sorte que $f(u)$ est compris entre $\varphi(u)$ et $\varphi(u)+\frac{x^{4n+1}}{4n+1}$. Et l'on peut écrire, en désignant par θ un coefficient moindre que 1,

$$f(u)=\varphi(u)+\theta\frac{u^{4n+1}}{4n+1},$$

c'est-à-dire

$$\text{arc tang}\, u = u - \frac{u^3}{3} + \frac{u^5}{5} - \frac{u^7}{7} + \ldots - \frac{u^{4n-1}}{4n-1} + \theta\frac{u^{4n+1}}{4n+1};$$

et comme, pour une grande valeur de n, le terme $\theta\frac{u^{4n+1}}{4n+1}$ est aussi petit que l'on veut, on a

$$\text{arc tang}\, u = u - \frac{u^3}{3} + \frac{u^5}{5} - \frac{u^7}{7} - \ldots.$$

Les deux membres de l'équation changeant de signe avec u, celle-ci s'applique évidemment aux valeurs de u comprises entre -1 et $+1$.

280. Si l'on donnait une tangente u plus grande que l'unité, la série qui donne l'arc correspondant devenant divergente ne serait plus d'aucun usage, mais on pourrait facilement calculer l'arc demandé en cherchant à sa place arc tang $\frac{1}{u}$, qui est évidemment le complément et qui sera formé par une série convergente.

Soit, par exemple, à trouver

$$\text{arc tang}\, 4{,}49341$$

on fera usage de la formule,

$$\frac{\pi}{2} - \text{arc tang}\, u = \text{arc tang}\,\frac{1}{u} = \frac{1}{u} - \frac{1}{3u^3} + \frac{1}{5u^5} - \frac{1}{7u^7} + \ldots.$$

Pour calculer les termes successifs de cette série, on formera d'abord les fractions $\frac{1}{u}$, $\frac{1}{u^3}$, $\frac{1}{u^5}$, ..., ce qui sera facile, chacune s'obtenant en divisant la précédente par le diviseur fixe

$$u^2 = 20{,}19073\ 34281;$$

on aura ainsi :

$$\begin{aligned}
\frac{1}{u} &= 0{,}22254\ 81315\ 97161\\
\frac{1}{u^3} &= 1102\ 22906\ 16123\\
\frac{1}{u^5} &= 54\ 59083\ 81950\\
\frac{1}{u^7} &= 2\ 70375\ 70670\\
\frac{1}{u^9} &= 13391\ 07902\\
\frac{1}{u^{11}} &= 663\ 22895\\
\frac{1}{u^{13}} &= 32\ 84819\\
\frac{1}{u^{15}} &= 1\ 62689\\
\frac{1}{u^{17}} &= 8058\\
\frac{1}{u^{19}} &= 399\\
\frac{1}{u^{21}} &= 20
\end{aligned}$$

et l'on en conclura,

$\frac{1}{u} = 0{,}22254\ 81315\ 97161$	$\frac{1}{3u^3} = 0{,}00367\ 40968\ 72041$
$\frac{1}{5u^5} = 10\ 91816\ 76390$	$\frac{1}{7u^7} = 38625\ 10096$
$\frac{1}{9u^9} = 1487\ 89767$	$\frac{1}{11u^{11}} = 60\ 29354$
$\frac{1}{13u^{13}} = 2\ 52678$	$\frac{1}{15u^{15}} = 10846$
$\frac{1}{17u^{17}} = 474$	$\frac{1}{19u^{19}} = 21$
$\frac{1}{21u^{21}} = 1$	
$= 0{,}22265\ 74623\ 16471$	$= 0{,}00367\ 79654\ 22358$

donc

$$\begin{aligned}
\text{arc cotang}\,(4{,}49341) &= +0{,}22265\ 74623\ 16471\\
&\quad -0{,}00367\ 79654\ 22358\\
&= 0{,}21897\ 94868\ 94113
\end{aligned}$$

Calcul du rapport de la circonférence au diamètre.

281. Si, dans la formule démontrée (**279**), on suppose $u=1$, arc tang u est égal à $\frac{\pi}{4}$, et l'on a

$$\frac{\pi}{4}=1-\frac{1}{3}+\frac{1}{5}-\frac{1}{7}+\frac{1}{9}-\ldots.$$

Cette série est convergente, mais les termes décroissent trop lentement pour qu'on puisse facilement l'employer au calcul du nombre π.

On peut obtenir d'autres expressions qui conduisent rapidement à des valeurs très-exactes de ce nombre. Posons

$$\text{arc tang}\, x = p,$$
$$\text{arc tang}\, y = q,$$

on aura

$$x = \text{tang}\, p,$$
$$y = \text{tang}\, q,$$

$$\text{tang}\,(p+q)=\frac{\text{tang}\, p+\text{tang}\, q}{1-\text{tang}\, p\, \text{tang}\, q}=\frac{x+y}{1-yx};$$

donc

$$\text{arc tang}\, x+\text{arc tang}\, y=\text{arc tang}\,\frac{x+y}{1-xy}.$$

On trouverait de même

$$\text{arc tang}\, x-\text{arc tang}\, y=\text{arc tang}\,\frac{x-y}{1+xy}.$$

En faisant, dans la première de ces équations, $y=x$, $y=2x$, $y=3x$, on trouvera successivement,

$$2\,\text{arc tang}\, x=\text{arc tang}\,\frac{2x}{1-x^2},$$

$$3\,\text{arc tang}\, x=\text{arc tang}\,\frac{3x-x^3}{1-3x^2},$$

$$4\,\text{arc tang}\, x=\text{arc tang}\,\frac{4x-4x^3}{1-6x^2+x^4},$$

et ainsi de suite.

En attribuant à x et à y diverses valeurs, les formules précédentes donnent

$$\begin{aligned}\frac{\pi}{4} = \text{arc tang}\,1 &= \text{arc tang}\,\tfrac{1}{2} + \text{arc tang}\,\tfrac{1}{3},\\ &= \text{arc tang}\,\tfrac{1}{2} + \text{arc tang}\,\tfrac{1}{5} + \text{arc tang}\,\tfrac{1}{8},\\ &= 2\,\text{arc tang}\,\tfrac{1}{2} - \text{arc tang}\,\tfrac{1}{7},\\ &= 2\,\text{arc tang}\,\tfrac{1}{3} + \text{arc tang}\,\tfrac{1}{7},\\ &= 3\,\text{arc tang}\,\tfrac{1}{3} - \text{arc tang}\,\tfrac{2}{11},\\ &= 4\,\text{arc tang}\,\tfrac{1}{5} - \text{arc tang}\,\tfrac{1}{239}.\end{aligned}$$

La dernière de ces expressions est celle qui se prête le mieux au calcul de $\frac{\pi}{4}$.

Voici le tableau des calculs à faire :

$$\begin{aligned}\pi &= 4\,\text{arc tang}\frac{1}{5} - \text{arc tang}\frac{1}{239}\\ &= 4\left(\frac{1}{5} - \frac{1}{3.5^3} + \frac{1}{5.5^5} - \dots\right) - \left(\frac{1}{239} - \frac{1}{3.239^3} + \dots\right).\end{aligned}$$

Les différents termes de la série arc tang $\frac{1}{239}$, réduits en fractions décimales, donnent :

$$\begin{array}{r}0{,}00418\ 41004\ 18410\ 04184\ \ 10 = \frac{1}{239}\\ -244\ 16591\ 78708\ \ 38 = -\frac{1}{3.239^3}\\ +256\ 47231\ \ 44 = \frac{1}{5.239^5}\\ -320\ \ 71 = -\frac{1}{7.239^7}\\ \hline 0{,}00418\ 40760\ 02074\ 72386\ \ 45 = \text{arc tang}\frac{1}{239}\end{array}$$

Pour évaluer arc tang $\frac{1}{5}$, calculons d'abord les termes positifs de la série :

0,20000 00000 00000 00000 00 $=\frac{1}{5}$

+6 40000 00000 00000 00 $=\frac{1}{5.5^5}$

+568 88888 88888 89 $=\frac{1}{9.5^9}$

+63015 38461 54 $=\frac{1}{13.5^{13}}$

+77 10117 65 $=\frac{1}{17.5^{17}}$

+9986 44 $=\frac{1}{21.5^{21}}$

+13 42 $=\frac{1}{25.5^{25}}$

+2 $=\frac{1}{27.5^{27}}$

0,20006 40569 51981 47467 96 $=\frac{1}{5}+\frac{1}{3.5^3}+\frac{1}{9.5^9}+\dots$

Si nous calculons ensuite les termes négatifs, nous aurons :

0,00066 66666 66666 66666 67 $=\frac{1}{3.5^3}$

18285 71428 57142 86 $=\frac{1}{7.5^7}$

18 61818 18181 82 $=\frac{1}{11.5^{11}}$

2184 53333 53 $=\frac{1}{15.5^{15}}$

2 75541 05 $=\frac{1}{19.5^{19}}$

364 72 $=\frac{1}{23.5^{23}}$

50 $=\frac{1}{27.5^{27}}$

−0,00266 84971 02100 71630 95 $=-\left(\frac{1}{3.5^3}+\frac{1}{7.5^7}+\dots\right)$

En retranchant ce nombre de la somme des termes positifs, on obtient, pour valeur de l'arc tang $\frac{1}{5}$,

0,19739 55598 49880 75837 01 $=$ arc tang $\frac{1}{5}$

---

ou 0,78958 22393 99523 03348 04 $=4$ arc tang $\frac{1}{5}$

et 0,00418 40760 02074 72386 45 $=$ arc tang $\frac{1}{239}$

Donc 0,78539 81633 97448 30961 59 $=\frac{\pi}{4}$

3,14159 26535 89793 23846 $=\pi$

RÉSUMÉ.

273. Développement en série de $-l(1-u)$, u étant compris entre 0 et 1. — 274. Développement de $l(1+u)$. — 275. Série qui représente $l(N+h)-lN$. — 276. Limite de l'erreur commise en s'arrêtant à un terme donné. — 277. Calcul du logarithme népérien de 10. — 278. Calcul des logarithmes vulgaires. — 279. Développement de arc tang u, u étant moindre que 1. — 280. Développement de arc cot u, lorsque u est plus grand que 1, application numérique. — 281. Calcul de π à vingt décimales.

EXERCICES.

I. Démontrer la formule

$$lx = \frac{l(x+1)+l(x-1)}{2} + \left[\frac{1}{2x^2-1} + \frac{1}{3(2x^2-1)^3} + \dots\right].$$

II. Démontrer la formule

$$l(x+5) = l(x+3) + l(x-3) + l(x+4) + l(x-4) - l(x-5) - 2lx - 2\left[\frac{72}{x^4-25x^2+72} + \tfrac{1}{3}\left(\frac{72}{x^4-25x^2+72}\right)^3 + \dots\right]$$

III. Si a et b désignent deux nombres positifs donnés, et que l'on forme une série de nombres d'après les formules suivantes,

$$a' = \tfrac{1}{2}(a+b), \quad b' = \sqrt{a'b},$$
$$a'' = \tfrac{1}{2}(a'+b'), \quad b'' = \sqrt{a''b'},$$
$$\dots\dots\dots\dots$$

en posant, en outre, $a = b\cos\varphi$, $a^{(m)}$ et $b^{(m)}$ seront exprimés par les formules

$$a^{(m)} = \frac{\sqrt{b^2-a^2}}{2^m \operatorname{tang}\left(\frac{\varphi}{2^m}\right)},$$

$$b^{(m)} = \frac{\sqrt{b^2-a^2}}{2^m \sin\left(\frac{\varphi}{2^m}\right)},$$

et la limite commune vers laquelle convergent $a^{(m)}$ et $b^{(m)}$ est $\frac{\sqrt{b^2-a^2}}{\varphi}$. Si $a=0$, $b=1$, cette limite est $\frac{2}{\pi}$.

CHAPITRE XX.

PRINCIPES GÉNÉRAUX SUR LES ÉQUATIONS NUMÉRIQUES DE DEGRÉ QUELCONQUE.

Variations d'une fonction entière $f(x)$.

282. La forme la plus générale que puisse présenter une fonction entière de x, $f(x)$ est la suivante :

$$f(x) = Ax^m + A_1x^{m-1} + A_2x^{m-2} + \ldots + A_{m-1}x + A_m.$$

$A, A_1 \ldots A_m$ désignant des coefficients constants, et m le degré de la fonction.

Lorsque x varie, ce polynome peut changer de signe en suivant des lois d'accroissement ou de décroissement très-variables avec la valeur et les signes des coefficients. Il existe cependant quelques principes généraux qui, pour être presque complétement évidents, n'en sont pas moins très-utiles à signaler d'une manière toute spéciale.

Théorème I. *Toute fonction entière et rationnelle d'une variable* x, *est une fonction continue. C'est-à-dire que si l'on fait croître la variable d'une manière continue, la fonction croîtra aussi d'une manière continue, et ne pourra pas passer d'une valeur à une autre sans passer par toutes les valeurs intermédiaires.*

Pour prouver qu'une fonction $f(x)$ est continue, il suffit de faire voir qu'en donnant à x un accroissement h suffisamment petit, l'accroissement

$$f(x+h) - f(x)$$

de la fonction pourra être aussi petit qu'on le voudra.

On sait que le rapport

$$\frac{f(x+h) - f(x)}{h},$$

a pour limite, quand h tend vers zéro, la dérivée de $f(x)$, qui est

$$mAx^{m-1}+(m-1)A_1x^{m-2}+(m-2)A_2x^{m-3}+\ldots+A_{m-1};$$

on a donc
$$\frac{f(x+h)-f(x)}{h}=f'(x)+\varepsilon,$$

ε étant une quantité qui tend vers zéro avec h. On en tire

$$f(x+h)-f(x)=h[f'(x)+\varepsilon];$$

$f'(x)$, n'ayant pas de dénominateurs qui puissent s'annuler, n'est infini pour aucune valeur de x; le produit

$$h[f'(x)+\varepsilon]$$

tend donc nécessairement vers zéro avec h, et, par suite, il en est de même de $f(x+h)-f(x)$, ce qui démontre la proposition énoncée.

Remarque. La démonstration s'applique évidemment à toute fonction dont la dérivée est finie, et l'on peut énoncer ce théorème plus général.

Une fonction reste continue tant que sa dérivée ne devient pas infinie.

283. Théorème II. *Dans une fonction entière*

$$f(x)=Ax^m+A_1x^{m-1}+\ldots A_{m-1}x+A_m,$$

on peut toujours donner à x *une valeur assez grande pour que le premier terme devienne aussi grand que l'on voudra par rapport à la somme de tous les autres, et donne, par conséquent, son signe au polynome.*

Pour prouver que le premier terme peut devenir aussi grand que l'on voudra, par rapport à la somme de tous les autres, il suffit, évidemment, de prouver qu'il peut devenir aussi grand que l'on voudra, par rapport à chacun d'eux considéré isolément.

Or, en comparant le premier terme Ax^m, au terme général A_nx^{m-n}, on a

$$\frac{Ax^m}{A_nx^{m-n}}=\frac{A}{A_n}x^n,$$

et ce rapport, à cause du facteur x^n, peut grandir sans limite. On peut donc prendre n assez grand pour que le premier terme soit mille, cent mille, un million, cent millions... de fois plus grand que l'un quelconque des autres, et, par suite, aussi grand que l'on voudra, par rapport à leur somme.

284. Remarque. Il résulte du théorème précédent, qu'une fonction de degré pair a le même signe que le coefficient de son premier terme, pour de très-grandes valeurs positives ou négatives de la variable; une fonction de degré impair, a, aussi, le même signe que le coefficient de son premier terme quand la variable reçoit une valeur positive très-grande; mais elle prend un signe opposé à ce coefficient lorsque x est négatif et de très-grande valeur absolue.

Exemple. $$x^6 - 1000x^4 - 195000x^3 + 1$$

est positif si la valeur absolue de x est suffisamment grande, quel que soit du reste son signe.

$$x^7 + 10000000x^6 - x^3 + 1$$

est positif pour de grandes valeurs positives de x, et négatif, lorsque x étant négatif, a une valeur absolue suffisamment grande.

285. Théorème III. *Lorsque deux nombres*, a *et* b, *substitués dans une fonction entière* f(x), *donnent des résultats de signes contraires*, *l'équation* f(x) = 0 *a au moins une racine réelle comprise entre* a *et* b.

Si l'on suppose, en effet, que x varie d'une manière continue depuis la valeur $x = a$ jusqu'à la valeur $x = b$, $f(x)$ (**282**) variera lui-même d'une manière continue; or passant de la valeur $f(a)$ à la valeur $f(b)$, qui a un signe contraire, il devra nécessairement changer de signe, et, à cause de la continuité, il prendra la valeur zéro, intermédiaire entre les valeurs négatives et les valeurs positives.

Remarque I. Le même raisonnement s'applique à toute équation dont le premier membre est fonction continue de la variable x.

286. Remarque II. On peut déduire des théorèmes précédents qu'*une équation algébrique de degré impair, a au moins une racine réelle de signe contraire à son dernier terme.*

Soit $f(x) = x^{2n+1} + A_1x^{2n} + A_2x^{2n-1} + \ldots + A_{2n+1} = 0$

une équation de degré impair.

Si l'on substitue à x une valeur négative très-grande, le résultat de cette substitution sera négatif (**284**). Si l'on substitue, au contraire, une valeur positive très-grande, le résultat sera positif; si, enfin, on substitue à x la valeur 0, la fonction $f(x)$ se réduira à son dernier terme A_{n+1}.

Nous pouvons indiquer ces résultats par le tableau suivant :

Valeurs de x.	Signe de $f(x)$.
$-\infty$	$-$
0	Signe de A_{n+1}.
$+\infty$	$+$

Si donc A_{n+1} est négatif, $f(x)$ change de signe lorsque x passe de la valeur 0 à $+\infty$, et a, par suite, une racine positive. Si A_{n+1} est positif, $x = 0$ et $x = -\infty$ donnent à $f(x)$ des valeurs de signes contraires, et il y a, par conséquent, une racine négative.

Exemple. L'équation

$$x^7 - 8x^5 + 3x^2 - 3 = 0,$$

a au moins une racine positive, et

$$x^9 + 8x^4 + 3 = 0$$

au moins une racine négative.

287. Remarque III. *Une équation de degré pair, dont le dernier terme est négatif, a au moins deux racines réelles.*

Soit

$$f(x) = x^{2m} + A_1x^{2m-1} + A_2x^{2m-2} + \ldots + A_{2m-1}x + A_{2m} = 0$$

une équation de degré pair dont le dernier terme est négatif.

D'après ce qui précède, on peut former le tableau suivant :

Valeurs de x.	Signes de $f(x)$.
$-\infty$	$+$
0	$-$
$+\infty$	$+$

Lors donc que x varie de $-\infty$ à 0, $f(x)$ change de signe, et il en est de même lorsque x varie de 0 à $+\infty$. Il y a donc nécessairement une racine comprise entre $-\infty$ et 0, et une autre entre 0 et $+\infty$, c'est-à-dire deux racines, l'une positive et l'autre négative.

Nombre des racines d'une équation.

288. Nous admettrons sans démonstration la proposition suivante, qui est fondamentale, et qui, hâtons-nous de le dire, peut se démontrer en toute rigueur.

Toute équation algébrique à une inconnue, ne renfermant que des puissances entières et positives de cette inconnue, et dont les coefficients sont des nombres donnés, réels ou imaginaires, admet au moins une racine réelle, ou une racine imaginaire de la forme $a+b\sqrt{-1}$, a *et* b *désignant deux nombres réels.*

Cette proposition étant admise, nous en déduirons facilement la suivante :

Théorème fondamental.

289. *Une équation du degré* m *de la forme*

$$Ax^m + A_1x^{m-1} + A_2x^{m-2} + \ldots + A_m = 0, \tag{1}$$

dans laquelle $A, A_1, A_2, \ldots A_m$ *représentent des nombres donnés, réels ou imaginaires, admet toujours précisément* m *racines réelles ou imaginaires.*

En représentant par X le premier membre de l'équation [1], $X=0$ admet, en effet, par hypothèse, au moins une racine. Si nous désignons cette racine par la lettre a, qu'elle soit réelle ou imaginaire, X sera [4] divisible par $x-a$. Désignons le quotient par Q; il sera, dans tous les cas, du degré $m-1$, et son premier terme sera Ax^{m-1}. Nous aurons identiquement :

$$[2] \qquad X=(x-a)Q.$$

Puisque, par hypothèse, toute équation a une racine, $Q=0$ en admet une; si nous la désignons par b, on aura :

$$Q=(x-b)Q_1,$$

et, par suite,

$$[3] \qquad X=(x-a)(x-b)Q_1.$$

D'après le même postulatum, l'équation $Q_1=0$, qui est du degré $m-2$, et dont le premier terme est évidemment Ax^{m-2}, doit admettre une racine. Si nous la désignons par c, on aura :

$$Q_1=(x-c)\,Q_2,$$

et, par suite,

$$[4] \qquad X=(x-a)(x-b)(x-c)Q_2,$$

le premier terme de Q_2 étant évidemment Ax^{m-3}.

En continuant de la même manière, et opérant sur Q_2 comme on l'a fait sur Q et Q_1, chaque opération mettra en évidence un nouveau facteur du premier degré, et le degré des quotients successifs allant sans cesse en diminuant, on finira par en obtenir un qui sera numérique et évidemment égal à A. On aura donc :

$$[5] \qquad X=(x-a)(x-b)(x-c)\ldots(x-k)(x-l)A.$$

A l'inspection de cette égalité, on reconnaît que l'équation $X=0$ est satisfaite pour les valeurs $x=a$, $x=b$, $x=c$ ... $x=l$, et qu'elle ne peut l'être autrement, car toute autre valeur attribuée à x n'annulant aucun des facteurs du second membre, ne peut annuler le produit.

290. Remarque. Un produit de plusieurs facteurs n'est nul que quand l'un des facteurs est égal à zéro. Cela n'est évident que quand les facteurs sont réels; mais il est facile d'étendre la proposition au cas même où ils sont imaginaires.

Soit le produit $(a+b\sqrt{-1})(a'+b'\sqrt{-1})$,

on a

$$[1]\quad (a+b\sqrt{-1})(a'+b'\sqrt{-1}) = aa'-bb'+(ab'+ba')\sqrt{-1}.$$

Or on ne peut avoir à la fois :

$$[2]\quad \begin{aligned} aa'-bb'&=0,\\ ab'+ba'&=0; \end{aligned}$$

car, en faisant la somme des carrés de ces deux équations, on en conclurait :

$$[3]\quad (aa'-bb')^2+(ab'+ba')^2=0.$$

Or, le premier membre de [3] est identiquement égal à $(a^2+b^2)(a'^2+b'^2)$, et ne peut s'annuler que si l'on a $a=0$, $b=0$, ou bien $a'=0$, $b'=0$.

291. Remarque II. La formule [5] (**289**) permet de former le premier membre d'une équation du degré m, lorsque l'on connaît ses m racines. Ce premier membre ne contient rien d'arbitraire que le coefficient A, par lequel on peut évidemment multiplier une équation sans altérer les conditions qu'elle impose à l'inconnue. Il résulte de là que deux équations qui ont les mêmes racines ne peuvent différer que par un facteur constant.

Polynomes identiques.

292. Une équation du degré m ne pouvant avoir plus de m racines, il en résulte que deux polynomes du degré m en x ne peuvent être égaux pour plus de m valeurs de cette variable, sans être complétement identiques. Si, en effet, on égale leur différence à zéro, on obtiendra une équation du degré m, qui, si elle n'est pas identique, ne peut être satisfaite pour plus de m valeurs de la variable.

Racines égales.

293. Dans la démonstration que nous avons donnée (**289**), rien ne suppose que les racines désignées par $a, b, c \ldots k, l$ soient différentes. Le nombre des racines *distinctes* d'une équation du degré m n'est donc pas toujours réellement égal à m. On énonce cependant tous les théorèmes comme s'il en était ainsi, et pour en acquérir le droit, on dit qu'une racine a est double, triple ou quadruple, lorsque le facteur $x-a$, qui lui correspond, figure deux, trois, quatre fois dans le produit qui est égal au premier membre.

Racines imaginaires conjuguées.

294. Si une équation à coefficients réels admet une racine imaginaire

$$a+b\sqrt{-1},$$

elle admet nécessairement, et un même nombre de fois, la racine conjuguée

$$a-b\sqrt{-1}.$$

Si, en effet, l'équation $\quad X=0$

est satisfaite par l'hypothèse

$$x=a+b\sqrt{-1},$$

je dis que le premier membre X est divisible par $(x-a)^2+b^2$. Effectuons, en effet, la division, le reste, devant être de degré moindre que le diviseur, sera de la forme $mx+n$, et l'on aura

$$[1] \qquad X=[(x-a)^2+b^2]Q+mx+n,$$

m et n étant des nombres réels, puisqu'il n'a pu s'introduire dans le calcul aucune expression imaginaire.

Si dans les deux membres de l'équation [1], nous faisons $x=a+b\sqrt{-1}$, le premier membre s'annule par hypothèse. Il en est évidemment de même de $(x-a)^2+b^2$, et, par suite, on doit avoir

$$0=m(a+b\sqrt{-1})+n,$$

ce qui exige

$$ma+n=0,$$
$$mb=0,$$

et, par suite, b n'étant pas nul,

$$m = 0,$$
$$n = 0;$$

en sorte que $\quad X = [(x-a)^2 + b^2]Q.$

Or $(x-a)^2 + b^2$ s'annulant pour $x = a - b\sqrt{-1}$, cette équation prouve qu'il en est de même de X.

Si X est divisible par $(x - a - b\sqrt{-1})^2$, c'est-à-dire si la racine $a + b\sqrt{-1}$ est double, il faut que Q soit divisible par $x - a - b\sqrt{-1}$, on prouvera alors, comme on l'a fait pour X, qu'il admet aussi le facteur $(x-a)^2 + b^2$, et l'on aura :

$$X = [(x-a)^2 + b^2]^2 Q_1 = [x - (a + b\sqrt{-1})]^2 [x - (a - b\sqrt{-1})]^2 Q_1;$$

en sorte que la racine $a - b\sqrt{-1}$ se trouvera aussi deux fois dans X. Si X admet trois fois la racine $a + b\sqrt{-1}$, il doit être divisible par $(x - a - b\sqrt{-1})^3$, et, par suite, Q_1 doit admettre le facteur $x - a - b\sqrt{-1}$. On prouvera alors, comme on l'a fait pour X et pour Q, qu'il est divisible par $(x-a)^2 + b^2$, et que l'on a :

$$X = [(x-a)^2 + b^2]^3 Q_2 = [x - (a + b\sqrt{-1})]^3 [x - (a - b\sqrt{-1})]^3 Q_2;$$

en sorte que la racine $a - b\sqrt{-1}$ est triple, comme sa conjuguée. Le même raisonnement peut évidemment se continuer indéfiniment, et par conséquent la racine $a - b\sqrt{-1}$ a le même degré de multiplicité que sa conjuguée.

Relation entre les coefficients d'une équation et les racines.

295. Soit $\quad x^m + A_1 x^{m-1} + \ldots + A_{m-1} x + A_m = 0,$

une équation du degré m, dont nous supposons, pour plus de simplicité, que le premier terme ait pour coefficient l'unité. Nous avons vu qu'en désignant par a, b, c ... k, l ses racines, on a identiquement :

$$[1] \quad x^m + A_1 x^{m-1} + \ldots + A_{m-1} x + A_m = (x-a)(x-b)(x-c)\ldots (x-k)(x-l),$$

mais on sait qu'en effectuant le produit indiqué dans le second membre, on aura (208) pour premier terme, x^m; pour second terme, x^{m-1} multiplié par la somme des seconds termes $-a$, $-b \ldots -l$; pour troisième terme x^{m-2}, multiplié par la somme des produits deux à deux de $-a$, $-b$, $-c$ ... $-l$, ou, ce qui revient au même, par la somme des produits deux à deux de a, $b \ldots l$, et ainsi de suite; en sorte que si l'on représente par Σa, Σab, Σabc la somme des racines, la somme de leurs produits deux à deux, trois à trois, etc., on a

$$[2] \qquad (x-a)(x-b)\ldots(x-k)(x-l)$$
$$= x^m - x^{m-1}\Sigma a + x^{m-2}\Sigma ab - x^{m-3}\Sigma abc + \ldots \pm abc \ldots kl,$$

le dernier terme étant positif ou négatif, suivant que m est pair ou impair. En identifiant ce produit avec le premier membre de l'équation [1], on conclut le théorème suivant :

Dans toute équation algébrique dont le premier terme a pour coefficient l'unité

$$x^m + A_1 x^{m-1} + \ldots + A_{m-1}x + A_m = 0,$$

le coefficient du second terme A_1 est égal à la somme des racines prise en signe contraire.

Le coefficient du troisième terme est égal à la somme des produits deux à deux des racines.

Le coefficient du quatrième terme est la somme de leurs produits trois à trois, pris en signe contraire, et ainsi de suite.

Enfin, le dernier terme est égal au produit de toutes les racines, pris avec son signe ou avec un signe contraire, suivant que le degré de l'équation est pair ou impair.

Ce théorème s'exprime par les équations suivantes :

$$[3] \left\{\begin{array}{l} A_1 = -(a+b+c+\ldots+k+l), \\ A_2 = (ab+ac+\ldots+bc+\ldots+kl), \\ A_3 = -(abc+abd+\ldots+acd+\ldots+akl+\ldots), \\ \vdots \\ A_m = \pm abc \ldots kl. \end{array}\right.$$

En considérant les racines comme des inconnues, nous avons là m équations distinctes auxquelles elles doivent satisfaire;

lorsque l'on connaîtra quelques-unes des racines, ces équations pourront faciliter la recherche des autres, mais elles ne peuvent pas servir, en général, à la résolution complète de l'équation proposée. Si, en effet, on cherchait, par le moyen de ces équations, à déterminer une racine, a par exemple, il faudrait, pour cela, éliminer toutes les autres ; or, quel que soit le moyen que l'on emploie, je dis que l'équation obtenue devra avoir pour solution non-seulement la valeur a, mais encore les autres racines $b, c \ldots k, l$. Si l'on remarque, en effet, que les racines entrent absolument de même dans les équations [3], que rien ne les y distingue les unes des autres, on conclura que si l'on parvient par certains calculs à éliminer toutes les racines à l'exception de a, des calculs tout semblables auraient pu éliminer toutes les racines autres que b par exemple, sans qu'il y eût dans le résultat d'autre différence que le changement de a en b : c'est donc la même équation à laquelle a et b doivent satisfaire, et, comme on en peut dire autant des autres racines, il est évident que l'équation en a doit avoir pour racines $a, b, c \ldots k, l$, et qu'elle ne doit, par conséquent (**291**), pas différer de l'équation proposée elle-même. Cette conclusion peut d'ailleurs se vérifier d'une manière bien simple.

Reprenons en effet les équations [3]

$$\begin{aligned} A_1 &= -(a+b+c+\ldots+k+l), \\ A_2 &= (ab+ac+\ldots), \\ A_3 &= -(abc+abd+\ldots), \\ &\vdots \\ A_m &= \pm abc \ldots kl. \end{aligned}$$

Multiplions la première par a^{m-1}, la seconde par a^{m-2}, la troisième par a^{m-3} ..., la dernière par a, et ajoutons-les; on reconnaîtra facilement que l'on obtient ainsi l'équation

$$A_1a^{m-1} + A_2a^{m-2} + \ldots + A_m = -a^m,$$

qui n'est autre chose que l'équation proposée dans laquelle a est remplacé par x.

296. Remarque. Il ne faut pas affirmer, en vertu de ce qui précède, que les équations [3] ne peuvent jamais conduire à la résolution d'une équation algébrique. Il est prouvé seulement, qu'en cherchant à atteindre ce but par l'élimination de $m-1$ des racines cherchées, on serait ramené à l'équation proposée elle-même; mais on peut concevoir d'autres manières de procéder. Cherchons, par exemple, à déterminer les deux racines a et b de l'équation

$$x^2 + A_1x + A_2 = 0,$$

en faisant usage des relations

$$a + b = - A_1,$$
$$ab = A_2.$$

Formons le carré de la première équation, et retranchons-en membre à membre la seconde équation après avoir multiplié tous les termes par 4, il viendra

$$(a+b)^2 - 4ab = A_1^2 - 4A_2,$$

ou

$$(a-b)^2 = A_1^2 - 4A_2,$$
$$a - b = \pm\sqrt{A_1^2 - 4A_2}.$$

Connaissant $a+b$ et $a-b$, on en conclut facilement a et b.

297. Nous terminerons ce chapitre en précisant davantage les conséquences que l'on peut tirer (**285**) de la substitution de deux nombres différents dans le premier membre d'une équation.

298. THÉORÈME IV. *Si deux nombres* α *et* β, *substitués à* X *dans le premier membre d'une équation algébrique* $X = 0$, *donnent des résultats de signes contraires, ils comprennent un nombre impair de racines.*

Il faut entendre que les racines multiples sont comptées un nombre de fois égal à leur degré de multiplicité.

Soient $a, b \dots p$ les racines comprises entre α et β, Q le quotient de la division de X par $(x-a)(x-b)\dots(x-p)$; en sorte que

$$X = (x-a)(x-b)\dots(x-p)Q,$$

Q désignant le produit des facteurs qui correspondent aux racines imaginaires et aux racines réelles non comprises entre α et β. Si l'on fait successivement, dans cette équation, $x=\alpha$, $x=\beta$, on aura

$$X_\alpha=(\alpha-a)(\alpha-b)\ \ldots\ (\alpha-p)Q_\alpha,$$
$$X_\beta=(\beta-a)(\beta-b)\ \ldots\ (\beta-p)Q_\beta,$$

X_α, Q_α, X_β, Q_β désignant ce que deviennent les polynomes X, Q, lorsque l'on y substitue à x la valeur α ou la valeur β. Par hypothèse, X_α et X_β sont de signes contraires. Il doit donc en être de même des seconds membres. Or Q_α et Q_β sont de mêmes signes : car, sans cela, l'équation $Q=0$ aurait une racine au moins (**285**) comprise entre α et β. Il faut donc que les produits

$$(\alpha-a)(\alpha-b)\ \ldots\ (\alpha-p),$$
$$(\beta-a)(\beta-b)\ \ldots\ (\beta-p)$$

soient de signes contraires; et comme tous les facteurs du premier sont négatifs, et tous ceux du second positifs, il faut évidemment que le nombre de ces facteurs, et, par suite, le nombre des racines a, b ... p soit impair.

On verrait absolument de même que si deux nombres donnent des résultats de même signe, ils contiennent un nombre pair de racines (ce nombre peut être zéro).

RÉSUMÉ.

282. Toute fonction entière et rationnelle d'une variable x varie d'une manière continue. — **283.** On peut toujours donner à x une valeur assez grande pour que la fonction prenne le signe de son premier terme. — **284.** Signe d'une fonction de degré pair ou d'une fonction de degré impair lorsque la variable reçoit de grandes valeurs positives et négatives. — **285.** Si deux nombres a et b, substitués à a, donnent à $f(x)$, des valeurs de signes contraires, l'équation $f(x)=0$ admet en moins une racine comprise entre a et b. — **286.** Une équation de degré impair a toujours une racine réelle de signe contraire à son dernier terme. — **287.** Une équation de degré pair, dont le dernier terme est négatif, a deux racines réelles au moins, l'une positive, l'autre négative. —

288. On admet que toute équation a une racine réelle ou imaginaire. — **289.** Toute équation de degré m a précisément m racines, et leur premier membre est le produit de m facteurs du premier degré. — **290.** Un produit ne peut être nul que si l'un des facteurs est égal à zéro. — **291.** Deux équations qui ont les mêmes racines ne diffèrent que par un facteur constant. — **292.** Deux polynomes de degré m égaux pour $m+1$ valeurs de la variable, sont identiques. — **293.** Définition des racines égales. — **294.** Si $a+b\sqrt{-1}$ est m fois racine d'une équation à coefficients réels, il en sera de même de $a-b\sqrt{-1}$. — **295.** Expression des coefficients d'une équation en fonctions de racines. Les relations ne peuvent pas conduire, par élimination, à la résolution de l'équation. — **296.** Il ne faut pas affirmer que, par une autre voie, il soit impossible qu'elles fournissent l'expression des racines. — **297-298.** Si deux nombres α et β substitués dans $f(x)$ donnent des résultats de signes contraires, ils comprennent un nombre impair de racines; s'ils donnent des résultats de même signe, ils en comprennent un nombre pair.

EXERCICES.

I. Trouver le maximum du produit $x(p-x^2)$ lorsque x varie de 0 à p.

En conclure les conditions pour que l'équation

$$x(p-x^2)=q$$

admette deux racines positives.

II. Chercher les conditions pour que l'équation

$$x^m-px^n+q=0$$

admette deux racines positives.

III. L'équation

$$\frac{A}{x-a}+\frac{B}{x-b}+\frac{C}{x-c}+\dots+\frac{h}{x-l}=h$$

admet m racines réelles si $a, b, \dots l$ représentent m nombres distincts.

IV. Si l'équation

$$x^m - Ax^{m-1} + Bx^{m-2} - Cx^{m-3} + Dx^{m-4} - \ldots = 0$$

a toutes les racines réelles.

On a, nécessairement,

$$A^2 - 2B > 0,$$
$$B^2 - 2AC + 2D > 0,$$
$$C^2 - 2BD + 2AE - 2F >.$$
$$\ldots\ldots\ldots\ldots$$

On le démontrera en posant $y = x^2$; et remarquant qu'après avoir rendu l'équation en y rationnelle, les coefficients de celle-ci doivent être alternativement positifs et négatifs.

V. Si $\alpha_1, \alpha_2 \ldots \alpha_n$, sont n racines de l'équation

$$x^m + A_1x^{m-1} + A_2x^{m-2} + \ldots + A_m = 0,$$

les $m-n$ autres racines satisfont à l'équation

$$x^{m-n} + (A_1 + \Sigma\alpha_1)x^{m-n-1} + (A_2 + A_1\Sigma\alpha_1 + \Sigma\alpha_1\alpha_2)x^{m-n-2}$$
$$+ (A_3 + A_2\Sigma\alpha_1 + A_1\Sigma\alpha_1\alpha_2 + \Sigma\alpha_1\alpha_2\alpha_3)x^{m-n-3} + \ldots = 0;$$

$\Sigma\alpha_1$, $\Sigma\alpha_1\alpha_2$, $\Sigma\alpha_1\alpha_2\alpha_3$ désignant la somme des racines, la somme de leurs produits deux à deux, etc., en comprenant dans ces sommes les produits où la même racine figure plusieurs fois.

CHAPITRE XXI.

THÉORÈME DE DESCARTES.

299. Le but de ce chapitre est la démonstration d'un théorème célèbre qui permet d'assigner à la seule inspection d'une équation algébrique, une limite supérieure du nombre des racines positives qu'elle peut avoir.

La démonstration de ce théorème repose sur un lemme que nous établirons d'abord.

LEMME. *Si l'on multiplie par* $x-\alpha$ *un polynome entier et rationnel ordonné, suivant les puissances décroissantes de* x, *les coefficients du produit, considérés à partir du premier, présentent au moins un changement de signe de plus que ceux du multiplicande.* On suppose, bien entendu, dans l'énoncé précédent, que α désigne un nombre positif.

Soit $f(x)$ le multiplicande considéré. Supposons, pour fixer les idées, que son premier terme ait un coefficient positif; décomposons ce polynome en groupes de termes, dans chacun desquels tous les coefficients aient le même signe. Le premier groupe se compose du premier terme et de tous les termes positifs qui le suivent sans interruption; le second groupe commencera au premier terme négatif, et comprendra tous les termes négatifs compris entre celui-là et le premier des termes positifs qui viennent après; ce terme sera le premier du troisième groupe, et ainsi de suite : il est bien entendu que chaque groupe peut ne contenir qu'un seul terme. Écrivons le premier terme de chaque groupe

$$Ax^m++\ldots-Px^p--\ldots+Qx^q++\ldots-Rx^r\ldots\pm Ux^u\pm\pm\ldots\pm V,$$

les termes que l'on n'écrit pas étant tous de même signe que le premier terme écrit à leur gauche, et qui commence le groupe auquel ils appartiennent; il est bon de remarquer que tous les termes écrits servent de commencement à un groupe à l'exception du terme $\pm V$, qui termine, au contraire, le groupe auquel il appartient.

Multiplions, actuellement, le polynome ainsi écrit par le multiplicateur $x-\alpha$, et attachons-nous seulement à former, dans le produit, les termes en x^{m+1}, x^{p+1}, x^{q+1}, x^{r+1}, ... x^{n+1}, et, en outre, le dernier terme $\mp V\alpha$.

On verra de suite:

Que le coefficient du terme en x^{m+1} est positif;

Que le coefficient du terme en x^{p+1} est négatif;

Que le coefficient du terme en x^{q+1} est positif;

⋮

Que le coefficient du terme en x^{u+1} a le signe $\pm$; c'est-à-dire le même signe que celui du terme en x^u dans le multiplicande.

Le terme en x^{m+1}, dans le produit, provient, en effet, du produit de Ax^m par x.

Le terme en x^{p+1}, provient du produit $-Px^{p+1}$ de $-Px^p$ par x, et du produit par $-\alpha$, du terme qui le précède immédiatement; or, ce terme ayant, d'après nos conventions, un coefficient positif, son produit par $-\alpha$ aura un coefficient négatif qui, ajouté à $-P$, coefficient de $-Px^{p+1}$, donnera nécessairement une somme négative. Le terme en x^{q+1}, provient du produit Qx^{q+1} de $+Qx^q$ par x, et du produit par $-\alpha$, du terme qui le précède immédiatement; or, ce terme ayant, d'après nos conventions, un coefficient négatif, son produit par $-\alpha$ aura un coefficient positif qui, réuni à $+Q$, coefficient de $+Qx^{q+1}$, donnera nécessairement une somme positive.

La démonstration est la même pour les termes suivants.

Ajoutons que le dernier terme du produit, provenant sans réduction du produit de $\pm V$ par $-\alpha$, aura nécessairement le signe $\mp$, en sorte que le produit peut s'écrire

$$[2] \quad Ax^{m+1} \ldots - P'x^{p+1} \ldots + Q'x^{q+1} \ldots - R'x^{r+1} \ldots \pm U'x^{u+1} \ldots \mp V\alpha;$$

P', Q', R', U',... désignant des nombres positifs, et les termes non écrits ayant un signe incertain.

Or, à l'inspection de ce produit [2], on voit qu'il a au moins une variation de plus que le multiplicande [1]. En effet :

De Ax^{m+1} à $-P'x^{p+1}$, nous avons au moins une variation, et il n'y en a qu'une dans la partie correspondante du multiplicande.

De $-P'x^{p+1}$ à $+Q'x^{q+1}$, nous avons au moins une variation, et il n'y en a qu'une dans la partie correspondante du multiplicande.

Nous continuerons le même raisonnement jusqu'au terme $\pm U'x^{u+1}$, et nous verrons qu'il y a, jusqu'à ce terme, autant de variations de signe au moins dans le produit, qu'il y en a en tout dans le multiplicande. Mais après le terme $\pm U'x^{u+1}$, le produit présente encore au moins une variation, puisque ce terme n'a pas le même signe que le dernier terme $\mp V\alpha$, et, par conséquent, il y a dans le produit au moins une variation de plus que dans le multiplicande. C'est précisément ce qu'il fallait démontrer.

300. Supposons actuellement que l'on considère une équation algébrique

$$\varphi(x) = 0,$$

et soit $f(x)$ le produit des facteurs simples qui répondent aux racines négatives ou imaginaires de cette équation. De telle sorte, qu'en nommant α, β, γ,... les racines positives, on ait

$$\varphi(x) = f(x)(x-\alpha)(x-\beta)(x-\gamma)\ldots.$$

D'après le lemme précédent, le produit $f(x)(x-\alpha)$ admet au moins une variation de plus que $f(x)$: le produit $f(x)(x-\alpha)(x-\beta)$, une au moins de plus que le précédent, et, par suite, deux de plus que $f(x)$; $f(x)(x-\alpha)(x-\beta)(x-\gamma)$, en admet au moins trois de plus, et ainsi de suite ; et, par conséquent, lors même que $f(x)$ aurait tous les termes de même signe, le produit $\varphi(x)$ a autant de variations, au moins, qu'il y a de racines α, β, γ,....

Si toutes les racines de $\varphi(x) = 0$ étaient positives, on supposerait $f(x) = 1$, et la conclusion n'en subsisterait pas moins.

On peut donc énoncer le théorème suivant :

Une équation algébrique

$$\varphi(x) = 0$$

dont le premier membre est une fonction rationnelle et entière de x, *ne peut pas avoir plus de racines positives qu'il n'y a de variations de signes dans les coefficients de* $\varphi(x)$.

301. Soit

$$[1] \qquad \varphi(x) = 0$$

une équation algébrique. Si $-\alpha$ désigne une racine négative de cette équation, on aura

$$\varphi(-\alpha) = 0;$$

et, par suite, $x = +\alpha$ est racine de l'équation

$$[2] \qquad \varphi(-x) = 0$$

obtenue en changeant dans la proposée x en $-x$. Cette équation [2] admet donc pour racines positives les racines négatives de l'équation [1]; et, par suite, en lui appliquant le théorème de Descartes, on aura une limite du nombre possible de ces racines négatives.

302. Le théorème de Descartes fournit une limite supérieure du nombre des racines positives ou négatives que peut avoir une équation. Mais il arrive souvent que cette limite ne soit pas atteinte, et que le nombre des racines positives, par exemple, soit moindre que le nombre des variations du premier membre.

On peut démontrer seulement que si ces deux nombres sont différents, leur différence est toujours un nombre pair.

En d'autres termes, si une équation a un nombre pair de variations, elle a aussi un nombre pair de racines positives, et, si elle a un nombre impair de variations, elle a un nombre impair de racines positives.

Remarquons, pour le prouver, qu'une équation qui a un nombre pair de variations, a évidemment son dernier terme positif; par suite, en faisant $x=0$ et $x=\infty$, on aura des résultats de même signe, et le nombre des racines positives est (**298**) pair. Si le nombre des variations est impair, le dernier terme est négatif; $x=0$, substitué dans le premier membre, donne donc un résultat négatif; $x=\infty$ donne toujours (**283**) un résultat positif; et, par suite, (**298**) entre 0 et ∞, il y a un nombre impair de racines positives.

303. Il arrive souvent que l'application de la règle de Descartes rende certaine l'existence de racines imaginaires. Si, en effet, le nombre possible de racines positives, ajouté au nombre possible de racines négatives, forme une somme moindre que le degré de l'équation, il faut bien qu'il y ait des racines imaginaires.

Soit, par exemple, l'équation

$$x^8 + 5x^3 + 2x - 1 = 0,$$

son premier membre n'a qu'une variation; elle ne peut donc avoir qu'une seule racine positive.

Si on change x en $-x$, la transformée est

$$x^8 - 5x^3 - 2x - 1 = 0,$$

qui n'a aussi qu'une variation, et qui ne peut avoir, par suite, qu'une racine positive. La proposée ne peut donc avoir que deux racines réelles, et elle a, par conséquent, au moins six racines imaginaires.

On peut remarquer que les deux racines que la règle de Descartes indique comme possibles, existent certainement dans ce cas; l'excès du nombre des variations sur le nombre des racines positives étant, en effet, pair (**302**), il faut bien qu'il soit 0, dans le cas où il n'y a qu'une seule variation.

RÉSUMÉ.

299. But de ce chapitre. — Si l'on multiplie un polynome entier en x par $x - \alpha$, α étant positif, le produit a au moins une variation de plus que le multiplicande. — **300.** Le nombre des variations d'une équation est au moins égal au nombre des racines positives. — **301.** Limite du nombre des racines négatives. — **302.** L'excès du nombre des variations sur le nombre des racines positives est un nombre pair. — **303.** Le théorème de Descartes apprend quelquefois qu'il existe des racines imaginaires.

EXERCICES.

I. Si l'on a une équation

$$x^m + A_1 x^{m-1} + A_2 x^{m-2} + \ldots + A_m = 0,$$

que l'on multiplie les termes respectivement par a, $a+b$, $a+2b$ ... $a+mb$. a et b étant des nombres positifs, on formera une équation qui a une racine comprise entre deux racines consécutives de la proposée, excepté entre la plus petite racine positive et la racine négative qui la précède.

II. Si une équation algébrique a toutes ses racines réelles, A, B, C, D désignant quatre coefficients consécutifs, B^2-AC et C^2-BD sont de mêmes signes.

III. S'il arrive qu'en multipliant le premier membre d'une équation par $x-\alpha$, on introduise plus d'une variation, l'équation a nécessairement des racines imaginaires.

CHAPITRE XXII.

THÉORIE DES RACINES ÉGALES.

Facteurs communs à deux polynomes.

304. Nous avons vu (**289**) qu'une fonction entière de la variable x peut toujours se décomposer en facteurs du premier degré, de la forme $(x-\alpha)$, α désignant un nombre réel ou une expression imaginaire indépendante de x. La décomposition ne peut se faire que d'une seule manière, et chaque polynome admet seulement un nombre de facteurs égal à son degré. En général, deux polynomes différents admettront des facteurs inégaux, et ce sera seulement dans des cas particuliers qu'ils en auront un ou plusieurs de communs. Il est important, dans plusieurs recherches d'algèbre, de savoir décider si deux polynomes donnés se trouvent précisément dans un de ces cas, et quel est alors le produit des facteurs communs que l'on nomme plus grand commun diviseur des deux polynomes.

Soient $\varphi(x)$ et $\varphi_1(x)$ les deux polynomes ordonnés suivant les puissances décroissantes de x. Supposons $\varphi(x)$ de degré supérieur à $\varphi_1(x)$, et divisons le premier de ces polynomes par le second. Soient Q le quotient et $\varphi_2(x)$ le reste, on aura

$$\varphi(x)=Q\varphi_1(x)+\varphi_2(x);$$

et cette égalité prouve que le produit des facteurs communs à $\varphi(x)$ et à $\varphi_1(x)$ est le même que celui des facteurs communs à $\varphi_1(x)$ et à $\varphi_2(x)$.

Soit, en effet, $(x-\alpha)$ un facteur commun à $\varphi(x)$ et à $\varphi_1(x)$ qui figure p fois dans chacun de ces deux polynomes; $\varphi(x)$ et $\varphi_1(x)$ étant divisibles par $(x-\alpha)^p$, la somme

$$Q\varphi_1(x)+\varphi_2(x)=\varphi(x),$$

et l'une de ses parties,

$$Q\varphi_1(x),$$

admettent évidemment ce diviseur; et il en est, par suite, de même de l'autre partie de la somme, c'est-à-dire de $\varphi_2(x)$.

On verra de même que si $\varphi_2(x)$ et $\varphi_1(x)$ admettent p fois un facteur $(x-\alpha)$, il en sera de même de $\varphi(x)$.

Il est bien entendu que, dans ce qui précède, on peut avoir $p=1$.

D'après cela, les facteurs communs à $\varphi(x)$ et à $\varphi_1(x)$ sont les mêmes que les facteurs communs à $\varphi_1(x)$ et à $\varphi_2(x)$; ils doivent être pris dans les deux cas avec les mêmes exposants; et, par suite, le plus grand commun diviseur de $\varphi(x)$ et de $\varphi_1(x)$ est le même que celui de $\varphi_1(x)$ et de $\varphi_2(x)$.

On ramènera de la même manière la recherche du plus grand commun diviseur de $\varphi_1(x)$ et de $\varphi_2(x)$ à celle du plus grand commun diviseur, entre $\varphi_2(x)$ et le reste $\varphi_3(x)$ de la division de φ_1 par φ_2; on continuera ainsi à substituer aux polynomes proposés d'autres polynomes dont le degré ira sans cesse en diminuant, et lorsqu'on parviendra à une division qui se fera exactement, le diviseur de cette dernière opération sera le plus grand commun diviseur cherché.

Si l'on parvient à un reste numérique avant d'avoir rencontré une division qui réussisse, les polynomes proposés n'ont aucun facteur commun et il n'y a pas de plus grand commun diviseur.

Remarque. En cherchant le produit des facteurs communs à deux polynomes on ne se préoccupe aucunement des facteurs numériques. On peut donc multiplier l'un des polynomes donnés, ou l'un quelconque des restes obtenus dans l'opération, par un facteur numérique quelconque; on profite souvent de cette remarque pour éviter l'introduction des dénominateurs numériques. Il suffit, pour cela, de multiplier les dividendes successifs par le coefficient du premier terme du diviseur, et on doit prendre cette précaution, non-seulement pour les fonctions successives φ, φ_1, φ_2, φ_3, ..., qui servent successivement de diviseurs, mais aussi pour les dividendes partiels qui se présentent dans le cours de chaque division.

Supposons, par exemple, qu'en divisant $\varphi(x)$ par $\varphi_1(x)$, on ait trouvé au quotient un certain nombre de termes dont je représenterai l'ensemble par Q_1.

Soit $\psi(x)$ ce qui reste du dividende lorsqu'on en a retranché le produit de Q_1 par le diviseur, on a

$$\varphi(x)=Q_1\varphi_1(x)+\psi(x);$$

et l'on prouvera, comme (**304**), que les facteurs communs à $\varphi(x)$ et à $\varphi_1(x)$ sont les mêmes que les facteurs communs à $\psi(x)$ et à $\varphi_1(x)$, et, par suite aussi, que les facteurs communs à $k\psi(x)$ et à $\varphi_1(x)$, k étant une constante quelconque; il est donc permis de continuer l'opération après avoir multiplié le dividende partiel $\psi(x)$ par un facteur numérique k.

305. Exemples. Soit à chercher le produit des facteurs communs aux deux polynomes

$$x^7-3x^6+x^5-4x^2+12x-4,$$
$$2x^4-6x^3+3x^2-3x+1.$$

Voici le tableau des opérations :

$$\varphi x= x^7-3x^6+ x^5-4x^2+12x-4$$
$$\varphi_1 x=2x^4-6x^3+3x^2-3x+ 1$$

$$\begin{array}{l|l}
2x^7-6x^6+2x^5-8x^2+24x-8 & 2x^4-6x^3+3x^2-3x+1 \\
\underline{2x^7-6x^6+3x^5-3x^4+\quad x^3} & x^3-x \\
\underline{\quad -x^5+3x^4-x^3-8x^2+24x-8} & \\
\quad -2x^5+6x^4-2x^3-16x^2+48x-16 & \\
\underline{\quad -2x^5+6x^4-3x^3+3x^2-\quad x} & \\
\qquad\qquad x^3-19x^2+49x-16 &
\end{array}$$

$$\begin{array}{l|l}
2x^4-6x^3+3x^2-3x+1 & x^3-19x^2+49x-16 \\
\underline{2x^4-38x^3+98x^2-32x} & 2x+32 \\
\quad 32x^3-95x^2+29x+1 & \\
\underline{\quad 32x^3-608x^2+1568x-512} & \\
\underline{\qquad 513x^2-1539x+513} & \\
\qquad\quad x^2-\quad 3x+1 &
\end{array}$$

$$\begin{array}{l|l}
x^3-19x^2+49x-16 & x^2-3x+1 \\
\underline{x^3-3x^2+\quad x} & x-16 \\
\quad -16x^2+48x-16 & \\
\quad -16x^2+48x-16 & \\
\qquad\quad \text{»} &
\end{array}$$

Ainsi donc, le produit des facteurs communs est (x^2-3x+1); et l'on a :

$$\varphi x=(x^2-3x+1).(\ x^5-4),$$

$$\varphi_1 x=(x^2-3x+1).(2x^2+1).$$

On remarquera que, dans les opérations précédentes, le polynome $\varphi(x)$ et le premier reste de la première division ont été multipliés par 2, et le reste de la seconde division divisé par 513. Cette introduction, ou suppression de facteurs numériques, est permise, comme on l'a remarqué plus haut, quoiqu'elle change les quotients successivement obtenus. Ainsi, par exemple, en divisant $\varphi(x)$ par $\varphi_1(x)$, sans faire usage de ces simplifications, on trouverait pour quotient

$$\frac{x^2}{2}-\frac{x}{4}$$

au lieu de x^2-x que nous avons obtenu; mais les quotients n'étant d'aucun usage, cela n'a pas d'inconvénients.

EXEMPLE II. Considérons pour second exemple les deux polynomes :

$$x^6-49x^4+67x^3+10x^2-25x-4,$$

et $$2x^5-18x^4+39x^3-25x^2+x+1.$$

Voici le tableau des opérations :

$$\begin{array}{l|l}
2x^6 \qquad -98x^4+134x^3+20x^2-50x-8 & 2x^5-18x^4+39x^3-25x^2+x+1 \\
\underline{2x^6-18x^5+39x^4-25x^3+x^2+x} & \overline{x+9} \\
18x^5-137x^4+159x^3+19x^2-51x-8 & \\
\underline{18x^5-162x^4+351x^3-225x^2+9x+9} & \\
25x^4-192x^3+244x^2-60x-17 &
\end{array}$$

$$\begin{array}{l|l}
50x^5-450x^4+975x^3-625x^2+25x+25 & 25x^4-192x^3+244x^2-60x-17 \\
\underline{50x^5-384x^4+488x^3-120x^2-34x} & \overline{2x-66} \\
\underline{-66x^4+487x^3-505x^2+59x+25} & \\
-1650x^4+12175x^3-12625x^2+1475x+625 & \\
\underline{-1650x^4+12672x^3-16104x^2+3960x+1122} & \\
\underline{-497x^3+3479x^2-2485x-497} & \\
-x^3+7x^2-5x-1 &
\end{array}$$

$$\begin{array}{l|l}
25x^4-192x^3+244x^2-60x-17 & x^3-7x^2+5x+1 \\
\underline{25x^4-175x^3+125x^2+25x} & \overline{25x-17} \\
-17x^3+119x^2-85x-17 & \\
-17x^3+119x^2-85x-17 &
\end{array}$$

Le produit des facteurs communs est donc (x^3-7x^2+5x+1); et en divisant par ce produit les deux polynomes φx et $\varphi_1 x$, on aura :

$$\varphi x=(x^3-7x^2+5x+1).(x^3+7x^2-5x-4)$$

et
$$\varphi_1 x=(x^3-7x^2+5x+1).(2x^2-4x+1).$$

Nous remarquerons, comme plus haut, que diverses simplifications ont été apportées aux divisions précédentes :

Dans la première, on a multiplié le dividende par 2;

Dans la seconde, le dividende a été multiplié par 25 ainsi que le premier dividende partiel; le reste a été divisé par 497.

EXEMPLE III. Nous chercherons encore le plus grand commun diviseur entre

$$x^6-7x^5+15x^4-40x^3+48x-16$$

et
$$6x^5-35x^4+60x^3-80x+48.$$

Voici le tableau des opérations :

$$\begin{array}{r|l}
6x^6-42x^5+90x^4-240x^2+288x-96 & \underline{6x^5-35x^4+60x^3-80x+48} \\
\underline{6^6x-35x^5+60x^4-80x^2+48x} & x--7 \\
\underline{-7x^5+30x^4-160x^2+240x-96} & \\
-42x^5+180x^4-960x^2+1440x-576 & \\
\underline{-42x^5+245x^4-420x^3+560x-336} & \\
\underline{-65x^4+420x^3-960x^2+880x-240} & \\
-13x^4+84x^3-192x^2+176x-48 &
\end{array}$$

$$\begin{array}{r|l}
78x^5-455x^4+780x^3-1040x+624 & \underline{13x^4-84x^3+192x^2-176x+48} \\
\underline{78x^5-504x^4+1152x^3-1056x^2+288x} & 6x+49 \\
\underline{+49x^4-372x^3+1056x^7-1328x+624} & \\
637x^4-4836x^3+13728x^2-17264x+8112 & \\
\underline{637x^4-4116x^3+9408x^2-8624x+2352} & \\
\underline{-720x^3+4320x^2-8640x+5760} & \\
-x^3+6x^2-12x+8 &
\end{array}$$

$$\begin{array}{r|l}
13x^4-84x^3+192x^2-176x+48 & \underline{x^3-6x^2+12x-8} \\
\underline{13x^4-78x^3+156x^2-104x} & 13x-6 \\
-6x^3+36x^2-72x+48 & \\
\underline{-6x^3+36x^2-72x+48} & \\
\text{»} &
\end{array}$$

Donc le facteur commun est $x^3-6x^2+12x-8$.

Dans ces divisions on a introduit et supprimé, comme dans

les précédentes, des facteurs numériques, que le lecteur, suffisamment averti, apercevra sans peine.

Racines communes à deux équations.

306. La théorie qui précède permet de ramener la recherche des racines communes à deux équations, à la résolution d'une équation qui ne contient plus qu'elles seules, et qui est, par conséquent, de degré moindre que les proposées. Il est clair, en effet, que le produit des facteurs communs à deux polynomes, étant égalé à zéro, donnera précisément les racines qui les annulent l'un et l'autre.

Soient, par exemple, les équations

$$x^6 - 49x^4 + 67x^3 + 11x^2 - 25x - 4 = 0,$$
$$2x^5 - 18x^4 + 39x^3 + 25x^2 + x + 1 = 0;$$

on a vu (**305**), que le produit des facteurs communs à leurs premiers membres, est

$$x^3 - 7x^2 + 5x + 1,$$

et, par suite, les racines communes s'obtiendront en résolvant l'équation du troisième degré

$$x^3 - 7x^2 + 5x + 1 = 0.$$

But de la théorie des racines égales.

307. Les procédés employés pour la résolution des équations numériques, exigent que ces équations n'admettent pas de racines égales. Il est donc essentiel de résoudre les deux questions suivantes.

1° Une équation algébrique étant donnée, reconnaître si elle a des racines égales.

2° Une équation ayant des racines égales, ramener sa résolution à celle de plusieurs autres équations de degré moindre, et dont les racines soient inégales.

Moyen de reconnaître si une équation a des racines égales.

308. On dit qu'une équation $\varphi(x)=0$, admet n fois la racine a, lorsque $\varphi(x)$ est divisible par $(x-a)^n$; le théorème suivant exprime les conditions nécessaires pour qu'il en soit ainsi.

THÉORÈME I. *Pour qu'un nombre* a *soit* n *fois racine d'une équation algébrique* $\varphi(x)=0$, *il est nécessaire et suffisant que, substitué à* x, *il annule la fonction* $\varphi(x)$ *et ses* $n-1$ *premières dérivées.*

On a, en effet, identiquement

$$x=a+(x-a),$$
$$\varphi(x)=\varphi[a+(x-a)].$$

En développant $\varphi(a+x-a)$ par la formule générale donnée (**246**)

$$\varphi(x)=\varphi(a)+\varphi'(a)(x-a)+\varphi''(a)\frac{(x-a)^2}{1.2}+\ldots+\frac{\varphi^n(a)(x-a)^n}{1.2\ldots n}$$
$$+\ldots+\frac{\varphi^m(a)}{1.2\ldots m}(x-a)^m.$$

A la seule inspection de cette formule, on voit que la condition énoncée est suffisante. Si l'on a, $\varphi(a)=0$, $\varphi'(a)=0$, $\varphi^{n-1}(a)=0$, tous les termes restant dans le second membre contiendront $(x-a)^n$ en facteur, et $\varphi(x)$ sera par conséquent divisible par $(x-a)^n$.

Je dis de plus que cette condition est nécessaire; supposons en effet que $\varphi(x)$ étant divisible par $(x-a)^n$, et $\varphi^p(x)$ étant la première des dérivées de $\varphi(x)$ qui ne s'annule pas pour $x=a$, on ait $p<n$; l'équation précédente deviendra

$$\varphi(x)=\frac{\varphi^p(a)}{1.2\ldots p}(x-a)^p+\frac{\varphi^{p+1}(a)}{1.2\ldots(p+1)}(x-a)^{p+1}$$
$$+\ldots+\frac{\varphi^m(a)}{1.2\ldots m}(x-a)^m;$$

si l'on divise les deux membres par $(x-a)^p$, il vient

$$\frac{\varphi(x)}{(x-a)^p}=\frac{\varphi^p(a)}{1.2\ldots p}+\frac{\varphi^{p+1}(a)}{1.2\ldots p+1}(x-a)+\ldots+\frac{\varphi^m(a)}{1.2\ldots m}(x-a)^{m-p}$$

égalité impossible, car $\varphi(x)$ renfermant par hypothèse $(x-a)^n$ en facteur, et n étant plus grand que p, le premier membre s'annule pour $x=a$, et le second prend une valeur différente de zéro, savoir: $\frac{\varphi^p(a)}{1.2...p}$.

On peut déduire du théorème précédent, les conditions suivantes.

309. Théorème II. *Pour qu'un nombre* a *soit* n *fois racine d'une équation algébrique* $\varphi(\mathrm{x})=0$, *il est nécessaire et suffisant que substitué à* x, *il annule le polynome* $\varphi(\mathrm{x})$ *et qu'il soit, en outre,* $\mathrm{n}-1$ *fois racine de l'équation dérivée* $\varphi'(\mathrm{x})=0$.

Il résulte, en effet, du théorème précédent que les conditions nécessaires et suffisantes sont exprimées par les équations

$$\varphi(a)=0,\ \varphi'(a)=0...,\ \varphi^{n-1}(a)=0,$$

dont les $n-1$ dernières expriment que a est racine de l'équation $\varphi'(x)=0$ et de ses $(n-2)$ premières dérivées, et, par suite, en vertu du théorème précédent, que a est $n-1$ fois racine de l'équation $\varphi'(x)=0$.

310. Remarque. Il résulte du théorème précédent que si l'on décompose le premier membre d'une équation et sa dérivée en facteurs simples correspondants à leurs diverses racines, à chaque racine multiple a, entrant n fois dans l'équation, correspondront, dans la dérivée, $n-1$ facteurs égaux à $(x-a)$, en sorte que, si une équation $\varphi(x)=0$ admet n racines égales à a, p racines égales à b, q racines égales à c, r racines égales à d, etc., on a

$$\varphi(x)=(x-a)^n(x-b)^p(x-c)^q(x-d)^r...,$$
$$\varphi'(x)=(x-a)^{n-1}(x-b)^{p-1}(x-c)^{q-1}(x-d)^{r-1}...,$$

et, par suite, $\varphi(x)$ et $\varphi'(x)$ admettent les facteurs communs $(x-a)^{n-1}$, $(x-b)^{p-1}$, $(x-c)^{q-1}$, $(x-d)^{r-1}$. Je dis de plus qu'ils n'en admettent pas d'autres, car, s'ils admettaient un facteur commun $(x-k)$, k serait racine de $\varphi(x)$ et de $\varphi'(x)$, et, par suite (308), racine double de $\varphi(x)$.

Réduction d'une équation qui a des racines égales.

311. Les théorèmes précédents permettent de ramener la résolution d'une équation qui a des racines égales, à celle de plusieurs autres équations qui n'en ont pas. Considérons, en effet, une équation $\varphi(x)=0$, et concevons son premier membre décomposé en facteurs correspondants à ses racines. Soient X_1, X_2, X_3, X_4 les produits des facteurs de chaque degré de multiplicité, pris chacun une fois seulement, savoir : X_1 le produit des facteurs simples; X_2 le produit des facteurs qui correspondent à des racines doubles, pris chacun une fois seulement, et ainsi de suite; en sorte que l'on ait

$$\varphi(x)=X_1X_2^2X_3^3X_4^4.$$

Le produit des facteurs communs au polynome X et à sa dérivée, est, d'après les théorèmes précédents,

$$P=X_2X_3^2X_4^3.$$

Le produit P_1 des facteurs communs à P et à sa dérivée, est de même

$$P_1=X_3X_4^2.$$

Enfin, le produit P_2 des facteurs communs à P_1 et à sa dérivée est

$$P_2=X_4.$$

Si l'équation proposée n'admet pas de racines dont le degré de multiplicité surpasse 4, P_2 n'aura plus de facteurs communs avec sa dérivée, sinon il faudrait continuer à opérer de la même manière. Maintenant, en divisant chacune des équations précédentes par la suivante, il vient :

$$\frac{\varphi(x)}{P}=X_1X_2X_3X_4,$$

$$\frac{P}{P_1}=X_2X_3X_4,$$

$$\frac{P_1}{P_2}=X_3X_4,$$

$$P_2=X_4,$$

et en divisant chacune de celles-ci par la suivante :

$$\frac{\varphi(x)P_1}{P^2}=X_1,\quad \frac{PP_2}{P_1^2}=X_2,\quad \frac{P_1}{P_2^2}=X_3,\quad P_2=X_4.$$

On pourra donc, par de simples divisions, trouver X_1, X_2, X_3 X_4, et en résolvant les équations,

$$X_1=0,\quad X_2=0,\quad X_3=0,\quad X_4=0,$$

qui n'ont plus de racines multiples, on obtiendra séparément les racines simples, doubles, triples, quadruples... de la proposée.

312. Exemple I. Appliquons la méthode précédente à l'équation

$$\varphi x = x^4 + 4x^3 + 2x^2 + 12x + 45 = 0,$$

on a
$$\varphi' x = 4x^3 + 12x^2 + 4x + 12$$
$$= 4.(x^3 + 3x^2 + x + 3).$$

Par des divisions successives, on obtient les équations suivantes :

$$4.\varphi x = (x+1).\varphi'(x) \quad -2(x^2-4x-21)$$
$$\varphi' x = (x+7).(x^2-4x-21) + 50(x+3)$$
$$x^2-4x-21 = (x+3).(x-7)$$

Par conséquent, le facteur commun à φx et $\varphi' x$ est $x+3$. -3 est donc une racine double; on trouve, en effet, par la division

$$\varphi x = (x+3)^2.(x^2-2x+5).$$

Exemple II. Soit encore l'équation

$$\varphi x = x^5 - 10x^2 + 15x - 6 = 0,$$

on a
$$\varphi' x = 5(x^4 - 4x + 3).$$

Les divisions consécutives donnent :

$$x^5 - 10x^2 + 15x - 6 = x(x^4 - 4x + 3) - 6(x^2 - 2x + 1)$$
$$x^4 - 4x + 3 = (x^2 - 2x + 1).(x^2 + 2x + 3)$$
$$= (x-1)^2.(x^2 + 2x + 3);$$

le plus grand commun diviseur entre $\varphi(x)$ et $\varphi'(x)$, est donc $(x-1)^2$; la seule racine multiple est donc $x=1$, qui figure trois fois dans la proposée, et l'on a, en effet,

$$\varphi x=(x-1)^3.(x^2+3x+6).$$

Exemple III. Soit l'équation

$$\varphi x=x^6-7x^5+15x^4-40x^2+48x-16=0,$$

la première dérivée est

$$\varphi' x=6x^5-35x^4+60x^3-80x+48.$$

Nous avons déjà trouvé (305) que le produit des facteurs communs à ces deux fonctions est

$$x^3-6x^2+12x-8,$$

ou

$$(x-2)^3.$$

Donc, l'équation proposée admet quatre racines égales à 2; on a, en effet,

$$\varphi x=(x-2)^4.(x^2+x-1).$$

Exemple IV. Soit enfin l'équation

$$\varphi x=x^6-10x^5+47x^4-140x^3+271x^2-330x+225=0,$$

sa dérivée est

$$\varphi' x=6x^5-50x^4+188x^3-420x^2+542x-330.$$

Les divisions successives donnent :

$$6.\varphi x=\varphi' x.(x-\tfrac{5}{3})+\tfrac{32}{3}(x^4-10x^3+36x^2-70x+75)$$
$$\varphi' x=2(3x+5)(x^4-10x^3+36x^2-70x+75)+72(x^3-5x^2+11x-15)$$
$$x^4-10x^3+36x^2-70x+75=(x^3-5x^2+11x-15)(x-5).$$

Le produit des facteurs communs aux deux polynomes sera donc

$$x^3-5x^2+11x-15.$$

Si nous divisons ce produit par sa dérivée après l'avoir multiplié par 3, nous trouvons

$$\begin{array}{r|l} 3x^3 - 15x^2 + 33x - 45 & 3x^2 - 10x + 11 \\ \hline - \ 5x^2 + 22x - 45 & x - 5 \end{array}$$

ou, en multipliant de nouveau par 3,

$$\begin{array}{r} -15x^2 + 66x - 135 \\ 16x + \ 80; \end{array}$$

ou, en supprimant le facteur 16, le dernier reste peut être remplacé par

$$x + 5;$$

sans avoir besoin de continuer l'opération après cette simplification, on voit que $3x^2 - 10x + 11$, n'est pas divisible par $x + 5$, car il ne s'annule pas pour $x = -5$; le commun diviseur

$$x^3 - 5x^2 + 11x - 15$$

entre $\varphi(x)$ et sa dérivée, n'a donc pas de facteurs multiples, et, par suite, $\varphi(x)$ a seulement trois racines doubles, dont les valeurs sont les racines de l'équation

$$x^3 - 5x^2 + 11x - 15 = 0.$$

RÉSUMÉ.

304. Définition du plus grand commun diviseur de deux polynomes. Moyen de l'obtenir par un procédé analogue à celui que l'on suit pour deux nombres. Remarque importante sur l'introduction et la suppression des facteurs numériques dans le cours des divisions à effectuer. — **305.** Quelques exemples. — **306.** Recherches des racines communes à deux équations. — **307.** But de la théorie des racines égales. — **308.** Condition nécessaire et suffisante pour qu'une équation admette n fois la racine a. — **309.** Autre forme de cette condition. — **310.** Produit des facteurs communs au premier membre d'une équation et à sa dérivée. — **311.** Réduction d'une équation qui a des racines multiples à plusieurs autres qui n'en ont pas. — **312.** Quelques exemples.

EXERCICES.

1. P et Q désignant deux polynomes en x qui n'admettent

aucun facteur commun, et P', Q' leurs dérivées; si l'équation $P^2+Q^2=0$ admet deux racines égales, ces racines, réelles ou imaginaires, appartiendront à l'équation $P'^2+Q'^2=0$.

II. Si a est une fois racine de l'équation $\varphi(x)=0$, il sera $m-1$ fois racine de l'équation obtenue en multipliant les termes de la proposée supposée complète, par les termes successifs d'une progression arithmétique.

CHAPITRE XXIII.

RACINES COMMENSURABLES.

313. On peut obtenir par des essais réguliers et fort simples les racines commensurables d'une équation à coefficients commensurables.

Nous commencerons par montrer que cette recherche se ramène à celle des racines entières, et pour cela nous établirons le théorème suivant :

THÉORÈME. *Une équation de la forme*

$$[1] \qquad x^m + A_1x^{m-1} + A_2x^{m-2} + \ldots + A_m = 0,$$

dont le premier terme a pour coefficient l'unité, et dont les autres coefficients sont entiers, ne peut avoir de racine commensurable fractionnaire.

Si, en effet, $\frac{a}{b}$ est racine de l'équation [1], on a

$$\left(\frac{a}{b}\right)^m + A_1\left(\frac{a}{b}\right)^{m-1} + \ldots + A_m = 0;$$

d'où l'on déduit, en multipliant tous les termes par b^{m-1},

$$[1] \qquad \frac{a^m}{b} + A_1a^{m-1} + A_2a^{m-2}b + \ldots + A_mb^{m-1} = 0,$$

ou

$$\frac{a^m}{b} = -(A_1a^{m-1} + A_2a^{m-2}b + \ldots + A_mb^{m-1}).$$

Si l'on suppose, ce qui évidemment est permis, que la fraction $\frac{a}{b}$ ait été réduite à sa plus simple expression, a et b sont premiers entre eux, la fraction $\frac{a^m}{b}$ est par conséquent irréductible et ne peut être égale à un nombre entier; il est donc impossible qu'elle soit égale au second membre, dont tous les termes sont entiers, et par conséquent il est impossible que l'équation [1] admette une racine de la forme $\frac{a}{b}$. Les seules racines commensurables qu'elle puisse avoir sont donc entières.

514. Une équation à coefficients entiers étant donnée, le théorème précédent permet de la transformer de manière que toutes les racines commensurables deviennent entières.

Soit, en effet, l'équation

$$Ax^m + A_1x^{m-1} + \dots + A_{m-1}x + A_m = 0,$$

dans laquelle on peut supposer que A, A_1, ... A_m soient des nombres entiers, car il est toujours facile de chasser les dénominateurs en multipliant tous les termes par leur plus petit multiple commun. Posons $x = \frac{y}{A}$, y étant une nouvelle inconnue qui, évidemment, devra satisfaire à l'équation

$$A\left(\frac{y}{A}\right)^m + A_1\left(\frac{y}{A}\right)^{m-1} + \dots + A_m = 0;$$

ou, en multipliant les deux membres par A^{m-1},

$$y^m + A_1y^{m-1} + A_2Ay^{m-2} + \dots + A_mA^{m-1} = 0,$$

équation dont les coefficients sont entiers et dont le premier terme y^m a pour coefficient l'unité; les valeurs commensurables de y sont donc toutes entières. Il est évident d'ailleurs qu'elles correspondent aux valeurs commensurables de x, car la relation $x = \frac{y}{A}$, prouve que x étant commensurable, il en est de même de y.

Si nous pouvons obtenir les racines entières de l'équation en y, d'après ce qui précède, nous aurons toutes les racines commensurables de l'équation en x.

Recherche des racines entières.

315. Nous avons vu comment la recherche des racines commensurables peut se ramener à celle des racines entières. Il nous reste donc à montrer comment on peut obtenir les racines entières d'une équation à coefficients entiers.

Soit l'équation

$$[1] \qquad x^m + A_1x^{m-1} + A_2x^{m-2} + \ldots + A_m = 0,$$

et α une de ses racines entières, le premier membre doit être divisible par $x - \alpha$, représentons le quotient qui est un polynome du degré $m - 1$, par

$$x^{m-1} + P_1x^{m-2} + P_2x^{m-3} + \ldots P_{m-2}x + P_{m-1}.$$

$P_1, P_2 \ldots P_{m-1}$ étant évidemment des nombres entiers, car le premier terme du diviseur $x - \alpha$ ayant pour coefficient l'unité, la division ne peut introduire aucun dénominateur.

En écrivant que le dividende est le produit du diviseur par le quotient, on aura identiquement

$$[2] \quad (x-\alpha)(x^{m-1} + P_1x^{m-2} + \ldots + P_{m-2}x + P_{m-1}) = x^m + A_1x^{m-1} + A_2x^{m-2} + \ldots + A_{m-1}x + A_m.$$

En effectuant les opérations indiquées dans le premier membre, et égalant les coefficients des mêmes puissances de x, il vient

$$[3] \qquad \begin{aligned} -P_{m-1}\alpha &= A_m, \\ P_{m-1} - P_{m-2}\alpha &= A_{m-1}, \\ P_{m-2} - P_{m-3}\alpha &= A_{m-2}, \\ &\vdots \\ P_2 - P_1\alpha &= A_2, \\ P_1 - \alpha &= A_1. \end{aligned}$$

Tous les nombres qui figurent dans ces formules étant entiers, la première équation prouve que α doit être un des diviseurs de A_m, et que le quotient $\frac{A_m}{\alpha}$ est égal à $- P_{m-1}$.

La seconde équation peut s'écrire

$$-P_{m-2}\alpha = A_{m-1} - P_{m-1} = A_{m-1} + \frac{A_m}{\alpha};$$

elle prouve que α doit être un diviseur de la somme $A_{m-1} + \frac{A_m}{\alpha}$ et que le quotient $\frac{A_{m-1} + \frac{A_m}{\alpha}}{\alpha}$ est $-P_{m-2}$.

La troisième équation peut s'écrire

$$-P_{m-3}\alpha = A_{m-2} - P_{m-2} = A_{m-2} + \frac{A_{m-1} + \frac{A_m}{\alpha}}{\alpha}.$$

Elle prouve que α doit être un diviseur de la somme $A_{m-2} + \frac{A_{m-1} + \frac{A_m}{\alpha}}{\alpha}$, c'est-à-dire de la somme obtenue en ajoutant A_{m-2} au quotient précédent, et que le quotient est $-P_{m-3}$.

On peut continuer ainsi jusqu'à la dernière équation, qui prouvera que le dernier quotient $-P_1$, augmenté de A_1 doit être divisible par α et donner pour quotient -1.

Ces conditions sont nécessaires et suffisantes pour que α soit racine; car si elles sont remplies, on pourra trouver des nombres P_{m-1}, P_{m-2} ... P_1, qui rendent identiques les équations [3], et, par suite, le premier membre de la proposée sera divisible par $x - \alpha$.

On peut remarquer que les opérations à l'aide desquelles on s'assure qu'un nombre α est racine, font connaître les coefficients du quotient de la division du premier membre par $x - \alpha$. Ces coefficients P_{m-1}, P_{m-2}, ... sont égaux, en effet, aux quotients changés de signes des différentes divisions dont la réussite est nécessaire pour que le nombre α ne soit pas rejeté.

En résumé, pour trouver les racines commensurables d'une équation telle que [1], on cherchera d'abord les diviseurs entiers, positifs ou négatifs, du dernier terme : eux seuls peuvent être racines. Pour essayer l'un de ces diviseurs α, on divisera le dernier terme A_m par α, et l'on ajoutera au quotient le coefficient A_{m-1} : la somme devra être divisible par α. On formera le quotient; on y ajoutera A_{m-2} : la somme devra encore être divisible par α; et en continuant ainsi, on devra trouver un dernier quotient qui, ajouté au coefficient du second terme, donne pour somme $-\alpha$.

316. On peut diminuer le nombre des essais à faire par la remarque suivante :

Si α est une racine de l'équation

$$[1] \qquad x^m + A_1 x^{m-1} + \dots A_m = 0,$$

le premier membre de cette équation est divisible par $x-\alpha$, et les coefficients du quotient sont tous entiers, ainsi qu'on l'a exposé plus haut. Si donc on attribue à x une valeur entière quelconque, la valeur numérique du premier membre de [1] sera divisible par la valeur numérique de $x-\alpha$. Les valeurs les plus simples que l'on puisse attribuer à x sont 1 et -1. En nommant Q et Q_1 les valeurs correspondantes du premier membre de [1], on ne devra essayer α que si Q est divisible par $1-\alpha$, et Q_1 par $-1-\alpha$, ou, en changeant le signe, par $1+\alpha$.

Application de la méthode précédente.

317. Voici la manière la plus avantageuse de disposer les calculs :

$$\begin{array}{c|l} A_1,\ A_2,\ \dots\ A_{m-2},\ A_{m-1},\ A_m & \alpha \\ \hline P_1,\ \dots\ P_{m-3},\ P_{m-2},\ P_{m-1} & \end{array}$$

J'écris sur une ligne horizontale les coefficients de l'équation proposée, et dans une colonne, à droite, le diviseur à essayer α. Sur la même ligne que α, et en allant de droite à gauche, j'écris au-dessous de A_m, A_{m-1} ..., les quotients *changés de signe* P_{m-1}, P_{m-2} ..., calculés comme il a été dit (**315**). Si tous ces quotients sont entiers, et si, en outre, le nombre écrit sous A_1 est $+1$, α est racine, et P_1, P_2 ...., P_{m-1} sont les coefficients de l'équation débarrassée de la racine α. Il n'y aura donc plus alors qu'à opérer sur cette seconde ligne comme sur la première. Si quelques-unes des divisions ne peuvent se faire, on passera à un autre diviseur.

EXEMPLE. $f(x) = x^4 - 2x^3 - 19x^2 + 68x - 60.$

$-2,$	$-19,$	$+68,$	-60	
$1,$	$0,$	$-19,$	$+30$	2 est racine
	$1,$	$2,$	-15	2 est racine
		$1,$	$+5$	3 est racine
			$+1$	-5 est racine

60 admet 24 diviseurs; mais la marche même du calcul en exclut un grand nombre.

Je commence par essayer $+1$ et -1, en les substituant directement à la place de x : aucun d'eux n'est racine, mais ce premier calcul m'apprend que $f(1) = -12$ et que $f(-1) = -144$. Dès lors je ne dois, parmi les diviseurs positifs, essayer que ceux qui diminués de 1 divisent 12, et qui augmentés de 1 divisent 144; et parmi les diviseurs négatifs, ceux dont la valeur absolue, augmentée de 1 divise 12, et diminuée de 1 divise 144.

Le diviseur 2 satisfaisant à ces conditions, je l'essaye : je trouve que 2 est racine, et que l'équation, débarrassée de cette racine, est

$$x^3 - 19x + 30 = 0.$$

Comme 2 divise 30, je l'essaye de nouveau, et je continue de la même manière, en n'opérant que sur les diviseurs qui satisfont aux conditions précédentes, et qui en outre divisent le terme tout connu de la dernière équation simplifiée.

Tout calcul fait, on trouve que l'équation proposée a pour racines 2, 2, 3, -5, et que son premier membre est égal à

$$(x-2)^2(x-3)(x+5).$$

RÉSUMÉ.

313. Si le premier terme d'une équation a pour coefficient l'unité, et que les autres coefficients soient entiers, les racines commensurables sont toutes entières. — **314.** Le théorème précédent permet de transformer une équation à coefficients rationnels en une autre dont les racines soient entières. — **315.** Recherche des racines entières. — **316.** Théorème qui permet de diminuer le nombre des essais. — **317.** Application de la méthode à un exemple.

EXERCICES.

I. Chercher les racines commensurables d'une équation sans les ramener préalablement à être entières. Montrer qu'en désignant par $\frac{a}{b}$ une telle racine réduite à sa plus simple expression, a doit être diviseur du dernier terme, et b diviseur du coefficient du premier terme. Chercher par quels essais analogues à ceux qui ont été indiqués pour les racines entières, on peut vérifier que $\frac{a}{b}$ est racine.

II. Chercher si l'équation

$$x^3 - (a + b + ab)x^2 + ab(a + b + 1)x - ab^2 - a^2b = 0$$

admet des racines exprimées rationnellement en a et b.

III. Si une équation du troisième degré n'admet pas de racines commensurables, elle n'admet pas de racines multiples.

IV. Le théorème précédent s'applique à une équation du cinquième degré, et ne s'applique pas à une équation du quatrième.

CHAPITRE XXV.

NOTIONS SUR LA THÉORIE DES DIFFÉRENCES.

318. Si l'on considère une suite de nombres qui se succèdent suivant une loi quelconque, les différences obtenues en retranchant chacun d'eux de celui qui le suit, forment une nouvelle suite dont les termes se nomment les *différences* des termes de la première.

Ainsi, la suite proposée étant représentée par

[1] $$y_0,\ y_1,\ y_2,\ y_3 \ldots y_{n-1},\ y_n\,;$$

la suite des différences sera

[2] $$y_1 - y_0,\ y_2 - y_1,\ y_3 - y_2 \ldots y_n - y_{n-1}\,;$$

$y_1 - y_0$ est la *différence* de y_0 ; $y_2 - y_1$, la différence de y_1 ; $y_n - y_{n-1}$ la différence de y_{n-1}. Pour former la différence de y_n il faudrait connaître un terme de plus dans la suite [1].

Pour désigner les différences on se sert souvent du signe Δ.

Ainsi, Δy_k désigne la différence $y_{k+1} - y_k$. D'après cette notation les termes de la suite

$$y_0,\ y_1,\ y_2 \ldots y_n$$

auront pour différences

$$\Delta y_0,\ \Delta y_1,\ \Delta y_2 \ldots \Delta y_{n-1}.$$

319. Une suite quelconque de nombres étant donnée, leurs différences forment une nouvelle suite ayant un terme de moins que la première. L'on peut opérer sur cette suite comme sur celle qui lui a donné naissance et former des différences des différences, que l'on nomme des différences secondes. On les désigne par le signe Δ^2.

Ainsi, étant donnée la suite

$$y_0,\ y_1,\ y_2 \dots y_n,$$

les différences premières seront désignées par

$$\Delta y_0,\ \Delta y_1,\ \Delta y_2 \dots \Delta y_{n-1},$$

et les différences secondes

$$\Delta y_1 - \Delta y_0,\ \Delta y_2 - \Delta y_1 \dots,\ \Delta y_{n-1} - \Delta y_{n-2},$$

le seront par $\Delta^2 y_0,\ \Delta^2 y_1, \dots \Delta^2 y_{n-2}.$

Cette nouvelle série ayant évidemment un terme de moins que la précédente, et, par suite, deux termes de moins que la proposée.

320. Si l'on opère sur la suite des différences secondes comme on l'a fait sur la suite proposée, on formera les différences des différences secondes que l'on nomme des différences troisièmes et que l'on désigne par le signe Δ^3.

Ainsi, les différences

$$\Delta^2 y_1 - \Delta y^2_0,\ \Delta^2 y_2 - \Delta^2 y_1 \dots \Delta^2 y_{n-2} - \Delta^2 y_{n-3}$$

se désignent par $\Delta^2 y_0,\ \Delta^3 y_1 \dots \Delta^3 y_{n-3}.$

On conçoit que l'on peut continuer ainsi indéfiniment et former les différences quatrièmes, cinquièmes, etc., qui se désigneront par les signes Δ^4, Δ^5... le nombre de ces différences n'étant limité que par celui des termes de la suite proposée. Ainsi, deux termes ne donnent lieu qu'à une différence première, et il n'y a pas lieu de considérer leur différence seconde. Trois termes donnent lieu à deux différences premières et à une différence seconde, il n'y a pas lieu de considérer leur différence troisième. En général, m termes donnent lieu à $m-1$ différences premières, à $m-2$ différences secondes... à une différence $m-1^{me}$, il n'y a pas lieu de considérer leur différence m^{me}. Si une suite est illimitée on peut considérer des différences d'un ordre illimité.

Usage des différences pour la formation des carrés et des cubes.

321. Nous commencerons par montrer par deux exemples simples de quelle utilité peut être la considération des différences.

Considérons la suite des carrés des nombres naturels :

[1] 1, 4, 9, 16, 25, 36, 49, 64, 81, 100 ...,

les différences premières sont :

[2] 3, 5, 7, 9, 11, 13, 15, 17, 19 ...,

et les différences secondes

[3] 2, 2, 2, 2, 2, 2, 2, 2 ...,

sont toutes égales entre elles. La démonstration est tellement simple que nous croyons pouvoir nous dispenser de la donner ici.

D'après cette remarque, si l'on voulait former la table des carrés des nombres naturels on commencerait par écrire la suite [2],

[2] 3, 5, 7, 9, 11, 13, 15.....

puis le premier terme de la suite des carrés, qui est 1, et il est évident que chaque carré s'obtiendrait du précédent en ajoutant le terme correspondant de cette suite [2].

Ainsi, on dirait 3 et 1, 4. 4 et 5, 9. 9 et 7, 16, etc.

322. Si nous considérons la suite des cubes

[1] 1, 8, 27, 64, 125, 216, 343, 512, 729,

les différences premières sont :

[2] 7, 19, 37, 61, 91, 127, 169, 217,

les différences secondes :

[3] 12, 18, 24, 30, 36, 42, 48,

et les différences troisièmes

[4] 6, 6, 6, 6, 6, 6,

sont constantes et égales à 6. Cette loi est générale. En effet, quatre cubes consécutifs sont

$$a^3,\ (a+1)^3,\ (a+2)^3,\ (a+3)^3,$$

les différences premières sont

$$3a^2+3a+1,\quad 3(a+1)^2+3(a+1)+1,\quad 3(a+2)^2+3(a+2)+1,$$

et les différences secondes

$$3[(a+1)^2-a^2]+3,\quad 3[(a+2)^2-(a+1)^2]+3,$$

c'est-à-dire en réduisant

$$6a+6,\quad 6(a+1)+6,$$

et la différence de ces deux expressions, c'est-à-dire la différence troisième, est évidemment 6.

D'après cela, pour former un tableau des cubes, on formerait successivement les suites [4] [3] [2] [1], chacune permettant d'obtenir la suivante par de simples additions. Ainsi, ayant écrit la suite [3] sur une ligne verticale, on obtiendra la suite [2] en écrivant son premier terme 7, et remarquant que chacun des autres se forme du précédent par l'addition du terme correspondant de la suite [3].

12	7
18	$19=12+7$
24	$37=18+19$
30	$61=24+37$
36	$91=30+61$
42	$127=36+91$
48	etc...
54	
60	
66	
72	
78	

Ayant ainsi formé la suite [2], c'est-à-dire les différences premières des cubes, chaque cube pourra se déduire du précédent en lui ajoutant la différence correspondante, en sorte qu'ils se déduiront tous du premier 1, par de simples additions.

Ainsi, ayant écrit sur une ligne verticale les différences premières obtenues plus haut, on formera la série des cubes comme l'indique le tableau suivant :

7	1
19	8 = 7 + 1
37	27 = 19 + 8
61	64 = 37 + 27
91	125 = 61 + 64
127	216 = 91 + 125
etc.	etc.

Le tableau suivant résume les résultats que nous venons d'obtenir.

CUBES.	DIFFÉRENCES 1res.	DIFFÉRENCES 2mes.	DIFFÉRENCES 3mes.
1	7	12	6
8	19	18	6
27	37	24	6
64	61	30	6
125	91	36	
216	127		
343			

Il est clair que, dans la formation de ce tableau, on devra commencer par écrire la colonne de droite, pour en déduire les suivantes, au moyen de leurs premiers termes, par de simples additions.

323. Lorsque des quantités

$$u_0 \ u_1 \ u_2 \ \dots \ u_n$$

sont données, il n'y a aucune difficulté à former, d'après ce qui précède, leurs différences successives jusqu'à la n^{me} inclusivement; nous ne nous bornerons pas cependant aux indications qui permettent d'effectuer ces calculs, et nous donnerons la formule qui en exprime le résultat général.

On a, d'après les définitions,

$$\Delta u_0 = u_1 - u_0,\ \Delta u_1 = u_2 - u_1,\ \Delta u_2 = u_3 - u_2, \ldots$$

$$\Delta^2 u_0 = \Delta u_1 - \Delta u_0 = u_2 - 2u_1 + u_0,\ \Delta^2 u_1 = \Delta u_2 - \Delta u_1 = u_3 - 2u_2 + u_1$$

$$\Delta^3 u_0 = \Delta^2 u_1 - \Delta^2 u_0 = (u_3 - 2u_2 + u_1) - (u_2 - 2u_1 + u_1) = u_3 - 3u_2 + 3u_1 - u_0.$$

Sans aller plus loin, on peut prévoir la loi suivante : la différence de rang p se forme en multipliant u_p, $u_{p-1} \ldots u_0$ par les coefficients du développement $(x-a)^p$.

Pour montrer que cette loi est générale, nous allons faire voir qu'en l'admettant vraie pour une différence d'un certain ordre, elle est vraie, par cela même, pour la différence d'ordre immédiatement supérieure.

Soit donc

$$[1]\quad \Delta^p u = u_p - pu_{p-1} + \frac{p.p-1}{1.2} u_{p-2} - \frac{p.p-1.p-2}{1.2.3} u_{p-3} + \ldots \pm u_0;$$

Cette formule, donnant la différence p^{me} du premier terme d'une suite quelconque, nous pouvons l'appliquer au calcul de $\Delta^p u_1$, en considérant u_1 comme premier terme de la suite

$$u_1\ u_2\ u_3 \ldots u_p\ u_{p+1} \ldots u_n,$$

et l'on aura, par suite, en *vertu de la même formule*,

$$[2]\quad \Delta^p u_1 = u_{p+1} - pu_p + \frac{p.p-1}{1.2} u_{p-1} - \frac{p.p-1.p-2}{1.2.3} u_{p-2} + \ldots,$$

ou, en retranchant les deux égalités [1] et [2],

$$\Delta^{p+1} u_0 = \Delta^p u_1 - \Delta^p u_0 = u_{p+1} - (p+1) u_p + \left(\frac{p.p-1}{1.2} + p\right) u_{p-1}$$
$$- \left(\frac{p.p-1.p-2}{1.2.3} + \frac{p.p-1}{1.2}\right) u_{p-2} + \ldots,$$

et comme (**213**) la somme des deux coefficients successifs du développement d'un binome forme un coefficient du développement de la puissance immédiatement supérieure, on peut écrire

$$\Delta^{p+1} u_0 = u_{p+1} - (p+1)\, u_p + \frac{(p+1)p}{2} u_{p-1} - \frac{(p+1)p.p-1}{1.2.3} u_{p-2} + \ldots;$$

c'est précisément ce qu'il fallait démontrer.

324. Réciproquement, si l'on donne u_0 et les n premières différences, on peut calculer les termes successifs

$$u_1,\ u_2,\ \ldots\ u_n,$$

nous donnerons la formule générale à laquelle conduit ce calcul.

On a

$$u_1 = u_0 + \Delta u_0,$$
$$u_2 = u_1 + \Delta u_1 = u_0 + \Delta u_0 + \Delta u_0 + \Delta^2 u_0 = u_0 + 2\Delta u_0 + \Delta^2 u_0,$$
$$u_3 = u_2 + \Delta u_2 = u_0 + 2\Delta u_0 + \Delta^2 u_0 + \Delta u_1 + \Delta^2 u_1,$$
$$= u_0 + 2\Delta u_0 + \Delta^2 u_0 + (\Delta u_0 + \Delta^2 u_0) + (\Delta^2 u_0 + \Delta^3 u_0),$$
$$= u_0 + 3\Delta u_0 + 3\Delta^2 u_0 + \Delta^3 u_0,$$

on aperçoit immédiatement la loi suivante.

Le terme de rang $p+1$, u_p, se forme en multipliant les différences successives u_0, Δu_0, $\Delta^2 u_0$, $\Delta^3 u_0 \ldots \Delta^p u_0$, par les coefficients de $(x+a)^p$.

Pour démontrer que cette loi est générale, nous prouverons encore qu'en l'admettant vraie pour un terme de certain ordre, elle est vraie, par cela même, pour un terme immédiatement suivant.

Supposons donc que l'on ait prouvé la formule

$$[1] \qquad u_p = u_0 + p\Delta u_0 + \frac{p(p-1)}{1.2}\Delta^2 u_1 + \ldots + \Delta^p u_0.$$

Si nous appliquons *la même formule* à la série

$$\Delta u_0,\ \Delta^2 u_1,\ \Delta^1 u_2\ \ldots,\ \Delta u_p,$$

elle nous donnera Δu_p, en fonction de Δu_0 et de ses p premières différences, qui sont $\Delta^2 u_0$, $\Delta^3 u_0 \ldots \Delta^{p+1} u_0$; on aura donc

$$[2] \qquad \Delta u_p = \Delta u_0 + p\Delta^2 u_0 + \frac{p.p-1}{1.2}\Delta^3 u_0 + \ldots + \Delta^{p+2} u_0;$$

et, en ajoutant les formules [1] et [2], il vient

$$u_{p+1} = u_p + \Delta u_p = u_0 + (p+1)\Delta u_0 + \left(\frac{p.p-1}{1.2} + p\right)\Delta^2 u_0 + \ldots + \Delta^{p+1} u_0;$$

et comme la somme de deux coefficients consécutifs de la

puissance p d'un binome est un coefficient de la puissance $p+1$, cette équation peut s'écrire

$$u_{p+1}=u_0+(p+1)\Delta u_0+\frac{(p+1)p}{1.2}\Delta^2 u_0+\frac{(p+1)p.p-1}{1.2.3}\Delta^3 u_0+\ldots,$$

ce qui est précisément le résultat qu'il fallait obtenir.

Différences des polynomes.

325. Nous avons reconnu (**321**) que la suite des carrés des nombres naturels a ses différences secondes, et la suite des cubes ses différences troisièmes égales à une constante. Cette proposition s'étend aux différences quatrièmes de la suite des quatrièmes puissances, aux différences cinquièmes de la suite des cinquièmes puissances, etc. Mais, sans nous arrêter à ces propositions, nous démontrerons le théorème suivant, dont elles sont évidemment des cas particuliers.

THÉORÈME. *Si, dans un polynome en* x, *de degré* m, *on substitue une suite de nombres en progression arithmétique, les différences* m^{mes} *des résultats obtenus sont constantes.*

Soit, en effet, le polynome

$$[1] \quad y=F(x)=Ax^m+A_1x^{m-1}+A_2x^{m-2}+\ldots+A_{m-1}x+A_m.$$

Supposons que l'on substitue à x les valeurs successives

$$x_0,\ x_0+h,\ x_0+2h,\ \ldots,\ x_0+nh\ldots;$$

désignons par $\quad y_0,\ y_1,\ y_2,\ \ldots,\ y_n\ldots$

les valeurs correspondantes de y. Toutes ces valeurs sont évidemment des polynomes de degré m en x_0, dont les coefficients dépendent de h. De plus, il est clair que, pour passer de l'une d'elles à la suivante, il suffit d'y changer x_0 en x_0+h. On a en effet, en considérant deux valeurs consécutives de y, y_p et y_{p+1}

$$y_p=F(x_0+ph),$$
$$y_{p+1}=F[x_0+(p+1)h].$$

Or, il est évident que $x_0+(p+1)h$ peut se déduire de x_0+ph en y changeant x_0 en x_0+h.

Cela posé, les différences premières

$$\Delta y_0, \ \Delta y_1, \ \Delta y_2 \ldots$$

sont des polynomes du degré $(m-1)$ en x_0, dont les coefficients dépendent de h. On a, en effet,

$$\Delta y_0 = y_1 - y_0 = \mathrm{F}(x_0+h) - \mathrm{F}(x_0) = \mathrm{F}'(x_0)h + \mathrm{F}''(x_0)\frac{h^2}{1.2} + \ldots$$

Or on sait que $\mathrm{F}'(x_0)$ est un polynome de degré $(m-1)$, $\mathrm{F}''(x_0)$ un polynome de degré $(m-2)$, etc.; la proposition est donc démontrée pour Δy_0. Il en résulte qu'elle est vraie pour les différences suivantes, Δy_1, Δy_2, ... : car chacune d'elles se déduit de la précédente en changeant x_0 en x_0+h, ce qui ne change pas son degré par rapport à x_0.

La série

$$[2] \qquad \Delta y_0, \ \Delta y_1, \ \ldots, \ \Delta y_n \ldots$$

pourrait donc s'obtenir en substituant successivement à x, dans un certain polynome de degré $(m-1)$, les valeurs x_0, x_0+h....

Si donc nous appliquons à cette suite ce qui a été dit de la suite

$$y_0, \ y_1, \ \ldots, \ y_n$$

déduite de la même manière d'un polynome de degré m, nous verrons que les différences des termes de la série [2], c'est-à-dire

$$[3] \qquad \Delta^2 y_0, \ \Delta^2 y_1, \ \ldots, \ \Delta^2 y_n,$$

sont des polynomes de degré $(m-2)$ en x_0, et que chacun se déduit du précédent en y changeant x_0 en x_0+h; en sorte qu'ils peuvent tous se déduire d'un même polynome en y changeant x en x_0, x_0+h, x_0+2h, ...

Si nous appliquons à la suite des différences secondes le théorème dont nous avons déjà deux fois fait usage, nous verrons que les différences des termes de la série [3], c'est-à-dire

$$[4] \qquad \Delta^3 y_0, \ \Delta^3 y_1, \ \ldots, \ \Delta^3 y_n$$

sont des polynomes de degré $(m-3)$ en x_0

Et en continuant de la même manière, nous verrons que les différences quatrièmes sont des polynomes de degré $m-4$, les différences cinquièmes de degré $m-5$,... et enfin les différences m^{mes} de degré 0, c'est-à-dire indépendantes de x_0, ce qui prouve le théorème énoncé : car pour obtenir chacune de ces différences, on doit changer, dans la précédente, x_0 en x_0+h, et elles sont, par conséquent, constantes quand elles ne contiennent pas x_0.

325 *bis*. En revenant sur les détails de la démonstration précédente, on peut faire plusieurs remarques utiles.

Remarque I. On a trouvé la formule

$$[1] \qquad \Delta y_0 = y_1 - y_0 = F(x_0+h) - F(x_0)$$
$$= F'(x_0)h + F''(x_0)\frac{h^2}{1.2} + \ldots + \frac{F^m(x_0)h^m}{1.2\ldots m}.$$

On voit que l'accroissement h est facteur dans le second membre, et qu'il le sera encore si l'on remplace x par x_0+h, x_0+2h, pour former les différences

$$\Delta y_1,\ \Delta y_2,\ \ldots$$

en sorte que toutes les différences premières contiennent en facteur l'accroissement h.

Remarque II. Il est évident que si le polynome proposé renfermait h en facteur, ce facteur se retrouverait dans les dérivées successives $F'(x_0)$, $F''(x_0)\ldots F^m(x_0)$, et, par suite, tous les termes de la différence contiendraient, non plus seulement h, mais h^2 en facteur. Il résulte de là que la différence première étant un polynome qui contient h en facteur, la différence seconde contiendra h^2 en facteur à tous les termes. La formule [1] prouve, en général, que si un polynome $F(x)$ contient en facteur une puissance h^p de h, sa différence contiendra à tous les termes le facteur h^{p+1}, et il résulte de là que les différences des différences secondes, c'est-à-dire les différences troisièmes, contiendront le facteur h^3, les différences quatrièmes le facteur h^4 et ainsi de suite.

On voit que si l'accroissement h décroît de plus en plus, les différences décroîtront suivant une loi d'autant plus rapide que leur ordre sera plus élevé.

Remarque III. L'expression générale de Δy_0

$$\Delta y_0 = F'(x_0)h + F''(x_0)\frac{h^2}{1.2} + \ldots,$$

est, comme nous l'avons dit, un polynome que l'on peut ordonner suivant les puissances de x_0. Si Ax^m représente le premier terme de $F(x)$, il est facile de voir que le premier terme de Δy_0 sera $mAx_0^{m-1}h$, et que, par suite, Δy_0, Δy_1, $\Delta y_2 \ldots$, s'obtiendront en substituant à x les valeurs x_0, x_0+h, $x_0+2h\ldots$, dans un polynome dont le premier terme est $mhAx^{m-1}$. En appliquant à ce polynome le résultat trouvé pour $F(x)$, on verra que les différences premières de ce polynome, c'est-à-dire les différences secondes de $F(x)$ peuvent s'obtenir en substituant à x les valeurs x_0, $x_0+h\ldots$, dans un polynome dont le premier terme est $m(m-1)Ah^2x^{m-2}$. On verra de même que le premier terme du polynome qui donnerait les différences troisièmes est $m(m-1)(m-2)Ah^3x^{m-3}$. Enfin, la différence m^{me} qui se réduit à un seul terme puisqu'elle est indépendante de x_0, est

$$m(m-1)(m-2)(m-3)\ldots 2Ah^m.$$

Application à un exemple.

326. Si nous considérons le polynome du troisième degré

$$[1] \qquad y = x^3 + px^2 + qx + p,$$

nous trouverons sans peine

$$[2] \qquad \Delta y = 3x^2h + (3h^2 + 2ph)x + h^3 + ph^2 + qh,$$

$$[3] \qquad \Delta^2 y = 6xh^2 + 6h^3 + 2ph^2,$$

$$[4] \qquad \Delta^3 y = 6h^3,$$

et pour obtenir les valeurs de Δy_0, Δy_1, $\Delta y_2 \ldots \Delta^2 y_0$, $\Delta^2 y_1\ldots$, il suffira de remplacer dans le second membre des formules [2] et [3] x par x_0, x_0+h, etc.

Si l'on voulait former les valeurs numériques de la fonction y et de ses différences, il faudrait procéder comme on l'a indiqué pour former le tableau des cubes.

527. Prenons pour exemple

$$y = x^3 - 5x^2 + 6x - 1,$$

et formons les valeurs que prend ce polynome pour des valeurs entières de la variable. Si l'on fait successivement $x = -1$, $x = 0$, $x = 1$, on trouve pour valeurs correspondantes de y, $y = -13$, $y = -1$, $y = 1$, dont les différences sont 12 et 2, la différence seconde est -10. Quant à la différence troisième de y, on sait qu'elle est égale à 6. On disposera ces résultats de la manière suivante :

x	y	Δy	$\Delta^2 y$	$\Delta^3 y$
				6
				6
-1	-13	12	-10	6
0	-1	2		6
$+1$	$+1$			6
				6

et l'on remplira ensuite les différentes colonnes en remarquant que chaque terme de l'une d'elles (la première colonne exceptée) est égal à celui qui est au-dessus, augmenté du terme correspondant à ce dernier dans la colonne placée à sa droite. Cette remarque permet évidemment de prolonger les colonnes dans les deux sens, on trouve ainsi

x	y	Δy	$\Delta^2 y$	$\Delta^3 y$
-5	-281	112	-34	6
-4	-169	78	-28	6
-3	-91	50	-22	6
-2	-41	28	-16	6
-1	-13	12	-10	6
0	-1	2	-4	6
1	$+1$	-2	$+2$	6
2	-1	0	$+8$	6
3	-1	8	$+14$	
4	$+7$	22		
5	$+29$			

Remarque. On voit, par l'exemple précédent, que, pour

calculer les valeurs d'un polynome du troisième degré qui correspondent à des valeurs entières de la variable, il suffit de connaître celles qui correspondent à trois nombres entiers consécutifs —1, 0, +1; en se fondant sur ce que la différence troisième est constante, il est très-facile d'obtenir, par de simples additions, les valeurs suivantes.

Si le polynome proposé était du quatrième degré, la différence quatrième serait constante, et pour former la série de ses valeurs, il suffirait de connaître quatre valeurs consécutives. Il en faudrait cinq pour un polynome du cinquième degré, et ainsi de suite.

Sur la manière de former les tables numériques.

* **328.** La considération des différences est fort utile dans la construction des tables de toute espèce. Il arrive, en effet, presque toujours que, dans une série de nombres résultant d'une loi régulière et suffisamment rapprochés les uns des autres, les différences tendent de plus en plus vers l'égalité, à mesure que leur ordre s'élève. En négligeant des quantités fort petites, on pourra, à partir d'un certain ordre, leur supposer, dans un certain intervalle, une valeur invariable, et construire la table comme s'il s'agissait des valeurs d'un polynome.

Ne pouvant donner ici la raison de ce fait général, nous nous bornerons à le développer sur deux exemples.

Exemple I. Si l'on pose

$$y = \log x,$$

on aura $\Delta y = \log(x+h) - \log(x) = \log\left(1+\frac{h}{x}\right)$

$$= \log e\left(\frac{h}{x} - \frac{h^2}{2x^2} + \frac{h^3}{3x^3}\ldots\right),$$

$$\Delta^2 y = \log(x+2h) - 2\log(x+h) + \log x$$

$$= \log\left(1+\frac{2h}{x}\right) - 2\log\left(1+\frac{h}{x}\right)$$

$$= -\log e\left(\frac{h^2}{x^2} - \frac{2h^3}{x^3} + \ldots\right)$$

$$\Delta^3 y = \log(x+3h) - 3\log(x+2h) + 3\log(x+h) - \log x$$
$$= \log\left(1+\frac{3h}{x}\right) - 3\log\left(1+\frac{2h}{x}\right) + 3\log\left(1+\frac{h}{x}\right)$$
$$= \log e\left(\frac{2h^3}{x^3} - \text{etc.}\right).$$

Si l'on suppose, par exemple, $x = 10000$ et $h = 1$, il viendra

$$\Delta y = 0{,}000043427276863,$$
$$\Delta^2 y = 0{,}000000004342076,$$
$$\Delta^3 y = 0{,}000000000000868,$$

et si l'on ne voulait avoir les résultats qu'avec dix chiffres décimaux, on pourrait négliger longtemps les différences du quatrième ordre, et procéder comme si la différence troisième était constante. On formera donc successivement les colonnes des différences troisièmes, secondes, premières, comme au n° **327**, d'où l'on déduira les logarithmes des nombres 10001, 10002, 10003, en partant de celui de 10000, qui est 4,000000000000000. Il faudra vérifier les résultats au moyen de logarithmes obtenus directement à des intervalles éloignés. La méthode des différences devra les donner exacts avec le nombre des chiffres que l'on veut conserver. Lorsque le dernier de ces chiffres cessera d'être exact, on calculera de nouveau *à priori*, au moyen des formules (**328**), les différences Δy, $\Delta^2 y$, $\Delta^3 y$, et l'on se servira de ces nouvelles valeurs comme des précédentes.

Exemple II. Soit proposé de calculer à 7 décimales exactes une table des logarithmes des sinus de 10 en 10 secondes, depuis 72° jusqu'à 72° 1′ 40″.

Nous savons que

$$\sin 72^0 = \tfrac{1}{4}\sqrt{10+2\sqrt{5}} = 0{,}9510565,$$

$$\cos 72^0 = \tfrac{1}{4}\sqrt{6-2\sqrt{5}} = 0{,}3090170,$$

donc, en prenant les logarithmes de ces deux valeurs et ajoutant, comme on le fait toujours, dix unités à chacun d'eux,

$$\log \sin 72^0 = 9{,}9782063255,$$

$$\log \cos 72^0 = 9{,}4899824.$$

Reprenons les formules précédentes :

$$y = \log x,$$

$$\Delta y = \log e\left(\frac{h}{x} - \frac{h^2}{x^2} + \ldots\right),$$

$$\Delta^2 y = \log e\left(\frac{h^2}{x^2} - \ldots\right).$$

Nous cherchons ici $\log \sin \varphi$, φ étant égal à 72^0 ; donc

$$x = \sin \varphi.$$

Déterminons maintenant l'accroissement du sinus, correspondant à un accroissement de l'angle de $10''$.

On a $\quad \sin(x+h) = \sin(\varphi + 10''),$

$$= \sin\varphi . \cos 10'' + \cos\varphi . \sin 10''.$$

Mais l'arc $10'' = \dfrac{\pi \times 10}{180 \times 60 \times 60} = 0{,}00004\ 84813\ldots < \dfrac{5}{10^6}.$

Or, comme $\quad \sin x > x - \dfrac{x^3}{6},$

le sinus $10''$ ne diffère de son arc que d'une quantité moindre que $\frac{1}{6}\left(\dfrac{5}{10^6}\right)^3$ ou de moins de $\dfrac{1}{10^{13}}$.

De plus $\quad \cos x > 1 - \dfrac{x^2}{2};$

donc, le cosinus de $10''$ ne diffère de l'unité que de moins que $\frac{1}{2}\left(\dfrac{5}{10^5}\right)^2$ ou que d'une unité du neuvième ordre.

Nous pourrons donc écrire l'équation ci-dessus,

$$x+h=\sin\varphi+\cos\varphi\times 10'';$$

mais

$$x=\sin\varphi;$$

donc, avec une approximation de $\frac{1}{10^9}$,

$$h=\cos\varphi\times 10''.$$

L'angle φ est égal à 72^0; donc, en négligeant h^2,

$$\Delta y=\log e\,\frac{\cos 72^0\times 10''}{\sin 72^0}$$

or,

$$\begin{aligned}\log(\log e)&=9,637\ 7843\\ \log\cos 72^0&=9,489\ 9824\\ \log 10''&=5,685\ 5749\\ C^t\log\sin 72^0&=0,021\ 7937\end{aligned}$$

donc $\log\Delta y=4,835\ 1353$

et $\Delta y=0,000\ 006841$

Comme nous calculons les valeurs de $\log\sin\varphi$ à 7 décimales exactes, les valeurs de $\frac{h^2}{x^2}$, $\frac{h^3}{x^3}$ et, par suite, de $\Delta^2 y$, n'influent plus sur le résultat que nous cherchons; et la fonction transcendante $\log\sin\varphi$, dans les limites indiquées, peut être considérée comme une fonction algébrique du premier degré, fonction qui augmente de $\frac{68}{10^7}$ environ pour chaque $10''$ d'augmentation de l'angle φ.

Pour être assuré de l'exactitude du dernier résultat, il faudra calculer à 8 décimales et former une progression arithmétique, dont le premier terme est

$$\log\sin 72^0=9,978\ 20632\ldots$$

et dont la différence est 684. En nous bornant aux quatre derniers chiffres des logarithmes, la progression sera

0632, 1316, 2000, 2684, 3368, 4052, 4736, 5420, 6104, 6788.

Supprimant le dernier chiffre et ajoutant une unité de

septième ordre, lorsqu'il est plus grand que 5, nous aurons :

$$\log\sin 72^\circ 0'\ 0'' = 9{,}978\ 2063$$
$$\log\sin 72^\circ 0'\ 10'' = 9{,}978\ 2132$$
$$\log\sin 72^\circ 0'\ 20'' = 9{,}978\ 2200$$
$$\log\sin 72^\circ 0'\ 30'' = 9{,}978\ 2268$$
$$\log\sin 72^\circ 0'\ 40'' = 9{,}978\ 2337$$
$$\log\sin 72^\circ 0'\ 50'' = 9{,}978\ 2405$$
$$\log\sin 72^\circ 1'\ 0'' = 9{,}978\ 2474$$
$$\log\sin 72^\circ 1'\ 10'' = 9{,}978\ 2542$$
$$\log\sin 72^\circ 1'\ 20'' = 9{,}978\ 2610$$
$$\log\sin 72^\circ 1'\ 30'' = 9{,}978\ 2679$$

Ce qui s'accorde parfaitement avec les valeurs fournies par les tables de Callet.

RÉSUMÉ.

318. Définition des différences. — **319.** Définitions des différences secondes. — **320.** Définition des différences d'un ordre quelconque. — **321.** Usage des différences pour la formation des carrés. — **322.** Usage des différences pour la formation des cubes. — **323.** Formule qui exprime la différence d'un ordre quelconque. — **324.** Formule inverse qui exprime un terme quelconque d'une suite au moyen du premier et de ses différences. — **325.** La différence m^{me} d'un polynome de degré m est constante. — **326.** Les différences premières contiennent en facteur l'accroissement h de la variable ; les différences secondes contiennent h^2, les différences troisièmes h^3, etc. Expression de la différence m^{me}. — **327.** Exemple. — **328.** Application à la construction des tables.

EXERCICE.

Prouver que si $\varphi(x)$ désigne une fonction quelconque d'une variable x, et que l'on considère la suite

$$\varphi(x),\quad \varphi(x+h),\quad \varphi(x+2h)\ldots\varphi(x+nh),$$

les fractions $$\frac{\Delta\varphi(x)}{h},\quad \frac{\Delta^2\varphi(x)}{h^2},\quad \frac{\Delta^3\varphi(x)}{h^3}\ldots$$

ont respectivement pour limites les dérivées du premier, second, troisième ordre de $\varphi(x)$. En conclure que si h est petit, les différences sont, en général, d'autant plus petites que leur ordre est plus élevé.

CHAPITRE XXVI.

INTERPOLATION.

329. L'interpolation consiste à insérer, entre les termes d'une suite, de nouveaux termes assujettis à la même loi. Ce problème est quelquefois très-facile lorsque la loi des termes de la suite est connue. C'est ainsi que entre deux termes d'une progression, on peut insérer, par un procédé fort simple, un nombre donné de moyens. Si l'on considère, au contraire, des nombres quelconques dont la loi soit inconnue, le problème de l'interpolation devient complétement indéterminé et pour le résoudre, il faut imposer aux termes inconnus une condition qui fasse disparaître l'indétermination. Cette condition est le plus souvent que les *différences d'un certain ordre seront égales à zéro.* On en a vu un exemple dans la détermination des logarithmes d'un nombre non compris dans la table; admettre, en effet, comme on le fait, que l'accroissement des logarithmes soit proportionnel à celui des nombres, c'est admettre que, pour des accroissements égaux des nombres, les accroissements des logarithmes sont aussi égaux, ou, en d'autres termes, que la différence première des logarithmes soit constante, et que, par suite, la différence seconde soit nulle. Dans le cas des logarithmes, les tables permettent d'ailleurs de vérifier qu'il en est à très-peu près ainsi pour des accroissements du nombre égaux à l'unité, et l'on conçoit qu'il doit, *à fortiori*, en être de même pour des accroissements plus petits; nous avons d'ailleurs montré (**328**) que les différences secondes des logarithmes diminuent rapidement. Cette loi s'applique du reste à toutes les fonctions ; lorsque la variable croît par degrés égaux de plus en plus petits, les différences de la fonction diminuent d'autant plus rapidement que leur ordre est plus élevé. Lors donc que, dans la construction d'une table, on apercevra que les différences d'un certain ordre deviennent sensiblement nulles, on pourra admettre qu'il en serait *à fortiori* de même pour des accroissements plus petits.

Et alors le problème de l'interpolation peut s'énoncer ainsi : *Connaissant les valeurs* u_0, u_1, u_2, ... u_n *d'une fonction qui correspondent à des valeurs* x_0, x_0+h, x_0+2h ... x_0+nh, *de la variable; en admettant que, pour des accroissements égaux quelconques de* x, *les différences* $(n+1)^{me}$ *de la fonction soient égales à zéro, trouver les valeurs de cette fonction qui correspondent à une valeur donnée de* x *comprise entre* x_0 *et* x_0+nh.

Formule de Newton.

330. Reprenons la formule

$$[1] \qquad u_n = u_0 + n\Delta u_0 + \frac{n\,.\,n-1}{1\,.\,2}\Delta^2 u_0 + \ldots + \\ + \frac{n\,.\,(n-1)\ldots(n-n+1)}{1\,.\,2\ldots n}\Delta^n u_0$$

qui a été démontrée (324).

Supposons que la dernière valeur de x, pour laquelle u est connu, soit représentée par x_1, de telle sorte que l'on ait

$$x_1 = x_0 + nh,$$

et, par suite, $n = \dfrac{x_1 - x_0}{h}$,

et la formule [1] devient

$$[2] \qquad u_n = u_0 + \frac{x_1 - x_0}{h}\Delta u_0 + \frac{\left(\dfrac{x_1-x_0}{h}\right)\left(\dfrac{x_1-x_0}{h}-1\right)}{1\,.\,2}\Delta^2 u_0 + \ldots \\ + \frac{x_1-x_0}{h}\,.\,\frac{\left(\dfrac{x_1-x_0}{h}-1\right)\ldots\left(\dfrac{x_1-x_0}{h}-n+1\right)}{1\,.\,2\,.\,3\ldots n}\Delta^n u_0.$$

Si, dans le second membre de cette formule on remplace x_1 par la lettre indéterminée x, on formera une fonction $\varphi(x)$.

$$[3] \qquad \varphi(x) = u_0 + \frac{x-x_0}{h}\Delta u_0 + \frac{\dfrac{x-x_0}{h}\left(\dfrac{x-x_0}{h}-1\right)}{1\,.\,2}\Delta^2 u_0 + \ldots + \\ + \frac{\dfrac{x-x_0}{h}\left(\dfrac{x-x_0}{h}-1\right)\ldots\left(\dfrac{x-x_0}{h}-n+1\right)}{1\,.\,2\ldots n}\Delta u_0$$

qui, évidemment, prend la valeur u_n pour $x = x_1$, c'est-à-dire pour $x = x_0 + nh$; je dis de plus que si l'on y donne à x les valeurs x_0, $x_0 + h$, $x_0 + 2h$, ... $x_0 + (n-1)h$, $\varphi(x)$ deviendra successivement u_0, u_1, u_2 ... u_{n-1}, et comme d'ailleurs cette fonction est un polynome de degré n dont la différence n^{me} est constante (**324**), elle remplit toutes les conditions imposées par l'énoncé, et est, par suite, la solution du problème proposé.

Faisons, en effet, dans la fonction $\varphi(x)$,

$$x = x_0 + ph,$$

cette valeur pouvant représenter toutes les autres si le nombre arbitraire p devient successivement 0, 1 ... n.

On aura

$$[4] \qquad \varphi(x_0 + ph) = u_0 + p\Delta u_0 + \frac{p.p-1}{1.2}\Delta^2 u_0 + \ldots + \\ + \frac{p.p-1)\ldots(p-p+1)}{1.2\ldots p}\Delta^p u_0,$$

et les termes suivants disparaissent, car $\frac{x - x_0}{h}$ devient égal à p et, par suite, l'un des termes de chaque facteur du numérateur, à partir du $p + 1^{me}$, devient égal à zéro.

Or, le second membre de la formule [4] est (**324**) l'expression de u_p, et, par suite, la fonction $\varphi(x)$ devient, comme nous l'avions annoncé, égale à u_p quand on fait

$$x = x_0 + hp,$$

et elle remplit toutes les conditions de l'énoncé.

Remarque I. En écrivant, comme nous l'avons fait, la formule

$$u_n = u + n\Delta u_0 + \frac{n.n-1}{1.2}\Delta^2 u_0 + \ldots + \frac{n.(n-1).(n-n+1)}{1.2\ldots n}\Delta^n u_0,$$

il faut avoir bien soin de ne pas supprimer les facteurs communs aux deux termes des derniers coefficients. Ainsi, par exemple, le coefficient de $\Delta^n u_0$ est l'unité, mais on doit l'écrire

$$\frac{n.(n-1)\ldots(n-n+1)}{1.2\ldots n}.$$

qui fournit par la substitution de $\frac{x-x_0}{h}$ à n, dans le numérateur, un polynome bien différent de l'unité.

331. Remarque II. La fonction $\varphi(x)$, que nous avons trouvée (330) est le seul polynome de x qui puisse résoudre le problème tel qu'il a été posé. En effet, la différence $n+1^{me}$ devant être nulle d'après l'une des conditions, le polynome ne peut avoir un degré plus élevé que le n^{me}. Or, un tel polynome étant désigné par $\psi(x)$ et devant prendre les mêmes valeurs que $\varphi(x)$, savoir u_0, u_1, $u_2\ldots u_n$, pour $x=x_0$, x_1, $x_2\ldots x_n$, il faut que la différence $\varphi(x)-\psi(x)$ s'annule $n+1$ fois, ou en d'autres termes que l'équation

$$\varphi(x)-\psi(x)=0,$$

admette au moins $n+1$ racines, x_0, $x_1\ldots x_n$; ce qui exige, puisqu'elle est du degré n, que son premier membre soit identiquement nul, et que, par suite, les fonctions φ et ψ soient identiques.

332. Nous donnerons une application de la méthode précédente.

Supposons que l'on veuille obtenir le logarithme de 3,1415926536 par le moyen d'une table de logarithmes à dix décimales. On regardera les logarithmes contenus dans cette table comme les valeurs données de la fonction u, les nombres comme celles de x, et l'on formera le tableau suivant :

x	u	Δu_0	$\Delta^2 u_0$	$\Delta^3 u_0$	$\Delta^4 u_0$
3,14	0,4969296481	0,0013809057	−0,0000043769	0,0000000277	−0,0000000003
3,15	0,4983105538	0,0013765288	−0,0000043492	0,0000000274	
3,16	0,4996870826	0,0013721796	−0,0000043218		
3,17	0,5010592622	0,0013678578			
3,18	0,5024271200				

La différence quatrième étant extrêmement petite, on peut considérer la différence cinquième comme nulle.

Pour appliquer la formule

$$[3]\ u_x = u_0 + \frac{x-x_0}{h}\Delta u_0 + \frac{\left(\frac{x-x_0}{h}\right)\left(\frac{x-x_0}{h}-1\right)}{1.2}\Delta$$

$$+\frac{\frac{(x-x_0)}{h}\left(\frac{x-x_0}{h}-1\right)\left(\frac{x-x_0}{h}-2\right)}{1.2.3}\Delta^3 u_0$$

$$+\frac{\frac{(x-x_0)}{h}\left(\frac{x-x_0}{h}-1\right)\left(\frac{x-x_0}{h}-2\right)\left(\frac{x-x_0}{h}-3\right)}{1.2.3.4}\Delta^4 u^0$$

nous devons faire :

$$u_0 = \ \ 0{,}4969296481\ ,$$
$$\Delta u_0 = \ \ 0{,}0013809057\ ,$$
$$\Delta^2 u_0 = -0{,}0000043769\ ,$$
$$\Delta^3 u_0 = \ \ 0{,}0000000277\ ,$$
$$\Delta^4 u_0 = -0{,}0000000003\ ;$$

et comme $h = 0{,}01$,

$$x_0 = 3{,}14,\quad x - x_0 = 0{,}0015926536\ ;$$

on obtiendra

$$\frac{x-x_0}{h} = 0{,}15926536,\quad \frac{\frac{x-x_0}{h}-1}{2} = -0{,}42036732\ ;$$

$$\frac{\frac{(x-x_0)}{h}-2}{3} = -0{,}61357821,\quad \frac{\frac{x-x_0}{h}-3}{4} = -0{,}71018366.$$

Avec ces valeurs il sera facile de mettre en nombres la formule [3] qui donnera

$$u_x = \log 3{,}1415926536 = 0{,}4971498727.$$

Formule d'interpolation de Lagrange.

333. Il existe une autre formule qui fait connaître approximativement les valeurs d'une fonction u, lorsqu'on connaît les valeurs $u_0, u_1, \ldots u_n$ qu'elle prend pour des valeurs $x_0, x_1, x_2, \ldots x_n$, de la variable. Nous supposons, comme précédemment, que u soit une fonction rationnelle de x du degré n. Soit donc

$$u_x = \alpha + \beta x + \gamma x^2 + \ldots + \mu x^n,$$

on aura

$$u_0 = \alpha + \beta x_0 + \gamma x_0^2 + \ldots + \mu x_0^n,$$
$$u_1 = \alpha + \beta x_1 + \gamma x_1^2 + \ldots + \mu x_1^n,$$
$$u_2 = \alpha + \beta x_2 + \gamma x_2^2 + \ldots + \mu x_2^n,$$
$$\vdots$$
$$u_n = \alpha + \beta x_n + \gamma x_n^2 + \ldots + \mu x_n^n;$$

et l'on pourrait déterminer $\alpha, \beta, \ldots \mu$, en résolvant ces équations qui sont du premier degré, mais on se dispense de cette résolution en posant

$$u_x = \mathrm{X}u_0 + \mathrm{X}_1 u_1 + \mathrm{X}_2 u_2 + \ldots + \mathrm{X}_n u_n.$$

$\mathrm{X}_0, \mathrm{X}_1, \mathrm{X}_2, \ldots \mathrm{X}_n$ étant des fonctions de x assujetties aux conditions suivantes :

Pour $x = x_0$: $\mathrm{X}_1, \mathrm{X}_2, \ldots \mathrm{X}_n$ doivent s'annuler et X devenir égal à l'unité ;

Pour $x = x_1$: $\mathrm{X}_0, \mathrm{X}_2, \ldots \mathrm{X}_n$ doivent s'annuler et X_1 devenir égal à l'unité ;

Pour $x = x_2$: $\mathrm{X}_0, \mathrm{X}_1, \mathrm{X}_3, \ldots \mathrm{X}_n$ doivent s'annuler et X_2 devenir égal à l'unité ;

$\vdots$

Pour $x = x_n$: $\mathrm{X}_0, \mathrm{X}_1, \ldots \mathrm{X}_{n-1}$ doivent s'annuler et X_n devenir égal à l'unité.

Il est évident, en effet, que d'après ces conditions, u_x deviendra égal à $u_0, u_1, \ldots u_n$ pour les valeurs $x_0, x_1, \ldots x_n$ de x.

X_0 s'annulant pour les valeurs $x_1, x_2, \ldots x_n$ de x, on peut poser

$$\mathrm{X}_0 = \mathrm{A}_0 (x - x_1)(x - x_2) \ldots (x - x_n);$$

et comme, pour $x = x_0$, on doit avoir $\mathrm{X}_0 = 1$, on posera

$$\mathrm{A}_0 = \frac{1}{(x_0 - x_1)(x_0 - x_2) \ldots (x_0 - x_n)};$$

en sorte que

$$\mathrm{X}_0 = \frac{(x - x_1)(x - x_2) \ldots (x - x_n)}{(x_0 - x_1)(x_0 - x_2) \ldots (x_0 - x_n)};$$

on trouvera de même

$$X_1=\frac{(x-x_0)(x-x_2)\dots(x-x_n)}{(x_1-x_0)(x_1-x_2)\dots(x_1-x_n)},$$

$$X_2=\frac{(x-x_0)(x-x_1)(x-x_3)\dots(x-x_n)}{(x_2-x_0)(x_2-x_1)\dots(x_2-x_n)},$$

la formule cherchée est donc

$$u_x=u_0\frac{(x-x_1)(x-x_2)\dots(x-x_n)}{(x_0-x_1)(x_0-x_2)\dots(x_0-x_n)}+u_1\frac{(x-x_0)(x-x_2)\dots(x-x_n)}{(x_1-x_0)(x_1-x_2)\dots(x_1-x_n)}$$
$$+u_n\frac{(x-x_0)(x-x_1)\dots(x-x_{n-1})}{(x_n-x_0)(x_n-x_1)\dots(x_n-x_{n-1})}.$$

Application de la méthode d'interpolation à la représentation exacte d'une fonction entière $f(x)$ du degré m, dont on connaît les valeurs $u_0, u_1, u_2 \dots u_m$, correspondantes aux valeurs de x_0, $x_0+h \dots x_0+mh$ de la variable.

334. La formule d'interpolation démontrée (**330**), a pour but de former une fonction entière de degré m, qui, pour les valeurs x_0, $x_0+h \dots x_0+mh$ de x, prenne les valeurs u_0, $u_1 \dots u_m$. Or deux fonctions entières de degré m, ne peuvent être égales pour $m+1$ valeurs de la variable sans être complétement identiques, car, sans cela, en les égalant, on formerait une équation de degré m admettant $m+1$ racines; la fonction $f(x)$ indiquée dans l'énoncé est donc identique à la formule fournie par la méthode d'interpolation, et l'on a

$$[A]\quad f(x)=u_0+\frac{(x-x_0)}{h}\Delta u_0+\frac{\frac{(x-x_0)}{h}\left(\frac{x-x_0}{h}-1\right)}{1.2}\Delta^2 u_0+\dots$$
$$+\frac{\frac{(x-x_0)}{h}\left(\frac{x-x_0}{h}-1\right)-\left(\frac{x-x_0}{h}-m+1\right)m}{1.2\dots m}\Delta^m u_0;$$

on conclut de cette formule que si les quantités u_0, $\Delta u_0 \dots \Delta^m u_0$, sont positives, en donnant à x une valeur telle que $\frac{x-x_0}{h}$, $\frac{x-x_0}{h}-1 \dots \frac{x-x_0}{h}-m+1$ soient des quantités positives, c'est-à-dire en faisant x plus grand que $x_0+(m-1)h$, $f(x)$ sera positif. On peut même ajouter qu'à partir de la valeur $x = x_0 + (m-1)h$, tous les termes qui composent le second membre de la formule [A] augmentent avec x, et que, par suite, il en est de même de $f(x)$.

$x_0 + (m-1)h$ est, évidemment, d'après cela, une limite supérieure des racines positives de l'équation $f(x) = 0$; et les solutions de l'équation doivent être cherchées parmi les nombres inférieurs à cette limite.

RÉSUMÉ.

329. But de l'interpolation. Condition arbitraire que l'on s'impose. — **330.** Formule d'interpolation applicable à une fonction dont on connaît les valeurs pour des valeurs équidistantes de la variable. — **331.** La fonction trouvée est le seul polynome entier en x qui puisse satisfaire aux conditions demandées. — **332.** Application à un exemple. — **333.** Formule d'interpolation de Lagrange. — **334.** Application de la méthode d'interpolation à la représentation exacte d'une fonction entière de degré m, dont on connaît les valeurs correspondant à m valeurs équidistantes de la variable.

EXERCICES.

I. On a observé une planète et les ascensions droites ont été trouvées :

Le 12 janvier	12^h 30′	0^0 3′ 25″,21,
19 janvier	9^h 0′	0^0 1′ 28″,04,
20 janvier	9^h 17′	0^0 2′ 26″,67,
24 janvier	8^h 1′	-0^0 0′ 58″,3.

Trouver par interpolation l'ascension droite du 22 janvier à midi.

II. Les données restant les mêmes, trouver le jour et l'heure pour lesquels l'ascension droite a été nulle.

CHAPITRE XXVII.

RÉSOLUTION DES ÉQUATIONS NUMÉRIQUES.

Opérations préliminaires.

335. Pour résoudre une équation numérique, il convient d'appliquer d'abord la méthode des racines commensurables, et de supprimer les facteurs qui leur correspondent. On doit ensuite appliquer, à l'équation, la méthode exposée au chapitre XXIII, pour la décomposer, s'il y a lieu, en plusieurs autres qui n'aient plus que des racines simples. La première de ces opérations n'a d'autre but que de rendre les calculs plus simples. La seconde est indispensable, elle nous permettra d'affirmer, dans ce qui va suivre, que s'il existe une racine a, deux nombres $a-h$, $a+h'$, qui la comprennent, étant substitués dans l'équation, doivent donner des résultats de signes contraires, quand h et h' sont suffisamment petits. Il suffit évidemment pour cela qu'il n'y ait aucune racine autre que a comprise $a-h$ et $a+h'$.

Enfin, avant de commencer l'application de la méthode de recherche que nous allons exposer, il sera bon de fixer, par la règle de Descartes, une limite supérieure du nombre de racines positives et du nombre de racines négatives que peut avoir l'équation proposée.

Séparation des racines.

336. Après avoir exécuté les opérations préliminaires dont nous venons de parler, et dont, je le répète, celle qui est relative aux racines égales est seule indispensable, on substituera, dans le premier membre de l'équation proposée, les nombres entiers consécutifs : $-\ldots, -4, -3, -2, -1, 0, +1, +2, +3, +4, \ldots$ Cette substitution se fera, comme il a été expliqué (**325**), par la méthode des différences, c'est-à-dire que l'on calculera directement un nombre de valeurs consécutives égal au degré m de l'équation, et l'on en déduira leurs différence jusqu'à celle de l'ordre $m-1$; puis, en se fondant sur ce que la différence de l'ordre m est constante et égale (325) à $A.1.2\ldots m$ (A étant le coefficient du premier terme) on pourra, par de simples additions, former le tableau des valeurs des différences successives, et enfin de la fonction elle-même. On s'arrêtera, dans ce tableau, lorsque l'un des résultats obtenus sera de même signe et les différences correspondantes seront positives, on sait alors que la valeur correspondante de x, augmentée de (M—1) unités (334), est une limite supérieure des racines.

Si les résultats de la substitution des nombres entiers ne sont pas tous de même signe, il y arrivera, une ou plusieurs fois, que deux résultats consécutifs soient de signes contraires, et nous pourrons affirmer qu'entre les nombres entiers correspondants il existe une ou un nombre impair de racines.

Si le nombre des intervalles dans lesquels l'existence des racines réelles devient ainsi manifeste, est précisément égal au nombre des racines que le théorème de Descartes permet de supposer, les racines *sont séparées*, c'est-à-dire que l'on est assuré d'avoir, pour chacune d'elles, deux nombres qui la comprennent et qui n'en comprennent pas d'autres.

Mais s'il arrive, au contraire, que le nombre de ces intervalles soit moindre que le nombre des racines possibles, et, en particulier, si les nombres entiers substitués dans le premier membre donnent tous les résultats de mêmes signes, on doit rester dans le doute et recourir à de nouvelles substitutions. Mais ces substitutions ne doivent être faites que dans des intervalles choisis, où elles présentent quelque chance de succès. Voici comment on déterminera ces intervalles.

Après avoir obtenu les résultats de la substitution des nombres entiers dans le premier membre de l'équation proposée, on portera sur une ligne droite, à partir d'une origine 0, des longueurs égales qui représentent les valeurs 1, 2, 3, ..., attribuées à l'inconnue x, et en sens opposé, des longueurs destinées à représenter les valeurs négatives —1, —2, —3, ...; puis, par l'extrémité de chacune de ces longueurs, on élèvera (sans y apporter *aucune* précision) une perpendiculaire représentant la valeur correspondante du premier membre de l'équation proposée, cette perpendiculaire étant portée dans un sens ou dans un autre, suivant que la valeur est positive ou négative. Il est évident que si l'on procédait de la même manière, non plus seulement pour les valeurs entières, mais pour toutes les valeurs possibles de x, on obtiendrait une courbe, et les intersections de cette courbe avec la droite, sur laquelle on porte les x, feraient connaître les racines, car elles correspondraient à la valeur de x pour laquelle le premier membre de l'équation s'annulant, il faut porter une perpendiculaire nulle au-dessus de l'axe. Les valeurs particulières du premier membre que nous avons obtenues font connaître des points de cette courbe, et permettent de se faire *à peu près* une idée de sa forme, et d'en conclure par conséquent les intervalles dans lesquels l'existence des racines est probable, et où il convient de les chercher par des substitutions nouvelles.

Si, par exemple, en substituant à x les valeurs 0, 1, 2, 3, 4, 5, 6, on trouve, pour le premier membre d'une équation, les valeurs

$$1,50,\ 0,86,\ 0,08,\ 0,15,\ 1,25,\ 3,\ 4.$$

Les points correspondants, qu'il faudra construire, sont placés à peu près comme il suit :

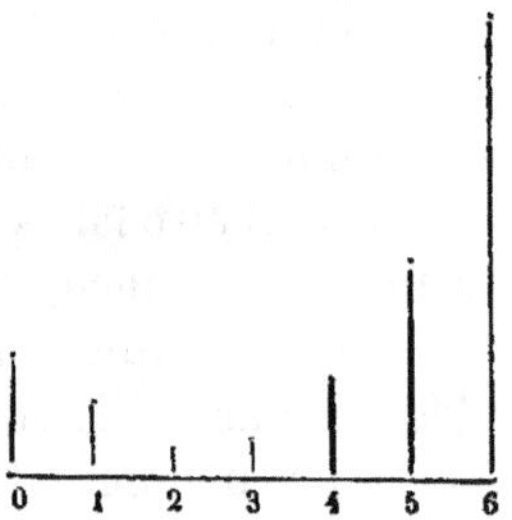

Et l'on conçoit que si la courbe qui les réunit coupe l'axe des x, ce doit être entre les points 2 et 3. Cependant *nous ne sommes nullement en droit d'affirmer* que, dans les autres intervalles, il n'y ait pas de racines; il pourrait même, à la rigueur, en exister entre 5 et 6 (intervalle où l'inspection des résultats précédents n'en ferait certainement pas présumer). Il suffirait que la courbe inconnue qui réunit nos différents points fût suffisamment contournée.

337. Il existe cependant un théorème qui assigne une limite aux irrégularités que peuvent présenter les courbes analogues à celles dont il vient d'être question.

Si l'équation proposée est de degré m, *une parallèle à la ligne sur laquelle on porte les valeurs de* x *ne peut, dans aucun cas, rencontrer la courbe en plus de* m *points.*

Soit, en effet, d la distance de cette parallèle à la ligne des x, elle rencontrera la courbe précisément aux points qui correspondent aux valeurs de x, pour lesquelles le premier membre est égal à d. Or, en égalant le premier membre à un nombre donné, on obtient une équation de degré m qui ne peut avoir plus de m racines. J'ajoute que souvent l'application du théorème de Descartes à cette équation donnera une limite plus petite encore.

Si l'on revient à l'exemple proposé dans le chapitre précédent, on voit que l'existence d'une racine comprise entre 5 et 6 exigerait que la courbe pût être coupée en quatre points au moins par une parallèle à la ligne des x, et que, par suite, l'équation obtenue en égalant le premier membre à un nombre d pût avoir quatre racines positives.

338. Lorsque l'inspection des résultats obtenus aura indiqué les intervalles dans lesquels on présume l'existence des racines, on devra substituer, dans ces intervalles, des nombres équidistants d'un dixième, et il arrivera, la plupart du temps, que ces substitutions montreront assez nettement la forme de la courbe, pour qu'on aperçoive avec certitude les limites qui comprennent les racines, ou que l'on acquière la conviction qu'il n'en existe pas. Nous n'avons rien à ajouter sur la manière de tirer parti de ces résultats nouveaux : il faudrait répéter mot pour mot ce que nous avons dit au sujet de la substitution des nombres entiers.

Pour calculer les résultats de la substitution des nombres, de dixièmes en dixièmes, il faudra procéder comme pour celle des nombres entiers : calculer d'abord un nombre de résultats consécutifs égal au degré de l'équation, former les différences qui en résultent, et chercher ensuite les valeurs suivantes par de simples additions.

Simplification relative à l'équation du troisième degré.

339. Soit un polynome du troisième degré

$$\varphi(x) = x^3 + px^2 + qx + r.$$

Supposons que l'on ait substitué des nombres équidistants dont la différence soit h; on connaît la valeur de la fonction $\varphi(x)$ pour une certaine valeur $x = x_0$ de la variable, et l'on a formé, de plus, $\Delta\varphi(x_0)$, $\Delta^2\varphi(x_0)$, $\Delta^3\varphi(x_0)$.

Nous allons donner un moyen simple de calculer les différences qui correspondraient à un accroissement dix fois moindre et que nous représenterons par $\delta\varphi(x_0)$, $\delta^2\varphi(x_0)$, $\delta^3\varphi(x_0)$.

On a

$$\Delta\varphi(x_0) = \varphi(x_0+h) - \varphi(x_0) = h\varphi'(x_0) + \frac{h^2}{1.2}\varphi''(x_0) + \frac{h^3}{1.2.3}\varphi'''(x_0).$$

Pour former $\Delta^2\varphi(x_0)$, il faut prendre *la différence* du second membre, c'est-à-dire son accroissement quand on y change x_0 en $x_0 + h$, on aura :

$$\Delta^2\varphi(x_0) = h[\varphi'(x_0+h) - \varphi'(x_0)] + \frac{h^2}{1.2}[\varphi''(x_0+h) - \varphi''(x_0)] + \\ + \frac{h^3}{6}[\varphi'''(x_0+h) - \varphi'''(x^0)];$$

or, $\varphi'(x_0)$ est du second degré, $\varphi''(x_0)$ du premier et $\varphi'''(x_0)$ est constant; on a donc

$$\varphi'(x_0+h) - \varphi'(x_0) = h\varphi''(x_0) + \frac{h^2}{1.2}\varphi'''(x_0),$$
$$\varphi''(x_0+h) - \varphi''(x_0) = h\varphi'''(x_0),$$
$$\varphi'''(x_0+h) - \varphi'''(x_0) = 0;$$

donc, en substituant

$$\Delta^2\varphi(x_0) = h^2\varphi''(x_0) + h^3\varphi'''(x_0),$$

on trouvera de même

$$\Delta^3\varphi(x_0) = h^2[\varphi''(x_0+h) - \varphi''(x_0)] + h^3[\varphi'''(x_0+h) - \varphi'''(x_0)],$$

et, d'après ce qui précède,

$$\Delta^3\varphi(x_0) = h^3\varphi'''(x_0),$$

ainsi donc

$$\Delta\varphi(x_0) = h\varphi'(x_0) + \frac{h^2}{2}\varphi''(x_0) + \frac{h^2}{6}\varphi'''(x_0),$$

$$\Delta^2\varphi(x_0) = h^2\varphi''(x_0) + h^3\varphi'''(x_0),$$

$$\Delta^3\varphi(x_0) = h^3\varphi'''(x_0).$$

Si, dans ces formules, on remplace h par $\frac{h}{10}$, on aura :

$$\delta\varphi(x_0) = \frac{h}{10}\varphi'(x_0) + \frac{h^2}{200}\varphi''(x_0) + \frac{h^3}{6000}\varphi'''(x_0),$$

$$\delta^2\varphi(x_0) = \frac{h^2}{100}\varphi''(x_0) + \frac{h^3}{1000}\varphi'''(x_0),$$

$$\delta^3\varphi(x_0) = \frac{h^3}{1000}\varphi'''(x_0).$$

A l'inspection de ces formules, on voit que connaissant les valeurs des différences Δ, on formera immédiatement $\delta^3\varphi(x_0)$ qui est la millième partie de $\Delta^3\varphi(x_0)$.

$\delta^2\varphi(x_0)$ se compose de deux termes, dont le second est précisément $\delta^3\varphi(x_0)$ et le premier est la centième partie de la différence

$$\Delta^2\varphi(x_0) - \Delta^3\varphi(x_0),$$

c'est-à-dire de la différence qui précède $\Delta^2\varphi(x_0)$ dans la série des Δ^2.

Enfin $\delta\varphi(x_0)$ se compose de trois termes; les deux derniers sont connus. L'un est la sixième partie de $\delta^3\varphi(x_0)$, l'autre est la moitié de $\frac{h^2}{100}\varphi''(x_0)$, c'est-à-dire d'un terme déjà calculé pour former δ^2; quant au troisième terme $\frac{h}{10}\varphi'(x_0)$, on remarquera qu'il est la dixième partie de $h\varphi'(x^0)$ et que l'on a

$$h\varphi'(x_0) = \Delta\varphi(y_0) - \frac{h^2}{1.2}\varphi''(x_0) - \frac{h^3}{6}\varphi'''(x_0).$$

Le second membre se compose de trois termes connus et on le calculera facilement.

En résumé :

$\delta^3\varphi(x_0)$ est la millième partie de $\Delta^3\varphi(x_0)$;

$\delta^2\varphi(x_0)$ est la somme de $\delta^3\varphi(x_0)$ et de la centième partie du terme qui précède $\Delta^2\varphi(x_0)$ dans la série des Δ^2;

$\delta\varphi(x_0)$ se compose de la sixième partie de $\delta^3\varphi(x_0)$, de la moitié du terme calculé pour obtenir $\delta^2\varphi(x_0)$ et de la dixième partie de l'expression

$$\Delta\varphi(x_0)-\frac{h^2}{2}\varphi''(x_0)-\frac{h^3}{6}\varphi'''(x_0)$$

dont les trois termes sont connus.

Application de la méthode précédente.

340. Considérons l'équation

$$x^3-7x+7=0.$$

Si nous substituons à x les valeurs -1, 0, $+1$, nous trouvons, pour le premier membre, les valeurs correspondantes 13, 7, 1, dont les différences premières sont -6, -6, et la différence seconde 0. Quant à la différence troisième on sait (**326**) qu'elle est égale à 6. Nous formerons donc le tableau suivant :

x	y	Δy	$\Delta^2 y$	$\Delta^3 y$
				6
				6
—1	13	—6	0	6
0	7	—6		6
1	1			6
				6
				6
				6
				6

et nous en déduirons, par des additions successives, la table des valeurs de $\Delta^2 y$, Δy, y, que j'inscris dans un nouveau tableau, afin que l'on aperçoive mieux dans le précédent les résultats qui servent de base à tous les autres.

x	y	Δy	$\Delta^2 y$	$\Delta^3 y$
— 4	—29	30	—18	6
— 3	1	12	—12	6
— 2	13	0	— 6	6
— 1	13	—6	0	6
0	7	—6	6	6
1	1	0.	12	6
2	1	12	18	
3	13	30		
4	43			
5				

A l'inspection des valeurs de y, on voit qu'il existe une racine négative comprise entre —3 et —4, et comme la règle de Descartes apprend qu'il n'en existe qu'une, il n'y a pas lieu d'en chercher d'autres.

Quant aux racines positives il peut en exister deux, mais, pour les découvrir, nous devons recourir à de nouvelles substitutions. Si nous représentons graphiquement les résultats obtenus, nous obtenons la figure suivante :

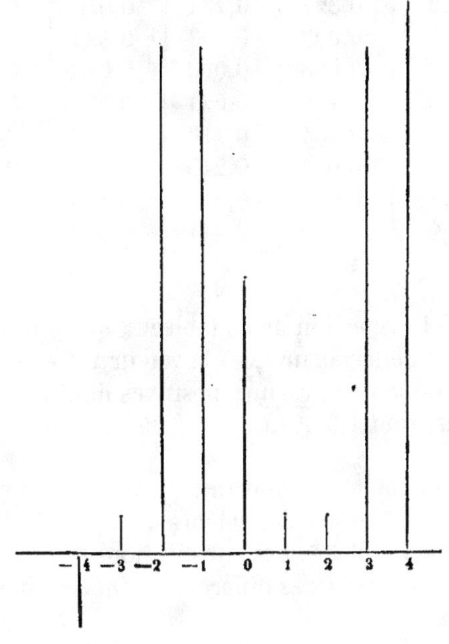

La courbe qui réunit ces points ne devant être coupée qu'en trois points par une parallèle à la ligne des x, ne peut évidemment couper cette ligne qu'entre les points 1 et 2 ; c'est donc entre $x=1$ et $x=2$, que nous devons substituer des valeurs distantes de 0,1.

Nous savons que pour $x=1$, le premier membre que nous désignons par y, est lui-même égal à 1, on a, de plus, pour des accroissements de x égaux à l'unité, $\Delta y=0$, $\Delta^2 y=12$, $\Delta^3 y=6$, l'accroissement devenant égal à $\frac{1}{10}$, nous trouverons (**339**)

$$\Delta^3 y=0,006,\ \Delta^2 y=0,066,$$

$$\Delta y=-0,369;$$

et nous pourrons, d'après ces valeurs, former le tableau suivant :

x	y	Δy	$\Delta^2 y$	$\Delta^3 y$
1	1	—0,369	0,066	0,006
1,1	0,631	—0,303	0,072	0,006
1,2	0,328	—0,231	0,078	0,006
1,3	0,097	—0,153	0,084	0,006
1,4	—0,056	—0,069	0,090	0,006
1,5	—0,125	0,021	0,096	0,006
1,6	—0,104	0,117	0,102	0,006
1,7	+0,013	0,219	0,108	0,006
1,8	0,232	0,327	0,114	
1,9	0,559	0,441		
2	1			

On voit, à l'inspection de ce tableau, que y change de signe quand x passe de la valeur 1,3 à la valeur 1,4 et de la valeur 1,6 à 1,7. Il y a donc deux racines positives dont les valeurs, à un dixième près, sont 1,3 et 1,6.

341. Si l'on voulait obtenir une plus grande approximation, il faudrait substituer à x des valeurs distantes de 0,01 entre 1,3 et 1,4 et entre 1,6 et 1,7. Ces substitutions se feront comme les précédentes au moyen des différences. On commencera par remarquer que pour $x=1,3$ on a $y=0,097$, à partir de cette valeur les différences relatives à un accroissement de x égal à 0,1 sont, comme on le voit par le tableau précédent,

$$y=0,097,\ \Delta y=-0,153,\ \Delta^2 y=0,084,\ \Delta^3 y=0,006.$$

Si nous voulons en déduire les valeurs des différences relatives à un accroissement de x égal à 0,01, nous trouverons au moyen des formules données plus haut :

$$\delta^3\varphi(x_0)=\tfrac{1}{1000}\times\Delta^3\varphi(x_0)=0,000\,006,$$
$$\delta^2\varphi(x_0)=0,000\,006+\tfrac{1}{100}\times 0,078,$$
$$=0,000\,786,$$
$$\delta\varphi(x_0)=0,000\,001+0,00039+\tfrac{1}{10}(-0,153-0,01),$$
$$=-0,018\,909;$$

et comme on a d'ailleurs pour $x=1,3$

$$y=0,097,$$

on peut former le tableau suivant :

x	y	Δy	$\Delta^2 y$	$\Delta^3 y$
1,3	0,097000	—0,018909	0,000786	0,000006
1,31	0,078091	—0,018123	0,000792	id.
1,32	0,059968	—0,017331	0,000798	id.
1,33	0,042637	—0,016533	0,000804	id.
1,34	0,026104	—0,015729	0,000810	id.
1,35	0,010375	—0,014919	0,000816	id.
1,36	—0,004544	—0,014103	0,000822	id.
1,37	—0,018647	—0,013281	0,000828	id.
1,38	—0,031928	—0,012453	0,000834	
1,39	—0,044381	—0,011619		
1,4	—0,056000			

On calculera au moyen des mêmes formules les valeurs de Δy, $\Delta^2 y$, $\Delta^3 y$ qui correspondent à des accroissements de x égaux à 0,01 à partir de la valeur $x=1,6$, et l'on formera le tableau suivant :

x	y	Δy	$\Delta^2 y$	$\Delta^3 y$
1,6	—0,104000	0,007281	0,000966	0,000006
1,61	—0,096719	0,008247	0,000972	id.
1,62	—0,088472	0,009219	0,000978	id.
1,63	—0,079253	0,010197	0,000984	id.
1,64	—0,069056	0,011181	0,000990	id.
1,65	—0,057875	0,012171	0,000996	id.
1,66	—0,045704	0,013167	0,001002	id.
1,67	—0,032537	0,014169	0,001008	id.
1,68	—0,018368	0,015177	0,001014	
1,69	—0,003191	0,016191		
1,7	+0,013000			

On voit, d'après ces tableaux, que les deux racines sont comprises, l'une entre 1,69 et 1,70, l'autre entre 1,35 et 1,36. Pour calculer la plus grande à un millième près, il faut substituer, entre 1,69 et 1,70, des valeurs distantes d'un millième. Ces valeurs calculées par le même procédé que les précédentes, résultent du tableau suivant :

x	y	Δy	$\Delta^2 y$	$\Delta^3 y$
1,69	—0,003191000	0,001573371	0,000010146	0,000000006
1,691	—0,001617629	0,001583517	0,000010152	id.
1,692	—0,000034112	0,001593669	0,000010158	id.
1,693	+0,001559557	0,001603827	0,000010164	id.
1,694	0,003163384	0,001613991	0,000010170	id.
1,695	0,004777375	0,001624161	0,000010176	id.
1,696	0,006401536	0,001634337	0,000010182	id.
1,697	0,008035873	0,001644519	0,000010188	id.
1,698	0,009680392	0,001654707	0,000010194	
1,699	0,011335099	0,001664901		
1,70	0,013000000			

On voit que y change de signe lorsque x passe de la valeur 1,692 à 1,693. La racine est donc, à un millième près, égale à 1,692.

342. Les tableaux précédents permettent de pousser l'approximation plus loin encore.

Remarquons, en effet, que dans le dernier de ces tableaux la différence seconde est extrêmement petite. On peut donc, *sans erreur sensible*, la considérer comme nulle, et admettre, par suite, que les accroissements de y soient proportionnels à ceux de x. Nous pourrons alors obtenir la valeur de x pour laquelle y est nul, en procédant comme on le fait dans l'emploi des tables de logarithmes. Nous dirons :

Lorsque x augmente de 0,001 et passe de la valeur 1,692 à la valeur 1,693, la variation de y, est 0,001593669.

Pour que la variation de y soit 0,000034112, c'est-à-dire pour que y devienne zéro, il faut donc que la variation δ de x satisfasse à la proportion

$$0{,}001 : \delta :: 0{,}001593669 : 0{,}000034112,$$

d'où l'on déduit

$$\delta = \frac{0{,}000000034112}{0{,}001593669} = 0{,}0000014,$$

en sorte que la racine est égale, approximativement, à 1,6920214.

On doit observer que la différence seconde que nous avons considérée comme nulle étant, en réalité, un peu plus grande que 0,00001, peut influer sur le huitième des chiffres décimaux, et il n'y a, par conséquent, aucune raison pour considérer le septième comme exact.

On doit donc considérer la racine comme égale à 1,692021.

343. Dans l'exemple précédent, la détermination des intervalles dans lesquels il convenait d'effectuer de nouvelles substitutions n'a présenté aucune difficulté. Malheureusement il n'en est pas toujours ainsi. Nous en citerons un exemple.

Soit l'équation

$$y = 9x^3 - 24x^2 + 16x - 0{,}001 = 0.$$

Si nous substituons à x les valeurs -1, 0, 1, nous trouvons pour valeurs correspondantes de y, $-49{,}001$, 0,001, 0,0999, dont les différences sont 49, 1, et la différence seconde -48. Quant à la différence troisième elle est (**326**) égale à **54**.

Nous pouvons, d'après cela, former le tableau suivant :

x	y	Δy	$\Delta^2 y$	$\Delta^3 y$
—1	—49,001	49	—48	54
0	— 0,001	1	6	54
1	+ 0,999	7	60	54
2	7,999	67	114	
3	74,999	181		
4	255,999			

et si l'on représente ces valeurs graphiquement, ainsi qu'on l'a indiqué (336), on voit clairement qu'il existe une racine entre $x=0$ et $x=1$, mais rien ne fait pressentir qu'il y en ait d'autres et ne porte à essayer de nouvelles substitutions. Si cependant, on substitue les valeurs distantes de 0,1 entre $x=1$ et $x=2$, on trouve que les valeurs des différences relatives à $x=1$ et à un accroissement de x égal à 0,1 sont $\Delta y = -0{,}461$, $\Delta^2 y = 0{,}114$, $\Delta^3 y = 0{,}054$, ce qui permet de former le tableau suivant :

x	y	Δy	$\Delta^2 y$	$\Delta^3 y$
1	0,999	—0,461	0,114	0,054
1,1	0,538	—0,347	0,168	id.
1,2	0,191	—0,179	0,222	id.
1,3	0,012	+0,043	0,276	id.
1,4	0,055	0,319	0,330	id.
1,5	0,374	0,649	0,384	id.
1,6	1,023	1,033	0,438	id.
1,7	2,056	1,471	0,492	id.
1,8	3,527	1,963	0,546	
1,9	5,490	2,509		
2	7,999			

En représentant graphiquement les résultats qui y sont contenus, l'on voit clairement que la courbe qui passe par les points obtenus, ne peut couper la ligne des x qu'entre le point 1,3 et le point 1,4. Substituons donc entre ces deux valeurs, des valeurs de x distantes de 0,01; ces valeurs se calculeront comme les précédentes en formant d'abord, par les formu les (339), les valeurs de Δy, $\Delta^2 y$ et $\Delta^3 y$ qui correspondent à $x = 1{,}3$, et à des accroissements de la variable égaux à 0,01 : nous formerons ainsi le tableau suivant :

x	y	Δy	$\Delta^2 y$	$\Delta^3 y$
1,3	+0,012000	−0,006581	0,002274	0,000054
1,31	+0,005419	−0,004307	0,002328	id.
1,32	+0,001112	−0,001979	0,002382	id.
1,33	−0,000867	+0,000403	0,002436	id.
1,34	−0,000464	0,002839	0,002490	id.
1,35	+0,002375	0,005329	0,002544	id.
1,36	+0,007704	0,007873	0,002598	id.
1,37	+0,015577	0,010471	0,002652	id.
1,38	+0,026048	0,013123	0,002706	
1,39	+0,039171	0,015829		
1,4	+0,055000			

qui prouve que l'une des racines est comprise entre 1,32 et 1,33, l'autre entre 1,34 et 1,35.

Méthode de Newton.

344. Lorsque l'on considère une fonction dans un intervalle très-peu considérable, on peut presque toujours, sans erreur sensible, regarder les accroissements comme proportionnels à ceux de la variable et les représenter par le produit de la dérivée de la fonction par l'accroissement même de la variable. L'erreur commise dans cette substitution sera d'autant moindre que l'on prend des accroissements plus petits. Cette remarque s'applique à toutes les fonctions, mais nous la développerons seulement ici sur les fonctions algébriques entières pour s'appliquer à la résolution des équations considérées dans ce chapitre.

Soient

[1] $$F(x)=0;$$

une équation algébrique, et a une valeur approchée d'une racine dont nous désignerons par $a+h$ la valeur exacte, on aura évidemment

[2] $$F(a+h)=0;$$

ou

[3] $$F(a)+F'(a)h+F''(a)\frac{h^2}{1.2}+\ldots+\frac{F^m(a)}{1.2\ldots m}h^m=0,$$

et en négligeant les termes qui contiennent h à une puissance plus élevée que la première, on a, avec une approximation d'autant plus grande que h est plus petit,

$$F(a+h)=F(a)+F'(a)h;$$

en sorte que l'équation [3] devient

$$F(a)+F'(a)h=0,$$

et l'on en déduit $\qquad h=-\frac{F(a)}{F'(a)};$

la valeur approchée de la racine est, par conséquent,

$$a-\frac{F(a)}{F'(a)},$$

en désignant cette valeur par b, et appliquant de nouveau le même procédé, on trouvera une valeur plus approchée encore

$$b-\frac{F(b)}{F'(b)},$$

et en répétant cette opération plusieurs fois de suite, on obtiendra rapidement une très-grande approximation; il est impossible d'indiquer d'une manière générale, et indépendamment de tout exemple particulier, la rapidité avec laquelle croissent les approximations, mais, dans chaque cas, on s'en forme facilement une idée en procédant, comme nous allons le faire, dans l'exemple suivant.

345. Reprenons l'équation

$$F(x)=x^3-7x+7=0;$$

nous avons trouvé que l'une de ses racines est, à $\frac{1}{1000}$ près, égale à 1,692; si nous la désignons par $1,692+h$, h sera plus petit que 0,001, et nous aurons

$$F(x+h)=F(x)+hF'(x)+\frac{h^2}{1.2}F''(x)+\frac{h^3}{1.2.3}F'''(x)=0,$$

par suite

$$h=-\frac{F(x)}{F'(x)}-\frac{h^2}{1.2}\frac{F''(x)}{F'(x)}-\frac{h^3}{1.2.3}\frac{F'''(x)}{F'(x)};$$

pour $x=1,692$, les coefficients de h^2 et de h^3 sont, l'un plus petit que 3,2, l'autre moindre que l'unité, en sorte que le second et le troisième terme du second membre sont moindres, l'un que 0,000003, l'autre que 0,000000001, nous avons donc, à un *millionième près*,

$$h=-\frac{F(x)}{F'(x)};$$

on a, d'après le tableau (**341**), pour $x=1,692$,

$$F(x)=-0,000034112;$$

d'ailleurs $$F'(x)=3x^2-7=+1,588592;$$

donc $$h=\frac{0,000034112}{1,588592}=0,000021473,$$

Mais, d'après le résultat que nous venons d'obtenir, la valeur $x=1,692$ était exacte, non-seulement jusqu'à $\frac{1}{1000}$, mais encore à $\frac{1}{10000}$ près; de plus, d'après le même résultat pour $x=1,6920$, l'erreur h est moindre que $\frac{1}{40000}$; donc, le nombre obtenu est exact à moins de $\frac{1}{10^8}$, et la valeur de x est à 8 décimales,

$$x=1,6920\,2147.$$

Nous avons donc une nouvelle valeur approchée de la racine

$$1,6920\,2147=b,$$

représentons sa valeur exacte par

$$1,6920\,2147+h'=b+h',$$

nous aurons

$$0=F(b+h')=F(b)+h'F'(b)+\frac{h'^2}{2}.F''b+\frac{h'^3}{2.3}.F'''b+\ldots;$$

d'où $$h'=-\frac{Fb}{F'b}-\frac{h'^2}{2}.\frac{F''b}{F'b}-\frac{h'^3}{2.3}\frac{F'''b}{F'b};$$

h'^2 étant moindre que $\frac{1}{10^{16}}$ et son coefficient que 3,2; de plus, h'^3

étant plus petit que $\frac{1}{10^{24}}$, et son coefficient étant moindre que l'unité ; si l'on prend

$$h' = -\frac{F(b)}{F'(b)},$$

l'erreur commise sera de l'ordre $\frac{1}{10^{16}}$. Cet exemple suffit pour donner une idée de la rapidité des approximations, et pour montrer comment on doit l'apprécier dans chaque cas.

Exemple II. Soit donnée l'équation

$$Fx = x^3 - 2x - 5 = 0.$$

La première dérivée sera

$$F'x = 3x^2 - 2,$$

et, par suite, le terme de correction sera

$$h = -\frac{Fx}{F'x} = -\frac{x^3 - 2x - 5}{3x^2 - 2}.$$

Première approximation. On trouve immédiatement que la racine réelle de l'équation est comprise entre 2, 1 et 2, 2.

Posons donc $x = 2,1$, et partons de cette valeur pour trouver la racine x avec plus d'exactitude. En remplaçant x par 2,1, dans les fonctions $F(x)$ et $F'(x)$, nous aurons

$$Fx = 0,061$$

et $$F'x = 11,23 ;$$

donc $$h = -\frac{0,061}{11,23} = -0,0543$$

$$x_1 = 2,095.$$

Deuxième approximation. Partant de cette nouvelle valeur approchée de la racine, nous aurons d'abord

$$x_1 = 2,095,$$
$$x_1^2 = 4,389,$$
$$x_1^3 = 9,195 ;$$

donc $Fx_1 = 0{,}005$ et $F'x_1 = 11{,}167$;

$$h_1 = -\frac{0{,}005}{11{,}167} = -0{,}000\ 448$$

et $$x_2 = x_1 + h_1 = 2{,}094\ 552.$$

L'erreur h étant moindre que $\frac{1}{10^3}$; de plus, les coefficients de h^2 et h^3 étant le premier environ $\frac{1}{2}$, le second $\frac{1}{11}$, il s'ensuit que l'erreur de x_2 sera plus petite que $\frac{1}{10^6}$.

Troisième approximation. Posons maintenant $x = 2{,}094\ 552$; comme l'erreur de x_2 est moindre que $\frac{1}{10^6}$, et que de plus les coefficients de h_1^2 et de h_1^3, restent à très-peu près les mêmes, nous pourrons compter sur une approximation de $\frac{1}{10^{12}}$.

On a d'abord

$$x_2^2 = 4{,}387148\ 080704,$$
$$x_2^3 = 9{,}189109\ 786734;$$

donc $$Fx_2 = 0{,}000005\ 786734$$

et $$F'x_2 = 11{,}161444\ 242112,$$

ce qui donne

$$h_2 = -\frac{F x_2}{F'x_2} = -\frac{0{,}000005\ 786734}{11{,}161444...} = -0{,}000000\ 518458$$

et $$x_3 = x_2 + h_2 = 2{,}094551\ 481542,$$

exacte à moins de $\frac{1}{10^{12}}$.

Quatrième approximation. Pour pousser encore plus loin l'approximation de la racine, posons

$$x_3 = 2{,}094551\ 481542,$$

nous aurons, pour les puissances de x_3,

$$x_3^2 = 4,387145\ 908829\ 787166\ 697764$$

et $$x_3^3 = 9,189102\ 963080\ 354769\ 507339,$$

et, par conséquent,

$$F(x_3) = \ 0,000000\ 000003\ 645230\ 492661$$

et $$F'(x_3) = 11,161437\ 726489\ 3615....$$

Donc, la valeur de h_3 sera

$$h_3 = -\frac{F\,x_3}{F'x_3} = +\frac{0,0...3\ 645230\ 492661}{11,161437\ 826489\ 36...},$$

ou $$h_3 = +\,0,000000\ 000000\ 326591\ 482386;$$

mais $$x_4 = x_3 + h_3;$$

donc $$x_4 = 2,094551\ 481542\ 326591\ 482386,$$

valeur exacte à moins de $\frac{1}{10^{24}}$; un nouveau calcul donnerait la racine à moins de $\frac{1}{10^{48}}$.

Représentation graphique de la méthode de Newton.

546. La méthode d'approximation que nous venons d'exposer, peut se représenter graphiquement d'une manière très-simple, que nous croyons devoir indiquer ici quoiqu'elle exige des notions de géométrie analytique.

La recherche des racines réelles de l'équation

$$f(x) = 0$$

revient à celle des points où la courbe qui a pour équation $y = f(x)$, coupe l'axe des x. En désignant par a une valeur approchée de la racine, et par $f(a)$ la valeur correspondante de y, l'équation de la tangente à la courbe

$$y = f(x),$$

au point dont les coordonnées sont a et $f(a)$, est

$$y - f(a) = f'(a)(x - a).$$

Cette tangente coupe l'axe des x en un point dont l'abscisse x est évidemment

$$x = a - \frac{f'(a)}{f(a)},$$

c'est-à-dire précisément égale à la valeur fournie par la méthode de Newton.

D'après cela, la méthode de Newton équivaut à la construction suivante:

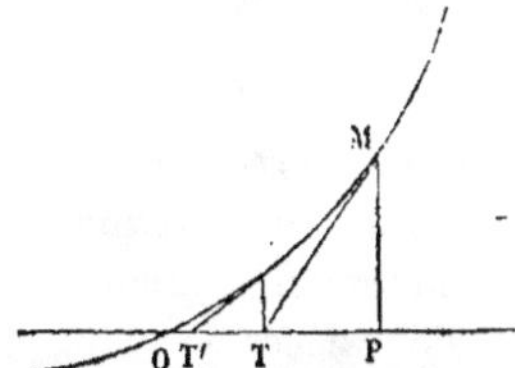

Ayant la position approchée, P, du point où une courbe coupe l'axe des x, pour en obtenir une autre plus approchée encore, on mène au point M de la courbe qui se projette en P, une tangente MT, et le point T est, *en général*, beaucoup plus près que P de l'intersection cherchée. En répétant la même construction, on obtiendra un nouveau point T' encore plus rapproché que le précédent, et ainsi de suite.

Cette représentation géométrique de la méthode de Newton, permet souvent de procéder avec plus de sécurité en renfermant à chaque opération les racines entre deux limites qui se rapprochent de plus en plus. Supposons, en effet, que l'on ait trouvé deux nombres A et B qui comprennent une racine, et que ces nombres soient représentés par les abscisses OP, OQ, auxquelles correspondent les points M et N de la courbe.

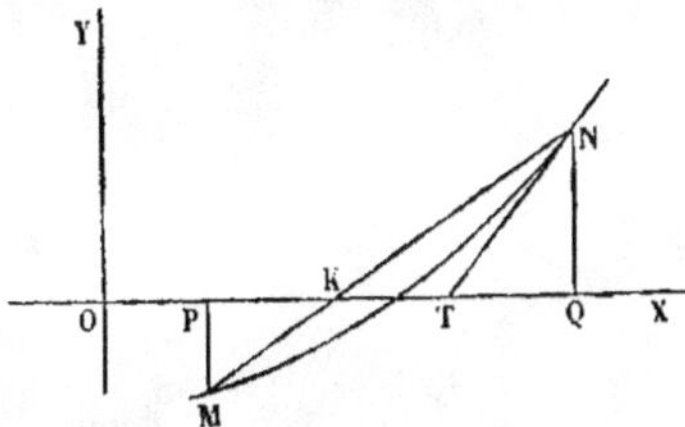

La méthode de Newton donne pour valeur approchée de la racine, l'abscisse OT du point T; d'un autre côté, on voit sans peine que la méthode des parties proportionnelles (**342**) donnerait pour valeur approchée $x = \mathrm{OK}$; k désignant le point où l'axe des X est coupé par la corde MN. La racine est comprise entre ces deux valeurs approchées, et l'erreur commise est moindre que leur différence.

Ce raisonnement suppose que la courbe n'ait pas d'inflexions entre les points M et N, et que, par suite (*Géométrie analytique*), la seconde dérivée $f''(x)$, ne s'annule pas dans cet intervalle.

RÉSUMÉ.

335. Opérations préliminaires à exécuter quand on veut résoudre une équation numérique. — **336**. Substitution des nombres entiers. — **337**. Substitution des nombres qui diffèrent de $\frac{1}{10}$ dans les intervalles où l'on suppose qu'il existe des racines. — **338**. Théorème qui limite les irrégularités que peut présenter la courbe dont on fait usage. — **339**. Simplification des calculs quand l'équation est du 3e degré. — **340**. Application à un exemple. Calcul des racines, à 0,1 près. — **341**. Calcul à 0,01 près. — **342**. Calcul de la racine au moyen d'une proportion analogue à celle dont on fait usage dans la théorie des logarithmes. — **343**. Exemple d'une équation à laquelle les règles précédentes s'appliquent mal. — **344**. Méthode de Newton. — **345**. Application à deux exemples. — **346**. Représentation graphique de la méthode. Cas dans lesquels on peut avoir deux limites de la racine.

CHAPITRE XXVIII.

RÉSOLUTION DES ÉQUATIONS TRANSCENDANTES.

---

347. Nous nous bornerons à traiter dans ce chapitre quelques équations transcendantes, choisies parmi celles que l'on rencontre dans les applications des sciences mathématiques et qui nous permettront d'exposer d'une manière complète les méthodes auxquelles les géomètres ont le plus souvent recours pour leur résolution.

Application de la théorie des différences à la solution des équations transcendantes.

348. La méthode que nous appliquons aux deux exemples qui vont suivre est très-fréquemment employée, elle consiste à substituer dans l'équation proposée des nombres équidistants, absolument comme dans le cas d'une équation algébrique. Lorsque l'on a trouvé deux substitutions qui donnent dans le premier membre des résultats de signes contraires, on conclut qu'il existe une racine entre les valeurs correspondantes de x, et dans l'intervalle on substitue des nombres plus rapprochés qui permettent de resserrer la racine entre deux limites nouvelles et plus étroites; cela fait, on considère le tableau qui comprend : 1° les valeurs attribuées à l'inconnue; 2° les valeurs correspondantes du premier membre de l'équation; 3° les différences des divers ordres qui s'en déduisent. S'il arrive que les différences d'un certain ordre, du troisième par exemple, soient négligeables, on en conclut que la fonction peut être remplacée sans erreur sensible dans l'intervalle considéré, par une fonction algébrique (du second degré si la différence troisième est considérée comme nulle). La théorie de l'interpolation fera connaître cette fonction et en la substituant au premier membre de l'équation, on aura ramené le problème à la résolution d'une équation du second degré.

Si les différences du second ordre étaient négligeables, on ramènerait l'équation à une équation de premier degré, et la méthode reviendrait à l'emploi des parties proportionnelles dont on fait usage dans un cas analogue, en se servant des tables de logarithmes.

349. Exemple I. Soit donnée l'équation

$$e^x - e^{-x} = 5{,}284x$$

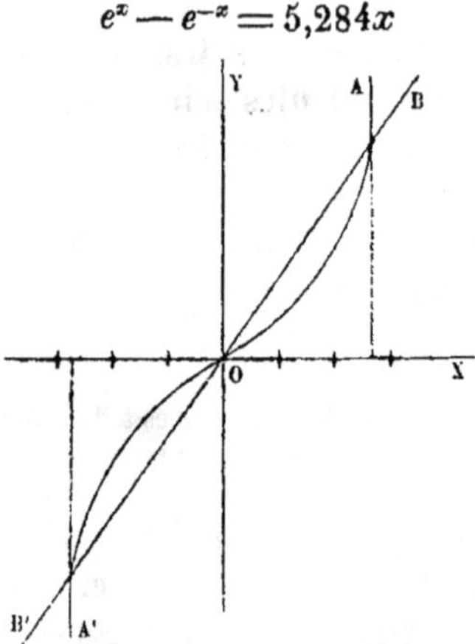

équation qui se présente en mécanique dans l'étude de la chaînette.

Nous voyons que cette équation ne change pas lorsqu'on remplace x par $(-x)$; par conséquent à chaque racine correspond une autre racine égale mais de signe contraire.

Pour mieux étudier la nature de cette équation, posons

$$y = e^x - e^{-x} \dots\dots,$$

et

$$y = 5{,}284x \dots\dots,$$

nous aurons alors les équations de deux lignes dont les points d'intersection ont pour abscisses les racines de l'équation.

La première de ces deux lignes AA' est une courbe transcendante n'ayant qu'une seule branche infinie dans les deux sens. Cette branche qui a pour asymptotes les lignes logarithmiques dont les équations

$$x = \log y \quad \text{et} \quad -x = \log - y$$

passe par l'origine des coordonnées qui est en même temps son centre.

La seconde de ces deux lignes BB' est une droite qui passe également par l'origine.

Comme les deux lignes passent par l'origine, l'équation est vérifiée par $x=0$. En outre, il est facile de voir qu'elles n'ont qu'une seule intersection du côté des x positifs, par conséquent, l'équation a une racine positive que nous allons déterminer.

Mettons d'abord l'équation sous la forme

$$u_x = e^x - e^{-x} - 5,284x = 0,$$

et cherchons les valeurs que prend cette fonction pour des valeurs entières de la variable x. Nous aurons

$$\begin{array}{llll} x=0, & e^x=1, & e^{-x}=1, & u_0=0, \\ x=1, & e^x=2,718, & e^{-x}=0,368, & u_1=-2,934, \\ x=2, & e^x=7,389, & e^{-x}=0,135, & u_2=-3,314, \\ x=3, & e^x=20,086, & e^{-x}=0,050, & u_3=+4,184. \end{array}$$

La racine est donc comprise entre 2 et 3.

Si maintenant nous cherchons les valeurs de u correspondant à $x=2,5$ ..., nous aurons

$$\begin{array}{ll} x=2,5, & u=-1,1096, \\ x=2,6, & u=-0,3489, \\ x=2,7, & u=+0,5447, \end{array}$$

et la racine est comprise entre 2,6 et 2,7.

En partageant cet intervalle en dix parties égales et en calculant les valeurs intermédiaires de u avec leurs différences, nous aurons le tableau suivant :

x	u	Δu	$\Delta^2 u$
2,64	−0,00792	8871	140
2,65	+0,08079	011	142
2,66	+0,17090	9153	145
2,67	+0,26243	9298	145
2,68	+0,35541	9443	
2,69	+0,44984		

Les différences du second ordre étant peu différentes, la fonction u_x, prise entre $x = 2,64$ et $x = 2,65$, peut être considérée comme une fonction algébrique du second degré.

En nommant z le nombre de centièmes que l'on doit ajouter à 2,64 pour former la racine, on a, d'après la formule d'interpolation (330)

$$u_x = u_0 + z\Delta u_0 + \frac{z.(z-1)}{1.2}\Delta^2 u_0,$$

et u_x devant être nul, on en déduit

$$[1] \qquad z = -\frac{u_0}{\Delta u_0} - \frac{z.z-1}{1.2} \cdot \frac{\Delta^2 u_0}{\Delta u_0}.$$

Pour résoudre cette équation de second degré, on peut profiter de ce que z est très-petit pour négliger d'abord le second terme du second membre et prendre comme première approximation

$$z = -\frac{u_0}{\Delta u_0} = 0,0892797,$$

et remplaçant cette valeur dans le second membre de l'équation [1], on trouve plus exactement

$$z = 0,089921,$$

par suite, la valeur de x est

$$x = \pm 2,64089921,$$

Exemple II. Résoudre l'équation

$$[1] \qquad a \sin^4 x = \sin(x - q),$$

équation importante qui se présente dans le calcul des orbites des planètes, et soit

$$\log a = 0,5997582,$$

et

$$q = 13^0\,40'\,5'',01.$$

Comme nos tables ordinaires ne donnent pas les valeurs des sinus naturels, mais celles de leurs logarithmes, nous prendrons les logarithmes vulgaires des deux membres de l'équation, ce qui du reste simplifiera beaucoup le calcul. L'équation se présentera alors sous la forme

$$\log a + 4\log\sin x = \log\sin(x - q),$$

ou

$$[2] \quad u_x = \log a + 4\log\sin x - \log\sin(x - q) = 0.$$

Pour obtenir une première valeur approchée de x, posons d'abord

$$x = q = 13^\circ 40' 5'',01,$$

nous aurons $\log \sin x = 9,3734$

$$4 \log \sin x = 7,4936$$
$$\log a = 0,5998$$

et $C^t \log \sin(x - q) = \infty$

donc $u_x = +\infty$

De la même manière, nous trouverons pour $x = 14^\circ$,

$$\log \sin x = 9,3837$$
$$4 \log \sin x = 7,5348$$
$$\log a = 0,5998$$

et $C^t \log \sin(x - q) = 2,2371$

donc $u_x = +0,37\,;7$

De cette diminution rapide de la fonction u_x nous pouvons conclure avec quelque probabilité que la valeur $x = 14^\circ$ est très-rapprochée de l'une des racines de l'équation.

En effet, on trouve par des substitutions directes

$$x = 14^\circ 20', \qquad u_x = +0,1096,$$
$$x = 14^\circ 30', \qquad u_x = +0,0322,$$
$$x = 14^\circ 40', \qquad u_x = -0,0277.$$

La racine est donc comprise entre $14^\circ 30'$ et $14^\circ 40'$.

Partageant cet intervalle en deux parties égales, on aura

pour $x = 14^\circ 35' \quad u_x = +0,0005.$

Par conséquent la racine est comprise entre $14^\circ 35'$ et $14^\circ 40'$, et elle est très-près du premier de ces deux nombres.

Pour obtenir une valeur plus exacte de x, cherchons à 7 décimales les valeurs de la fonction u_x correspondant aux valeurs de x de dix en dix secondes, depuis $x = 14^\circ 30'$; et formons le tableau suivant, après avoir pris les différences successives :

x	u	Δu	$\Delta^2 u$
14° 35′	+ 4870	—9924	+40
14° 35′ 10″	— 5054	—9884	+40
14° 35′ 20″	—14938	—9844	+39
14° 35′ 30″	—24782	—9805	
14° 35′ 40″	—34587		

On voit que, pour des valeurs de x équidistantes et assez voisines, les différences secondes de la fonction u_x sont à peu près égales; donc l'équation proposée, dans les limites restreintes que nous lui avons tracées, peut être considérée comme une équation algébrique du second degré.

En procédant comme dans le cas précédent, on trouve

$$0 = u_0 + z \, . \, \Delta u_0 + \frac{z \, . \, (z - 1)}{2} \Delta^2 u_0,$$

et en substituant les valeurs de u_0, Δu_0 et $\Delta^2 u_0$ contenues dans le tableau, savoir :

$$u_0 = + 0,000\ 4870,$$

$$\Delta u_0 = - 0,000\ 9924,$$

$$\Delta^2 u_0 = + 0,000\ 0040,$$

nous aurons $\quad 0 = + 4870 - 9924\, z + 20\, (z^2 - z)$

ou $\quad z^2 - 497,2\, z + 234,5 = 0,$

et en prenant la plus petite racine de cette équation du second degré (la plus grande surpasserait 596) on a

$$z = 0,4902267....$$

Dans ce calcul nous avons pris pour unité d'intervalle l'arc de dix secondes; la correction sera donc $= 4'',902$, et la racine exacte aux millièmes de secondes sera

$$x = 14° \ 35' \ 4'',902.$$

Si nous voulons vérifier ce résultat, nous trouverons

$$x - q = 54' 59'',892,$$

$$\log \sin x = 9,401\ 07445$$

$$4 \log \sin x = 7,604\ \ 2978$$
$$\log a = 0,599\ \ 7582$$

et $\qquad C^t \log \sin (x - q) = 1,795\ \ 9440$

donc $\qquad u_x = 0,$

le résultat obtenu est exact.

Mais l'équation [1] étant une équation transcendante, outre cette première racine réelle, il peut y en avoir encore une ou plusieurs autres, ou même une infinité.

En effet, lorsqu'on continue les recherches, on trouve encore sur la première circonférence du cercle, trois autres racines

$$x_1 = 32^0\ \ 2' 28'',$$
$$x_2 = 137^0\ 27' 59'',$$
$$x_3 = 193^0\ \ 4' 18'';$$

de plus, à chacune de ces quatre valeurs de x, correspondent une infinité d'autres, positives ou négatives, et qui sont toutes comprises dans l'expression générale

$$x + k \times 360^0,$$

k étant un nombre entier quelconque, positif ou négatif.

Résolution des équations transcendantes par la méthode des substitutions successives.

350. La méthode que nous appliquerons à l'exemple qui va suivre, est d'un emploi très-commode dans tous les cas où la nature du problème permet de l'adopter. Voici, d'abord, d'une manière générale, le principe sur lequel elle repose.

Soit $\qquad x = \varphi(x)$

une équation (mise, comme on voit, sous une forme particulière), et supposons que l'on ait trouvé une valeur approchée a

de sa racine, on aura, par suite, approximativement,

$$x = \varphi(a);$$

soit b cette valeur, en l'adoptant on trouvera

$$x = \varphi(b);$$

soit c cette troisième valeur, on en déduira

$$x = \varphi(c) = d,$$

et la série des nombres a, b, c, d..., qui peut se continuer indéfiniment, convergera, quelquefois, très-rapidement vers la véritable racine.

Pour apprécier la rapidité de cette convergence, nommons $a+h$ la valeur exacte de la racine, nous aurons

$$a+h = \varphi(a+h).$$

Or, la fraction $$\frac{\varphi(a+h)-\varphi(a)}{h}$$

diffère peu de la dérivée $\varphi'(a)$.

On a donc, en désignant cette fraction par $\varphi'(a)+\varepsilon$,

$$\varphi(a+h) = h\varphi'(a) + h\varepsilon + \varphi(a);$$

donc $$a+h = h\varphi'(a) + \varphi(a) + h\varepsilon,$$

et, par suite, $$(a+h) - \varphi(a) = h\varphi'(a) + h\varepsilon;$$

l'erreur commise en prenant $\varphi(a)$ pour racine, est donc, à très-peu près, $h\varphi'(a)$, et l'on voit qu'elle est moindre que h si $\varphi'(a)$ est moindre que 1; dans le cas contraire, la méthode n'est pas applicable.

351. Exemple. Déterminer les racines réelles de l'équation

$$\frac{10^x}{\sqrt{x}} = 329476.$$

Il est évident que cette équation ne peut pas avoir de racines négatives, parce que pour un x négatif, le radical deviendrait imaginaire; nous n'avons donc qu'à nous occuper de la recherche des racines positives.

Le calcul deviendra plus simple si nous prenons les logarithmes vulgaires des deux membres; l'équation devient alors

$$[1] \qquad x = \tfrac{1}{2}\log x + 5{,}5178238\ldots.$$

En posant $y = x$ et $y = \frac{1}{2}\log x + 5{,}5178238$,

nous aurons deux lignes dont les abscisses des points d'intersection représentent les racines de l'équation.

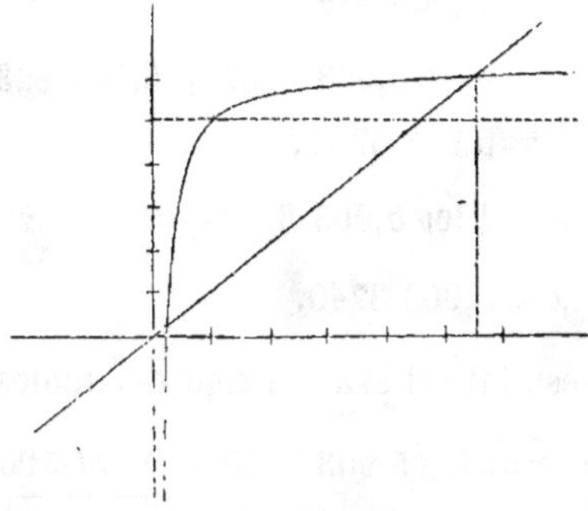

La première est une droite, bissectrice de l'angle des coordonnées orthogonales; la seconde est une ligne logarithmique, formée par une seule branche infinie, et ayant pour asymptote l'axe des y. Les deux lignes se coupent en deux points; le premier très-voisin de l'origine, l'abscisse du second est comprise entre 5 et 6; il ne peut y avoir d'autres points de rencontre, et, par suite, l'équation n'a que deux racines positives.

Comme la valeur du terme connu de l'équation [1] est près de 6, posons en premier lieu

$$x = 6,$$

et substituons cette valeur dans le second membre de l'équation

$$x = \tfrac{1}{2}\log x + 5{,}517\,8238,$$

nous aurons alors une valeur de x plus rapprochée que la première,

$$\begin{aligned} x &= \tfrac{1}{2}\log 6 + 5{,}5178 \\ &= 5{,}9069. \end{aligned}$$

En substituant cette seconde valeur de x dans l'équation [1], nous aurons

$$x = \tfrac{1}{2}\log 5{,}9069 + 5{,}517\ 8238$$
$$= 5{,}903\ 5036.$$

Poursuivant ce procédé, nous obtiendrons par la troisième substitution,

$$x = \tfrac{1}{2}\log 5{,}903\ 5036 + 5{,}517\ 8238$$
$$= 5{,}903\ 3787;$$

ensuite $x = \tfrac{1}{2}\log 5{,}903\ 3787 + 5{,}517\ 8238$
$= 5{,}903\ 3741,$

puis $x = \tfrac{1}{2}\log 5{,}903\ 3741 + 5{,}517\ 8238$

ou $x = 5{,}903\ 3740.$

Le dernier résultat est exact à sept décimales, car on trouve

$$\log x = \log 5{,}903\ 3740 = 0{,}771\ 1004$$

donc $\tfrac{1}{2}\log x = 0{,}385\ 5502$
$5{,}517\ 8238$

d'où $\tfrac{1}{2}\log x + 5{,}5178\ldots = 5{,}903\ 3740 = x.$

Il nous reste encore à évaluer la seconde racine de l'équation

$$x - \tfrac{1}{2}\log x - 5{,}517\ 8238 = 0,$$

racine qui est comprise entre 0 et 1. Comme x est nécessairement une fraction très-petite, nous pouvons négliger le premier terme de l'équation, qui deviendra alors

$$\tfrac{1}{2}\log x = -\ 5{,}517\ 8238$$
$$\log x = -11{,}035\ 6476$$
$$= \overline{12},964\ 3524;$$

d'où l'on tire $x = 0{,}00000\ 00000\ 0921197,$

valeur exacte à dix-sept décimales.

Si nous reprenons les considérations générales par lesquelles nous avons commencé ce paragraphe, nous verrons, en les appliquant à l'exemple actuel, que l'on a

$$\varphi(x) = \tfrac{1}{2}\log x + 5{,}5178238,$$

$$\varphi'(x) = \tfrac{1}{2}\,\frac{\log e}{x},$$

x étant à peu près égal à 6, cette valeur de $\varphi'(x)$ est à peu près $\frac{1}{20}$, et, par suite, chaque valeur obtenue est environ vingt fois plus approchée que la précédente.

Résolution des équations transcendantes par la méthode de Newton.

352. La méthode de Newton s'applique sans modification à la recherche des racines d'une équation transcendante, pourvu que l'on connaisse toutefois une première valeur approchée

Soit, en effet,

$$F(x) = 0$$

une équation, et a une valeur approchée de la racine, dont nous représenterons la valeur exacte par $(a+h)$.

On aura $$F(a+h) = 0;$$

mais (**247**) le rapport $\dfrac{F(a+h)-F(a)}{h}$

diffère peu de $F'(a)$, et l'on a, par conséquent, en désignant par ε un nombre très-petit,

$$\frac{F(a+h)-F(a)}{h} = F'(a) + \varepsilon,$$

d'où l'on déduit, en remarquant que $F(a+h)$ est nul, $h = -\dfrac{F(a)}{F'(a)+\varepsilon}$; et $-\dfrac{F(a)}{F'(a)}$ est, par suite, une valeur approchée de h.

353. Exemple 1. Soit donnée l'équation

$$x^x - 100 = 0.$$

Substituons d'abord à la variable x les nombres naturels, nous aurons :

$$0^0=1,$$
$$1^1=1,$$
$$2^2=4,$$
$$3^3=27,$$
$$4^4=256.$$
$$\cdots\cdots$$

On en conclut que notre équation n'a qu'une seule racine réelle et que cette racine est comprise entre 3 et 4.

Le calcul devient beaucoup plus simple lorsque, au lieu de traiter l'équation sous la forme donnée

$$x^x=100,$$

nous prenons les logarithmes vulgaires des deux membres ; nous aurons alors

$$x\log x=2.$$

Ainsi donc nous aurons

$$Fx=x\log x-2;$$

d'où
$$F'x=\log x+\log e;$$

où e désigne la base des logarithmes népériens.

Ces valeurs de Fx et de $F'x$, substituées dans la formule générale qui exprime la correction fournie par la méthode de Newton, donneront pour h,

$$h=-\frac{Fx}{F'x}=-\frac{x\log x-2}{\log x+\log e}=\frac{2-x\log x}{\log e+\log x}.$$

Première approximation. Nous avons trouvé ci-dessus que la valeur de x est comprise entre 3 et 4.

Posons d'abord $x=3{,}5$ et calculons à 3 décimales. Nous aurons alors

$$x=3{,}5 \qquad\qquad \log e=0{,}434$$
$$\log x=0{,}544 \qquad\qquad \log x=0{,}544$$

d'où $x\log x=1{,}904$ $\qquad \log e+\log x=0{,}978$

et $2-x\log x=0{,}096$

donc $$h = \frac{0,096}{0,978} = 0,098\,,$$

et la valeur approchée de x sera

$$x = 3,598.$$

Deuxième approximation. Nous avons

$$\begin{array}{lrr} & x = 3,598 & \log e = 0,434\,2945 \\ \text{donc} & \log x = 0,556\,0612 & \log x = 0,556\,0612 \\ \hline & x\log x = 2,000\,7082 & \log e + \log x = 0,990\,3557 \end{array}$$

et $x\log x - 2 = 0,000\,7082$

donc $$h = -\frac{0,000\,7082}{0,990\,3557} = -0,00071\,50966\,,$$

et $$x = 3,598 - 0,00071\,510$$

ou $$x = 3,597\,2849.$$

Troisième approximation. Pour avoir une valeur de x encore plus rapprochée, posons maintenant

$$x = 3,597\,285\,,$$

nous aurons :

$$\begin{array}{lrr} & \log x = 0,55594\,04378 & \log x = 0,55594\,04378 \\ & x\log x = 1,99999\,997677 & \log e = 0,43429\,44819 \\ \hline \text{d'où} & x\log x - 2 = 0,00000\,002323 & \log x + \log e = 0,99026\,93287 \end{array}$$

ce qui donne pour valeur de h,

$$h = \frac{0,00000\,002323}{0,99026\,93287} = 0,00000\,0023458\,;$$

et la valeur de x exacte à dix décimales, sera

$$x = 3,59728\,50235.$$

EXEMPLE II. Résoudre l'équation :

$$x - \varepsilon \sin x = a\,;$$

et soit

$$\varepsilon = 0{,}245\ 31615,$$
$$\log \varepsilon = 9{,}389\ 7262,$$
$$a = 329^\circ\ 44'\ 27'',66.$$

Cette équation se présente dans l'étude du mouvement elliptique des planètes lorsqu'on cherche la position de l'astre dans son orbite à une époque donnée.

Avant de passer à la résolution de cette équation, nous allons montrer comment on réduit en degrés un arc de cercle exprimé en parties de rayon, et réciproquement.

On sait que pour le rayon $= 1$, la demi-circonférence du cercle ou 180° est égale à

$$\pi = 3{,}14159\ 26535\ 89793\ldots$$

donc l'arc égal au rayon sera

$$1 = \frac{180^\circ}{\pi} = 57^\circ,\ 29577\ 95130\ 82321,$$
$$= 57^\circ\ 17'\ 44'',806247,$$
$$= 206264'',806247\ldots$$

C'est donc par ce dernier nombre qu'il faudra multiplier la longueur d'un arc donné en parties du rayon, pour le ramener à la mesure ordinaire des arcs; et réciproquement, en divisant le nombre de secondes que contient un arc de cercle par 206264,806..., on obtient sa longueur relative au rayon.

Si, par exemple, nous voulions convertir en parties du rayon l'arc de cercle $a = 329^\circ\ 44'\ 27'',66$, nous aurions :

$$a = 1186067'',66,$$
$$\log a = 6{,}014\ 4755,$$
$$\log 206264'',8 = 5{,}314\ 4251,$$

donc

$$\log x = 0{,}760\ 0504;$$

et de là, en parties du rayon $x = 5{,}755\ 067$,

en sorte que l'arc de $329^0 44' 27'',66$ est environ $5\frac{3}{4}$ de fois plus grand que le rayon.

Ceci posé, déterminons d'abord le quadrant du cercle qui comprend l'arc x, et substituons, dans l'équation

$$Fx = x - \varepsilon \sin x - 5,755067,$$

à x les valeurs linéaires de 0^0, 90^0, 180^0, 270^0, 360^0.

Le résultat sera

$x = 0^0$	$\varepsilon \sin x = 0$	$Fx = -5,75\ldots$
$x = 90^0 = \frac{\pi}{2}$	$\varepsilon \sin x = 0,25$	$Fx = -4,43\ldots$
$x = 180^0 = \pi$	$\varepsilon \sin x = 0$	$Fx = -2,61$
$x = 270^0 = \frac{3\pi}{2}$	$\varepsilon \sin x = -0,25$	$Fx = -0,79$
$x = 360^0 = 2\pi$	$\varepsilon \sin x = 0$	$Fx = +0,53$

Donc l'arc x est compris entre 270^0 et 360^0, ce qui était facile à prévoir; et comme son sinus est négatif, x est plus petit que $a = 329^0 44'\ldots$.

Première approximation par parties proportionnelles. Posons d'abord $x = 320^0$, et calculons la valeur correspondante de Fx. Nous aurons

$$\sin x = \sin 320^0 = -\sin 40^0;$$

d'où

$$\begin{aligned} \log.\sin x &= 9,8081, \\ \log \varepsilon &= 9,3897, \\ \log 206264 &= 5,3144, \\ \hline \log(\varepsilon \sin x) &= 4,5122 \\ \varepsilon \sin x &= -32525'' \end{aligned}$$

ou

$$= -9^0\,2'\,5'';$$

et de là

$$\begin{aligned} x &= 320^0, \\ -\varepsilon \sin x &= +9^0\,2'\,5'', \\ -a &= -329^0\,44'\,28'', \\ \hline \end{aligned}$$

et

$$\begin{aligned} Fx &= -42'\,23'' \\ &= -2543''; \end{aligned}$$

l'arc de 320^0 est donc trop petit.

De la même manière on obtiendrait pour $x = 330^0$,

$$\begin{aligned} Fx &= +7^0\,17'\,12'', \\ &= 26232''; \end{aligned}$$

donc l'arc $x = 330^0$ est trop grand, et la racine de l'équation est comprise entre 320 et 330^0.

La différence des deux valeurs

$$F(320^0) = -\ \ 2543''$$

et

$$F(330^0) = +26232''$$

étant égale à $28775''$ pour un intervalle de 10^0, nous pourrons admettre comme valeur approchée de x,

$$\begin{aligned} x &= 320^0 + \frac{2543}{28775} \times 10^0 \\ &= 320^0\,53'. \end{aligned}$$

Application de la méthode de Newton. On a

$$\begin{aligned} Fx &= x - \varepsilon \sin x - 329^0\,44'\,27'',66, \\ F'x &= 1 - \varepsilon \cos x. \end{aligned}$$

Prenons maintenant cette valeur de x comme point de départ.

Soit $\alpha = 320^0\,53'$ et $x = \alpha + h$,

nous aurons $h = -\dfrac{F(\alpha)}{F'(\alpha)} = -\dfrac{\alpha - \varepsilon \sin \alpha - 329^0\,44'\,27'',66}{1 - \varepsilon \cos \alpha}$.

$$\begin{aligned} \log \sin \alpha &= 9{,}799\,9616 \\ \log \varepsilon &= 9{,}389\,7262 \\ \log 206264 &= 5{,}314\,4251 \\ \text{or} \quad \log(\varepsilon \sin \alpha) &= 4{,}504\,1129 \\ \text{d'où} \quad \varepsilon \sin \alpha &= 31923'',67 \\ &= 8^0\,52'\,3'',67 \end{aligned}$$

$$\begin{aligned} \log \cos \alpha &= 9{,}889\,7850 \\ \log \varepsilon &= 9{,}389\,7262 \\ \log(\varepsilon \cos \alpha) &= 9{,}279\,5112 \\ \varepsilon \cos \alpha &= 0{,}190\,3317 \\ F'\alpha = 1 - \varepsilon \cos \alpha &= 0{,}809\,6683 \end{aligned}$$

Donc

$$\begin{aligned} \alpha &= \quad 320^0\,53' \\ -\varepsilon \sin \alpha &= +\quad 8^0\,52'\,3'',67 \\ -a &= -329^0\,44'\,27'',66 \end{aligned}$$

et

$$F\alpha = 36'',01$$

Mais $h = -\frac{F\alpha}{F'\alpha} = -\frac{36'',01}{0,809\,6683} = -44'',48\ldots$

Donc
$$x = 320^0\,53' - 44'',48,$$
$$= 320^0\,52' \quad 15'',52,$$

valeur exacte aux centièmes de secondes.

Vérification du résultat obtenu : nous avons trouvé

$$x = 320^0\,52'\,15'',52;$$

donc
$$\sin x = -\sin 39^0\,7'\,44'',48$$

et
$$\begin{aligned} \log\sin x &= 9,800\,0767 \\ \log\varepsilon &= 9,389\,7262 \\ \log 206264'' &= 5,314\,4251 \\ \hline \log(\varepsilon\sin x) &= 4,504\,2280 \end{aligned}$$

et
$$\varepsilon\sin x = -31932'',14$$
$$= -8^0\,52'\,12'',14.$$

Or
$$\begin{aligned} x &= 320^0\,52'\,15'',52 \\ -\varepsilon\sin x &= +8^0\,52'\,12'',14 \\ -a &= -329^0\,44'\,27'',66 \\ \hline Fx &= 0. \end{aligned}$$

Comme on voit, la méthode de Newton nous a donné, par un seul calcul, la valeur exacte de l'arc x.

EXEMPLE III. Résoudre l'équation

$$x = \tan x,$$

équation qui se présente dans la théorie de la chaleur et dans la théorie des vibrations des corps élastiques.

Considérations générales.

1° Comme l'équation ne change pas lorsqu'on y remplace x par $(-x)$, il en résulte qu'à chaque racine correspond une autre racine égale, mais de signe contraire. Nous ne nous occuperons donc que de la recherche des racines positives.

2° Lorsque x est positif, il faut que la tangente le soit également, pour que $(x - \tang x)$ devienne zéro. Les arcs x sont donc compris dans le 1er, 3e, 5e... quadrant du cercle, et leurs valeurs sont comprises entre $n\pi$ et $(n+\frac{1}{2})\pi$; π étant égal à la demi-circonférence du cercle $=180^0$, et n étant un nombre quelconque entier et positif.

3° Dans chacun de ces quadrants, l'arc x va en augmentant depuis $x=n\pi$ jusqu'à $x=(n+\frac{1}{2})\pi$; la tangente augmente d'une manière continue depuis zéro jusqu'à l'infini; par conséquent, il y a dans chacun des quadrants indiqués une racine réelle, et il n'y en a qu'une seule; et l'équation proposée admet une infinité de racines positives et négatives.

4° L'équation étant vérifiée par $x=0$, la racine du premier quadrant est zéro; pour toutes les autres valeurs de x du premier quadrant, on sait que $\tang x > \operatorname{arc} x$.

5° Si l'on représente par $(n\pi + \alpha_n)$ la n^{me} racine (α_n étant moindre que $\left.\frac{\pi}{2}\right)$, il est facile de voir que cet arc α_n est d'autant plus grand que n est plus grand.

Soit, en effet, $n'\pi + \alpha_{n'}$ la solution qui correspond à un nombre n' supérieur à n, on a

$$\tang(n\pi + \alpha_n) = \tang \alpha_n = n\pi + \alpha_n,$$
$$\tang(n'\pi + \alpha_{n'}) = \tang \alpha_{n'} = n'\pi + \alpha_{n'},$$

n' étant plus grand que n, $n'\pi + \alpha_{n'}$ surpasse évidemment $n\pi + \alpha_n$, et, par suite, $\alpha_{n'}$ est plus grand que α_n, comme nous l'avions annoncé.

6° Si la valeur approchée de la racine est trop grande, l'arc est plus petit que la tangente; si, au contraire, la valeur approchée de x est trop petite, l'arc est plus grand que la tangente.

Calcul de la première racine.

Ceci posé, déterminons la plus petite des racines; celle qui est comprise dans le 3e quadrant du cercle. On sait que $\tang 180^0 = 0^0$, $\tang 225^0 = 1$ et $\tang 270^0 = \infty$; or, x étant plus grand que π, on a

$$\operatorname{arc} 225^0 > \tang 225^0,$$
$$\operatorname{arc} 270^0 < \tang 270^0;$$

donc, l'arc x est renfermé entre 225^0 et 270^0.

Cherchons maintenant les valeurs linéaires des arcs compris entre 250° et 260°, et de leurs tangentes respectives (on trouvera ces valeurs, qui sont souvent fort utiles, dans une table à la fin du volume), nous aurons

$$\text{arc}\,250^\circ = 4{,}363, \qquad \text{tang}\,250^\circ = 2{,}747,$$
$$\text{arc}\,252^\circ = 4{,}398, \qquad \text{tang}\,252^\circ = 3{,}078,$$
$$\text{arc}\,254^\circ = 4{,}433, \qquad \text{tang}\,254^\circ = 3{,}487,$$
$$\text{arc}\,256^\circ = 4{,}468, \qquad \text{tang}\,256^\circ = 4{,}011,$$
$$\text{arc}\,257^\circ = 4{,}485, \qquad \text{tang}\,257^\circ = 4{,}331,$$
$$\text{arc}\,258^\circ = 4{,}503, \qquad \text{tang}\,258^\circ = 4{,}705.$$

On voit immédiatement que l'arc en question est compris entre 257° et 258°, ou que la valeur de x, exprimée en parties du rayon, est entre 4,485 et 4,503.

Nous admettrons donc, pour première valeur approchée,

$$x = 4{,}503.$$

Première approximation par la méthode de Newton. Nous avons l'équation

$$Fx = x - \text{tang}\, x;$$

sa première dérivée est, par suite,

$$F'x = -\text{tang}^2 x,$$

et le terme de correction sera

$$h = -\frac{Fx}{F'x} = \frac{x - \text{tang}\, x}{\text{tang}^2 x}.$$

De plus, nous supposerons $x = ,4503$.

Nous aurons alors :

$$x = 4{,}503$$
$$\text{tang}\, x = 4{,}705$$

et

$$x - \text{tang}\, x = -0{,}202$$

Donc $$h = -\frac{0,202}{4,705^2} = -\frac{0,202}{22,1},$$

ou $$h = -0,0091,$$

la valeur approchée de x sera donc

$$x_1 = 4,494.$$

Deuxième approximation. Posons $x_1 = 4,494$, et calculons à sept décimales. Pour transformer l'arc x en degrés, nous nous servirons de la table de réduction contenue dans les tables de Callet, pages 214, 215 et 216.

$$\begin{array}{rl} x_1 = 4,494 & \\ 3.49065\ 850 & = 200^0 \\ \hline 1.00334\ 150 & \\ 0.99483\ 767 & = \ 57^0 \\ \hline 0.00850\ 383 & \\ 843\ 576 & = \ 29' \\ \hline 0.00006\ 807 & \\ 6\ 787 & = \ 14'' \\ \hline 0.00000\ 020 & = \ 0'',04; \end{array}$$

donc $$x_1 = 257^0\, 29'\, 14'',04.$$

$$\begin{array}{rl} \log \operatorname{tang} x_1 & = 0,653\ 7850 \\ \text{et} \quad \operatorname{tang} x_1 & = 4.505\ 956 \\ \hline \operatorname{tang} x_1 - x_1 & = 0,011\ 956 \\ \hline \log[\operatorname{tang} x_1 - x_1] & = 8,077\ 5859 \\ \log . \operatorname{tang}^2 x_1 & = 1,307\ 5740 \\ \hline \log(-h_1) & = 6,770\ 0119 \\ h_1 & = -0,000\ 58886 \end{array}$$

ce qui donne une nouvelle valeur approchée de x;

et $$x_2 = 4,493\ 411.$$

Comme la valeur de x_1 était exacte aux millièmes, l'erreur de x_2 sera de l'ordre de $\frac{1}{10^6}$.

TROISIÈME APPROXIMATION. Le dernier calcul nous a donné, avec une approximation de $\frac{1}{10^6}$ environ,

$$x_2 = \text{tang}\, x_2 = 4,49341.$$

Pour obtenir une valeur de x encore plus rapprochée, au lieu de prendre $x_2 = 4,49341$, posons

$$\text{tang}\, x_2 = 4,49341,$$

ce qui facilitèra de beaucoup le calcul.

Nous avons déjà trouvé (**280**),

$$\text{arc cotang}\, 4,49341 = 0,21897\ldots;$$

de plus, nous avons

$$\text{arc.tang}\, x = 270^0 - \text{arc.cotang}\, x;$$

mais $$270^0 = \frac{3\pi}{2} = 4,71238\ 89803\ 84690,$$

et $$\text{arc.cotang}\, 4,49341 = 0,21897\ 94968\ 94113;$$

donc $$x_2 = \text{arc.tang}\, 4,9341 = 4,49340\ 94834\ 90577$$

et $$\text{tang}\, x_2 = 4,49341$$

d'où $$\text{tang}\, x_2 - x_2 = 0,00000\ 05165\ 09423;$$

mais $$\text{tang}^2 x_2 = 20,19073\ 34281;$$

donc $$h_1 = \frac{x - \text{tang}\, x}{\text{tang}^2 x} = -\frac{0,00000\ 05165\ 0942}{20,19073\ 34281},$$

ou $$h_2 = -0,00000\ 00255\ 815\ldots.$$

Nous avons trouvé ci-dessus

$$x_2 = 4,4930\ 94834\ 906;$$

donc $$x_3 = x_2 + h_2 = 4,493409\ 457909,$$

valeur exacte à douze décimales; ce nombre, transformé en degrés et parties de degré, devient

$$x_3 = 257^0\ 27'\ 12'',231224.$$

Les tables de logarithmes de Vlacq, tables à dix décimales, donnent

$$\tang x_3 = 4,4934\ 09458,$$

ce qui s'accorde parfaitement avec le résultat obtenu.

Résolution générale de l'équation.

L'équation $$x - \tang x = 0,$$

qui se distingue par la rapidité avec laquelle on arrive à la détermination nette et complète de ses racines, est, en outre, remarquable par la facilité avec laquelle elle se prête à une résolution générale, analogue à celle des équations algébriques du second degré.

En effet, il suffit de trois ou quatre substitutions successives pour obtenir l'expression générale de toutes ces racines avec une grande précision.

Nous avons déjà établi (page 408), que la n^{me} racine est plus petite que

$$(2n+1)\frac{\pi}{2}.$$

Posons donc $$(2n+1)\frac{\pi}{2} = x + \theta,$$

où θ désigne la distance de l'extrémité de l'arc x à celle du quadrant qui le renferme. Nous aurons alors

$$\tang x = \tang\left[(2n+1)\frac{\pi}{2} - \theta\right] = \cotang \theta,$$

ou $$\tang \theta = \frac{1}{\tang x};$$

mais nous avons également, d'après l'équation proposée,

$$\tang x = x;$$

donc $$\tang \theta = \frac{1}{x},$$

et $$(2n+1)\frac{\pi}{2} = x + \text{arc.}\tang\frac{1}{x}.$$

En développant en série cette dernière expression, on aura

$$(2n+1)\frac{\pi}{2}=x+\frac{1}{x}-\frac{1}{3x^3}+\frac{1}{5x^5}-\frac{1}{7x^7}+\ldots,$$

et en désignant $(2n+1)\frac{\pi}{2}$ par a

$$[3] \qquad x=a-\frac{1}{x}+\frac{1}{3x^3}-\frac{1}{5x^5}+\frac{1}{7x^7}-\ldots.$$

C'est de cette équation que nous tirerons la valeur de x en fonction de a.

Négligeons d'abord le terme $\frac{1}{x}$ et les termes suivants; nous aurons $x=a$, et en substituant cette valeur à x dans le second membre de l'équation [3], et en négligeant les 3ᵉ... puissances,

$$x=a-\frac{1}{a}.$$

Une nouvelle substitution, avec suppression des 5ᵉˢ puissances, donnera

$$x=a-\frac{1}{\left(a-\frac{1}{a}\right)}+\frac{1}{3\left(a-\frac{1}{a}\right)^3},$$

$$=a-\left(\frac{1}{a}+\frac{1}{a^3}\right)+\frac{1}{3a^3},$$

$$=a-\frac{1}{a}-\frac{2}{3a^3}.$$

En substituant cette valeur de x dans le membre droit de l'équation [3], et en négligeant les 7ᵉˢ puissances, nous aurons une valeur de x encore plus rapprochée,

$$x=a-\frac{1}{\left(a-\frac{1}{a}-\frac{2}{3a^3}\right)}+\frac{1}{3\left(a-\frac{1}{a}-\ldots\right)^3}-\frac{1}{5(a-\ldots)^5},$$

$$=a-\left(\frac{1}{a}+\frac{1}{3a^3}+\frac{5}{3a^5}\right)+\tfrac{1}{3}\left(\frac{1}{a^3}+\frac{3}{a^5}\right)-\frac{1}{5a^5},$$

ou, en réduisant, $x=a-\frac{1}{a}-\frac{2}{3a^3}-\frac{13}{5a^5}.$

Enfin, pour obtenir une nouvelle approximation, remplaçons x par cette dernière valeur, et négligeons les 9es puissances ; le résultat sera

$$x=a-\frac{1}{\left(a-\frac{1}{a}-\frac{2}{3a^3}-\frac{13}{5a^5}\right)}+\frac{1}{3\left(a-\frac{1}{a}-\frac{2}{3a^3}\right)^3}-\frac{1}{5\left(a-\frac{1}{a}\right)^5}+\frac{1}{7a^7},$$

ou

$$x=a-\left(\frac{1}{a}+\frac{1}{a^3}+\frac{5}{3a^5}+\frac{16}{5a^7}\right)+\frac{1}{3}\left(\frac{1}{a^3}+\frac{3}{a^5}+\frac{8}{a^7}\right)-$$
$$-\frac{1}{5}\left(\frac{1}{a^5}+\frac{5}{a^7}\right)+\frac{1}{7a^7}-\ldots,$$

$$x=a-\frac{1}{a}-\frac{2}{3a^3}-\frac{13}{15a^5}-\frac{146}{105a^7}-\ldots.$$

Un nouveau calcul donnerait le 6e terme de la série, qui est $-\frac{781}{315a^9}$.

En remplaçant dans cette formule a par sa valeur $(2n+1)\frac{\pi}{2}$, et π par 3,14159 26..., l'équation se présentera sous la forme

$$\begin{aligned}
x = {} & (2n+1)\cdot\frac{\pi}{2}, \\
& -\frac{1}{(2n+1)}\times 0{,}63661\ 97723\ 67581, \\
& -\frac{1}{(2n+1)^3}\times 0{,}17200\ 81836, \\
& -\frac{1}{(2n+1)^5}\times 0{,}09062\ 596, \\
& -\frac{1}{(2n+1)^7}\times 0{,}05892\ 837, \\
& -\frac{1}{(2n+1)^9}\times 0{,}04258\ 5, \\
[2] \qquad & \ldots\ldots\ldots\ldots
\end{aligned}$$

Pour avoir immédiatement la valeur de la 1re, 2e, 3e... racine, on n'aurait qu'à substituer à n les nombres 1, 2, 3,....

A mesure que le nombre n augmente, le nombre des termes

diminue pour un même degré d'exactitude, et la valeur de x finit par se réduire au premier terme

$$x = (2n+1)\frac{\pi}{2},$$

lorsque n devient infini.

Si, par exemple, on voulait obtenir à sept décimales la 10e racine, il suffirait des quatre premiers termes; on aurait

$$2n+1=21,$$

$$\begin{aligned} x = 21 \times 90^0 = {} & 32{,}986\ 72286\ldots \text{ (voy. Callet, p. 214)} \\ & - 0{,}030\ 31523 \\ & - 0{,}000\ 01857 \\ & - 0{,}000\ 00002 \end{aligned}$$

ou $x = 32{,}956\ 3890.$

Le calcul devient encore plus simple lorsqu'on convertit les coefficients de l'équation [2] en degrés, minutes et secondes; opération qui serait extrêmement simple à l'aide de la table de réduction de Callet.

On obtient alors

$$\begin{aligned} x = (2n+1).90^0 & - \frac{131312''.25}{(2n+1)} - \frac{35479''.24}{(2n+1)^3} \\ & - \frac{18693''}{(2n+1)^5} - \frac{12155''}{(2n+1)^7} - \frac{8784''}{(2n+1)^9} - \ldots \end{aligned}$$

Calculant, d'après cette formule, la 5e racine de l'équation, on a

$$n=5,$$

$$2n+1=11.$$

Il suffira d'évaluer les quatre premiers termes, et encore le quatrième n'influe-t-il que sur les fractions de secondes. On aura

$$\begin{aligned} x & = 11 \times 90^0 - (11937''.48 + 26''.66 + 0'',12), \\ & = 11 \times 90^0 - 11964''.26 \end{aligned}$$

ou $x = 11 \times 90^0 - 3^0\ 19'\ 24''\ 26.$

Voici les valeurs des onze premières racines

$$
\begin{aligned}
x_0 &= 90^0 - 90^0,\\
x_1 &= 3\times 90^0 - 12^0 32' 48'',\\
x_2 &= 5\times 90^0 - 7^0 22' 32'',\\
x_3 &= 7\times 90^0 - 5^0 14' 22'',\\
x_4 &= 9\times 90^0 - 4^0\ 3' 59'',\\
x_5 &= 11\times 90^0 - 3^0 19' 24'',\\
x_6 &= 13\times 90^0 - 2^0 48' 37'',\\
x_7 &= 15\times 90^0 - 2^0 26'\ 5'',\\
x^8 &= 17\times 90^0 - 2^0\ 8' 51'',\\
x^9 &= 19\times 90^0 - 1^0 55' 16'',\\
x^{10} &= 21\times 90^0 - 1^0 44' 17''.
\end{aligned}
$$

RÉSUMÉ.

347. But de ce chapitre. — **348.** Indication de la méthode des différences. — **349.** Exemples. — **350.** Indication de la méthode des substitutions successives. — **351.** Exemple. — **352.** Indication de la méthode de Newton. — **353.** Exemples.

EXERCICES.

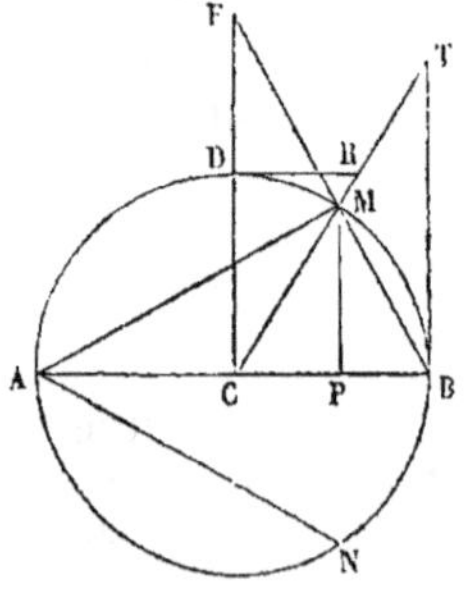

I. Étant donné un quadrant de cercle BCD, trouver un arc BM tel que le secteur BCM soit égal au triangle CDR formé par le rayon CD, la cosécante CR et la cotangente DR.

Soit l'arc $BM = x$; l'équation à résoudre sera

$$x \operatorname{tang} x = 1, \quad \text{ou} \quad x = \operatorname{cotg} x.$$

Réponse. $x = 49^\circ 17' 36'',55$,

$$x = \operatorname{cotang} x = 0,860\,3334.$$

II. Trouver un secteur BCM qui soit la moitié du triangle CBT formé par le rayon CB, la tangente BT et la sécante CT.

Équation : $2x = \operatorname{tang} x.$

Réponse. $x = 66^\circ 46' 54'',23$,

$$2x = \operatorname{tang} x = 2,331\,122.$$

III. Partager le demi-cercle ADMB en deux parties équivalentes par une corde AM menée de l'extrémité du diamètre.

On cherche l'angle $MCD = \varphi$;

équation $\varphi = \cos \varphi.$

Réponse. $\varphi = 42^\circ 20' 47'',25$,

$$\varphi = \cos \varphi = 0,739\,0851.$$

IV. Étant donné un quadrant de cercle BCD, mener une perpendiculaire au rayon (MP) qui partage l'aire du quadrant en deux parties égales.

Soit l'arc $BM = x$,

on obtient l'équation $2x - \frac{\pi}{2} = \sin 2x$;

en posant $2x - \frac{\pi}{2} = z$,

l'équation deviendra $z = \cos z.$

V. Déterminer le secteur de cercle ACM, que la corde AM partage en deux parties équivalentes, de manière que le triangle ACM soit égal au segment ADM.

Soit l'arc $AM = z$,

l'équation à résoudre sera $z = 2 \sin z$,

d'où $z = 108^\circ 36' 13'',76$,

$$= 1,895\,4942.$$

VI. Mener d'un point de la circonférence deux cordes **AM** et AN telles qu'elles divisent l'aire du cercle en trois parties égales.

Soit BCM $= x$, on aura l'équation

$$x + \sin x = \frac{\pi}{3},$$

d'où

$$x = 30^{\circ}\,43'\,33'',0,$$
$$= 0,536\,267.$$

VII. Déterminer dans le quadrant BCD l'arc BM de manière que cet arc soit égal à la corde BM prolongée jusqu'au point F,

équation
$$x \sin\frac{x}{2} = 1.$$

Réponse.
$$x = 84^{\circ}\,53'\,38'',83,$$
$$= 1,481\,682.$$

VIII. Résoudre l'équation

$$\frac{\sin^3 a - \sin^3 x}{\operatorname{cotang} x - \operatorname{cotang} a} = 0,0584\,8868,$$

a étant égal à $32^{\circ}\,19'\,24'',93$.

Réponse.
$$x = 14^{\circ}\,14'\,35'',34.$$

IX. Résoudre l'équation

$$10^x = 19,3229 \times x.$$

Réponse.
$$x = 1,446\,344.$$

X. Résoudre l'équation

$$e^x = 17,64391 \times x.$$

Réponse.
$$x = 4,337\,745.$$

XI. Résoudre l'équation

$$x^x = e^{\frac{5\pi}{2}} = 111,3177\ldots$$

Réponse.
$$x = 3,64417\,3675.$$

Cette équation se présente dans la théorie des spirales logarithmiques et en général dans la théorie des courbes qui coïncident dans tous les points avec leurs développées.

XII. Résoudre l'équation

$$(e^x + e^{-x}) \cos x - 2 = 0.$$

Réponse. $x = 4,7300\,4099.$

Cette équation se présente dans la théorie de la chaînette.

XIII. Résoudre l'équation

$$(e^x + e^{-x}) \cos x + 2 = 0,$$

$$x = 1,8751\,0402.$$

XIV. Résoudre l'équation

$$\operatorname{tang} x = \frac{x}{1 - \frac{3x^2}{4}},$$

$$x_1 = 2,563\,4342,$$

$$x_2 = 6,058\,6701.$$

Les trois dernières équations se présentent dans la théorie des corps élastiques.

CHAPITRE XXIX.

DÉCOMPOSITION DES FRACTIONS RATIONNELLES.

But de ce chapitre.

334. Lorsque les deux termes d'une fraction sont des polynomes entiers par rapport à une même lettre x, on peut, en effectuant leur division autant que possible, décomposer cette fraction en un polynome entier par rapport à cette lettre, et en une autre fraction dont le numérateur soit de degré moindre que le dénominateur. Le but de ce chapitre est de montrer comment cette fraction peut elle-même être décomposée en d'autres plus simples. Nous supposerons seulement qu'on ait résolu l'équation obtenue en égalant le dénominateur à zéro, et qu'on en connaisse toutes les racines.

Cas des racines inégales.

335. Soit la fraction rationnelle

$$[1] \qquad \frac{f(x)}{F(x)},$$

où $f(x)$ désigne un polynome en x de degré moindre que $F(x)$. Soient a, b, c, ..., k, l les racines de l'équation

$$F(x)=0.$$

Nous supposerons d'abord qu'elles soient toutes inégales. Nous allons voir que, dans ce cas, on peut toujours mettre la fraction [1] sous la forme

$$[2] \frac{f(x)}{F(x)}=\frac{A}{x-a}+\frac{B}{x-b}+\frac{C}{x-c}+\ldots+\frac{K}{x-h}+\frac{L}{x-l},$$

A, B, C, ..., K, L désignant des constantes. Pour le démontrer, nous considérerons A, B, C, ... K, L comme des coefficients indéterminés dont nous déterminerons la valeur; puis nous vérifierons ensuite qu'ils rendent l'équation [2] identique.

L'équation [2] si on multiplie les deux membres par $F(x)$, devient

$$[3] \qquad f(x)=\frac{AF(x)}{x-a}+\frac{BF(x)}{x-b}+\ldots+\frac{KF(x)}{x-f}+\frac{LF(x)}{x-l}.$$

Comme l'équation [3] doit être identique, il faut qu'elle soit satisfaite pour les valeurs $x=a$, $x=b$, ..., $x=l$. Si l'on fait, par exemple, $x=a$, et que l'on remarque que $F(a)$ étant égal à zéro, tous les termes du second membre disparaissent, excepté celui qui est divisé par $x-a$, on a

$$f(a)=A\left[\frac{F(x)}{x-a}\right]_a,$$

en désignant par $\left[\frac{F(x)}{x-a}\right]_a$ la valeur que prend le quotient $\frac{F(x)}{x-a}$ quand on y fait $x=a$. Or on a

$$F(x)=F[a+(x-a)]=F(a)+F'(a)(x-a)+F''(a)\frac{(x-a)^2}{1.2}$$
$$+\ldots+\frac{F^m(a)}{1.2\ldots m}(x-a)^m,$$

en remarquant que $F(a)=0$, on en conclut

$$\frac{F(a)}{x-a}=F'(a)+\frac{F''(a)}{1.2}(x-a)+\ldots\frac{F^m(a)}{1.2\ldots m}(x-a)^{m-1},$$

et, en faisant $x=a$, tous les termes du second membre disparaissent, à l'exception du premier; en sorte que

$$\left[\frac{F(x)}{x-a}\right]_a=F'(a),$$

et, par suite, l'équation [3] devient

$$f(a)=AF'(a),$$

d'où l'on conclut $\qquad A=\frac{f(a)}{F'(a)}.$

On trouvera de même

$$B = \frac{f(b)}{F'(b)}, \quad C = \frac{f(c)}{F'(c)}, \quad \ldots \quad L = \frac{f(l)}{F'(l)}.$$

Pour déterminer les valeurs précédentes, nous avons commencé par admettre la possibilité du développement [2] et de l'équation [3], qui en est une conséquence. Il est donc nécessaire de démontrer que ces valeurs, qui évidemment sont les seules possibles, satisfont effectivement. Pour cela, remarquons qu'en les adoptant, l'équation [3] sera satisfaite pour les valeurs $a, b, \ldots k, l$ de x; or $f(x)$ étant, par hypothèse, de degré moindre que $F(x)$, cette équation est de degré $m-1$, elle ne peut donc avoir m racines sans être satisfaite identiquement.

Cas des racines imaginaires.

356. D'après ce qui précède, en désignant par $f(x)$ un polynome de degré moindre que $F(x)$, et par $a, b, c \ldots, k, l$ les m racines de $F(x)=0$, on a identiquement

$$[1] \quad \frac{f(x)}{F(x)} = \frac{f(a)}{F'(a)(x-a)} + \frac{f(b)}{F'(b)(x-b)} + \ldots + \frac{f(l)}{F'(l)(x-l)}.$$

Cette formule suppose seulement que les racines $a, b, \ldots, k, l$ soient inégales. Elle s'applique au cas où quelques-unes d'entre elles seraient imaginaires. Seulement, dans ce cas, il sera convenable de faire subir au second membre quelques réductions destinées à en faire disparaître les quantités imaginaires qui y sont en évidence.

Soient $\alpha+\beta\sqrt{-1}$, $\alpha-\beta\sqrt{-1}$, deux racines imaginaires ; il est facile de voir que $f(\alpha+\beta\sqrt{-1})$ et $f(\alpha-\beta\sqrt{-1})$ ne diffèrent que par le signe de $\sqrt{-1}$, en sorte que l'une des deux expressions étant $P+Q\sqrt{-1}$, l'autre sera $P-Q\sqrt{-1}$; de même, $F'(\alpha+\beta\sqrt{-1})$ et $F'(\alpha-\beta\sqrt{-1})$ pourront être représentés par $M+N\sqrt{-1}$, $M-N\sqrt{-1}$, en sorte que les deux termes de second membre de [1], qui correspondent aux racines considérées, sont de la forme

$$\frac{P+Q\sqrt{-1}}{(M+N\sqrt{-1})(x-\alpha-\beta\sqrt{-1})} + \frac{P-Q\sqrt{-1}}{(M-N\sqrt{-1})(x-\alpha+\beta\sqrt{-1})},$$

ou, en réduisant au même dénominateur, et supprimant les termes qui se détruisent,

$$\frac{2(PM+QN)(x-\alpha)-2PN\beta+2QM\beta}{(M^2+N^2)[(x-\alpha)^2+\beta^2]}.$$

On voit donc que les deux fractions simples qui correspondent à deux racines conjuguées, peuvent être réunies en une seule dont le numérateur est du premier degré par rapport à x, et le dénominateur du second.

Cas des racines égales.

357. Si le dénominateur de la fraction

$$\frac{f(x)}{F(x)}$$

contient des racines égales, les formules précédentes ne sont plus applicables; on peut néanmoins décomposer cette fraction en d'autres plus simples; pour le montrer nous établirons d'abord le théorème suivant.

Si **a** *désigne une racine multiple de l'équation* $F(x)=0$, α *son degré de multiplicité, la fraction rationnelle* $\frac{f(x)}{F(x)}$ *pourra toujours être décomposée de la manière suivante,*

$$[1] \qquad \frac{f(x)}{F(x)}=\frac{A}{(x-a)^\alpha}+\frac{f_1(x)}{(x-a)^{\alpha-1}F_1(x)},$$

A *désignant une constante*, $f_1(x)$ *un polygone entier et rationnel*, $F_1(x)$ *le quotient de la division de* $F(x)$ *par* $(x-a)^\alpha$.

On a, en effet, identiquement et quel que soit A,

$$[2] \qquad \frac{f(x)}{F(x)}=\frac{f(x)}{(x-a)^\alpha F_1(x)}=\frac{A}{(x-a)^\alpha}+\frac{f(x)-AF_1(x)}{(x-a)^\alpha F_1(x)}.$$

Si nous déterminons A par la condition

$$[3] \qquad f(a)-AF_1(a)=0,$$

le numérateur du second terme du second membre s'annulera

par $x = a$, et sera, par conséquent, divisible par $x - a$; en posant donc

$$\frac{f(x) - AF_1(x)}{x - a} = f_1(x);$$

il viendra $$\frac{f(x)}{F(x)} = \frac{A}{(x-a)^\alpha} + \frac{f_1(x)}{(x-a)^{\alpha-1}F_1(x)};$$

ce qui démontre la proposition énoncée.

Remarque. $F_1(x)$ étant le quotient de la division de $F(x)$ par la plus haute puissance de $x - a$ qui puisse le diviser, $F_1(a)$ ne sera jamais nul, et l'équation [3] fournira toujours pour A une valeur finie. On peut remarquer que cette valeur ne sera jamais nulle : car la fraction $\frac{f(x)}{F(x)}$ étant réduite à sa plus simple expression, $f(x)$ et $F(x)$ ne peuvent pas avoir de racine commune, et, par suite, le numérateur $f(a)$ de A_1 ne peut être égal à zéro.

Après avoir mis la fraction $\frac{f(x)}{F(x)}$ sous la forme

[1] $$\frac{A}{(x-a)^\alpha} + \frac{f_1(x)}{(x-a)^{\alpha-1}F_1(x)},$$

si l'on applique la même méthode au second terme de l'expression [1], on pourra le mettre sous la forme

[2] $$\frac{A_1}{(x-a)^{\alpha-1}} + \frac{f_2(x)}{(x-a)^{\alpha-2}F_1(x)};$$

A_1 étant une constante qui, cette fois, peut être nulle, et $f_2(x)$ une fonction entière.

On pourra de même décomposer $\frac{f_2(x)}{(x-a)^{\alpha-2}F_1(x)}$ en une somme de la forme

[3] $$\frac{A_2}{(x-a)^{\alpha-2}} + \frac{f_3(x)}{(x-a)^{\alpha-3}F_1(x)},$$

et, en continuant ainsi, on voit que la fraction proposée $\frac{f(x)}{F(x)}$ peut être mise sous la forme

$$\frac{f(x)}{F(x)} = \frac{A}{(x-a)^\alpha} + \frac{A_1}{(x-a)^{\alpha-1}} + \dots + \frac{A_{\alpha-1}}{(x-a)} + \frac{f_\alpha(x)}{F_1(x)}.$$

$A, A_1, \ldots A_{\alpha-1}$ étant des constantes finies et déterminées dont la première n'est pas nulle, et $f_\alpha(x)$ une fonction entière.

Soient maintenant b une seconde racine de $F(x)=0$, et β son degré de multiplicité, en sorte que l'on ait

$$F_1(x) = (x-b)^\beta F_2(x),$$

en appliquant la méthode précédente à la fraction $\frac{f_\alpha(x)}{F_1(x)}$, on obtiendra une expression de la forme

$$\frac{f_\alpha(x)}{F_1(x)} = \frac{B}{(x-b)^\beta} + \frac{B_1}{(x-b)^{\beta-1}} + \ldots + \frac{B_{\beta-1}}{(x-b)} + \frac{f_\beta(x)}{F_2(x)},$$

$B, B_1, \ldots B_{\beta-1}$ étant des constantes déterminées, et $f_\beta(x)$ une fonction entière. Il résulte de là qu'en général si on suppose

$$F(x) = (x-a)^\alpha (x-b)^\beta \ldots (x-c)^\gamma;$$

la fraction $\frac{f(x)}{F(x)}$ pourra être décomposée de la manière suivante

$$\begin{aligned}\frac{f(x)}{F(x)} = & \frac{A}{(x-a)^\alpha} + \frac{A_1}{(x-a)^{\alpha-1}} + \ldots + \frac{A_{\alpha-1}}{x-a} \\ & + \frac{B}{(x-b)^\beta} + \frac{B_1}{(x-b)^{\beta-1}} + \ldots + \frac{B_{\beta-1}}{x-b} \\ & \vdots \\ & + \frac{C}{(x-c)^\gamma} + \frac{C_1}{(x-c)^{\gamma-1}} + \ldots + \frac{C_{\gamma-1}}{x-c} + E(x),\end{aligned}$$

$A, A_1, \ldots B, B_1,$ étant des constantes, et $E(x)$ une fonction entière.

La méthode précédente en prouvant la possibilité de cette décomposition, donne en même temps le moyen de l'effectuer.

La décomposition n'est possible que d'une seule manière.

358. Nous allons maintenant prouver qu'une fraction rationnelle ne peut être mise que d'une seule manière, sous la forme indiquée dans le paragraphe précédent.

Supposons, en effet, que l'on ait trouvé deux développements d'une même fraction rationnelle :

$$\frac{A}{(x-a)^\alpha}+\frac{A_1}{(x-a)^{\alpha-1}}+\ldots+\frac{A_{\alpha-1}}{x-a}+\frac{B}{(x-b)^\beta}+\frac{B_1}{(x-b)^{\beta-1}}+\ldots+E(x),$$

et

$$\frac{A'}{(x-a)^{\alpha'}}+\frac{A'_1}{(x-a)^{\alpha'-1}}+\ldots+\frac{A'_{\alpha'-1}}{x-a}+\frac{B'}{(x-b)^{\beta'}}+\ldots+E'(x).$$

α et α' étant respectivement les exposants des plus hautes puissances de $x-a$ dans les deux membres. Je dis que l'on doit avoir $\alpha=\alpha'$, $A=A'$. Supposons, en effet, s'il est possible, que l'un des deux exposants, α par exemple, soit plus grand que l'autre ; tirons de l'équation qui exprime l'égalité des deux développements, la valeur de $\frac{A}{(x-a)^\alpha}$, et réduisons tous les autres termes au même dénominateur, on aura un résultat de la forme

$$\frac{A}{(x-a)^\alpha}=\frac{\varphi(x)}{(x-a)^{\alpha-1}\psi(x)},$$

ou

$$A=(x-a)\frac{\varphi(x)}{\psi(x)},$$

φ et ψ désignant des polynomes dont le second n'est pas divisible par $x-a$. D'ailleurs A est une constante, il faut donc qu'elle soit nulle, car l'équation précédente donne $A=0$ pour $x=a$. Je dis maintenant que $A=A'$; en effet, en égalant les développements et faisant passer le terme $\frac{A'}{(x-a)^\alpha}$ dans le premier membre, on pourra recommencer le raisonnement précédent et prouver que $A-A'$ doit être égal à zéro.

Les termes qui renferment les plus hautes puissances de $x-a$ dans les deux développements étant égaux entre eux, on pourra les supprimer de part et d'autre et les restes seront égaux. Il faudra, par conséquent, que les termes qui dans ces restes contiennent les plus hautes puissances de $x-a$, soient aussi égaux entre eux, et, en continuant ainsi, on prouvera que les fractions simples qui composent les deux développements, et, par suite, enfin les parties entières $E(x)$, $E'(x)$ sont égales chacune à chacune.

Méthode pour le calcul des coefficients.

359. Pour effectuer la décomposition d'une fraction rationnelle on peut employer un procédé beaucoup plus simple que celui qui résulte de la méthode indiquée plus haut (**357**).

Soit
$$\frac{f(x)}{F(x)}$$
la fraction proposée, et $(x-a)^n$ un facteur multiple de son dénominateur, en sorte que
$$\frac{f(x)}{F(x)}=\frac{f(x)}{(x-a)^n F(x)}.$$

Pour trouver, par une seule opération, les fractions simples qui ont pour dénominateurs les diverses puissances de $x-a$, on posera
$$x-a=h,$$
$$\frac{f(x)}{(x-a)^n F(x)}=\frac{f(a+h)}{h^n F(a+h)}.$$

Ordonnons actuellement les deux polynomes $f(a+h)$ et $F(a+h)$ suivant les puissances *croissantes* de h, la fraction deviendra
$$\frac{A+A_1h+A_2h^2+\ldots+A_mh^m}{(B+B_1h+B_2h^2+\ldots+B_ph^p)h^n}.$$

Effectuons actuellement la division du numérateur par le premier facteur du dénominateur en ordonnant le quotient suivant les puissances croissantes de h, nous obtiendrons des restes successifs dont les degrés croîtront sans cesse. Le premier terme de l'un des restes finira donc par être de degré égal ou supérieur à n. Arrêtons alors l'opération : le quotient sera de degré $n-1$, et l'on aura
$$\frac{A+A_1h+A_2h^2+\ldots+A_mh^m}{B+B_1h+B_2h^2+\ldots+B_ph^p}=C+C_1h+C_2h^2+\ldots+C_{n-1}h^{n-1}+$$
$$+\frac{\varphi(h)}{B+B_1h+\ldots+B_ph^p},$$

ou, en divisant les deux membres par h^n, remarquant que tous les termes de $\varphi(h)$ contiennent h à une puissance supérieure à n, et posant

$$\frac{\varphi(h)}{h^n}=\varphi_1(h),$$

il vient

$$\frac{A+A_1h+A_2h^2+\ldots+A_mh^m}{h^n(B+B_1h+\ldots+B_ph^p)}=\frac{C}{h^n}+\frac{C_1}{h^{n-1}}+\ldots+\frac{C^{n-1}}{h}+$$
$$+\frac{\varphi_1(h)}{B+B_1h+\ldots+B_ph^p};$$

et, en remplaçant h par la valeur $x-a$, le premier membre de cette équation devient, précisément, la fraction proposée; le second se compose de la somme des fractions simples

$$\frac{C}{(x-a)^n}+\frac{C_1}{(x-a)^{n-1}}+\ldots+\frac{C_{n-1}}{(x-a)},$$

qui ont pour dénominateurs les puissances de $x-a$, et d'une fraction rationnelle dont le dénominateur ne contient plus le facteur $(x-a)$, et que l'on traitera de la même manière que la proposée pour en déduire les fractions simples relatives aux autres racines et qui complètent le développement.

Cas des racines imaginaires égales.

360. La méthode que nous venons d'exposer ne suppose nullement que les racines multiples de l'équation proposée soient réelles. On doit remarquer seulement que si elles étaient imaginaires, on pourrait, dans le résultat, grouper les termes deux par deux, de manière à faire disparaître les imaginaires; mais il sera plus simple d'adopter, dans ce cas, une forme de développement dont la possibilité résulte du théorème suivant.

Théorème. *Si le dénominateur d'une fraction rationnelle* $\frac{f(x)}{F(x)}$ *admet* n *fois une racine imaginaire* $\alpha+\beta\sqrt{-1}$ *et la conjuguée* $\alpha-\beta\sqrt{-1}$, *en sorte que l'on ait*

$$F(x)=(x-\alpha-\beta\sqrt{-1})^n(x-\alpha+\beta\sqrt{-1})^nF_1(x)=[(x-\alpha)^2+\beta^2]^nF_1(x),$$

on pourra toujours poser

$$[1] \quad \frac{f(x)}{F(x)} = \frac{Px+Q}{[(x-\alpha)^2+\beta^2]^n} + \frac{f_1(x)}{[(x-\alpha)^2+\beta^2]^{n-1}F_1(x)},$$

P et Q étant des constantes, et $f_1(x)$ un polynome réel.

On a, en effet, identiquement

$$[2] \quad \frac{f(x)}{F(x)} = \frac{f(x)}{[(x-\alpha)^2+\beta^2]^n F_1(x)} = \frac{Px+Q}{[(x-\alpha)^2+\beta^2]^n} + \frac{f(x)-(Px+Q)F_1(x)}{[(x-\alpha)^2+\beta^2]^n F_1(x)}.$$

Or, on peut évidemment déterminer P et Q de manière que le numérateur de la deuxième partie du second membre s'annule pour les hypothèses :

$$x = \alpha + \beta\sqrt{-1}, \quad x = \alpha - \beta\sqrt{-1},$$

et soit, par conséquent, divisible par $(x-\alpha)^2 + \beta^2$.

Si l'on suppose, en effet,

$$f(\alpha \pm \beta\sqrt{-1}) = M \pm N\sqrt{-1},$$

$$F_1(\alpha \pm \beta\sqrt{-1}) = M' \pm N'\sqrt{-1},$$

la condition demandée équivaudra à

$$(M \pm N\sqrt{-1}) - [P(\alpha \pm \beta\sqrt{-1}) + Q](M' \pm N'\sqrt{-1}) = 0;$$

et en égalant à zéro le coefficient de $\sqrt{-1}$ et l'ensemble des termes réels, on obtiendra deux équations qui fourniront, pour P et Q, des valeurs réelles :

Le numérateur $f(x) - (Px + Q)F_1(x)$ étant divisible par $(x-a)^2 + \beta^2$, on peut le représenter par $[(x-\alpha)^2 + \beta^2]f_1(x)$, et l'équation [2] devient alors

$$[3] \quad \frac{f(x)}{F(x)} = \frac{Px+Q}{[(x-\alpha)^2+\beta^2]^n} + \frac{f_1(x)}{[(x-a)^2+\beta^2]^{n-1}F_1(x)}.$$

Si l'on applique le même procédé de décomposition à la fraction $\frac{f_1(x)}{[(x-\alpha)^2+\beta^2]^{n-1}F_1(x)}$, on la mettra sous la forme

$$\frac{P_1x+Q_1}{[(x-\alpha)^2+\beta^2]^{n-2}F_1(x)},$$

et en continuant de la même manière, on verra que la fraction

$$\frac{f(x)}{F(x)}$$

peut se décomposer de la manière suivante :

$$\frac{f(x)}{P(x)} = \frac{Px+Q}{[(x-\alpha)^2+\beta^2]^n} + \frac{P_1x+Q_1x}{[(x-\alpha)^2+B^2]^{n-1}} + \dots$$
$$+ \frac{P_{n-1}x+Q_{n-1}}{(x-a)^2+\beta^2} + \frac{f_{n-1}(x)}{F_1(x)}.$$

En rapprochant ce résultat de celui qui a été obtenu (**357**), on obtient le théorème suivant :

361. Théorème. *Si l'on décompose le polynome* F(x) *en facteurs réels du premier et du second degré, en sorte que l'on ait*

$$F(x) = (x-a)^2(x-b)^3 \dots (x^2+px+q)^n \dots (x^2+rx+s)^m,$$

on pourra décomposer la fraction rationnelle $\frac{f(x)}{F(x)}$ *de la manière suivante :*

$$\frac{F(x)}{f(x)} = Ex + \frac{A}{(x-a)^\alpha} + \frac{A_1}{(x-a)^{\alpha-1}} + \dots + \frac{A_{\alpha-1}}{(x-a)}$$
$$+ \frac{B}{(x-b)^\beta} + \dots + \frac{Px+Q}{(x^2+px+q)^n}$$
$$+ \frac{P_1x+Q_1}{(x^2+px+q)^{n-1}} + \dots + \frac{P_{n-1}x+Q_{n-1}}{(x^2+px+q)}$$
$$+ \frac{Rx+S}{(x^2+rx+S)^m} + \dots + \frac{R_{m-1}x+S_{m-1}}{x^2+rx+S},$$

$E(x)$ désignant une partie entière qui peut être nulle, et A, A_1, $A_{\alpha-1}$, P, Q ... des constantes réelles.

Le procédé qui nous a servi à prouver la possibilité de la décomposition donne aussi le moyen de l'effectuer, et on pourra l'appliquer pour former les termes qui correspondent aux facteurs du second degré : x^2+px+q, x^2+rx+s...

On pourrait démontrer comme nous l'avons fait (**358**), que la décomposition en fraction de la forme indiquée précédemment n'est jamais possible que d'une seule manière, et déduire de là un moyen de trouver, par la méthode des coefficients indéterminés, les fractions qui répondent à une racine donnée. Mais nous supprimons ces détails, qui ne présentent ni difficulté ni intérêt.

RÉSUMÉ.

354. But de ce chapitre. — 355. Cas où le dénominateur de la fraction à décomposer n'a pas de racines égales. — 356. Transformation du résultat dans le cas où il y a des racines imaginaires. — 357. Cas des racines égales. — 358. La décomposition sous la forme précédente n'est possible que d'une seule manière. — 359. Méthode pour calculer les coefficients. — 360. Cas des racines imaginaires égales. — 361. Théorème général qui résume la théorie exposée dans ce chapitre.

EXERCICE.

I. Si $\varphi(x)=0$ est une équation de degré n, et $a, b, c\ldots, k, l$ ses racines, on a pour toute valeur de p plus petite que $n-1$:

$$0=\frac{a^p}{\varphi'(a)}+\frac{b^p}{\varphi'(b)}+\ldots+\frac{l^p}{\varphi'(l)}.$$

II. $$\frac{3+2x}{(2x-3)(5x-4)}=\frac{\frac{12}{7}}{2x-3}-\frac{\frac{23}{7}}{5x-4}.$$

III. $$\frac{x}{x^2+11x+30}=\frac{6}{x+6}-\frac{5}{x+5}.$$

IV. $$\frac{x}{a^3-x^3}=\frac{1}{3a(a-x)}+\frac{x-a}{3a(x^2+ax+a^2)}.$$

V. $$\frac{1}{x(x+1)(x+2)}=\frac{1}{2x}-\frac{1}{x+1}+\frac{1}{2(x+2)}.$$

VI. $$\frac{4+3x}{x(x-1)(x^2+1)}=-\frac{4}{x}+\frac{7}{2(x-1)}+\frac{x-7}{2(x^2+1)}.$$

VII. $$\frac{3+x}{(5-x)^2}=\frac{8}{(5-x)^2}-\frac{1}{5-x}.$$

VIII. $$\frac{5+6x-2x^2}{(3+2x)^3}=-\frac{17}{2(3+2x)^3}+\frac{6}{(3+2x)^2}-\frac{1}{3+2x}.$$

IX. $$\frac{2+3x}{(4-x)^3}=\frac{14}{(4-x)^3}-\frac{3}{(4-x)^2}.$$

$$\frac{1+x+x^2+3x^3}{(1-x+5x^2)^2}=\frac{1}{25}\cdot\frac{17+18x}{(1-x+5x^2)^2}+\frac{1}{25}\cdot\frac{8+15x}{1-x+5x^2}.$$

XI. $$\frac{1}{1+x^4}=\frac{1}{2\sqrt{2}}\left\{\frac{\sqrt{2}+x}{1+x\sqrt{2}+x^2}+\frac{\sqrt{2}-x}{1-x\sqrt{2}+x^2}\right\}.$$

XII. $$\frac{70+114x+143x^2+107x^3+46x^4+8x^5}{(7+x)(1+x)^5}=\frac{7}{7+x}+$$
$$+\frac{5}{(1+x)^5}+\frac{3}{(1+x)^3}+\frac{1}{1+x}.$$

CHAPITRE XXX.

SUR LES EXPRESSIONS IMAGINAIRES.

Définitions et notations.

362. La résolution des équations du second degré conduit, dans certains cas, à des expressions qui n'ont aucune valeur numérique, et renferment l'indication d'opérations impossibles à effectuer. C'est dans un but de généralisation que l'on a été conduit à employer ces expressions imaginaires. Nous avons vu, par exemple, qu'en les adoptant, on a l'avantage de pouvoir énoncer sans restriction des théorèmes tels que les suivants :

Toute équation du second degré a deux racines.

Dans toute équation du second degré de la forme $x^2 + px + q = 0$, la somme des racines est égale au coefficient du second terme, pris en signe contraire, et leur produit au terme tout connu.

Ces avantages, qui dans le cas que nous citons sont à peu près insignifiants, deviennent très-importants dans la théorie générale des équations.

Les expressions imaginaires peuvent aussi être introduites utilement dans la solution de quelques questions, comme nous le montrerons dans ce chapitre.

363. On donne le nom d'expression imaginaire à une expression de la forme $a + \sqrt{-K}$, $-K$ désignant un nombre négatif. $\sqrt{-K}$ n'est pas un nombre, en ce sens qu'il ne peut servir de mesure à aucune grandeur; mais il peut figurer utilement dans les calculs, d'après cette condition que son carré soit toujours remplacé par $-K$. Si l'on applique, en outre, aux nombres imaginaires toutes les règles démontrées généralement pour les nombres réels, les opérations relatives à ces nombres seront suffisamment définies et fourniront toujours, comme on le verra, des résultats de même forme qu'eux.

28

364. — K, étant négatif, peut être représenté par un carré pris en signe contraire, $-b^2$, le type d'une expression imaginaire, devient alors

$$a+\sqrt{-b^2},$$

que l'on écrit souvent $\quad a+b\sqrt{-1}.$

Remarque. On substitue à $\sqrt{-b^2}$ l'expression $b\sqrt{-1}$, en vertu de la convention faite plus haut : appliquer aux nombres imaginaires toutes les règles démontrées généralement pour des nombres réels. $-b^2$ peut être considéré, en effet, comme le produit $b^2\times(-1)$, et, en vertu d'une règle démontrée généralement pour les nombres réels, on peut faire sortir le facteur b^2 du radical.

365. Quels que soient les nombres réels a et b, l'expression imaginaire

$$a+b\sqrt{-1}$$

est racine d'une équation de second degré

$$(x-a)^2+b^2=0.$$

La seconde racine de cette équation est, comme on le voit facilement,

$$a-b\sqrt{-1}.$$

$a+b\sqrt{-1}$ et $a-b\sqrt{-1}$ se nomment des expressions imaginaires conjuguées : elles jouissent, évidemment, de la propriété d'avoir une somme réelle $2a$ et un produit réel a^2+b^2.

Puissances de $\sqrt{-1}$.

366. Dans les calculs que l'on effectue sur les expressions de la forme $a+b\sqrt{-1}$, on applique (365) à ces expressions toutes les règles du calcul algébrique, en opérant comme si $\sqrt{-1}$ était un nombre. Quelques géomètres représentent ce symbole par une lettre i, et dans les résultats, ils remplacent i^2 par

-1 : les puissances successives de i ou $\sqrt{-1}$ se trouvent par là déterminées.

$$(\sqrt{-1})^3 = i^3 = i^2 \times i = -\sqrt{-1}$$
$$(\sqrt{-1})^4 = i^4 = (i^2)^2 = 1$$
$$(\sqrt{-1})^5 = i^5 = i^4 . i = \sqrt{-1},$$

et ainsi de suite. On a, en général, n désignant un nombre entier,

$$(\sqrt{-1})^{4n} \quad = (i^4)^n \quad = 1$$
$$(\sqrt{-1})^{4n+1} = i^{4n} . i = \sqrt{-1}$$
$$(\sqrt{-1})^{4n+2} = i^{4n} . i^2 = -1$$
$$(\sqrt{-1})^{4n+3} = i^{4n} . i^3 = -\sqrt{-1}.$$

Toutes ces conventions sont nécessaires si l'on veut pouvoir appliquer aux calculs faits sur les expressions imaginaires les règles générales relatives aux nombres réels. Elles permettent de démontrer le théorème suivant, qui est fort important :

Produit des expressions imaginaires.

367. Théorème. *Si l'on considère un nombre quelconque d'expressions imaginaires.*

$$(a_1 + b_1\sqrt{-1}), (a_2 + b_2\sqrt{-1}), (a_3 + b_3\sqrt{-1}) \ldots (a_n + b_n\sqrt{-1}),$$

que l'on effectue leur produit d'après les règles de la multiplication algébrique, en remplaçant les puissances de $\sqrt{-1}$ par les valeurs indiquées plus haut, quel que soit l'ordre dans lequel on opère, le résultat sera identiquement le même, c'est-à-dire que l'on obtiendra la même partie réelle et le même coefficient pour $\sqrt{-1}$.

Si nous remplaçons en effet $\sqrt{-1}$ par i, on sait que le résultat sera identiquement le même, quel que soit l'ordre que l'on adopte pour les multiplications successives, et que les coefficients des mêmes puissances de i auront dans tous les cas les mêmes valeurs. Si donc, dans les polynomes identiques, on remplace les puissances de i par les valeurs indiquées plus haut, savoir :

$$\begin{array}{ll} i^{4n} & \text{par } 1 \\ i^{4n+1} & \text{par } \sqrt{-1} \\ i^{4n+2} & \text{par } -1 \\ i^{4n+3} & \text{par } -\sqrt{-1}, \end{array}$$

les résultats ne sauraient être différents; or il est tout à fait indifférent de remplacer, à la fin du calcul, chaque puissance de i par sa valeur, ou de faire successivement les substitutions après chaque opération partielle : car ces substitutions se réduisent toutes à remplacer deux facteurs égaux à i par le facteur -1, et peu importe qu'on le fasse en une fois ou successivement.

368. Nous donnerons immédiatement une application du théorème précédent,

Considérons le produit

$$P=(a+b\sqrt{-1})(c+d\sqrt{-1})(a-b\sqrt{-1})(c-d\sqrt{-1});$$

si on multipliplie les deux premiers facteurs, on trouve

$$(a+b\sqrt{-1})(c+d\sqrt{-1})=(ac-bd)+(ad+bc)\sqrt{-1},$$

et en multipliant les deux derniers,

$$(a-b\sqrt{-1})(c-d\sqrt{-1})=(ac-bd)-(ad+bc)\sqrt{-1},$$

en sorte que

$$P=[(ac-bd)+(ad+bc)\sqrt{-1}]\,[(ac-bd)-(ad+bc)\sqrt{-1}],$$

ou, en effectuant,

$$P=(ac-bd)^2+(ad+bc)^2.$$

D'un autre côté, en multipliant le premier facteur par le troisième, et le second par le quatrième, on a

$$(a+b\sqrt{-1})(a-b\sqrt{-1})=a^2+b^2$$
$$(c+d\sqrt{-1})(c-d\sqrt{-1})=c^2+d^2;$$

donc $$P=(a^2+b^2)(c^2+d^2),$$

ce qui donne la formule

$$(a^2+b^2)(c^2+d^2)=(ac-bd)^2+(ad+bc)^2,$$

laquelle est, du reste, extrêmement facile à vérifier.

Introduction des lignes trigonométriques dans les expressions imaginaires.

369. Les expressions imaginaires peuvent se mettre sous une forme particulière qui simplifie souvent les calculs auxquels on doit les soumettre.

Soit l'expression $a+b\sqrt{-1}$;

si l'on pose

$$[1] \qquad a=\rho\cos\varphi$$

$$[2] \qquad b=\rho\sin\varphi,$$

on pourra, quels que soient a et b, trouver pour ρ une valeur positive, et pour φ une valeur moindre que 2π, qui satisfasse à ces deux équations; il suffira de prendre

$$[3] \qquad \rho^2=a^2+b^2,$$

$$[4] \qquad \operatorname{tang}\varphi=\frac{b}{a}.$$

Les équations [3] et [4] se déduisent, en effet, de [1] et [2] en ajoutant leurs carrés, et en les divisant membre à membre. Réciproquement, si ρ et φ ont les valeurs indiquées par les équations [3] et [4], on aura

$$\cos\varphi=\frac{1}{\pm\sqrt{1+\operatorname{tang}^2\varphi}}=\frac{1}{\pm\sqrt{1+\frac{b^2}{a^2}}}=\frac{a}{\pm\sqrt{b^2+a^2}}$$

$$\sin\varphi=\frac{\operatorname{tang}\varphi}{\pm\sqrt{1+tg^2\varphi}}=\frac{\frac{b}{a}}{\pm\sqrt{1+\frac{b^2}{a^2}}}=\frac{b}{\pm\sqrt{b^2+a^2}},$$

et en remplaçant $\sqrt{b^2+a^2}$ par ρ,

$$\cos\varphi = \frac{a}{\pm\rho},$$

$$\sin\varphi = \frac{b}{\pm\rho}.$$

c'est-à-dire $$a = \pm\rho\cos\varphi,$$
$$b = \pm\rho\sin\varphi,$$

ce qui coïncidera avec les équations [1] et [2], si l'on a soin de prendre pour φ celui des deux angles qui, ayant pour tangente $\frac{b}{a}$, a son sinus de même signe que b.

D'après ce qui précède, une expression imaginaire $a+b\sqrt{-1}$ peut toujours se mettre sous la forme

$$\rho(\cos\varphi+\sqrt{-1}\,\sin\varphi),$$

et ne peut évidemment s'y mettre que d'une seule manière (ρ devant être positif et φ moindre que 2π).

ρ se nomme le module et φ l'argument de cette expression imaginaire. Nous allons voir qu'il y a un avantage de simplicité à mettre les expressions imaginaires sous cette forme.

Multiplication et division des expressions imaginaires.

370. Soit à multiplier les deux expressions

$$\rho(\cos\varphi+\sqrt{-1}\,\sin\varphi),$$
$$\rho'(\cos\varphi'+\sqrt{-1}\,\sin\varphi').$$

En effectuant le produit et remplaçant seulement le carré de $\sqrt{-1}$ par -1, on trouve

$$\rho\rho'[\cos\varphi\cos\varphi'-\sin\varphi\sin\varphi'+\sqrt{-1}\,(\cos\varphi\sin\varphi'+\sin\varphi\cos\varphi')]$$
$$=\rho\rho'[\cos(\varphi+\varphi')+\sqrt{-1}\,\sin(\varphi+\varphi')];$$

par conséquent, *pour multiplier l'une par l'autre deux expressions imaginaires, il faut multiplier les modules et ajouter les arguments.*

La règle précédente permet évidemment de faire le produit d'un nombre quelconque d'expressions imaginaires.

371. Pour diviser, l'une par l'autre, deux expressions imaginaires, il suffit évidemment de diviser les modules et de retrancher les arguments. On a en effet

$$\frac{\rho\,(\cos\varphi+\sqrt{-1}\sin\varphi)}{\rho'(\cos\varphi'+\sqrt{-1}\sin\varphi')}=\frac{\rho}{\rho'}\,[\cos(\varphi-\varphi')+\sqrt{-1}\sin(\varphi-\varphi')].$$

Cette égalité devient évidente si l'on chasse le dénominateur et que l'on effectue la multiplication du second membre, d'après la règle donnée précédemment.

Puissances d'une expression imaginaire.

372. Si l'on suppose que les expressions à multiplier deviennent toutes égales entre elles, les théorèmes précédents prouvent que

La puissance entière d'une expression imaginaire a pour module la puissance correspondante du module, et pour argument le produit de l'argument par l'indice de la puissance. Ainsi l'on a

$$[1]\qquad [\rho(\cos\varphi+\sqrt{-1}\sin\varphi)]^m=\rho^m(\cos m\varphi+\sqrt{-1}\sin m\varphi).$$

Cette formule, très-importante en analyse, s'étend, comme nous allons le faire voir, au cas où m désigne un nombre fractionnaire ou négatif.

Supposons d'abord que m y soit remplacé par $\frac{1}{m'}$, m' étant entier, il s'agit de montrer que l'on a

$$[2]\qquad [\rho(\cos\varphi+\sqrt{-1}\sin\varphi)]^{\frac{1}{m'}}=\rho^{\frac{1}{m'}}\left(\cos\frac{\varphi}{m'}+\sqrt{-1}\sin\frac{1}{m'}\right).$$

Pour vérifier cette égalité, élevons les deux membres à la puissance m' : le premier donnera, évidemment, pour résultat

$$\rho(\cos\varphi+\sqrt{-1}\sin\varphi),$$

et la règle donnée pour les puissances entières montre qu'il en est de même du second.

REMARQUE. Cos φ et sin φ étant donnés, $\cos\frac{\varphi}{m}$ et $\sin\frac{\varphi}{m}$, ne sont pas complétement déterminés et restent susceptibles (voir la *Trigonométrie*) de plusieurs valeurs distinctes. Il en résulte aussi des valeurs distinctes pour l'expression

$$[\rho(\cos\varphi+\sqrt{-1}\sin\varphi)]^{\frac{1}{m}},$$

ce qui est conforme aux principes indiqués dans la théorie des équations.

373. Si nous considérons maintenant le cas où l'exposant m est remplacé par une fraction $\frac{m}{n}$, il faut prouver que

$$[3] \quad [\rho(\cos\varphi+\sqrt{-1}\sin\varphi)]^{\frac{m}{n}}=\rho^{\frac{m}{n}}\left(\cos\frac{m\varphi}{n}+\sqrt{-1}\sin\frac{m\varphi}{n}\right).$$

En effet, élever une expression à la puissance $\frac{m}{n}$, c'est, par définition, en prendre la racine n^{me}, puis élever le résultat à la puissance m; or, les formules [1] et [2] permettent de faire successivement ces deux opérations, et l'on est ainsi conduit à la formule [3].

374. Supposons enfin que m ait une valeur négative $-m'$, il faut prouver que l'on a

$$[\rho(\cos\varphi+\sqrt{-1}\sin\varphi)]^{-m'}=\rho^{-m'}(\cos-m'\varphi+\sqrt{-1}\sin-m'\varphi);$$

pour cela, remarquons que, par définition,

$$[\rho(\cos\varphi+\sqrt{-1}\sin\varphi)]^{-m'}=\frac{1}{[\rho(\cos\varphi+\sqrt{-1}\sin\varphi)]^{m'}},$$

or $$\frac{1}{[\rho(\cos\varphi+\sqrt{-1}\sin\varphi)]^{m'}}=\frac{1}{\rho^{m'}(\cos m'\varphi+\sqrt{-1}\sin m'\varphi)},$$

mais, on a

$$\frac{1}{\rho^{m'}(\cos m'\varphi+\sqrt{-1}\sin m'\varphi)}=\frac{\cos 0+\sqrt{-1}\sin 0}{\rho^{m'}(\cos m'\varphi+\sqrt{-1}\sin m'\varphi)}$$
$$=\rho^{-m'}(\cos-m'\varphi+\sqrt{-1}\sin-m'\varphi),$$

ce qu'il fallait démontrer.

375. Nous indiquerons quelques applications des formules précédentes.

THÉORÈME. *Tout trinome de la forme*

$$x^4 + px^2 + q$$

est décomposable en deux facteurs réels du second degré.

Nous distinguerons deux cas:

1° Supposons que l'équation du second degré

$$z^2 + pz + q = 0$$

ait deux racines réelles α et β : on aura

$$z^2 + pz + q = (z - \alpha)(z - \beta),$$

et, par suite,

$$x^4 + px^2 + q = (x^2 - \alpha)(x^2 - \beta).$$

2° Supposons que l'équation

$$z^2 + pz + q = 0$$

ait deux racines imaginaires, $\alpha + \beta\sqrt{-1}$, $\alpha - \beta\sqrt{-1}$: on aura

$$z^2 + pz + q = (z - \alpha + \beta\sqrt{-1})(z - \alpha - \beta\sqrt{-1}),$$

et, par suite,

$$[1] \quad x^4 + px^2 + q = (x^2 - \alpha + \beta\sqrt{-1})(x^2 - \alpha - \beta\sqrt{-1}),$$

l'équation [1] peut s'écrire

$$x^4 + px^2 + q = (x - \sqrt{\alpha + \beta\sqrt{-1}})(x + \sqrt{\alpha + \beta\sqrt{-1}})$$
$$(x - \sqrt{\alpha - \beta\sqrt{-1}})(x + \sqrt{\alpha - \beta\sqrt{-1}});$$

puis, en posant

$$\alpha + \beta\sqrt{-1} = \rho(\cos\varphi + \sqrt{-1}\sin\varphi),$$
$$\alpha - \beta\sqrt{-1} = \rho(\cos\varphi - \sqrt{-1}\sin\varphi),$$

et, par suite (372),

$$\sqrt{\alpha+\beta\sqrt{-1}}=\sqrt{\rho}\left(\cos\frac{\varphi}{2}+\sqrt{-1}\sin\frac{\varphi}{2}\right),$$

$$\sqrt{\alpha+\beta\sqrt{-1}}=\sqrt{\rho}\left(\cos\frac{\varphi}{2}-\sqrt{-1}\sin\frac{\varphi}{2}\right),$$

il vient

$$x^4+px^2+q=\left[x-\sqrt{\rho}\left(\cos\frac{\varphi}{2}+\sqrt{-1}\sin\frac{\varphi}{2}\right)\right]$$
$$\left[x+\sqrt{\rho}\left(\cos\frac{\varphi}{2}+\sqrt{-1}\sin\frac{\varphi}{2}\right)\right]\left[x-\sqrt{\rho}\left(\cos\frac{\varphi}{2}-\sqrt{-1}\sin\frac{\varphi}{2}\right)\right]$$
$$\left[x+\sqrt{\rho}\left(\cos\frac{\varphi}{2}-\sqrt{-1}\sin\frac{\varphi}{2}\right)\right],$$

ou, en réunissant le premier et le troisième facteur, et le second et le quatrième qui, évidemment, sont conjugués,

$$x^4+px^2+q=\left[\left(x-\sqrt{\rho}\cos\frac{\varphi}{2}\right)^2+\rho\sin^2\frac{\varphi}{2}\right]$$
$$\left[\left(x+\sqrt{\rho}\cos\frac{\varphi}{2}\right)^2+\rho\sin^2\frac{\varphi}{2}\right],$$

et le trinome est ainsi décomposé en deux facteurs réels du second degré.

Problème. *Exprimer* $\cos m\varphi$ *et* $\sin m\varphi$ *en fonction de* $\cos\varphi$ *et de* $\sin\varphi$.

On a

$$(\cos\varphi+\sqrt{-1}\sin\varphi)^m=\cos m\varphi+\sqrt{-1}\sin m\varphi;$$

en développant le premier membre par la formule du binome et égalant le résultat au second membre, c'est-à-dire, écrivant que les parties réelles sont égales, ainsi que les parties imaginaires, on a

$$\cos m\varphi=\cos^m\varphi-\frac{m(m-1)}{2}\cos^{m-2}\varphi\sin^2\varphi$$
$$+\frac{m(m-1)(m-2)(m-3)}{1.2.3.4}\cos^{m-4}\varphi\sin^4\varphi+\ldots,$$

$$\sin m\varphi=m\cos^{m-1}\varphi\sin\varphi-\frac{m(m-1)(m-2)}{1.2.3}\cos^{m-3}\varphi\sin^3\varphi+\ldots.$$

Problème. *Évaluer* $x^m + \frac{1}{x^m}$ *en fonction de* $x + \frac{1}{x}$.

Posons
$$x + \frac{1}{x} = 2\cos\varphi ;$$
on en tire
$$x = \cos\varphi + \sqrt{-1}\sin\varphi,$$
$$\frac{1}{x} = \cos\varphi - \sqrt{-1}\sin\varphi,$$
et, par conséquent,
$$x^m + \frac{1}{x^m} = 2\cos m\varphi,$$
de sorte que, la formule qui donne $\cos m\varphi$ en fonction de $\cos\varphi$, permettra de calculer $\frac{x^m + \frac{1}{x^m}}{2}$ en fonction de $x + \frac{1}{x}$.

Remarque. Pour obtenir la formule demandée, nous avons supposé à x une valeur imaginaire
$$x = \cos\varphi + \sqrt{-1}\sin\varphi ;$$
le résultat est-il suffisamment établi pour une valeur réelle quelconque de x? Pour démontrer que la formule est générale, il faut remarquer que si l'on chasse les dénominateurs, elle est de degré $2m$, et l'on sait par la théorie des équations, qu'elle doit alors être identique, si elle a lieu pour plus de $2m$ valeurs réelles ou imaginaires de la variable.

RÉSUMÉ.

362. On rappelle que les expressions imaginaires se sont introduites dans un but de généralisation dont l'importance devient plus grande encore dans la suite de l'algèbre. — **363.** Une expression imaginaire n'étant la mesure d'aucune grandeur, n'est pas un nombre, mais à l'aide de conventions convenables, elle peut figurer utilement dans les calculs. — **364.** On a l'habitude de donner aux expressions imaginaires la forme $a + b\sqrt{-1}$. — **365.** Toute expression imaginaire est racine d'une équation du second degré, l'autre racine se nomme expression conjuguée. — **366.** Puissances successives de $\sqrt{-1}$. — **367.** Un produit de facteurs imaginaires ne change pas quand on intervertit les facteurs. — **368.** Application du théorème précédent à la vérification d'une formule d'algèbre entre nombres réels. — **369**. Expression trigonométrique des expressions imaginaires; définition du module et de l'argument. — **370**. Produit de deux expressions imaginaires. — **371**. Quotient de deux expressions imaginaires. — **372**. Puissances d'une expression imaginaire. — **373-374**. Extension du résultat obtenu au cas d'un exposant négatif ou fractionnaire. — **375**. Application des formules précédentes à quelques résultats où ne figurent plus que des quantités réelles.

EXERCICES.

I. Démontrer, sans avoir recours à des expressions trigonométriques, que

$$\sqrt{a+b\sqrt{-1}} \text{ est de la forme } p+q\sqrt{-1}.$$

II. Trouver les racines réelles ou imaginaires de l'équation

$$2x\sqrt[3]{x}-3x\sqrt[3]{\frac{1}{x}}=20.$$

III. n désignant un nombre premier plus grand que 3, $(x+y)^n-x^n-y^n$ s'annule pour $x=y\left(\frac{-1+\sqrt{-3}}{2}\right)$.

IV. Résoudre l'équation

$$x^6-2x^3\cos\varphi+1=0.$$

V. Quelles sont les expressions imaginaires dont la puissance m^{me} est réelle.

VI. Trouver une expression imaginaire dont le cube soit égal à l'unité. Il en existe deux dont chacune est le carré de l'autre.

VII. En nommant α l'expression dont le cube est égal à l'unité, vérifier la formule

$$(a+b+c)(a+b\alpha+c\alpha^2)(a+b\alpha^2+c\alpha)=a^3+b^3+c^3-3abc;$$

en déduire la démonstration de la formule indiquée chapitre II.

VIII. Le module de la somme de deux expressions imaginaires est plus petit que la somme de leurs modules et plus grand que leur différence.

CHAPITRE XXXI.

RÉSOLUTION DES ÉQUATIONS DU TROISIÈME DEGRÉ.

---

376. Soit l'équation du troisième degré

[1] $$\varphi(x) = x^3 + ax^2 + bx^2 + cx + d = 0.$$

Posons $$x = x' + h,$$

elle deviendra

$$\varphi(x' + h) = \varphi(h) + x'\varphi'(h) + \frac{x'^2}{1.2}\varphi''(h) + \frac{x'^3}{1.2.3}\varphi'''(h),$$

et si nous posons $$\varphi''(h) = 0,$$

c'est-à-dire $$6h + 2a = 0,$$

ou $$h = -\frac{a}{3}.$$

L'équation en x' ne contiendra pas de terme en x'^2 et sera de la forme

[2] $$x'^3 + px' + q = 0.$$

C'est sous cette dernière forme que nous étudierons l'équation du troisième degré en supprimant l'accent de la lettre x.

377. Nous commencerons par traiter l'équation plus simple

[1] $$x^3 = 1,$$

l'une de ses racines est évidemment

$$x = 1,$$

pour avoir les deux autres, écrivons la proposée sous la forme

$$x^3 - 1 = 0,$$

et divisons le premier membre par $x-1$, nous obtiendrons

$$x^2+x+1=0,$$

dont les racines sont $x=\frac{-1\pm\sqrt{-3}}{2}$.

Ces deux expressions imaginaires sont les racines cubiques de l'unité; dans ce qui va suivre nous représenterons l'une d'elles par la lettre α, l'autre sera α^2, comme on peut facilement le vérifier,

$$\left(\frac{-1+\sqrt{-3}}{2}\right)^2=\frac{1-2\sqrt{-3}-3}{4}=\frac{-1-\sqrt{-3}}{2},$$

et il est clair d'ailleurs que si l'on a

$$\alpha^3=1,$$

on a aussi $$(\alpha^2)^3=1,$$

donc α^2 doit être racine de l'équation [1] toutes les fois que α y satisfait lui-même.

378. Reprenons actuellement l'équation

[1] $$x^3+px+q=0,$$

à laquelle peut se ramener (**376**) toute équation du troisième degré; posons, pour la résoudre,

$$x=y+z,$$

elle deviendra

$$y^3+3y^2z+3yz^2+z^3+p(y+z)+q=0,$$

ce que l'on peut écrire

$$y^3+z^3+(y+z)(3yz+p)+q=0,$$

y et z étant assujettis à la seule condition d'avoir pour somme la racine cherchée x, nous pouvons établir entre elles une relation arbitraire et poser

[2] $$3yz+p=0,$$

l'équation devient alors

$$[3] \qquad y^3 + z^3 + q = 0.$$

Or, on résoudra les équations [2] et [3] en remarquant qu'elles font connaître la somme et le produit des quantités y^3 et z^3, on a en effet

$$y^3 z^3 = -\frac{p^3}{27},$$

$$y^3 + z^3 = -q,$$

y^3 et z^3 sont donc les racines de l'équation

$$u^2 + qu - \frac{p^3}{27} = 0,$$

et par conséquent ces deux quantités sont respectivement

$$-\frac{q}{2} + \sqrt{\frac{q^2}{4} + \frac{p^3}{27}},$$

$$-\frac{q}{2} - \sqrt{\frac{q^2}{4} + \frac{p^3}{27}},$$

on en déduit

$$[4] \quad x = y + z = \sqrt[3]{-\frac{q}{2} + \sqrt{\frac{q^2}{4} + \frac{p^3}{27}}} + \sqrt[3]{-\frac{q}{2} - \sqrt{\frac{q^2}{4} + \frac{p^3}{27}}}.$$

579. La formule précédente exige quelques explications. Un nombre quelconque A a trois racines cubiques, puisque l'équation

$$x^3 = A$$

admet nécessairement trois racines. Pour obtenir ces trois racines, il suffit d'en connaître une seule, et de la multiplier successivement par α et par α^2 [1], ce qui, évidemment, ne change pas son cube.

D'après cela, la formule qui donne la valeur de x semble fournir neuf solutions, car chaque radical a trois valeurs, et rien n'indique la dépendance à établir entre elles. On doit remarquer pourtant que cette dépendance existe; nous avons, en effet [2],

$$yz = -\frac{p}{3},$$

le produit des deux radicaux doit donc être réel et égal à $-\frac{p}{3}$.

Soient, d'après cela, A et B deux valeurs des racines cubiques remplissant cette condition, de telle sorte que l'une des racines de l'équation proposée soit

$$x = A + B,$$

les valeurs de y et de z sont, outre A et B,

$$\alpha A, \quad \alpha^2 A,$$
$$\alpha B, \quad \alpha^2 B,$$

et il est clair que le produit AB étant réel, les seules combinaisons qui puissent également donner un produit réel sont

$$x = \alpha A + \alpha^2 B,$$
$$x = \alpha B + \alpha^2 A,$$

et le nombre des solutions se réduit à trois comme cela devait être.

Conditions de réalité des racines de l'équation $x^3 + px + q = 0$.

380. On peut remarquer d'abord que les équations

$$x^3 + px + q = 0,$$
$$x^3 + px - q = 0,$$

ont leurs racines égales et de signes contraires, car si l'hypothèse $x = \alpha$ rend l'une satisfaite, l'hypothèse $x = -\alpha$ satisfera à l'autre.

D'après cela, nous nous bornons à chercher dans quel cas l'équation

$$[1] \qquad x^3 + px + q = 0$$

peut admettre trois racines réelles, q désignant un nombre positif.

La règle de Descartes nous apprend tout d'abord qu'il faut nécessairement que p soit négatif. S'il en était autrement l'équation [1] n'aurait, en effet, aucune variation, et la transformée en $-x$ (301)

$$-x^3-px+q=0$$

n'en aurait qu'une seule. L'équation aurait par suite une seule racine négative et pas de racines positives.

Examinons donc le seul cas où p est négatif. L'équation a alors, d'après la règle de Descartes, une seule racine négative, et elle peut avoir deux racines positives, ou n'en pas avoir du tout. Ce sont ces deux cas que nous voulons distinguer.

L'équation proposée peut s'écrire

$$q=-x^3-px=x(-p-x^2),$$

$-p$ étant un nombre positif.

Si x varie de 0 à $\sqrt{-p}$ le produit $x(-p-x^2)$ est d'abord nul, il augmente jusqu'à certain maximum, et redevient nul pour $x=\sqrt{-p}$. Si donc le maximum surpasse q, il y aura deux valeurs de x, pour lesquelles ce produit sera égal à q, et l'équation aura deux racines positives moindres que $\sqrt{-p}$. Si le maximum du second membre est moindre que q, l'égalité est impossible pour les valeurs de x comprises entre 0 et $\sqrt{-p}$, et, par suite, pour toutes les valeurs positives de x, car le second membre deviendrait négatif si x^2 était plus grand que $-p$.

S'il arrive enfin que le maximum du second membre soit précisément égal à q, l'égalité ne pourra avoir lieu que pour une seule valeur de x, et les deux racines deviendront égales.

La condition de réalité des trois racines s'obtiendra donc en cherchant le maximum de

$$x(-p-x^2),$$

et écrivant qu'il est moindre que q. Or, ce maximum (269) correspond à la valeur de x qui rend la dérivée égale à zéro, et qui satisfait, par suite, à l'équation

$$-p-3x^2=0.$$

Pour cette valeur, $\sqrt{-\frac{p}{3}}$, le produit $x(-p-x^2)$

devient $$\frac{2p}{3}\sqrt{-\frac{p}{3}}=\sqrt{-\frac{4p^3}{27}};$$

29

la condition de réalité des trois racines est donc

$$q < \sqrt{-\frac{4p^3}{27}},$$

ou

$$4p^3 + 27q^2 < 0.$$

Il faut en outre, comme on l'a vu, que p soit négatif, mais cette condition est évidemment nécessaire à l'exactitude de l'inégalité précédente, et il est inutile de la mentionner à part.

D'après ce qui précède, et en nous servant des principes généraux de la théorie des équations, nous pouvons établir les propositions suivantes relatives à l'équation

$$[1] \qquad x^3 + px + q = 0.$$

1° La *somme* des trois racines est égale à zéro. Si l'une d'entre elles est imaginaire et de la forme $(\alpha + \beta\sqrt{-1})$, il y aura nécessairement encore une autre racine imaginaire de la forme $(\alpha - \beta\sqrt{-1})$, et il n'y en aura qu'une seule.

2° Le *terme* fort connu est égal au produit des trois racines pris en signe contraire. Si deux équations de la forme [1] ne diffèrent entre elles que par le signe du terme connu, leurs racines seront respectivement égales, mais de signe contraire.

Ainsi, par exemple, les racines de l'équation

$$x^3 - 39x + 70 = 0$$

étant 2, 5 et -7, celles de l'équation

$$x^3 - 39x - 70 = 0$$

seront -2, -5 et $+7$.

3° Lorsque p est *positif*, l'équation admet deux racines imaginaires.

4° Lorsque p est *négatif*, l'équation aura trois racines *réelles* et *inégales* si $\left(\frac{p^3}{27} + \frac{q^2}{4}\right)$ est négatif; elle aura trois racines *réelles*, dont deux *égales* si $\left(\frac{p^3}{27} + \frac{q^2}{4}\right)$ est zéro.

Enfin elle aura deux racines *imaginaires* si $\left(\frac{p^3}{27} + \frac{q^2}{4}\right)$ est positif.

Ainsi, par exemple, les équations suivantes auront :

$$\left.\begin{array}{l} x^3+100x\pm16=0 \\ x^3+\ 12x\pm16=0 \\ x^3\qquad\ \ \pm16=0 \\ x^3-\ \ 7x\pm16=0 \end{array}\right\}\ \text{2 racines imaginaires;}$$

$$x^3-\ 12x\pm16=0\quad \text{2 racines réelles égales;}$$

$$\left.\begin{array}{l} x^3-\ 20x\pm16=0 \\ x^3-100x\pm16=0 \end{array}\right\}\ \text{3 racines réelles inégales.}$$

Résolution des équations du troisième degré.

381. Nous allons maintenant montrer comment, à l'aide des fonctions trigonométriques, on peut déterminer directement toutes les racines, réelles ou imaginaires, d'une équation du troisième degré.

1er Cas. *Racines réelles.* Condition :

$$\left(\frac{p^3}{27}+\frac{q^2}{4}\right)<0.$$

Lorsque l'équation [2] contient trois racines réelles et inégales, la quantité sous le radical du second degré (378) est négative; et la valeur de x sera la somme de deux quantités imaginaires.

Posons alors

$$-\frac{q}{2}=\rho\cos\varphi$$

et

$$\frac{q^2}{4}+\frac{p^3}{27}=-\rho^2\sin\varphi^2,$$

la formule [4] deviendra

$$x=\sqrt[3]{\rho\cos\varphi+\rho\sin\varphi\sqrt{-1}}+\sqrt[3]{\rho\cos\varphi-\rho\sin\varphi\sqrt{-1}};$$

et, d'après la formule de Moivre (372), on aura

$$x=\sqrt[3]{\rho}\cdot\left(\cos\frac{\varphi+2k\pi}{3}+\sin\frac{\varphi+2k\pi}{3}.\sqrt{-1}\right)+$$
$$+\sqrt[3]{\rho}\cdot\left(\cos\frac{\varphi+2k\pi}{3}-\sin\frac{\varphi+2k\pi}{3}.\sqrt{-1}\right),$$

où l'on doit donner à k les valeurs 0, 1, 2. Il faut que k ait la même valeur dans ces deux termes pour que le produit yz (379) soit réel.

On aura donc $$x=2\sqrt[3]{\rho}\cdot\cos\frac{\varphi+2k\pi}{3};$$

ce qui donne pour les trois valeurs de k

$$x=2\sqrt[3]{\rho}\cdot\cos\frac{\varphi}{3},\quad 2\sqrt[3]{\rho}\cdot\cos\left(\frac{\varphi}{3}+120^0\right)\text{ et }\quad 2\sqrt[3]{\rho}\cdot\cos\left(\frac{\varphi}{3}+240^0\right),$$

ou

$$x=2\sqrt[3]{\rho}\cdot\cos\frac{\varphi}{3},\ -2\sqrt[3]{\rho}\cdot\cos\left(60^0-\frac{\varphi}{3}\right)\text{ et }-2\sqrt[3]{\rho}\cdot\cos\left(120^0-\frac{\varphi}{3}\right).$$

Pour déterminer la valeur de ρ et de φ (ρ étant essentiellement positif) on a

$$\rho^2\cos^2\varphi=\frac{q^2}{4}\qquad -\rho^2\sin^2\varphi=\frac{q^2}{4}+\frac{p^3}{27};$$

donc $$\rho^2=-\frac{p^3}{27}\quad\text{et}\quad \rho=\sqrt{-\frac{p^3}{27}},$$

$$\cos\varphi=-\frac{q}{2\rho}.$$

Remarque. Si la valeur que la formule précédente assigne à $\cos\varphi$ est négative, on cherchera dans les tables l'arc φ', qui a pour cosinus le même nombre pris positivement, et φ sera le supplément de φ'.

Exemple I. Bissection d'un hémisphère par un plan parallèle à la base.

Soient x la distance du plan secteur du centre de la sphère;
y le rayon de la section circulaire;
$r=1$ le rayon de la sphère;

on aura l'équation

$$\frac{2r^2\pi}{3}(r-x)-\frac{xy^2\pi}{3}=\frac{r^3\pi}{3},$$

ou $$2(1-x)-x(1-x^2)=1;$$

donc $$x^3-3x+1=0;$$

équation qui donnera la valeur de x.

Nous avons donc $p = -3, \quad q = 1;$

donc $\rho = \sqrt[3]{\frac{27}{27}} = 1,$

et $\cos\varphi = -\frac{q}{2\rho} = -\frac{1}{2};$ donc $\varphi = 120^0,$

et $\frac{\varphi}{3} = 40^0;$

et les trois racines de l'équation proposée seront :

$$x_1 = \quad 2\cos 40^0 = \quad 1{,}5320888,$$
$$x_2 = -2\cos 20^0 = -1{,}8793852,$$
$$x_3 = \quad 2\cos 80^0 = \quad 0{,}3472964;$$

donc $x_1 + x_2 + x_3 = 0.$

Parmi ces trois racines il n'y a que la dernière qui soit admissible en géométrie.

Exemple II. Déterminer les abscisses des points d'intersection de la parabole

$$x^2 = 4y$$

et de l'hyperbole $4xy = 7(x - 1).$

Par élimination de y on obtient l'équation

$$x^3 - 7x + 7 = 0,$$

dont les racines déterminent les abscisses des points d'intersection : on a

$$p = -7,$$
$$q = +7;$$

$$\log(-p^3) = 2{,}53529412 \qquad \log q = 0{,}84509804$$
$$\log 27 = 1{,}43136376 \qquad C^t.\log 2 = 9{,}69897000$$
$$\log \rho^2 = 1{,}10393036 \qquad C^t.\log \rho = 9{,}44803482$$
$$\log \rho = 0{,}55196518 \qquad \log\cos\varphi' = 9{,}99210286$$
$$\varphi' = 10^0 53' 36'',195$$
$$\varphi = 169^0 \ 6' 23'',805$$

$\frac{\varphi}{3} = 56^\circ\ 22'\ 7'',935 \quad \left(60^\circ - \frac{\varphi}{3}\right) = 3^\circ\ 37'\ 52'',065 \quad \left(120^\circ - \frac{\varphi}{3}\right) = 63^\circ\ 37'\ 52'',065$

$\log\cos = 9{,}7433874$	$\log\cos = 9{,}9991272$	$\log\cos = 9{,}6475281$
$\log 2 = 0{,}3010300$	$= 0{,}3010300$	$= 0{,}3010300$
$\log\sqrt[3]{\rho} = 0{,}1839884$	$= 0{,}1839884$	$= 0{,}1839884$
$\log x_1 = 0{,}2284058$	$\log(-x_2) = 0{,}4841456$	$\log x_3 = 0{,}1325465$
$x_1 = 1{,}692021$	$x_2 = -3{,}048917$	$x_3 = 1{,}356896$

Vérification.

$x_1 = 1{,}692021$	$\log x_1 = 0{,}2284058$
$x_2 = -3{,}048917$	$\log x_2 = 0{,}4841456$
$x_3 = 1{,}356896$	$\log x_3 = 0{,}1325465$
$x_1 + x_2 + x_3 = 0$	$\log x_1 x_2 x_3 = 0{,}8450979$
	$x_1 x_2 x_3 = 7$

382. 2ᵉ Cas. *Racines imaginaires.* Condition :

$$\left(\frac{p^3}{27} + \frac{q^2}{4}\right) > 0.$$

1° Soit p négatif, on a $\frac{q^2}{4} > -\frac{p^3}{27}$,

et l'on peut poser, par conséquent,

$$\sqrt{-\frac{p^3}{27}} = \frac{q}{2}.\sin\omega.$$

On aura alors

$$y = \sqrt[3]{-\frac{q}{2} + \frac{q}{2}\cos\omega} = \sqrt[3]{-q\sin^2\frac{\omega}{2}}$$

et

$$z = \sqrt[3]{-\frac{q}{2} - \frac{q}{2}\cos\omega} = \sqrt[3]{-q\cos^2\frac{\omega}{2}},$$

ou en remplaçant q par sa valeur $\frac{2}{\sin\omega}\sqrt{-\frac{p^3}{27}}$,

$$y = \sqrt{-\frac{p}{3}}.\sqrt[3]{\operatorname{tang}\frac{\omega}{2}} \quad \text{et} \quad z = \sqrt{-\frac{p}{3}}.\sqrt[3]{\cot\frac{\omega}{2}}.$$

Soit maintenant φ un angle auxiliaire déterminé par l'équation

$$\tang \varphi = \sqrt[3]{\tang \frac{\omega}{2}},$$

on aura $y = \sqrt{-\frac{p}{3}} \cdot \tang \varphi, \qquad z = \sqrt{-\frac{p}{3}} \cdot \cot \varphi;$

et, par suite, les valeurs de x sont :

$$\sqrt{-\frac{p}{3}} \cdot [\tang \varphi + \cot \varphi] = \sqrt{-\frac{p}{3}} \cdot \frac{2}{\sin 2\varphi}$$

et $-\frac{1}{2}\sqrt{-\frac{p}{3}} \cdot [\tang \varphi + \cot \varphi] \pm \sqrt{-1} \cdot \sqrt{-p} \cdot [\tang \varphi - \cot \varphi],$

ou $\frac{1}{\sin 2\varphi}\sqrt{-\frac{p}{3}} \pm \sqrt{-1} \cdot \sqrt{-p} \cdot \cot 2\varphi,$

formules calculables par logarithmes.

On cherchera d'abord,

1° $\sin \omega = \frac{2}{q}\sqrt{-\frac{p^3}{27}},$

ensuite, 2° $\tang \varphi = \sqrt[3]{\tang \frac{\omega}{2}},$

et après, 3° $x_1 = 2\sqrt{-\frac{p}{3}} \operatorname{coséc} 2\varphi,$

et $x = -\sqrt{-\frac{p}{3}} \operatorname{coséc} 2\varphi \pm \sqrt{-1} \cdot \sqrt{-p} \cot 2\varphi.$

Quant aux signes des racines, on tiendra compte de ce que la racine réelle est toujours de signe contraire à celui du terme absolu de l'équation, et que la somme des trois racines est nulle.

EXEMPLE III. $x^3 - 10,871385x + 18,01032 = 0.$

$$p = -10,871385,$$
$$q = +18,01032,$$

donc $$\log\left(-\frac{p^3}{27}\right) = 1,6674908$$

$$\log\sqrt{-\frac{p^3}{27}} = 0,8387454$$

mais $$\log 2 = 0,3010300$$

et $$\text{C}^t.\log q = 8,7444786$$

1° donc $$\log\sin\omega = 9,8842540$$

$$\omega = 50^0$$

$$\frac{\omega}{2} = 25^0$$

$$\log\text{tang}^3\varphi = \log\text{tang}\frac{\omega}{2} = 9,6686725$$

2° $$\log\text{tang}\,\varphi = 9,8895575$$

$$\varphi = 37^0\,47'\,31'',287$$

$$2\varphi = 74^0\,35'\,\;2'',574$$

3° $$\log\sqrt{-\frac{p}{3}} = 0,2795818$$

$$\log 2 = 0,3010300$$

$$\text{C}^t.\log\sin 2\varphi = 0,0138941$$

$$\log x_1 = 0,5945059$$

$$x_1 = 3,931026$$

$$\log\sqrt{-p} = 0,5181424$$

$$\log\cot 2\varphi = 9,4100229$$

$$\log\sqrt{-p}\cot 2\varphi = 9,9281653$$

$$\sqrt{-p}\cot 2\varphi = 0,8475501$$

Donc les trois racines sont :

$$x_1 = -3,931026$$

et $$x = +1,960513 \pm 0,8475501 \times \sqrt{-1}.$$

Exemple IV. Déterminer les dimensions d'un cylindre inscrit à la sphère, et tel que sa surface convexe soit égale à la surface convexe des deux calottes.

Soient $r = 1$ le rayon de la sphère,

y le rayon de la base du cylindre,

et x la distance de cette base au centre de la sphère,

on aura $$4\pi(1-x)=4xy\pi\,;$$

mais $$y=\sqrt{1-x^2}\,,$$

donc $$1-x=x^2(1+x)$$

ou $$x^3+x^2+x-1=0.$$

Posons $$x=\frac{z-1}{3}\,,$$

l'équation deviendra

$$z^3+6z-34=0\left\{\begin{array}{l}p=\quad 6,\\ q=-34;\end{array}\right.$$

mais, dans cette équation, $$\frac{p^3}{27}+\frac{q^2}{4}=297\,,$$

donc l'équation a deux racines imaginaires dont nous ne nous occuperons pas.

En résolvant directement l'équation proposée à l'aide de la formule (378), nous aurons :

$$z=\sqrt[3]{17+\sqrt{297}}+\sqrt[3]{17-\sqrt{297}}\,,$$
$$=\sqrt[3]{34{,}2336879396}-\sqrt[3]{0{,}2336879396}.$$

En se servant des tables de logarithmes pour extraire les racines cubiques, on aura :

$$z=3{,}2470172-0{,}6159499$$

ou $$z=2{,}6310673\,;$$

donc $$x=0{,}5436891$$

et $$2x=1{,}0873782 \quad \text{hauteur du cylindre.}$$

383. Soit p POSITIF : on posera

[1] $$\sqrt{\frac{p^3}{27}}=\frac{q}{2}\operatorname{tang}\omega\,;$$

il vient alors

$$y=\sqrt[3]{\frac{-q\sin^2\frac{\omega}{2}}{\cos\omega}} \quad \text{et} \quad z=\sqrt[3]{\frac{-q\cos^2\frac{\omega}{2}}{\cos\omega}}\,,$$

ou en remplaçant q par $2\cot\omega\sqrt{\frac{p^3}{27}}$,

$$y=\sqrt{\frac{p}{3}}\sqrt[3]{\operatorname{tang}\frac{\omega}{2}} \quad \text{et} \quad z=-\sqrt{\frac{p}{3}}\sqrt[3]{\cot\frac{\omega}{2}}.$$

Posant comme plus haut,

[2] $$\operatorname{tang}\varphi=\sqrt[3]{\operatorname{tang}\frac{\omega}{2}},$$

il vient $$y=\sqrt{\frac{p}{3}}\operatorname{tang}\varphi, \quad z=-\sqrt{\frac{p}{3}}\cot\varphi,$$

et les racines cherchées sont

[3] $$x_1=2\sqrt{\frac{p}{3}}\cot 2\varphi$$

et $$x_2=-\sqrt{\frac{p}{3}}\cot 2\varphi\pm\sqrt{-p}\cdot\operatorname{coséc}2\varphi.$$

EXEMPLE V. Soit l'équation

$$x^3+2{,}3473983x-9{,}876543=0.$$

$$q=9{,}876543 \qquad p=2{,}3473983$$
$$\log q=0{,}9946050 \qquad \log p=0{,}3705868$$

donc $$\log\frac{p^3}{27}=9{,}6803966$$

$$\log\sqrt{\frac{p^3}{27}}=9{,}8401983$$
$$\log 2=0{,}3010300$$
$$\text{C}^t.\log q=0{,}0053950$$

[1] $$\log\operatorname{tang}\omega=9{,}1466233$$
$$\omega=7^\circ\,58'\,42'',91$$
$$\frac{\omega}{2}=3^\circ\,59'\,21'',455$$

d'où $\log \operatorname{tang} \frac{\omega}{2} = \log \operatorname{tang}^3 \varphi = 8,8434760$

[2] $\log \operatorname{tang} \varphi = 9,6144920$

$$\varphi = 22^0 22' 22'',22$$
$$2\varphi = 44^0 44' 44'',44$$

Or $\log 2 = 0,3010300$

$\log \cot 2\varphi = 10,0038555$ $\quad$ $C^t.\log \sin 2\varphi = 0,1524513$

$\log \sqrt{-\frac{p}{3}} = 9,9467328$ $\quad$ $\log \sqrt{-p} = 0,1852934$

[3] $\log x_1 = 0,2516183$ $\quad$ $\log \frac{\sqrt{-p}}{\sin 2\varphi} = 0,3377447$

$x_1 = 1,784918$ $\quad$ $\frac{\sqrt{-p}}{\sin 2\varphi} = 2,1764300$

et les racines de l'équation proposée seront

$$x_1 = 1,784918$$
$$x = -0,892459 \pm 2,176430 \times \sqrt{-1}.$$

RÉSUMÉ.

376. Réduction de l'équation générale du troisième degré à la forme $x^3+px+q=o$. — **377**. Résolution de l'équation $x^3=1$. — **378**. Résolution algébrique de l'équation $x^3+px+q=0$. — **379**. On montre que la formule fournit trois racines seulement. — **380**. Condition de réalité des racines. — **381**. Résolution des équations du troisième degré par le moyen des tables trigonométriques, cas des racines réelles. — **382**. Cas où il y a deux racines imaginaires, le coefficient du second terme étant négatif. — **383**. Cas où ce coefficient est positif.

CHAPITRE XXXII.

SUR LA RÉSOLUTION NUMÉRIQUE DE DEUX ÉQUATIONS DU SECOND DEGRÉ.

384. Nous commencerons par résoudre la question suivante : *Quelle est la condition pour qu'une équation du second degré*

$$[1] \qquad Ay^2+Bxy+Cx^2+Dy+Ex+F=0$$

fournisse pour l'inconnue y *une valeur de la forme* Mx+N, M *et* N *étant des facteurs indépendants de* x.

On déduit de l'équation [1] en la considérant comme une équation du second degré en y,

$$[2]\ y=-\frac{Bx+D}{2A}\pm\frac{1}{2A}\sqrt{(B^2-4AC)x^2+2(BD-2AE)x+D^2-4AF},$$

pour que cette valeur de y soit de la forme demandée, il est nécessaire et suffisant que le polynome placé sous le radical

$$(B^2-4AC)x^2+2(BD-2AE)x+(D^2-4AF),$$

soit un carré parfait, et, pour cela, on doit avoir

$$(BD-2AE)^2=(B^2-4AC)(D^2-4AF),$$

ou, en supprimant les termes B^2D^2 qui figurent dans les deux membres, et divisant ensuite par le facteur commun 4A,

$$[3] \qquad -BDE+AE^2=4ACF-FB^2-CD^2,$$

telle est la condition demandée. Si elle est remplie, la valeur de y prend la forme

$$[4]\ y=-\frac{Bx+D}{2A}\pm\frac{1}{2A}\left(x\sqrt{B^2-4AC}+\frac{BD-2AE}{\sqrt{B^2-4AC}}\right).$$

385. Proposons-nous actuellement de résoudre le système de deux équations numériques du second degré

$$[5] \qquad Ay^2+Bxy+Cx^2+Dy+Ex+F=0,$$

$$[6] \qquad A'y^2+B'xy+C'x^2+D'y+E'x+F'=0.$$

Si nous ajoutons ces deux équations, après avoir multiplié la première par λ, le résultat pourra remplacer l'une d'elles. On obtient ainsi

$$[7] \qquad (A\lambda+A')y^2+(B\lambda+B')xy+(C\lambda+C')x^2+(D\lambda+D')y + (E\lambda+E')x+F\lambda+F'=0.$$

La quantité λ étant arbitraire, nous pouvons la déterminer par la condition que les valeurs de y déduites de l'équation [7] soient du premier degré en x.

Il suffira (**384**) de poser

$$[8] \qquad \begin{aligned} &-(B\lambda+B')(D\lambda+D')(E\lambda+E')+(A\lambda+A')(E\lambda+E')^2 \\ &=4(A\lambda+A')(C\lambda+C')(F\lambda+F')-(F\lambda+F')(B\lambda+B')^2 \\ &-(C\lambda+C')(D\lambda+D')^2, \end{aligned}$$

équation du troisième degré en λ qui aura par conséquent une racine réelle au moins. On calculera cette racine par approximation, et en faisant usage de la formule [4] (**384**). On obtiendra alors pour y, deux valeurs de la forme

$$y=Mx+N,$$
$$y=M_1x+N_1;$$

M, N, M_1, N_1, étant connus en fonction de la racine λ, en substituant successivement ces valeurs de y dans l'une des équations [1] et [2], on obtiendra deux équations du second degré en x; il y aura par conséquent, en tout, quatre valeurs pour x et autant pour y.

386. Il y a plusieurs cas à considérer dans l'application de la méthode précédente. Nous les discuterons avec quelques détails; pour plus de simplicité nous remarquerons tout d'abord que le problème revient à déterminer l'intersection de deux courbes du second degré. La méthode indiquée équivaut à la détermination préalable des droites qui réunissent deux des points d'intersection.

1° Si l'équation du troisième degré en λ admet trois racines réelles, et si en même temps deux au moins de ces racines rendent positive la quantité

$$(B\lambda+B')^2-4(A\lambda+A')(C\lambda+C')=k,$$

ces deux racines déterminent deux couples de sécantes réelles qui se coupent en général en quatre points.

Ces quatre points sont les points d'intersection des deux courbes et leurs coordonnées donnent les solutions des équations proposées.

2° Si l'équation du troisième degré a trois racines réelles dont une seule rend positive la quantité k, ou si l'équation n'a qu'une seule racine réelle mais qui satisfasse à cette condition, les deux courbes n'admettent qu'un seul couple de sécantes communes.

Il faudra alors chercher si ces sécantes rencontrent l'une quelconque des courbes proposées ou non : dans le premier cas, les deux équations auront deux solutions réelles et deux solutions imaginaires; dans le second cas, elles auront quatre solutions imaginaires.

3° Si enfin les racines réelles de l'équation en λ rendent négative la quantité k, les deux équations ont quatre solutions imaginaires.

387. Exemple I. Soient données les deux équations

$$3y^2+4xy+3x^2-9y-15x=0 \text{ (ellipse)},$$
$$y^2-2xy+x^2+2y-10x=0 \text{ (parabole)}.$$

Ces deux équations combinées ensemble donnent l'expression

$$(3+\lambda)y^2+(4-2\lambda)xy+(3+\lambda)x^2-(9-2\lambda)y-(15+10\lambda)x=0,$$

et l'on obtient pour l'équation [8]

$$32\lambda^3+388\lambda^2+564\lambda+189=0.$$

Cette équation a trois racines réelles et négatives qui sont :

$$\lambda=-\tfrac{1}{2},\quad \lambda=-\tfrac{9}{8},\quad \lambda=-\tfrac{21}{2}.$$

La quantité $$k=-20(1+2\lambda)$$

étant positive ou nulle pour chacune des trois valeurs de λ, les courbes données admettent trois systèmes de sécantes communes réelles dont les points d'intersection se confondent avec ceux des deux courbes.

Il ne s'agit plus que de déterminer deux systèmes de sécantes et de chercher leurs points de rencontre.

Pour $$\lambda = -\tfrac{1}{2},$$

les deux équations du premier degré sont

$$y = -x + 2 \pm 2,$$

système de deux droites parallèles.

Pour $$\lambda = -\tfrac{21}{2},$$

nous aurons $$y = \frac{5x}{3} - 2 \pm \left(\frac{4x}{3} + 2\right).$$

Les points d'intersection des quatre sécantes sont :

$$\begin{aligned} x &= 0, & y &= 0, \\ x &= 1, & y &= 3, \\ x &= 3, & y &= -3, \\ x &= 6, & y &= -2. \end{aligned}$$

Ces quatre points sont les sommets d'un trapèze dont les côtés sont formés par les quatre sécantes. Les deux autres sécantes, correspondant à $\lambda = -\frac{9}{8}$, seraient les diagonales du trapèze.

Exemple II. Déterminer les points d'intersection des courbes

$$\begin{aligned} xy - 3x + 6 &= 0 \text{ (hyperbole)}, \\ x^2 - 9y &= 0 \text{ (parabole)}. \end{aligned}$$

Si, dans la première de ces deux équations, on substitue à y sa valeur tirée de la seconde équation

$$y = \frac{x^2}{9},$$

on obtient immédiatement l'équation du troisième degré

$$x^3 - 27x + 54 = 0,$$

dont les racines déterminent les points d'intersection des deux courbes. Cette équation a trois racines réelles, deux positives égales, $x=3$, et une négative, $x=-6$.

A ces deux abscisses correspondent les ordonnées

$$y=1 \quad \text{et} \quad y=4;$$

donc les deux courbes se *touchent* au point (3,1) et se coupent au point (—6,4).

Exemple III. Soient données les deux équations

$$y^2+x^2-2x=0 \text{ (cercle)},$$
$$2xy-1=0 \text{ (hyperbole)},$$

l'équation résultant de la combinaison sera

$$y^2+2\lambda xy+x^2-2x-\lambda=0;$$

et en écrivant que cette équation représente deux droites, on trouvera

$$\lambda^3-\lambda-1=0.$$

Cette dernière équation a une racine réelle et deux racines imaginaires.

Pour évaluer la racine réelle, nous nous servirons des formules données (**381**); nous aurons alors :

$$\log \sin \omega = 9{,}585\ 3481,$$
$$\log \operatorname{tang} \frac{\omega}{2} = 9{,}301\ 3783,$$
$$\log \operatorname{tang} \varphi = 9{,}767\ 1261,$$
$$\log \sin 2\varphi = 9{,}940\ 3459,$$
$$\log \lambda = 0{,}122\ 1235,$$
$$\lambda = 1{,}324\ 718;$$

la quantité $\qquad k=4(\lambda^2-1)=\frac{4}{\lambda}$

étant positive pour la valeur de λ que nous venons de trouver, les deux équations du premier degré

$$y=-\lambda x \pm \frac{1}{\sqrt{\lambda}}(x+\lambda)$$

auront leurs coefficients réels ; et, par conséquent, les deux courbes admettent un système de deux sécantes réelles communes.

En substituant ces deux valeurs de y dans l'équation

$$2xy-1=0,$$

on arrive à l'équation du second degré

$$2x^2\left(-\lambda\pm\frac{1}{\sqrt{\lambda}}\right)\pm\frac{2\lambda x}{\sqrt{\lambda}}-1=0.$$

Pour que les racines de x soient réelles, il faut que

$$-\lambda\pm\frac{2}{\sqrt{\lambda}}>0.$$

Si nous prenons le signe inférieur, le premier membre devient négatif et la condition de réalité n'est pas remplie; par conséquent la droite

$$y=-\lambda x-\frac{1}{\sqrt{\lambda}}(x+\lambda)$$

ne rencontre pas la courbe.

Si au contraire nous prenons le signe supérieur, le premier membre devient positif et la sécante

$$y=-\lambda x+\frac{1}{\sqrt{\lambda}}(x+\lambda)$$

rencontre la courbe en deux points.

En substituant à λ et $\sqrt{\lambda}$ leurs valeurs numériques, la dernière équation deviendra

$$y=-0,455881x+1,150964.$$

Équation qui combinée avec celle de la courbe,

$$2xy-1=0,$$

donne les deux solutions réelles des équations proposées,

$$x=1,967160,\qquad y=0,254173,$$

et $$x=0,557424,\qquad y=0,896791.$$

EXEMPLE IV. Résoudre les deux équations

$$4y^2 + 9x^2 - 36x = 0 \quad \text{(ellipse)},$$
$$xy - 12 = 0 \quad \text{(hyperbole)},$$

l'équation de condition est :

$$\lambda^3 - 144\lambda - 432 = 0.$$

Cette équation a trois racines réelles; la première positive et comprise entre 13 et 14; les deux autres négatives et comprises entre -3 et -4, et entre -10 et -11.

Parmi ces trois racines il n'y a que la première qui rende positive la quantité,

$$k = \lambda^2 - 144 = \frac{432}{\lambda},$$

par conséquent il n'y a qu'un seul couple de sécantes réelles, dont l'équation est

$$y = -\frac{\lambda x}{8} \pm \frac{3}{2}\sqrt{\frac{3}{\lambda}}\left(x + \frac{2\lambda}{3}\right);$$

mais nous allons démontrer directement qu'aucune de ces deux droites ne peut rencontrer les courbes; car en substituant la valeur de y dans la seconde des deux équations proposées

$$xy - 12 = 0,$$

on obtient les deux équations du second degré

$$x^2\left(-\frac{\lambda}{8} \pm \frac{3}{2}\sqrt{\frac{3}{\lambda}}\right) \pm x\sqrt{3\lambda} - 12 = 0.$$

La condition de réalité des racines de x est

$$3\lambda + 48\left(-\frac{\lambda}{8} \pm \frac{3}{2}\sqrt{\frac{3}{\lambda}}\right) > 0,$$

ou

$$-\lambda \pm 24\sqrt{\frac{3}{\lambda}} > 0.$$

Il est évident que cette condition n'est pas satisfaite lorsqu'on prend le signe négatif; car alors tous les termes du membre à gauche seraient négatifs.

Mais comme $\lambda > 13$, la condition n'est pas remplie non plus lorsqu'on prend le signe positif.

Par conséquent les deux droites ne peuvent pas rencontrer les courbes, donc les deux équations proposées n'ont que des racines imaginaires.

EXEMPLE V. Soient données les deux hyperboles

$$4y^2 - 4xy + 9 = 0,$$
$$8xy - 42y + 9 = 0,$$

déterminer leurs points d'intersection.

La valeur de y tirée de la seconde équation et substituée dans la première, conduit à l'équation du second degré en x,

$$4x^2 - 35x + 75 = 0,$$

équation qui a deux racines réelles $x = 5$ et $x = 3\frac{3}{4}$.

Les valeurs de y correspondantes, sont $y = \frac{9}{2}$ et $y = \frac{3}{4}$.

Mais les deux courbes proposées sont des hyperboles rapportées à une asymptote commune prise pour axe des abscisses; donc en outre des deux points d'intersection que nous venons de trouver, elles ont encore deux autres points de rencontre éloignés à l'infini de l'origine.

En effet, lorsqu'on remplace x par $\frac{1}{z}$ et qu'on égale les valeurs de y tirées de la première et de la seconde des équations proposées, on obtient l'équation du quatrième degré,

$$4z^2 - 35z^3 + 75z^4 = 0.$$

Les quatre racines de cette équation sont

$$z^2 = 0, \quad \text{donc} \quad z = 0,$$
$$z = \tfrac{1}{5} \quad \text{et} \quad z = \tfrac{4}{15},$$

et comme $x = \frac{1}{z}$, nous aurons les quatre solutions des équations proposées:

$$z = 0, \qquad x = \infty, \qquad y = 0,$$
$$z = 0, \qquad x = -\infty, \qquad y = 0,$$
$$z = \tfrac{1}{5}, \qquad x = 5, \qquad y = \tfrac{9}{2},$$
$$z = \tfrac{4}{15}, \qquad x = 3\tfrac{3}{4} \qquad y = \tfrac{3}{4}.$$

Cas particuliers.

388. La résolution de deux équations du second degré à deux inconnues, se réduit dans certains cas particuliers à la résolution d'une équation bicarrée ou d'une équation du second degré.

1° Lorsque les deux courbes sont *concentriques* et rapportées à leur centre commun pris pour origine, leurs équations ne contiennent plus de termes du premier degré par rapport aux variables, et l'élimination d'une variable donnera une équation bicarrée par rapport à l'autre variable.

EXEMPLE. $16y^2 - 16xy + 5x^2 - 400 = 0$ (ellipse),

$y^2 - x^2 + 16 = 0$ (hyperbole).

Les solutions sont égales deux à deux, mais de signe contraire.

2° Lorsque les deux courbes sont *homofocales* et rapportées à leur foyer commun, pris pour origine des coordonnées, les deux équations se mettront sous la forme

$$y^2 + x^2 = (ay + bx + c)^2,$$
$$y^2 + x^2 = (a'y + b'x + c')^2;$$

donc $$ay + bx + c = \pm(a'y + b'x + c'),$$

ou $$(a \mp a')y + (b \mp b')x + (c \mp c') = 0,$$

et l'on aura deux équations du premier degré que l'on combinera avec l'une des équations proposées.

EXEMPLE. $3y^2 - 4xy + 4y - 2x + 1 = 0$ (hyperbole),

$y^2 - 2xy + x^2 - 3y - 3x - \frac{9}{4} = 0$ (parabole).

3° Lorsque les deux courbes ont un *diamètre* commun, et qu'elles sont rapportées à un système de coordonnées obliques, ayant pour axe des abscisses le diamètre commun, et pour axe des ordonnées une parallèle aux cordes, les deux équations ne contiendront la variable y qu'à la seconde puissance, dont l'élimination réduira le problème à la résolution d'une équation du second degré en x.

EXEMPLE. $2y^2 - 3x - 36 = 0$ (parabole),

$y^2 + 5x^2 - 80 = 0$ (ellipse).

4° Si les deux courbes sont *semblables* et *semblablement situées*, les termes du second degré dans les deux équations auront les coefficients proportionnels.

Donc, lorsqu'on multiplie l'une des deux équations par un facteur convenable, et qu'on la retranche de l'autre équation, on obtiendra pour reste une équation du premier degré.

EXEMPLE I. $y^2 + 2xy - 3x^2 + 6x + 40 = 0$ (hyperbole),

$2y^2 + 4xy - 6x^2 - 5y + 37 = 0$ (hyperbole).

5° Lorsque les deux courbes sont des hyperboles ayant une *même asymptote*, et rapportées à cette asymptote commune comme axe de x, les deux équations ne contiennent la variable x que dans le terme xy, dont l'élimination donne une équation du second degré en y.

EXEMPLE. $y^2 - 4xy + 6y - 10 = 0,$

$3y^2 + 2xy - 10y + 8 = 0.$

Résolution des équations du quatrième degré.

389. La méthode que nous venons d'exposer sert à réduire la résolution des équations du quatrième degré

$$x^4 + ax^3 + bx^2 + cx + d = 0$$

à la résolution d'une équation du troisième degré.

En effet, si dans l'équation proposée on remplace x^2 par y, on arrive à l'équation

$$y^2 + axy + by + cx + d = 0,$$

et la résolution de l'équation du quatrième degré est ramenée à la résolution de deux équations du second degré à deux inconnues, que nous pouvons résoudre au moyen d'une équation du troisième degré en λ.

EXEMPLE. Soit donnée l'équation

$$x^4 - 2x^3 - 8x^2 + 12x - 4 = 0,$$

équation qui n'a pas de racines commensurables.

En posant $$x^2 = y \text{ (parabole)},$$
l'équation proposée deviendra
$$y^2 - 2xy - 8y + 12x - 4 = 0 \text{ (hyperbole)}.$$
Ces deux équations sont ramenées à celles de l'équation du troisième degré
$$\lambda^3 + 16\lambda^2 + 56\lambda - 64 = 0,$$
qui a trois racines réelles,
$$\lambda = -8 \quad \text{et} \quad \lambda = -4 \pm 2\sqrt{6}.$$

La quantité $$k = 4(1 - \lambda)$$
est positive pour chacune de ces trois valeurs de λ; donc, les deux équations proposées admettent trois couples de sécantes communes et quatre résolutions réelles.

Les équations des sécantes qui correspondent à la deuxième et à la troisième racine de l'équation en λ, sont :
$$\lambda = -4 + 2\sqrt{6},$$
$$y = x + 2 + \sqrt{6} \quad \pm(\sqrt{3} - \sqrt{2})\left(x - \frac{4 - \sqrt{6}}{5 - 2\sqrt{6}}\right),$$
et
$$\lambda = -4 - 2\sqrt{6},$$
$$y = x + 2 - \sqrt{6} \quad \pm(\sqrt{3} + \sqrt{2})\left(x - \frac{4 + \sqrt{6}}{5 + 2\sqrt{6}}\right).$$
En cherchant les points d'intersection de ces deux systèmes de droites, on obtient immédiatement les racines de l'équation du quatrième degré
$$x = 2 \pm \sqrt{2} \quad \text{et} \quad x = -1 \pm \sqrt{3}.$$

RÉSUMÉ.

384. Condition pour qu'une équation du second degré à deux variables se réduise à deux équations du premier. — **385.** Réduction de deux équations du second degré à deux inconnues, à une équation du troisième degré. — **386.** Indication de divers cas. — **387.** Exemples. — **388.** Cas particuliers. — **389.** Résolution d'une équation du quatrième degré.

CHAPITRE XXXIII.

QUELQUES EXEMPLES D'ARTIFICES ALGÉBRIQUES.

390. Dans un grand nombre de cas, si l'on suivait sans modification les règles générales du calcul, on serait conduit à des opérations compliquées qui dépasseraient quelquefois la patience du calculateur. L'habileté du géomètre consiste à trouver dans la forme particulière des questions qu'il traite l'occasion de simplifier les opérations et de parvenir plus immédiatement aux conclusions qu'il a en vue. De pareilles modifications exigent une grande habitude de l'analyse et souvent même un véritable génie d'invention; et on comprend qu'il ne nous est pas possible de donner de règles générales sur les artifices de ce genre. Nous nous bornerons à choisir, parmi les calculs algébriques les plus célèbres, quelques exemples dans lesquels d'illustres géomètres ont poussé à un haut degré la dextérité analytique dont nous parlons.

Problème. *On donne un polynome du second degré à trois variables,*

$$[1] \quad Ax^2 + A'y^2 + A''z^2 + 2Byz + 2B'xz + 2B''xy + \\ + 2Cx + 2C'y + 2C''z + D,$$

et l'on demande de remplacer x, y, z, *par trois variables nouvelles, liées aux premières par les relations*

$$[2] \quad \begin{cases} x = \alpha u + \alpha' v + \alpha'' w, \\ y = \beta u + \beta' v + \beta'' w, \\ z = \gamma u + \gamma' v + \gamma'' w. \end{cases}$$

en s'imposant les conditions suivantes :

1° *Le polynome prendra la forme*

$$[3] \quad Gu^2 + G'v^2 + G''w^2 + Hu + H'v + H''w + K;$$

2° *Les neuf coefficients* α, α', α'', β, β', β'', γ, γ', γ'', *seront liés par les relations*

$$[4]\quad \left\{\begin{aligned} &\alpha^2 + \beta^2 + \gamma^2 = 1,\\ &\alpha'^2 + \beta'^2 + \gamma'^2 = 1,\\ &\alpha''^2 + \beta''^2 + \gamma''^2 = 1,\\ &\alpha\alpha' + \beta\beta' + \gamma\gamma' = 0,\\ &\alpha\alpha'' + \beta\beta'' + \gamma\gamma'' = 0,\\ &\alpha'\alpha'' + \beta'\beta'' + \gamma'\gamma'' = 0.\end{aligned}\right.$$

Ce problème se présente en géométrie analytique lorsque l'on veut simplifier une équation du second degré, en changeant les directions des axes des coordonnées, sans qu'ils cessent d'être rectangulaires.

En multipliant respectivement les équations [1] par α, β, γ, et les ajoutant ensuite membre à membre, on a, d'après les équations [4]

$$u = \alpha x + \beta y + \gamma z,$$

et on trouvera d'une manière analogue

$$v = \alpha' x + \beta' y + \gamma' z,$$

$$w = \alpha'' x + \beta'' y + \gamma'' z.$$

Par conséquent, pour que les polynomes [1] et [3] soient équivalents, on doit avoir, en identifiant les termes du second degré

$$\begin{aligned} &G(\alpha x + \beta y + \gamma z)^2 + G'(\alpha' x + \beta' y + \gamma' z)^2 + G''(\alpha'' x + \beta'' y + \gamma'' z)^2\\ &\quad = Ax^2 + A'y^2 + A''z^2 + 2Byz + 2B'xz + 2B''xy,\end{aligned}$$

ce qui donne les six équations suivantes :

$$[5]\quad \begin{aligned} &G\alpha^2 + G'\alpha'^2 + G''\alpha''^2 = A,\\ &G\beta^2 + G'\beta'^2 + G''\beta''^2 = A',\\ &G\gamma^2 + G'\gamma'^2 + G''\gamma''^2 = A'',\\ &G\alpha\beta + G'\alpha'\beta' + G''\alpha''\beta'' = B'',\\ &G\alpha\gamma + G'\alpha'\gamma' + G''\alpha''\gamma'' = B',\\ &G\beta\gamma + G'\beta'\gamma' + G''\beta''\gamma'' = B.\end{aligned}$$

Multiplions respectivement la première, la quatrième et la

cinquième équation du groupe [5] par α, β, γ, et ajoutons-les ensuite, il viendra

$$[A] \qquad G\alpha = A\alpha + B''\beta + B'\gamma.$$

Si l'on multiplie la seconde, la quatrième et la sixième équation du même groupe par β, α, γ, on aura de même

$$[A] \qquad G\beta = A'\beta + B''\alpha + B\gamma,$$

et l'on trouvera de même

$$[A] \qquad G\gamma = A''\gamma + B'\alpha + B\beta.$$

Ces trois équations ont lieu entre α, β, γ; elles sont du premier degré, donc on ne pourra en tirer qu'une seule valeur de chaque inconnue, *à moins* que le dénominateur commun ne soit nul. Or, on satisfait évidemment à ces équations en posant

$$\alpha = 0, \qquad \beta = 0, \qquad \gamma = 0.$$

Cette solution n'étant pas admissible à cause des relations [4], il faut que le dénominateur soit nul, et l'on doit avoir, par conséquent,

$$(A-G)(A'-G)(A''-G)-B^2(A-G)-B''^2(A''-G)-B'^2(A'-G) + 2BB'B'' = 0,$$

équation du troisième degré à laquelle G doit satisfaire.

En multipliant la première, la quatrième et la cinquième équation du groupe [5], respectivement par α', β', γ', on obtiendrait

$$[B] \qquad G'\alpha' = A\alpha' + B''\beta' + B'\gamma',$$

et d'une manière analogue

$$[B] \qquad G'\beta' = A'\beta' + B''\alpha' + B\gamma',$$

$$[B] \qquad G'\gamma' = A''\gamma' + B'\alpha' + B\beta',$$

et en raisonnant comme plus haut, on prouvera que le dénominateur des valeurs des inconnues α', β', γ', déduites de ces dernières équations, doit être égal à zéro, et que l'on doit avoir

$$(A-G')(A'-G')(A''-G')-B^2(A-G')-B''^2(A''-G')-B'^2(A'-G') + 2BB'B'' = 0;$$

enfin on prouvera par un procédé tout semblable que l'on doit avoir

$$(A-G'')(A'-G'')(A''-G'')-B^2(A-G'')-B''^2(A''-G'')-B'^2(A'-G'')\\+2BB'B''=0,$$

et, par suite, G, G', G'', sont trois racines de l'équation du troisième degré

$$[6]\quad (A-x)(A'-x)(A''-x)-B^2(A-x)-B''^2(A''-x)-B'^2(A'-x)\\+2BB'B''=0.$$

On peut prouver que cette équation a ses trois racines réelles, et pour cela, on remarquera qu'il est permis de lui donner la forme

$$[7]\quad \frac{P}{(A-x)-P}+\frac{P'}{(A'-x)-P'}+\frac{P''}{(A''-x)-P''}=-1.$$

Si, en effet, nous chassons les dénominateurs de cette équation [7], en identifiant avec l'équation [6], il viendra

$$2P'P''=B^2,$$
$$2P''P=B'^2,$$
$$2PP'=B''^2,$$
$$PP'P''=BB'B'',$$

équations auxquelles on satisfait en posant

$$P=\frac{B'B''}{B},$$

$$P'=\frac{BB''}{B'},$$

$$P''=\frac{B'B}{B''},$$

de sorte que l'équation [6] deviendra

$$[1]\quad \frac{\frac{B'B''}{B}}{\left(A-x-\frac{B'B''}{B}\right)}+\frac{\frac{BB''}{B'}}{A'-x-\frac{BB''}{B'}}+\frac{\frac{B'B}{B''}}{A''-x-\frac{B'B}{B''}}+1=0.$$

Pour prouver que cette équation a ses trois racines réelles,

posons
$$A-\frac{B'B''}{B}=\lambda$$
$$A'-\frac{BB''}{B'}=\mu$$
$$A''-\frac{B'B}{B''}=\nu,$$

et supposons que ces trois quantités soient classées par ordre de grandeur, de telle sorte que λ soit la plus petite et ν la plus grande. Substituons successivement, à la place de x, dans le premier membre de [8],

$$-\infty,\quad \lambda-\varepsilon,\quad \lambda+\varepsilon,\quad \mu-\varepsilon,\quad \mu+\varepsilon,\quad \nu-\varepsilon,\quad \nu+\varepsilon,\quad +\infty,$$

ε désignant un nombre excessivement petit, $-\infty$ et ∞ donnent au premier membre la valeur -1, et le résultat des autres substitutions se voit immédiatement, car chacune d'elles rend l'un des termes infiniment plus grand que tous les autres. Remarquons de plus que les trois numérateurs ont essentiellement le même signe, et supposons, pour fixer les idées, que ce signe soit $+$. Les résultats sont indiqués dans le tableau suivant :

$-\infty$	$+$
$\lambda-\varepsilon$	$+$
$\lambda+\varepsilon$	$-$
$\mu-\varepsilon$	$+$
$\mu+\varepsilon$	$-$
$\nu-\varepsilon$	$+$
$\nu+\varepsilon$	$-$
$+\infty$	$+$

Les substitutions fournissent donc six changements de signes ; mais entre $\lambda-\varepsilon$ et $\lambda+\varepsilon$, $\mu-\varepsilon$ et $\mu+\varepsilon$, $\nu-\varepsilon$ et $\nu+\varepsilon$, la fonction passe par l'infini et est discontinue ; on doit donc conclure l'existence de trois racines seulement, l'une comprise entre $\lambda+\varepsilon$ et $\mu-\varepsilon$, l'autre entre $\mu+\varepsilon$ et $\nu-\varepsilon$, et la troisième entre $\nu+\varepsilon$ et ∞, c'est-à-dire que les racines sont comprises respectivement entre λ et μ, μ et ν, ν et ∞. On voit qu'elles sont inégales toutes les fois que les nombres λ, μ, ν sont différents.

Après avoir résolu l'équation [6] et trouvé les valeurs de G, G', G'', les équations [A] [B] [C], qui sont du premier degré, donnent les rapports des quantités α, β, γ, α', β', γ', α'', β'', γ''.

Nous laissons au lecteur le soin de discuter les divers cas particuliers que peut présenter cette solution, et notamment celui où les quantités λ, μ, ν deviennent égales.

391. PROBLÈME II. *On propose de résoudre les trois équations*

[1] $$\frac{x^2}{\mu^2}+\frac{y^2}{\mu^2-b^2}+\frac{z^2}{\mu^2-c^2}=1$$

[2] $$\frac{x^2}{\nu^2}+\frac{y^2}{\nu^2-b^2}+\frac{z^2}{\nu^2-c^2}=1$$

[3] $$\frac{x^2}{\rho^2}+\frac{y^2}{\rho^2-b^2}+\frac{z^2}{\rho^2-c^2}=1.$$

Ces équations se présentent lorsqu'on cherche l'intersection de trois surfaces du second ordre, dont les sections principales ont les mêmes foyers.

Si, dans l'équation [1], on chasse les dénominateurs, on obtient :

$$\mu^6-\mu^4(b^2+c^2-x^2-y^2-z^2)+\mu^2(b^2c^2+b^2x^2+c^2x^2+c^2y^2+b^2z^2)\\ -b^2c^2x^2=0;$$

si l'on chasse de même les dénominateurs des équations [2] et [3] on trouve :

$$\nu^6-\nu^4(b^2+c^2-x^2-y^2-z^2)+\nu^2(b^2c^2+b^2x^2+c^2x^2+c^2y^2+b^2z^2)\\ -b^2c^2x^2=0,$$

$$\rho^6-\rho^4(b^2+c^2-x^2-y^2-z^2)+\rho^2(b^2c^2+b^2x^2+c^2x^2+c^2y^2+b^2z^2)\\ -b^2c^2x^2=0,$$

et ces trois équations prouvent que μ^2, ν^2, ρ^2, sont les trois racines de l'équation

[4] $$X^3-X^2(b^2+c^2-x^2-y^2-z^2)+X(b^2c^2+b^2x^2+c^2x^2+c^2y^2+b^2z^2)\\ -b^2c^2x^2=0.$$

On en conclut :

$$\rho^2\mu^2\nu^2 = b^2c^2x^2$$

et cette équation fera connaître x^2.

Pour obtenir y^2 et z^2, remarquons qu'en posant

$$\mu^2 - b^2 = \mu'^2,$$
$$\nu^2 - b^2 = \nu'^2,$$
$$\rho^2 - b^2 = \rho'^2.$$

les équations proposées deviennent :

$$\frac{y^2}{\mu'^2} + \frac{x^2}{\mu'^2 + b^2} + \frac{z^2}{\mu'^2 + (b^2 - c^2)} = 1,$$
$$\frac{y^2}{\nu'^2} + \frac{x^2}{\nu'^2 + b^2} + \frac{z^2}{\nu'^2 + (b^2 - c^2)} = 1,$$
$$\frac{y^2}{\rho'^2} + \frac{x^2}{\rho'^2 + b^2} + \frac{z^2}{\rho'^2 + (b^2 - c^2)} = 1,$$

et ne diffèrent des proposées que par le changement de x^2 et y^2 en y^2 et x^2, et par celui de ρ, μ, ν, en ρ', μ', ν', de b^2 en $-b^2$, et de c^2 en $c^2 - b^2$.

On peut donc écrire :

$$b^2(c^2 - b^2)y^2 = (\mu^2 - b^2)(\nu^2 - b^2)(b^2 - \rho^2).$$

On trouvera par un artifice tout semblable :

$$c^2(c^2 - b^2)z^2 = (\mu^2 - c^2)(c^2 - \nu^2)(c^2 - \rho^2).$$

On pourrait arriver à des valeurs de x^2, y^2, z^2, par la résolution directe des équations proposées qui sont du premier degré, mais les calculs seraient beaucoup plus longs.

Nous remarquerons enfin que ρ^2, μ^2, ν^2, étant les racines de l'équation [4], on a :

$$\rho^2 + \mu^2 + \nu^2 = b^2 + c^2 - x^2 - y^2 - z^2,$$

et, par suite :

$$x^2 + y^2 + z^2 = b^2 + c^2 - \rho^2 - \mu^2 - \nu^2,$$

formule utile dans plusieurs recherches et dont la vérification directe exigerait quelques calculs.

392. PROBLÈME III. *Désignons par* v, v', v'', *les fonctions linéaires suivantes des indéterminées* x, y, z,

$$[1] \quad \begin{cases} v = ax + bx + cz + \ldots + l, \\ v' = a'x + b'y + c'z + \ldots + l', \\ v'' = a''x + b''y + c''z + \ldots + l''. \\ \ldots\ldots\ldots\ldots \end{cases}$$

Parmi tous les systèmes de coefficients $\varkappa$, $\varkappa'$, $\varkappa''$... *qui donnent identiquement*

$$\varkappa v + \varkappa' v' + \varkappa'' v'' + \ldots = x - \mathrm{K},$$

$\varkappa$ *étant indépendant de* x, y, z, ... *trouver celui pour lequel*

$$\varkappa^2 + \varkappa'^2 + \varkappa''^2 + \ldots$$

est minimum.

Posons :

$$[2] \quad \begin{cases} av + a'v' + a''v'' + \ldots = \xi \\ bv + b'v' + b''v'' + \ldots = \eta \\ cv + c'v' + c''v'' + \ldots = \zeta \\ \ldots\ldots\ldots\ldots \end{cases}$$

ξ, η, ζ, seront des fonctions linéaires de x, y, z, et l'on aura :

$$[3] \quad \begin{cases} \xi = x\Sigma a^2 + y\Sigma ab + z\Sigma ac + \ldots + \Sigma al \\ \eta = x\Sigma ab + y\Sigma b^2 + z\Sigma bc + \ldots + \Sigma bl \\ \zeta = x\Sigma ac + y\Sigma bc + z\Sigma c^2 + \ldots + \Sigma cl \\ \ldots\ldots\ldots\ldots \end{cases}$$

où $$\Sigma a^2 = a^2 + a'^2 + a''^2 + \ldots$$

et de même pour les autres Σ.

Le nombre des quantités ξ, η, ζ, ... est égal au nombre π des inconnues x, y, z ... on pourra donc obtenir, par élimination, une équation de la forme suivante :

$$[\mathrm{A}] \quad x = \mathrm{A} + (\alpha\alpha)\xi + (\alpha,\beta)\eta + (\alpha,\gamma)\zeta + \ldots$$

qui sera satisfaite identiquement lorsqu'on remplacera ξ, η, ζ, par leurs valeurs [3]. Par conséquent, si l'on pose

$$[4] \quad \begin{cases} a(\alpha\alpha) + b(\alpha\beta) + c(\alpha\gamma) + \ldots = \alpha \\ a'(\alpha\alpha) + b'(\beta\beta) + c'(\gamma\gamma) + \ldots = \alpha' \\ a''(\alpha\alpha) + b''(\beta\beta) + c''(\gamma\gamma) + \ldots = \alpha'' \\ \ldots\ldots\ldots\ldots \end{cases}$$

on aura identiquement :

$$[5] \qquad \alpha v + \alpha' v' + \alpha'' v'' + \ldots = x - \text{A}.$$

Cette équation montre que parmi les différents systèmes de coefficients $\varkappa$, $\varkappa'$, $\varkappa''$ ... on doit compter le système

$$\varkappa = \alpha \quad \varkappa' = \alpha' \quad \varkappa'' = \alpha'',$$

on aura d'ailleurs, pour un système quelconque

$$(\varkappa - \alpha) v + (\varkappa' - \alpha') v' + (\varkappa'' - \alpha'') v'' + \ldots = \text{A} - k,$$

et cette équation étant identique, entraîne les suivantes

$$(\varkappa - \alpha) a + (\varkappa' - \alpha') a' + (\varkappa'' - \alpha'') a'' + \ldots = 0,$$
$$(\varkappa - \alpha) b + (\varkappa' - \alpha') b' + (\varkappa'' - \alpha'') b'' + \ldots = 0,$$
$$(\varkappa - \alpha) c + (\varkappa' - \alpha') c' + (\varkappa'' - \alpha'') c'' + \ldots = 0,$$

ajoutons ces équations après les avoir multipliées par $(\alpha\alpha)$ $(\alpha\beta)$ $(\alpha\gamma)$, nous aurons, en vertu du système [4]

$$(\varkappa - \alpha) \alpha + (\varkappa' - \alpha') \alpha' + \ldots = 0,$$

c'est-à-dire

$$\varkappa^2 + \varkappa'^2 + \varkappa''^2 - \ldots = \alpha^2 + \alpha'^2 + \alpha''^2 - \ldots + (\varkappa - \alpha)^2 + (\varkappa' - \alpha')^2.$$

Par conséquent, le trinome

$$\varkappa^2 + \varkappa'^2 + \varkappa''^2 + \ldots$$

aura une valeur minimum lorsqu'on aura

$$\varkappa = \alpha, \ \varkappa' = \alpha', \ \varkappa'' = \alpha'', \ \ldots,$$

d'ailleurs, cette valeur minimum s'obtiendra de la manière suivante :

L'équation [5] montre que l'on a

$$a\alpha + a'\alpha' + a''\alpha'' + \ldots = 1,$$
$$b\alpha + b'\alpha' + b''\alpha'' + \ldots = 0,$$
$$c\alpha + c'\alpha' + c''\alpha'' + \ldots = 0.$$
. . . .

Multiplions ces équations, respectivement, par $(\alpha\alpha)$ $(\beta\beta)$ $(\gamma\gamma)$, et ajoutons en ayant égard aux relations [4]; on trouvera

$$\alpha^2 + \alpha'^2 + \alpha''^2 + \ldots = (\alpha\alpha).$$

La valeur de x trouvée de cette manière, savoir :

$$x = A$$

est celle que les géomètres adoptent lorsque, devant satisfaire *aussi exactement que possible* aux équations $v = 0$, $v' = 0$, $v'' = 0, \ldots$ dont le nombre surpasse celui des inconnues, ils ont reconnu l'impossibilité de rendre les premiers membres rigoureusement nuls. Un calcul analogue fournirait les valeurs que l'on adopterait pour y, z, et que nous désignerons par B, C....

On peut prouver que ces valeurs, sans annuler toutes les quantités v, v', v'', ce qui est impossible, rendent la somme de leurs carrés aussi petite que possible. Mais disons d'abord pour quelle raison les coefficients de ces diverses formules ont été désignés par la notation que nous avons adoptée.

Nous avons trouvé plus haut,

$$\alpha^2 + \alpha'^2 + \alpha''^2 + \ldots = (\alpha\alpha).$$

On peut prouver d'une manière analogue que l'on a

$$(\alpha\beta) = \alpha\beta + \alpha'\beta' + \alpha''\beta'' + \ldots,$$

$$(\alpha\gamma) = \alpha\gamma + \alpha'\gamma' + \alpha''\gamma'' + \ldots$$

Si, en effet, on multiplie les valeurs de α, α', formule IV, par β, β' ..., et qu'on ajoute les résultats, on trouvera, en ayant égard aux équations qui définissent β, β' ...

$$\beta\alpha + \beta'\alpha' + \ldots = (\beta\alpha)$$

et la démonstration sera la même pour les autres formules analogues. On voit donc que la notation adoptée pour les coefficients sert à rappeler la formation des expressions qui leur sont égales.

393. Si dans l'équation

$$v = ax + by + cz + \ldots + l$$

on substitue à x, y, z ... les valeurs trouvées plus haut [A], on obtiendra, en ayant égard aux formules [4],

$$v = \alpha\xi + \beta\eta + \gamma\zeta + \ldots + \lambda:$$

en posant $\lambda = aA + bB + cC + \ldots + l$,

et l'on aura de même :

$$v' = \alpha'\xi + \beta'\eta + \gamma'\zeta + \ldots + \lambda'$$
$$v'' = \alpha''\xi + \beta''\eta + \gamma''\zeta + \ldots \lambda''.$$
$$\ldots\ldots\ldots\ldots$$

En posant $\lambda' = a'A + b'B + c'C + \ldots + l'$,
$\lambda'' = a''A + b''B + c''C + \ldots + l''$;

c'est-à-dire en représentant par λ, λ', λ''... les valeurs de v, v', v'' ... qui résultent des valeurs A, B, C ... de x, y, z....

394. Si nous posons, actuellement,

$$\Omega = v^2 + v'^2 + v''^2 + \ldots$$

nous pourrons former cette somme en ajoutant les équations [1] après les avoir respectivement multipliées par v, v', v'' ..., et nous trouverons :

$$\Omega = \xi x + \eta y + \zeta z + \ldots + lv + l'v' + l''v'' + \ldots,$$

ou, en substituant pour v, v', v'' ... les valeurs trouvées au paragraphe précédent, et remarquant que l'on a, en vertu de l'identité [5] :

$$\alpha l + \alpha' l' + \alpha'' l'' + \ldots = -A,$$

il viendra

$$\Omega = \xi x + \eta y + \zeta y + \ldots - \xi A - \eta B - \zeta C \ldots + \lambda l + \lambda' l' + \lambda'' l'' + \ldots;$$

mais en multipliant respectivement les équations qui définissent λ, λ', λ''... par λ, λ', λ''... et les ajoutant, on trouve facilement, en ayant égard aux relations précédentes,

$$\lambda l + \lambda' l' + \lambda'' l'' + \ldots = \lambda^2 + \lambda'^2 + \lambda''^2 + \ldots,$$

et, par suite,

$$\Omega = \xi(x - A) + y(\eta - B) + z(\zeta - C) \ldots + \lambda^2 + \lambda'^2 + \lambda''^2 + \ldots,$$

substituant pour $x - A$, $y - B$, $z - C \ldots$ les valeurs fournies par l'équation [A], et les équations analogues en $y, z \ldots$, il vient

$$\Omega = (\alpha\alpha)\xi^2 + (\beta\beta)\eta^2 + \gamma\gamma\zeta^2 + \ldots + 2(\alpha\beta)(\xi\eta) + 2(\alpha\gamma)\xi\zeta$$
$$+ 2(\beta\gamma)\eta\zeta + \ldots + \lambda^2 + \lambda'^2 + \lambda''^2 + \ldots$$

Ce qui, d'après les formules démontrées plus haut, revient à

$$\Omega = (v - \lambda)^2 + (v' - \lambda')^2 + \ldots + \lambda^2 + \lambda'^2 + \lambda''^2 + \ldots$$

Par où l'on voit que $\lambda^2 + \lambda'^2 + \lambda''^2 + \ldots$

est, comme nous l'avions annoncé, le minimum de Ω.

NOTE

SUR LA RÉSOLUTION DES ÉQUATIONS DU PREMIER DEGRÉ.

393. Considérons n équations à n inconnues :

$$[1]\quad \left\{\begin{array}{l} a_1x_1 + a_2x_2 + a_3x_3 + \ldots + a_ix_i + \ldots + a_nx_n = l_1, \\ a_1^2x_1 + a_2^2x_2 + a_3^2x_3 + \ldots + a_i^2x_i + \ldots + a_n^2x_n = l_2, \\ \vdots \\ a_1^kx_1 + a_2^kx_2 + \ldots + a_i^kx_i + \ldots + a_n^kx_n = l_k, \\ \vdots \\ a_1^nx_1 + a_2^nx_2 + \ldots + a_i^nx_i + \ldots + a_n^nx_n = l_n. \end{array}\right.$$

a_1, $a_2 \ldots a_n$, a_1^2, $a_2^2 \ldots a_i^k \ldots a_n^n$ désignant des coefficients quelconques tout à fait indépendants les uns des autres. a^2_1 n'est, par exemple, nullement égal au carré de a_1, et le chiffre 2 n'y figure que comme un indice. En général, a_i^k n'a aucune liaison avec a_i, et n'en est nullement la puissance k. Cela posé, considérons le produit

$$P = a_1a_2a_3\ldots a_n(a_2-a_1)(a_3-a_1)\ldots(a_i-a_1)\ldots(a_n-a_1)(a_3-a_2)(a_4-a_2)\ldots (a_i-a_2)\ldots(a_n-a_2)(a_4-a_3)\ldots(a_n-a_3)\ldots(a_n-a_{n-1}),$$

obtenu en faisant le produit de tous les coefficients de la première équation par leurs différences deux à deux, en ayant soin de prendre, avec le signe —, dans chaque différence, le terme affecté du plus petit indice. Ce produit P se composera d'un grand nombre de termes dans lesquels les quantités a_1, $a_2 \ldots a_n$ auront divers exposants. Nommons R ce qu'il devient lorsque l'on considère les exposants comme des indices supérieurs. R contiendra alors les différents coefficients du système d'équations proposé, et chacun d'eux figurera, dans chaque terme, au premier degré, puisque, par hypothèse, nous avons remplacé les exposants par des indices. Si, par exemple, la puissance k de a_i figure dans le produit P, nous la remplacerons, pour obtenir R, par a_i^k, coefficient de x_i dans l'équation de rang k ; en sorte que les deux expressions P et R s'écriront de même, mais représenteront des valeurs très-différentes.

Supposons maintenant que l'on rassemble, en un seul, tous les termes de R, qui contiennent a_i affecté du même indice supérieur, R prendra la forme

$$[2] \quad R = A^1_i a_i^1 + A^2_i a_i^2 + A_i^3 a_i^3 + \ldots + A_i^k a_i^k + \ldots + A_i^n a_i^n,$$

A_i^1, $A_i^2 \ldots A_i^n$ étant des sommes de produits dans lesquels ne figure évidemment aucune des quantités

$$a_i^1,\ a_i^2 \ldots a_i^n.$$

Je dis maintenant qu'on a les équations suivantes :

$$[3] \quad \left\{ \begin{array}{l} 0 = A_i^1 a_1 + A_i^2 a_1^2 + A_i^3 a_1^3 \ldots + A_i^n a_1^n, \\ 0 = A_i^1 a_2 + A_i^2 a_2^2 + A_i^3 a_2^3 \ldots + A_i^n a_2^n, \\ \vdots \\ 0 = A_i^1 a_k + A_i^2 a_k^2 + A_i^3 a_k^3 \ldots + A_i^n a_k^n, \\ \vdots \\ 0 = A_i^1 a_n + A_i^2 a_n^2 + A_i^3 a_n^3 \ldots + A_i^n a_n^n, \end{array} \right.$$

ou, en d'autres termes, que l'expression R s'annule, si l'on y remplace, dans tous les termes, l'indice inférieur i de la lettre a par une autre valeur quelconque $1, 2, \ldots k \ldots n$. En effet, l'expression P renfermant en facteur $(a_1 - a_i)(a_2 - a_i) \ldots (a_n - a_i)$, s'annule identiquement si l'on suppose, par exemple, $a_i = a_k$: le résultat de cette substitution doit être zéro, indépendamment de toute valeur attribuée aux lettres a_1, a_2, ... a_n. Les termes doivent donc se détruire identiquement, et être égaux deux à deux et de signes contraires; or, il est évident que cette identité ne sera pas altérée quand on considérera les exposants comme des indices, afin de passer de l'expression P à l'expression R.

Les équations [3] étant démontrées, on obtiendra évidemment la valeur de x_i en multipliant les équations proposées par A_i^1, $A_i^2 \ldots A_i^n$, et les ajoutant. Les coefficients de x_1, $x_2 \ldots x_{i-1}$, $x_{i+1} \ldots x_n$ deviendront, en effet, égaux à zéro, en vertu des équations [3], et le coefficient de x_i deviendra égal à R en vertu de [2].

On aura donc

$$R x_i = A_i^1 l_1 + A_i^2 l_2 + \ldots + A_i^n l_n,$$

d'où

$$x_i = \frac{A_i^1 l_1 + A_i^2 l_2 + \ldots + A_i^n l_n}{R}.$$

On obtiendrait de même la valeur d'une inconnue quelconque. On voit que toutes ces valeurs ont le même dénominateur R. Si R n'est pas nul, chaque inconnue a une valeur unique et déterminée, et le système des équations ne présente aucune particularité. L'étude de l'expression R conduit à une théorie importante d'analyse algébrique que nous ne pouvons indiquer ici.

596. Nous donnerons cependant quelques développements sur la forme du dénominateur R.

Nous établirons d'abord la proposition suivante : le produit P et, par suite, l'expression R, change de signe sans changer de valeur si deux indices c et c' y sont changés l'un dans l'autre.

Remarquons en effet que, dans le produit P, les seuls facteurs sur lesquels ce changement exerce une influence, sont ceux dans lesquels figure a_c ou $a_{c'}$, c'est-à-dire, en supposant $c>c'$,

$$(a_c-a_1)(a_c-a_2)\ldots(a_c-a_{c-1})(a_{c+1}-a_c)\ldots(a_{c'}-a_c)\ldots(a_n-a_c)$$

$$(a_{c'}-a_1)(a_{c'}-a_2)\ldots(a_{c'}-a_{c-1})(a_{c'}-a_{c+1})\ldots(a_{c'}-a_{c'-1})(a_{c'+1}-a_{c'})\ldots(a_n-a_{c'}).$$

Si l'on change c en c', ces facteurs, pris ensemble, conservent les mêmes valeurs absolues et ne font que se substituer les unes aux autres; mais il y en a un certain nombre qui changent de signe.

1° Les facteurs $(a_c-a_1)(a_c-a_2)\ldots(a_c-a_{c-1})$ de la première ligne

et $(a_{c'}-a_1)(a_{c'}-a_2)\ldots(a_{c'}-a_{c-1})$ de la seconde ligne,

ne font que se changer les uns dans les autres;

2° Les facteurs $(a_{c+1}-a_c)(a_{c+2}-a_c)\ldots(a_{c'-1}-a_c)$

$$(a_{c'}-a_{c+1})(a_{c'}-a_{c+2})\ldots(a_{c'}-a_{c'-1})$$

échangent leurs valeurs absolues, mais chacun d'eux devient égal et de signe contraire à celui qui lui correspond. Cela fait en tout $2(c'-c-1)$ changements de signes qui n'exercent pas d'influence sur le signe du produit;

3° Le facteur $(a_{c'}-a_c)$

change de signe sans changer de valeur;

4° Les facteurs $(a_{c'+1}-a_c)(a_{c'+2}-a_c)\ldots(a_n-a_c)$

$(a_{c'+1}-a_{c'})(a_{c'+2}-a_{c'})\ldots(a_n-a_{c'})$

ne font que se changer les uns dans les autres.

En résumé, le seul changement que subisse le produit provient du changement de signe de $a_{c'}-a_c$; et, par suite, P et R changent de signe sans changer de valeur lorsqu'on change et $a_{c'}$ sont c en c'.

397. Il résulte de la proposition précédente que dans chaque terme des polynomes P et R, les exposants de deux lettres a_c et $a_{c'}$ sont toujours inégaux.

Si, en effet, dans un terme de ces expressions, a_c et $a_{c'}$ avaient le même exposant, ce terme ne changerait pas par le changement des indices c et c'; il ferait donc partie du polynome $+$P et du polynome égal et de signe contraire $-$P; et, par suite, il entrerait deux fois dans P avec des signes différents et pourrait être supprimé.

Il est clair, d'ailleurs, que chaque terme contient au moins une fois chacun des facteurs a_1, $a_2 \ldots a_n$; et comme l'exposant de ces lettres ne surpasse jamais n, ils ne peuvent être tous différents qu'en reproduisant, dans un certain ordre, la série des nombres $1, 2 \ldots n$, en sorte que le terme général de P (ou de R, car c'est la même chose) est

$$\pm a_1^{\alpha 1} a_2^{\alpha 2} a_3^{\alpha 3} \ldots a_n^{\alpha n},$$

$\alpha_1, \alpha_2 \ldots \alpha_n$ désignant les nombres entiers $1, 2 \ldots n$ pris dans un certain ordre.

On pourra donc, en intervertissant convenablement les facteurs, écrire ce terme général de la manière suivante :

$$a^1_{\beta 1} a^2_{\beta 2} \ldots a^n_{\beta n},$$

$\beta_1, \beta_2 \ldots \beta_n$ représentant aussi les nombres $1, 2 \ldots n$ écrits dans un certain ordre.

Cette remarque permet de former tous les termes de R, mais il reste à déterminer le signe qui convient à chacun d'eux. On remarquera pour cela que si l'on change dans R (**396**) deux indices inférieurs l'un dans l'autre, R doit changer de signe. Les termes positifs doivent donc se transformer en ceux qui sont actuellement négatifs et réciproquement. En faisant deux changements d'indices de suite, les termes primitivement positifs reprendront le signe + (sans que pour cela chacun d'eux reprenne sa valeur); et, en général, un nombre pair de permutations effectuées sur deux indices changerait les termes positifs entre eux, tandis qu'un nombre impair de permutations transformera les termes positifs en termes actuellement négatifs et réciproquement.

Si donc on veut savoir si deux termes donnés ont le même signe ou des signes contraires, il suffit de compter le nombre de permutations d'indices inférieurs nécessaires pour passer de l'un à l'autre : si ce nombre est pair, les termes ont le même signe; s'il est impair, leur signe est différent.

D'après cela, pour former tous les termes de R, on prendra le premier terme

$$a^1{}_1\, a^2{}_2\, a^3{}_3 \ldots a^n{}_n;$$

puis on changera successivement les uns dans les autres les indices inférieurs, en ne faisant qu'un seul changement à la fois et changeant chaque fois le signe du terme obtenu.

Si, par exemple $n = 3$, on obtiendra

$$a_1{}^1 a_2{}^2 a_3{}^3 - a_1{}^1 a_3{}^2 a_2{}^3 + a_3{}^1 a_1{}^2 a_2{}^3 - a_3{}^1 a_2{}^2 a_1{}^3 + a_2{}^1 a_3{}^2 a_1{}^3 - a_2{}^1 a_1{}^2 a_3{}^3;$$

expression dans laquelle chaque terme s'obtient du précédent en changeant son signe après avoir interverti deux indices inférieurs de la lettre a.

TABLE DES ARCS ET DES SINUS ET TANGENTES EXPRIMÉS EN PARTIES DU RAYON
pour servir à la résolution des équations transcendantes.

Arc		Sinus	Cosinus	Tangente	Cotangente		Arc
0	0°	0	1,0000	0	∞	90°	1,5708
0,0175	1°	0,0175	0,9998	0,0175	57,2900	89°	1,5533
0,0349	2°	0,0349	0,9994	0,0349	28,6363	88°	1,5359
0,0524	3°	0,0523	0,9986	0,0524	19,0811	87°	1,5184
0,0698	4°	0,0698	0,9976	0,0699	14,3007	86°	1,5010
0,0873	5°	0,0872	0,9962	0,0875	11,4301	85°	1,4835*
0,1047	6°	0,1045*	0,9945*	0,1051	9,5144	84°	1,4661
0,1222	7°	0,1219	0,9925*	0,1228	8,1443	83°	1,4486
0,1396	8°	0,1392	0,9903	0,1405*	7,1154	82°	1,4312
0,1571	9°	0,1564	0,9877	0,1584	6,3138	81°	1,4137
0,1745	10°	0,1736	0,9848	0,1763	5,6713	80°	1,3963
0,1920	11°	0,1908	0,9816	0,1944	5,1446	79°	1,3788
0,2094	12°	0,2079	0,9781	0,2126	4,7046	78°	1,3614
0,2269	13°	0,2250	0,9744	0,2309	4,3315	77°	1,3439
0,2443	14°	0,2419	0,9703	0,2493	4,0108	76°	1,3265
0,2618	15°	0,2588	0,9659	0,2679	3,7321	75°	1,3090
0,2793	16°	0,2756	0,9613	0,2867	3,4874	74°	1,2915*
0,2967	17°	0,2924	0,9563	0,3057	3,2709	73°	1,2741
0,3142	18°	0,3090	0,9511	0,3249	3,0777	72°	1,2566
0,3316	19°	0,3256	0,9455*	0,3443	2,9042	71°	1,2392
0,3491	20°	0,3420	0,9397	0,3640	2,7475	70°	1,2217
0,3665*	21°	0,3584	0,9336	0,3839	2,6051	69°	1,2043
0,3840	22°	0,3746	0,9272	0,4040	2,4751	68°	1,1868
0,4014	23°	0,3907	0,9205*	0,4245	2,3559	67°	1,1694
0,4189	24°	0,4067	0,9135*	0,4452	2,2460	66°	1,1519
0,4363	25°	0,4226	0,9063	0,4663	2,1445*	65°	1,1345
0,4538	26°	0,4384	0,8988	0,4877	2,0503	64°	1,1170
0,4712	27°	0,4540	0,8910	0,5095*	1,9626	63°	1,0996
0,4887	28°	0,4695	0,8829	0,5317	1,8807	62°	1,0821
0,5061	29°	0,4848	0,8746	0,5543	1,8040	61°	1,0647
0,5236	30°	0,5	0,8660	0,5774	1,7321	60°	1,0472
0,5411	31°	0,5150	0,8572	0,6009	1,6643	59°	1,0297
0,5585*	32°	0,5299	0,8480	0,6249	1,6003	58°	1,0123
0,5760	33°	0,5446	0,8387	0,6494	1,5399	57°	0,9948
0,5934	34°	0,5592	0,8290	0,6745*	1,4826	56°	0,9774
0,6109	35°	0,5736	0,8192	0,7002	1,4281	55°	0,9599
0,6283	36°	0,5878	0,8090	0,7265*	1,3764	54°	0,9425
0,6458	37°	0,6018	0,7986	0,7536	1,3270	53°	0,9250
0,6632	38°	0,6157	0,7880	0,7813	1,2799	52°	0,9076
0,6807	39°	0,6293	0,7771	0,8098	1,2349	51°	0,8901
0,6981	40°	0,6428	0,7660	0,8391	1,1918	50°	0,8727
0,7156	41°	0,6561	0,7547	0,8693	1,1504	49°	0,8552
0,7330	42°	0,6691	0,7431	0,9004	1,1106	48°	0,8378
0,7505	43°	0,6820	0,7314	0,9325*	1,0724	47°	0,8203
0,7679	44°	0,6947	0,7193	0,9657	1,0355*	46°	0,8029
0,7854	45°	0,7071	0,7071	1,	1,	45°	0,7854
Arc		Cosinus	Sinus	Cotangente	Tangente		Arc

N. B. Les * placés à la suite du chiffre 5 indiquent qu'en calculant à trois décimales on doit augmentor le chiffre qui précède.

TABLE DES CHAPITRES.

FIN DE LA TABLE DES CHAPITRES.

Ch. Lahure, imprimeur du Sénat et de la Cour de Cassation
(ancienne maison Crapelet), rue de Vaugirard, 9.

www.ingramcontent.com/pod-product-compliance
Lightning Source LLC
Chambersburg PA
CBHW052058230326
41599CB00054B/3057